Adobe After Effects 2020影视后期设计与制作案例实战

李兴莹　主编

清華大学出版社
北 京

内 容 简 介

Adobe After Effects 2020 可以帮助用户高效、精确地创建引人入胜的动态图形和视觉效果，其强大功能在于可以快速地对视频进行剪辑处理，比如，分割或拼接视频片段，添加特效和过渡效果，融合数码照片、音乐和视频等。

全书共分 10 章，包括制作海报文字——Adobe After Effects 2020 基础操作、科技信息展示——关键帧动画与运动控制、摩托车展示效果——蒙版、产品展示效果——3D 图层、打字动画——文字效果、水面波纹效果——扭曲与透视特效、怀旧照片效果——颜色校正与键控、雷雨效果——仿真特效、综合案例——魅力上海宣传片、课程设计等内容。

本书内容全面、结构合理、图文并茂、易教易学，既适合作为各院校影视及相关专业的教材，又适合作为广大行业从业者的参考用书。

图书在版编目(CIP)数据

Adobe After Effects 2020 影视后期设计与制作案例实战 / 李兴莹主编. —北京：清华大学出版社，2022.11

ISBN 978-7-302-62196-6

Ⅰ. ①A… Ⅱ. ①李… Ⅲ. ①图像处理软件 Ⅳ. ①TP391.413

中国版本图书馆CIP数据核字（2022）第215623号

责任编辑：李玉茹
封面设计：李 坤
责任校对：翟维维
责任印制：刘海龙

出版发行：清华大学出版社

网 址：http://www.tup.com.cn， http://www.wqbook.com
地 址：北京清华大学学研大厦A座 **邮 编：**100084
社 总 机：010-83470000 **邮 购：**010-62786544
投稿与读者服务：010-62776969，c-service@tup.tsinghua.edu.cn
质量反馈：010-62772015，zhiliang@tup.tsinghua.edu.cn

印 装 者：三河市铭诚印务有限公司
经 销：全国新华书店
开 本：185mm×260mm **印 张：**15.25 **插 页：**1 **字 数：**371千字
版 次：2022年12月第1版 **印 次：**2022年12月第1次印刷
定 价：79.00元

产品编号：098544-01

前言

Adobe After Effects 2020 是为动态图形图像、设计人员以及专业的电视后期编辑人员提供的一款功能强大的影视后期特效软件。其简单友好的工作界面、方便快捷的操作方式，使得视频编辑进入家庭成为可能。从普通的视频处理到高端的影视特技，After Effects 都能应付自如。

利用与其他 Adobe 软件的紧密集成，与高度灵活的 2D、3D 合成，以及数百种预设的效果和动画，能为电影、视频、DVD 和 Macromedia Flash 作品增添令人激动的效果。其全新设计的流线形工作界面、全新的曲线编辑器都将为读者带来耳目一新的感觉。

Adobe After Effects 2020 较之旧版本而言有了较大的升级，为了使读者能够更好地学习，我们对本书进行了详尽的编排，希望通过基础知识与实例相结合的学习方式，让读者尽快掌握 Adobe After Effects 2020 的使用方法。

本书内容

本书以学以致用为写作出发点，系统并详细地讲解了 Adobe After Effects 2020 视频软件的使用方法和操作技巧。

全书共分 10 章，包括：制作海报文字——After Effects 2020 基础操作、科技信息展示——关键帧动画与运动控制、摩托车展示效果——蒙版、产品展示效果——3D 图层、打字动画——文字效果、水面波纹效果——扭曲与透视特效、怀旧照片效果——颜色校正与键控、雷雨效果——仿真特效、综合案例——魅力上海宣传片、课程设计等内容。

本书由浅入深、循序渐进地介绍了 After Effects 2020 的使用方法和操作技巧。每一章都围绕综合实例来介绍，便于提高和拓宽读者对 Adobe After Effects 2020 基本功能的掌握与应用。

本书特色

本书面向 Adobc After Effects 2020 的初、中级用户，采用由浅入深、循序渐进的讲述方法，内容丰富。

1. 本书案例丰富，每章都有不同类型的案例，适合上机操作教学。

2. 每个案例都是经过编者精心挑选的，可以激发读者的想象力，调动学习的积极性。

3. 案例实用，技术含量高，与实践紧密结合。

4. 配套资源丰富，方便教学。

海量的电子学习资源和素材

本书附带大量的学习资料和视频教程，下面截图给出部分概览。

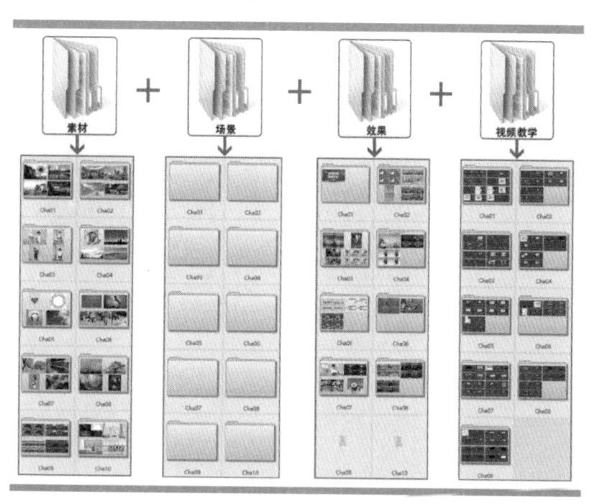

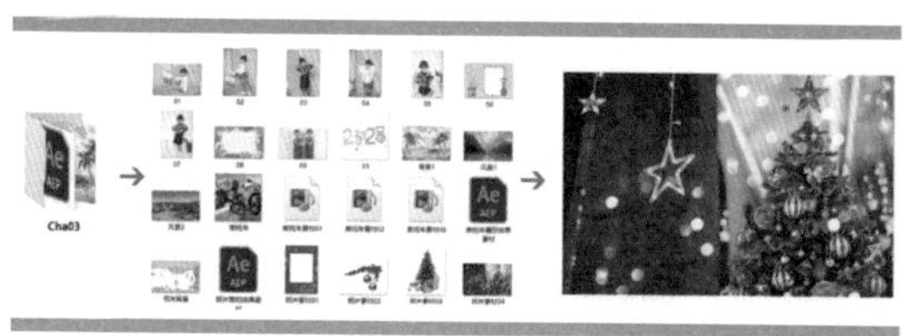

本书附带所有的素材文件、场景文件、效果文件、多媒体有声视频教学录像，读者在学完本书内容以后，可以调用这些资源进行深入学习。

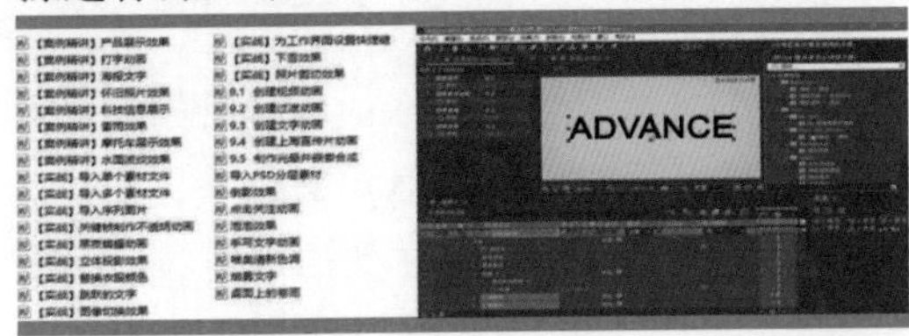

本书视频教学贴近实际，几乎手把手教学。

本书约定

为便于阅读理解，本书的写作风格遵从如下约定。

本书中出现的中文菜单和命令将用【】括起来，以示区分。此外，为了使语句更简洁易懂，本书中所有的菜单和命令之间以竖线(|)分隔。例如，单击【编辑】菜单，再选择【复制】命令，就用选择【编辑】|【复制】命令来表示。

用加号(+)连接的两个或3个键表示快捷键，在操作时表示同时按下这两个或三个键。例如，Ctrl+V是指在按下Ctrl键的同时，按下V字母键；Ctrl+Alt+F11是指在按下Ctrl和Alt键的同时，按下功能键F11。

在没有特殊指定时，单击、双击和拖动是指用鼠标左键单击、双击和拖动，右击是指用鼠标右键单击。

致谢

本书的出版可以说凝结了许多优秀教师的心血，在这里衷心感谢对本书的出版给予过帮助的编辑老师、视频测试老师，感谢你们！

本书由武汉传媒学院的李兴莹编写，在创作过程中，由于时间仓促，错误在所难免，希望广大读者批评指正。

编　者

课件

素材

场景

效果

目录

第 01 章 制作海报文字——Adobe After Effects 2020 基础操作

第 02 章 科技信息展示——关键帧动画与运动控制

第03章 摩托车展示效果——蒙版

第04章 产品展示效果——3D图层

第05章 打字动画——文字效果

第 06 章 水面波纹效果——扭曲与透视特效

第 07 章 怀旧照片效果——颜色校正与键控

第 08 章 雷雨效果——仿真特效

第 09 章 综合案例——魅力上海宣传片

第 10 章 课程设计

附录 常用快捷键 ／231

第 01 章

制作海报文字——Adobe After Effects 2020 基础操作

本章导读：

本章主要介绍了 Adobe After Effects 2020 的工作界面和工作区，并介绍了一些基本的操作，使用户逐渐熟悉这款软件。

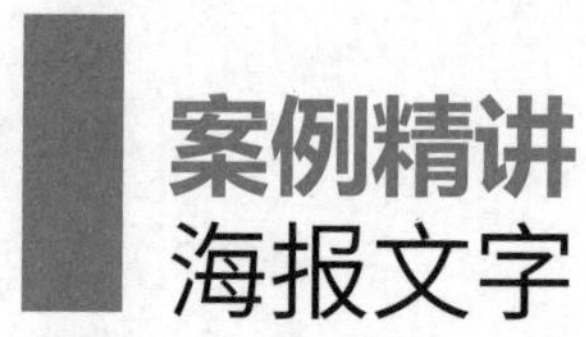

案例精讲 海报文字

为了更好地完成本设计案例，现对制作要求及设计内容做如下规划，海报文字的效果如图 1-1 所示。

作品名称	海报文字
设计创意	利用文字图层制作海报文字，首先导入素材，然后在【时间轴】面板中进行创建
主要元素	（1）海报文字 （2）文字图层
应用软件	Adobe After Effects 2020
素材	素材 \Cha01\ 海报文字 .jpg
场景	场景 \Cha01\【案例精讲】海报文字 .aep
视频	视频教学 \Cha01\【案例精讲】海报文字 .mp4
海报文字效果欣赏	图 1-1
备注	

01 启动软件后，按 Ctrl+I 组合键，打开【导入文件】对话框，选择“素材 \ Cha01\ 利用文字图层制作海报文字 .jpg”文件，单击【导入】按钮，如图 1-2 所示。

02 将素材导入至【项目】面板后，使用鼠标将素材图片拖至【时间轴】面板中，即可新建合成，并在【合成】面板中显示效果，如图 1-3 所示。

图 1-2

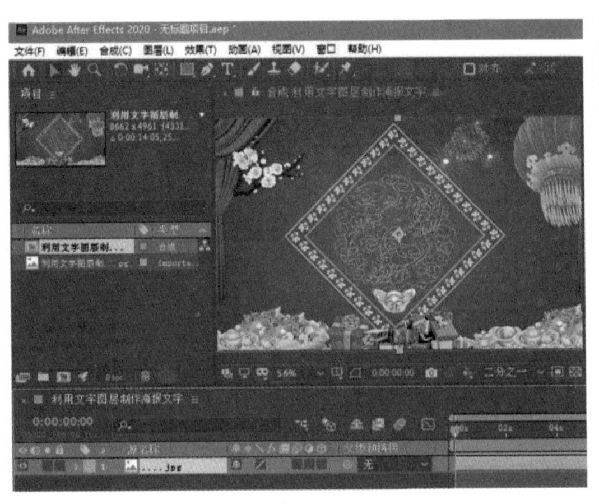

图 1-3

03 在【时间轴】面板中右击，从弹出的快捷菜单中选择【新建】|【文本】命令，如图 1-4 所示。

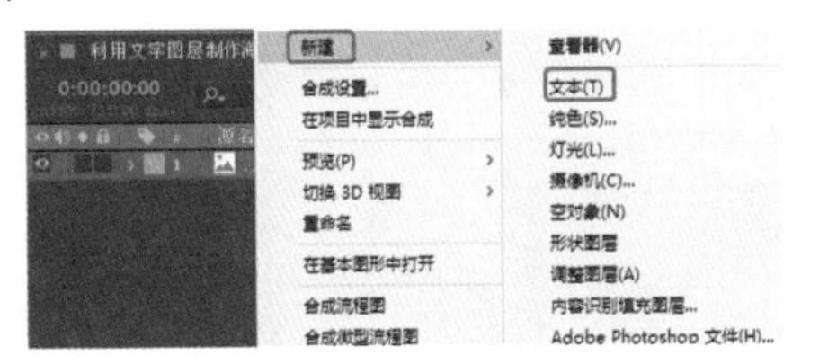

图 1-4

04 执行上一步操作后即可输入文字“新春钜惠”，在工作界面右侧的【字符】面板中将【字体】设置为【汉仪菱心体简】，将颜色设置为 #ED6E00，【字体大小】设置为 1000 像素，【字符间距】设置为 -53，单击【仿斜体】按钮，如图 1-5 所示。

图 1-5

05 按 Ctrl+D 组合键，复制文字图层并调整其位置，然后更改文字的内容，如图 1-6 所示。

图 1-6

知识链接：文本图层

使用文本图层可以在合成中添加文本，为整个文本图层的属性或单个字符的属性（如颜色、大小和位置）设置动画。3D 文本图层还可以包含 3D 子图层，每个字符一个子图层。

文本图层是合成图层，这意味着文本图层不使用素材项目作为其来源，但可以将来自某些素材项目的信息转换为文本图层。文本图层也是矢量图层。与形状图层和其他矢量图层一样，文本图层也是始终连续地栅格化，因此在缩放图层或改变文本大小时，它会保持清晰、不依赖于分辨率的边缘。无法在文本图层自己的【图层】面板中将其打开，但是可以在【合成】面板中操作文本图层。

After Effects 使用两种类型的文本：点文本和段落文本。点文本适用于输入单个词或一行字符；段落文本适用于将文本输入和格式化为一个或多个段落。

06 根据前面介绍的方法，将文字图层复制多次并调整其位置，然后更改文字的内容，将最顶端的文字的颜色设置为黄色 #FFFC00，效果如图 1-7 所示。

图 1-7

07 以上操作完成后，将场景进行保存即可。

1.1 After Effects 2020 的工作界面

Adobe After Effects 2020 软件的工作界面给人的第一感觉就是界面更暗，减少了面板的圆角，使人感觉更紧凑。界面依然使用着面板随意组合、泊靠的模式，为用户操作带来很大的便利。

在 Windows 10 操作系统下，选择【开始】|【所有程序】| Adobe After Effects 2020 命令，或在桌面上双击该软件的图标，运行 Adobe After Effects 2020 软件，它的启动界面如图 1-8 所示。

图 1-8

启动 After Effects 2020 软件后，会弹出【开始】对话框，用户可以通过该对话框新建项目、打开项目等，如图 1-9 所示。

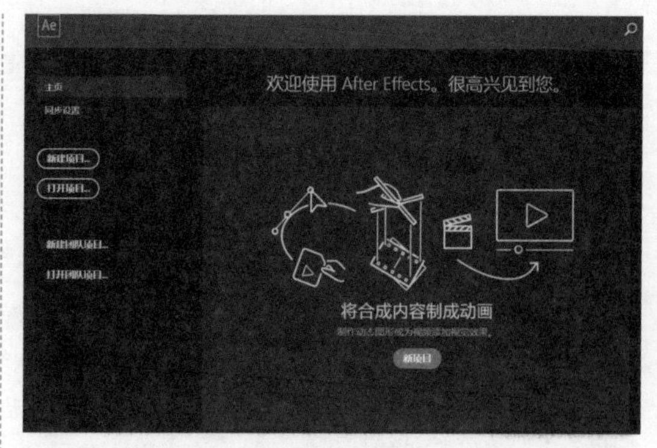

图 1-9

启动 After Effects 2020 后，该软件将会自动新建一个项目文件，如图 1-10 所示，After Effects 2020 的默认工作界面主要包括菜单栏、工具栏、【项目】面板、【合成】面板、【时间轴】面板、【字符】面板、【音频】面板、【段落】面板、【效果和预设】面板等。

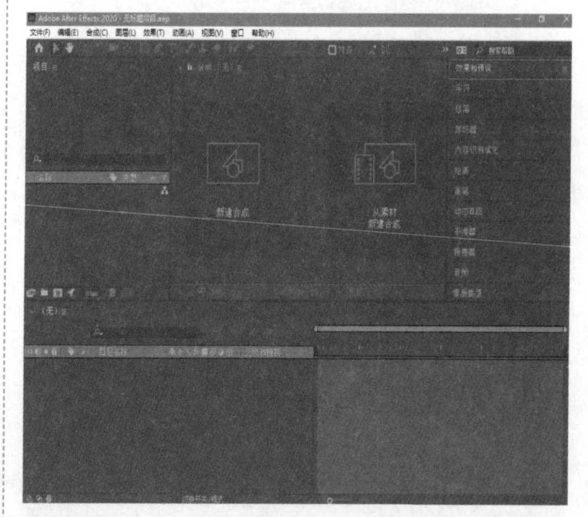

图 1-10

1.2 After Effects 2020 的工作区及工具栏

在深入学习 After Effects 2020 之前，首先要熟悉 After Effects 2020 的工作区以及工具栏中的各个工具，本节将简单介绍 After Effects 2020 的工作区和工具栏。

1.2.1 【项目】面板

【项目】面板用于管理导入到After Effects 2020中的各种素材以及通过After Effects 2020创建的图层，如图1-11所示。

图 1-11

◎ 素材预览：当在【项目】面板中选择某一个素材时，都会在预览区域显示当前素材的画面，在预览区域右侧会显示当前选中素材的详细资料，包括文件名、文件类型等。

◎ 素材搜索：当【项目】面板中存在很多素材时，寻找想要的素材就变得不方便了，这时查找素材的功能就变得很有用。如在当前查找框内输入B，那么在素材区就只会显示名字中包含字母B的素材。输入的字母是不区分大小写的。

◎ 素材区：所有导入的素材和在After Effects 2020中建立的图层都会在这里显示。应该注意的是合成也会出现在这里，也就是说，合成也可以作为素材被其他合成使用。

◎ 【删除所选定的项目】：如果要删除某个素材，可以使用该按钮。使用该按钮删除素材的方法有两种：一种是拖曳想要删除的素材到这个按钮上；另一种就是选中想要删除的素材，然后单击该按钮。

◎ 项目设置：单击 8 bpc 按钮，可以弹出【项目设置】对话框，在该对话框中可以对项目进行个性化的设置，时间码的显示风格、颜色深度、音频的设置都可以在这里找到。

◎ 新建合成：要开始工作就必须先建立一个合成，合成是开始工作的第一步，所有的操作都是在合成里面进行的。

◎ 新建文件夹：为了更方便地管理素材，需要对素材进行分类管理。文件夹就为分类管理提供了方便。把相同类型的素材放进一个单独的文件夹里面，就可以在文件夹中快速地找到所需要的素材。

◎ 解释素材：当导入一些比较特殊的素材时，比如带有Alpha通道、序列帧图片等，需要单独对这些素材进行一些设置。在After Effects 2020中这种素材叫做解释素材。

提示：如果删除一个【合成】面板中正在使用的素材，系统会提示该素材正被使用，如图1-12所示。单击【删除】按钮将从【项目】面板中删除素材，同时该素材也将从【合成】面板中删除，单击【取消】按钮，将取消删除该素材文件。

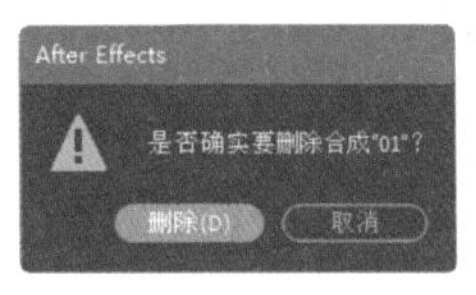

图 1-12

1.2.2 【合成】面板

【合成】面板是查看合成效果的地方，也可以在这里对图层的位置等属性进行调整，以便达到理想的状态，如图1-13所示。

图 1-13

1. 认识【合成】面板中的控制按钮

在【合成】面板的底部是一些控制按钮，这些控制按钮将帮助用户对素材项目进行交互操作。下面对其进行介绍，如图1-14所示。

图 1-14

◎　【始终预览此视图】：总是显示该视图。

◎　【放大率弹出式菜单】33.3%：单击该按钮，在弹出的下拉列表中可选择素材的显示比例。

> 提示：用户也可以通过滚动鼠标中键来放大或缩小素材的显示比例。

◎　【选择网格和参考线选项】：单击该按钮，在弹出的下拉列表中可以选择要开启或关闭的辅助工具，如图 1-15 所示。

图 1-15

◎　【切换蒙版和形状路径可见性】：如果图层中存在路径或遮罩，通过单击该按钮可以选择是否在【合成】面板中显示。

◎　【当前时间（单击可编辑）】0:00:00:00：显示当前时间标尺停留的时间。单击该按钮，可以弹出【转到时间】对话框，通过在该对话框中输入时间，可以快速地到达某一个时间刻度，如图 1-16 所示。

图 1-16

◎　【拍摄快照】：当需要在两种效果之间进行对比时，通过快照可以先把前一个效果暂时保存在内存中，再调整下一个效果，然后进行对比。

◎　【显示快照】：单击该按钮，After Effects 2020 会显示上一次通过快照保存下来的效果，以方便对比效果。

◎　【显示通道及色彩管理设置】：单击该按钮，用户可以在弹出的下拉列表中选择一种模式，如图 1-17 所示。当选择一种通道模式后，将只显示当前通道效果。当选择 Alpha 通道模式时，图像中的透明区域将以黑色显示，不透明区域将以白色显示。

图 1-17

◎　【分辨率/向下采样系数弹出式菜单】完整：单击该按钮，在弹出的下拉列表中选择面板中图像显示的分辨率。其中包括【二分之一】、【三分之一】、【四分之一】等，如图 1-18 所示。分辨率越高，图像越清晰；分辨率越低，图像越模糊，但可以减少预览或渲染的时间。

图 1-18

◎ 【目标区域】：单击该按钮，然后再拖动鼠标，可以在【合成】面板中绘制一个矩形区域，系统将只显示该区域内的图像内容，如图1-19所示。将鼠标指针放在矩形区域边缘，当其变为样式时，拖动矩形区域则可以移动矩形区域的位置。拖动矩形边缘的控制手柄时，可以缩放矩形区域的大小。使用该功能可以加速预览的速度。在渲染图层时，只有该目标区域内的屏幕进行刷新。

图 1-19

◎ 【切换透明网格】：该按钮控制着【合成】面板中是否启用棋盘格透明背景功能。默认状态下，【合成】面板的背景为黑色，当激活该按钮后，该面板的背景将被设置为棋盘格透明模式，如图1-20所示。

图 1-20

图 1-20（续）

◎ 【3D视图弹出式菜单】活动摄像机：单击该按钮，在弹出的下拉列表中可以选择各种视图模式，如【正面】、【左侧】、【顶部】等，如图1-21所示。

图 1-21

◎ 【选择视图布局】1个...：单击该按钮，在弹出的下拉列表中可以选择视图的显示布局，如【1个视图】、【2个视图-水平】等，如图1-22所示。

图 1-22

◎ 【切换像素长宽比校正】：当激活该按钮时，素材图像可以被压扁或拉伸，从而矫正图像中非正方形的像素。
◎ 【快速预览】：单击该按钮，在弹出的下拉列表中可以选择一种快速预览方式。
◎ 【时间轴】：单击该按钮，可以直接切换到【时间轴】面板。
◎ 【合成流程图】：单击该按钮，可以切换到【流程图】面板。
◎ 【重置曝光度（仅影响视图）】：调整【合成】面板的曝光度。

2. 向【合成】面板中添加素材

向【合成】面板中添加素材的方法非常简单，用户可以在【项目】面板中选择素材（一个或多个），然后执行下列操作之一。

◎ 将当前选定的素材直接拖至【合成】面板中。
◎ 将当前选定的素材拖至【时间轴】面板中。
◎ 将当前选定的素材拖至【项目】面板的【新建合成】按钮的上方，如图 1-23 所示，然后释放鼠标，即可以将该素材文件新建一个合成文件并将其添加至【合成】面板中，如图 1-24 所示。

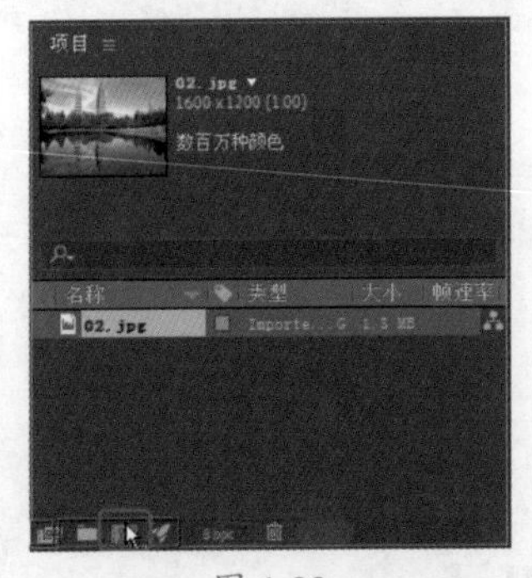

图 1-23

提示：当将多个素材一起通过拖曳的方式添加到【合成】面板中时，它们的排列顺序将以【项目】面板中的顺序为基准，并且这些素材中也可以包含其他的合成影像。

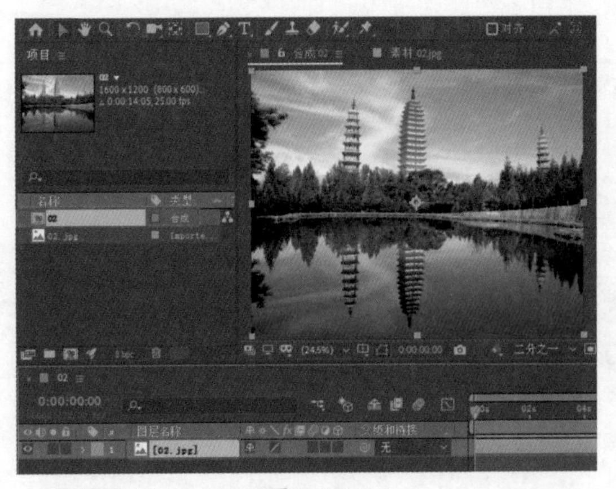

图 1-24

1.2.3 【图层】面板

只要将素材添加到【合成】面板中，在【合成】面板中双击，该素材就可以在【图层】面板中打开，如图 1-25 所示。在【图层】面板中，可以对【合成】面板中的素材进行剪辑、绘制遮罩、移动滤镜效果控制点等操作。

图 1-25

在【图层】面板中可以显示素材在【合成】面板中的遮罩、滤镜效果等设置。在【图层】面板中还可以调节素材的切入点和切出点，及其在【合成】面板中的持续时间、遮罩设置、滤镜控制点等。

1.2.4 【时间轴】面板

【时间轴】面板提供了图层的入点、出点、图层特性控制的开关及其调整，如图 1-26 所示。

图 1-26

1.2.5 工具栏

在工具栏中罗列了各种常用的工具，单击工具图标即可选中该工具。某些工具右边的小三角形符号表示还存在其他的隐藏工具，将鼠标指针放在该工具上方按住鼠标左键不动，稍后就会显示其隐藏的工具，然后移动鼠标到所需工具上方，释放鼠标即可选中该工具，也可通过连续地按该工具的快捷键循环选择其中的隐藏工具。使用快捷键 Ctrl+1 可以显示或隐藏工具栏，如图 1-27 所示。

图 1-27

工具栏中的工具自左向右依次为：【选取工具】、【手形工具】、【缩放工具】、【旋转工具】、【统一摄像机工具】、【向后平移（描点）工具】、【矩形工具】、【钢笔工具】、【横排文字工具】、【画笔工具】、【仿制图章工具】、【橡皮擦工具】、【Roto 笔刷工具】、【控制点工具】。

1.2.6 【信息】面板

在【信息】面板中以 R、G、B 的值记录【合成】面板中的色彩信息以及以 X、Y 值记录鼠标位置，数值随鼠标指针在【合成】面板中的位置实时变化。按 Ctrl+2 组合键即可显示或隐藏【信息】面板，如图 1-28 所示。

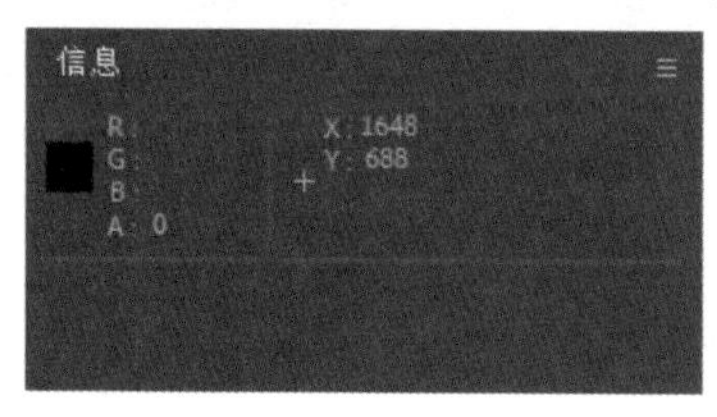

图 1-28

1.2.7 【音频】面板

在播放或音频预览过程中，【音频】面板显示了音频播放时的音量级。利用该面板，用户可以调整选取层的左、右音量级，并且结合【时间轴】面板的音频属性可以为音量级设置关键帧。如果【音频】面板是不可见的，可在菜单栏中选择【面板】|【音频】命令，或按 Ctrl+4 组合键，即可打开【音频】面板，如图 1-29 所示。

用户可以改变音频层的音量级、以特定的质量进行预览、识别和标记位置。通常情况下，音频层与一般素材层不同，它们包含不同的属性。但是，却可以用同样的方法修改它们。

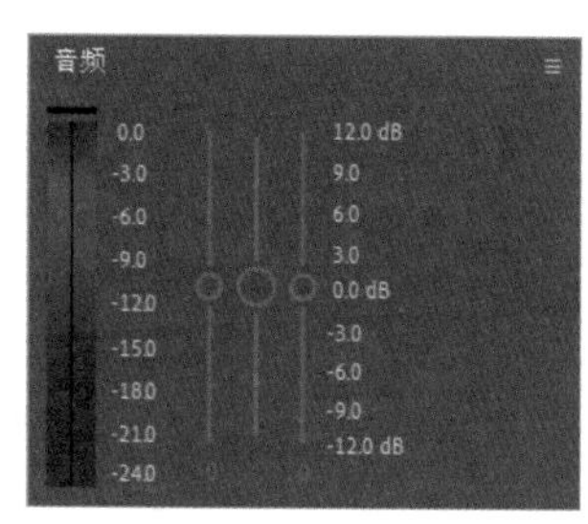

图 1-29

1.2.8 【预览】面板

在【预览】面板中提供了一系列的预览控制选项，用于播放素材、前进一帧、退后一帧、预演素材等。按 Ctrl+3 组合键可以显示或隐藏【预览】面板。

单击【预览】面板中的【播放 / 暂停】按钮或按空格键，即可一帧一帧地演示合成影像。如果想终止演示，再次按空格键或在 After Effects 中的任意位置单击就可以了。【预览】面板如图 1-30 所示。

> 提示：在低分辨率下，合成影像的演示速度比较快。但是，速度的快慢主要还是取决于用户系统的快慢。

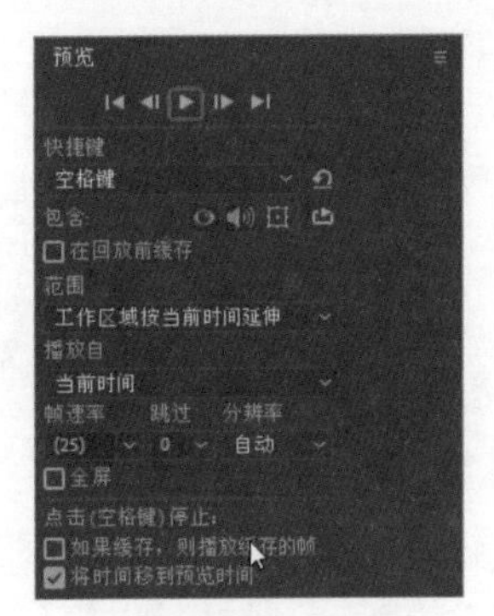

图 1-30

1.2.9 【效果和预设】面板

【效果和预设】面板可以快速地为图层添加效果，如图 1-31 所示。动画预设是 Adobe After Effects 2020 编辑好的一些动画效果，可以直接应用到图层上，从而产生动画效果。

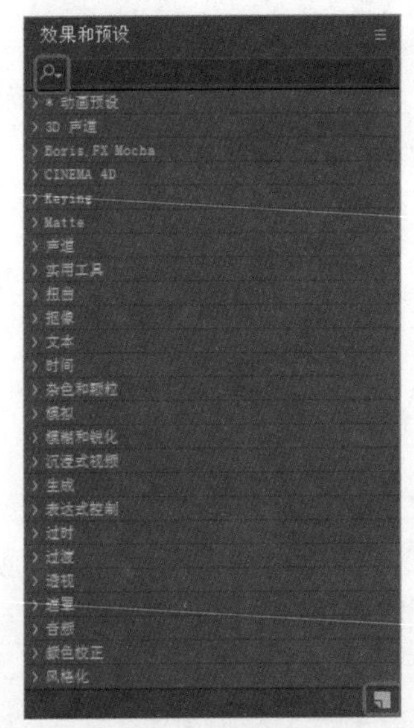

图 1-31

◎ 搜索区：用户在搜索框中输入某个效果的名字，Adobe After Effects 2020 就会自动搜索出该效果。这样可以方便用户快速地找到需要的效果。

◎ 【创建新动画预设】：当用户在【合成】面板中调整出一个很好的效果，并且不想每次都重新制作，此时便可以把这个效果作为一个预置保存下来，以便以后用到时调用。

1.2.10 【流程图】面板

【流程图】面板是指显示项目流程的面板，在该面板中以方向线的形式显示了合成影像的流程。流程图中合成影像和素材的颜色以它们在【项目】面板中的颜色为准，并且以不同的图标表示不同的素材类型。创建一个合成影像以后，可以利用【流程图】面板对素材之间的流程进行观察。

打开当前项目中所有合成影像的【流程图】面板的方法有以下几种。

◎ 在菜单栏中选择【合成】|【合成流程图】命令，如图 1-32 所示。

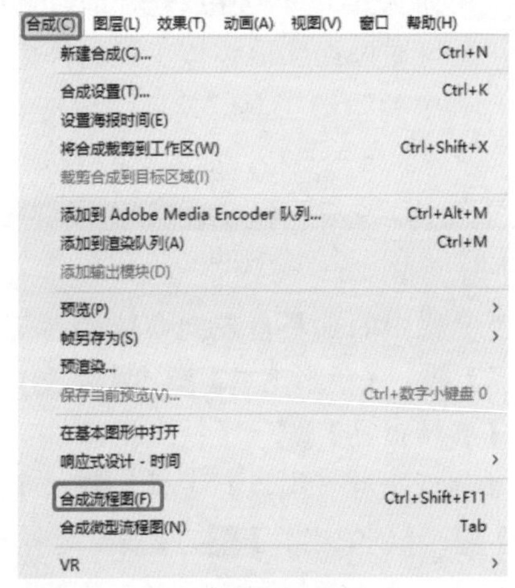

图 1-32

◎ 在【项目】面板中单击【项目流程图查看】按钮，即可弹出【流程图】面板，如图 1-33 所示。

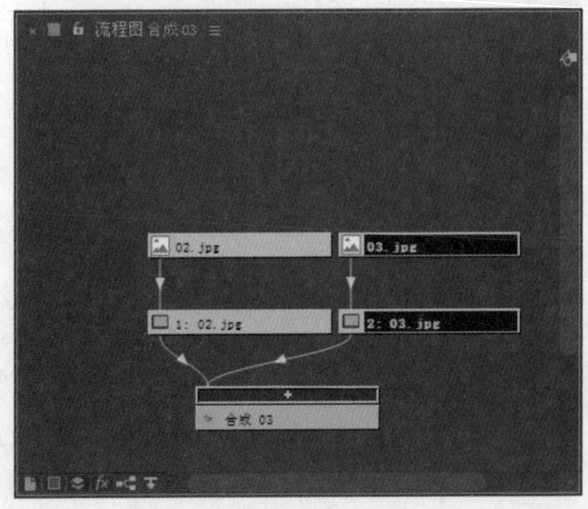

图 1-33

1.3 界面的布局

在工具栏中单击右侧的»按钮，在弹出的下拉菜单中包含了 After Effects 2020 中预置的工作界面方案，如图 1-34 所示。下面介绍常用界面的功能。

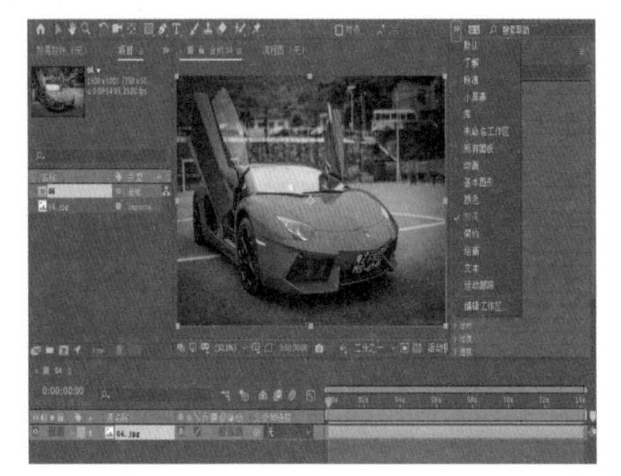

图 1-34

◎ 【所有面板】：设置此界面后，将显示所有可用的面板，包含了最丰富的功能元素。

◎ 【效果】：设置此界面后，将会显示【效果控件】面板，如图 1-35 所示。

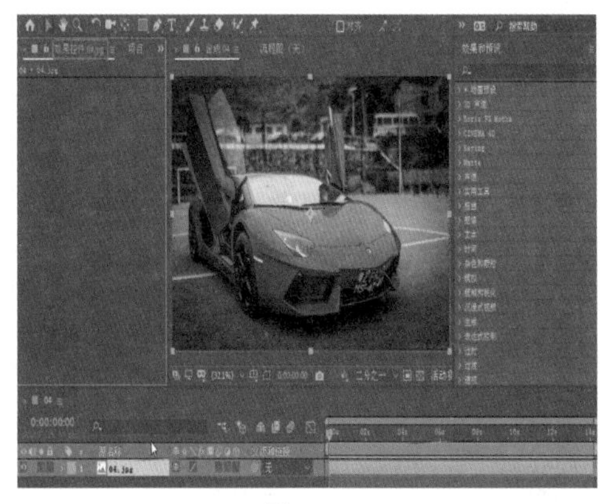

图 1-35

◎ 【文本】：适用于创建文本效果。

◎ 【标准】：设置此界面后，可使用标准的界面模式，即默认的界面。

◎ 【浮动面板】：单击每个面板上的☰按钮，在弹出的下拉菜单中选择【浮动面板】命令时，【信息】面板、【字符】面板和【音频】面板将独立显示，如图 1-36 所示。

图 1-36

◎ 【简约】：该工作界面包含的界面元素最少，仅有【合成】面板与【时间轴】面板，如图 1-37 所示。

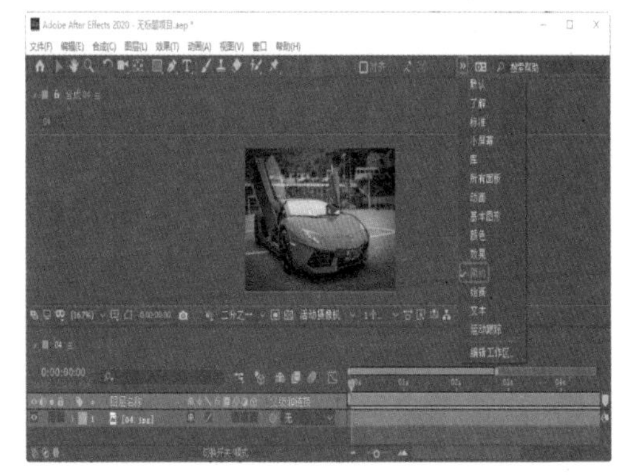

图 1-37

◎ 【绘画】：适用于创作绘画作品。

◎ 【运动跟踪】：该工作界面适用于关键帧的编辑处理。

1.4 设置工作界面

对于 After Effects 2020 的工作界面，用户可以根据自己的需要对其进行设置，下面介绍设置工作界面的方法。

1.4.1 改变工作界面中区域的大小

在 After Effects 2020 中拥有很多的面板，在实际操作使用时，经常需要调节面板或面板的大小。例如，想要查看【项目】面板中素材文件的更多信息，可将【项目】面板放大；

当【时间轴】面板中的层较多时，可将【时间轴】面板的高度调高，即可看到更多的层。

改变工作界面中区域大小的操作方法如下。

01 新建项目文件，导入“素材\Cha01\05.jpg”素材文件并添加至【时间轴】面板，如图 1-38 所示。

图 1-38

02 将鼠标指针移至【合成】面板与【效果和预设】面板之间，这时鼠标指针会发生变化，按住鼠标左键向左拖动鼠标，即可将【合成】面板缩小，如图 1-39 所示。

图 1-39

03 将鼠标指针移至【项目】面板、【合成】面板和【时间轴】面板之间，当鼠标指针变为时，按住鼠标左键并拖动鼠标，可改变这 3 个面板的大小，如图 1-40 所示。

图 1-40

1.4.2 浮动或停靠面板

自 After Effects 7.0 版本以来，After Effects 改变了之前版本中面板与浮动面板的界面布局，将面板与浮动面板连接在一起，作为一个整体存在。After Effects 2020 沿用了这种界面布局，并保存了面板和浮动面板的功能。

在 After Effects 2020 的工作界面中，面板或活动面板既可分离又可停靠，其操作方法如下。

01 导入“素材\Cha01\05.jpg”素材文件，将素材文件添加至【时间轴】面板中，单击【合成】面板右上角的按钮，在弹出的下拉菜单中选择【浮动面板】命令，如图 1-41 所示。

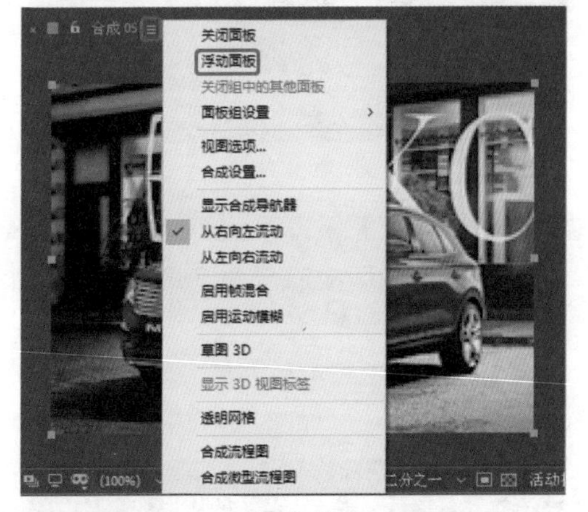

图 1-41

02 执行操作后，【合成】面板将会独立显示出来，效果如图 1-42 所示。

图 1-42

分离后的面板或浮动面板可以重新放回到

原来的位置。以【合成】面板为例，在【合成】面板的上方选择拖动点，按住鼠标左键拖动【合成】面板至【项目】面板的右侧，此时【合成】面板会变为半透明状，且在【项目】面板的右侧出现紫色阴影，如图 1-43 所示。这时释放鼠标，即可将【合成】面板放回原位置。

图 1-43

1.4.3 自定义工作界面

在 After Effects 2020 中除了有自带的几种界面布局外，用户还可以自定义工作界面。用户可将工作界面中的各个面板随意搭配，组合成新的界面风格，并可以保存新的工作界面，方便以后使用。

用户自定义工作界面的操作方法如下。

01 设置好自己需要的工作界面布局。

02 在菜单栏中选择【窗口】|【工作区】|【另存为新工作区】命令，如图 1-44 所示。

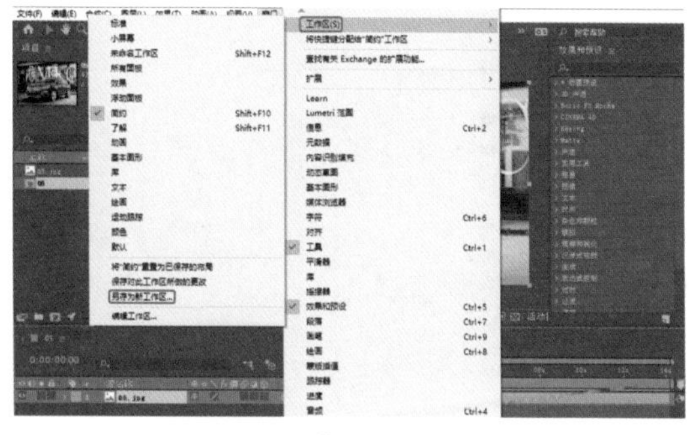

图 1-44

03 弹出【新建工作区】对话框，在该对话框的【名称】文本框中输入名称，如图 1-45 所示。

图 1-45

04 设置完成后单击【确定】按钮，在工具栏中单击右侧的»按钮，将显示新建的工作区类型，如图 1-46 所示。

图 1-46

1.4.4 删除工作界面

在 After Effects 2020 中，用户也可以将不需要的工作界面删除。其方法是：在工具栏中单击右侧的»按钮，从弹出的下拉菜单中选择【编辑工作区】命令，如图 1-47 所示。在弹出的【编辑工作区】对话框中选中要删除的对象，单击【删除】按钮，如图 1-48 所示。操作完成后，单击【确定】按钮，即可删除选中的工作区，如图 1-49 所示。

图 1-47

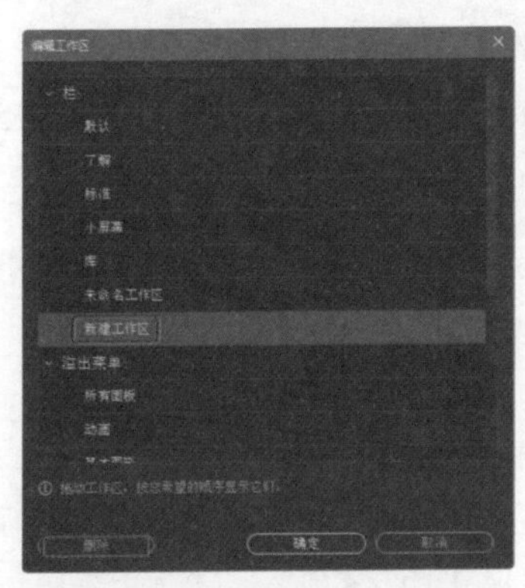

图 1-48

图 1-49

提示：在删除界面方案时，当前使用的界面方案不可以被删除。如果想要将其删除，可先切换到其他的界面方案，然后再将其删除。

【实战】为工作界面设置快捷键

在 After Effects 2020 中，用户可为工作界面指定快捷键，以方便工作界面的改变，为工作界面设置快捷键的方法如下。

素材	素材 \Cha01\05.jpg 素材文件
场景	无
视频	视频教学 \Cha01\【实战】为工作界面设置快捷键 .mp4

01 新建项目，导入“素材 \Cha01\05.jpg”素材文件，将素材文件添加至【时间轴】面板中，并调整工作界面中的面板或浮动面板至需要的状态，如图 1-50 所示。

图 1-50

02 在菜单栏中选择【窗口】|【工作区】|【另存为新工作区】命令，在打开的【新建工作区】对话框中使用默认名称，然后单击【确定】按钮。

03 在菜单栏中选择【窗口】|【将快捷键分配给“未命名工作区”工作区】命令，在弹出的子菜单中有 3 个命令，可选择其中任意一个，例如选择【Shift+F10（替换“标准”）】命令，如图 1-51 所示。这样便将 Shift+F10 作为【未命名工作区】工作界面的快捷键。在其他工作界面下，按 Shift+F10 组合键，即可快速切换到【未命名工作区】工作界面。

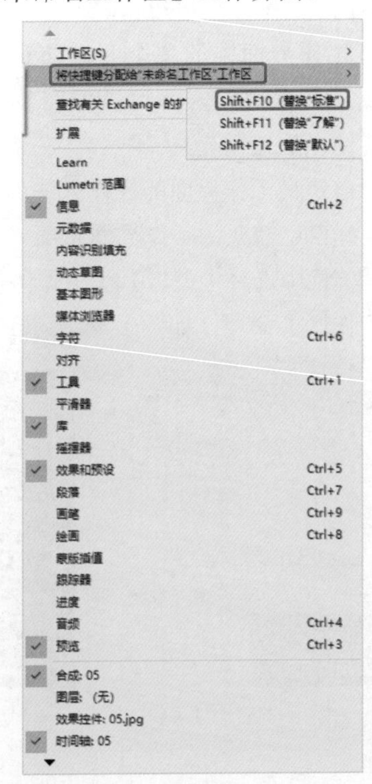

图 1-51

1.5 项目操作

启动 After Effects 2020 后，如果要进行影视后期编辑操作，首先需要创建一个新的项目文件或打开已有的项目文件，这是 After Effects 进行工作的基础，没有项目是无法进行编辑工作的。

1.5.1 新建项目

每次启动 After Effects 2020 软件，系统都会新建一个项目文件。用户也可以自己重新创建一个新的项目文件。

在菜单栏中选择【文件】|【新建】|【新建项目】命令，如图 1-52 所示。

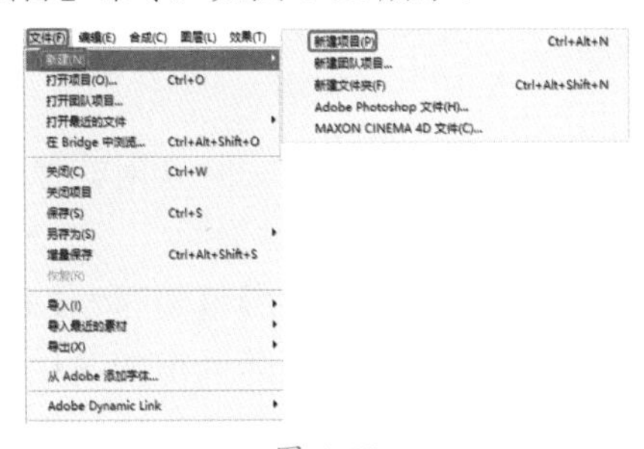

图 1-52

除此之外，用户还可以按 Ctrl+Alt+N 组合键来新建项目文件。如果用户没有对当前打开的文件进行保存，在新建项目时会弹出如图 1-53 所示的提示框。

图 1-53

1.5.2 打开已有项目

用户经常会需要打开原来的项目文件查看或进行编辑，这是一项很基本的操作，其操作方法如下。

01 在菜单栏中选择【文件】|【打开项目】命令，或按 Ctrl+O 组合键，弹出【导入文件】对话框。

02 选择“素材 \Cha01\ 素材 01.aep”文件，如图 1-54 所示，单击【导入】按钮，即可打开选择的项目文件。

图 1-54

如果要打开最近使用过的项目文件，可在菜单栏中选择【文件】|【打开最近使用项目】命令，在其子菜单中会列出最近打开的项目文件，然后单击要打开的项目文件即可。

当打开一个项目文件时，如果该项目所使用的素材路径发生了变化，则需要为其指定新的路径。丢失的文件会以彩条的形式替换。为素材重新指定路径的操作方法如下。

01 在菜单栏中选择【文件】|【打开项目】命令，在弹出的对话框中选择一个改变了素材路径的项目文件，将其打开。

02 在该项目文件打开的同时会弹出如图 1-55 所示的对话框，提示最后保存的项目中缺少文件。

图 1-55

03 单击【确定】按钮，打开项目文件，可看到丢失的文件以彩条显示，如图 1-56 所示。

04 在【项目】面板中双击要重新指定路径的素材文件，弹出【替换素材文件】对话框，在其中选择替换的素材，如图 1-57 所示。

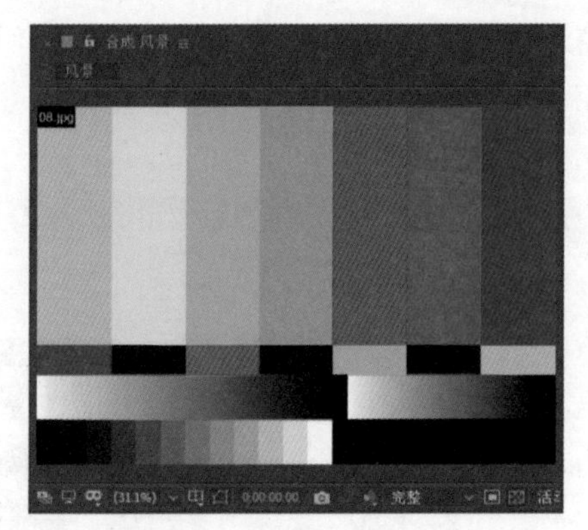

图 1-56

图 1-57

05 单击【导入】按钮即可替换素材，效果如图 1-58 所示。

图 1-58

1.5.3 保存项目

编辑完项目后，需要对其进行保存，方便以后使用。

保存项目文件的操作方法如下。

在菜单栏中选择【文件】|【保存】命令，打开【另存为】对话框。在该对话框中选择文件的保存路径，并输入名称，最后单击【保存】按钮即可，如图 1-59 所示。

图 1-59

如果当前文件保存过，再次对其保存时不会弹出【另存为】对话框。

在菜单栏中选择【文件】|【另存为】命令，打开【另存为】对话框，将当前的项目文件另存为一个新的项目文件，而原项目文件的各项设置不变。

1.5.4 关闭项目

如果要关闭当前的项目文件，可在菜单栏中选择【文件】|【关闭项目】命令，如图 1-60 所示，如果当前项目没有保存，则会弹出如图 1-61 所示的提示框。

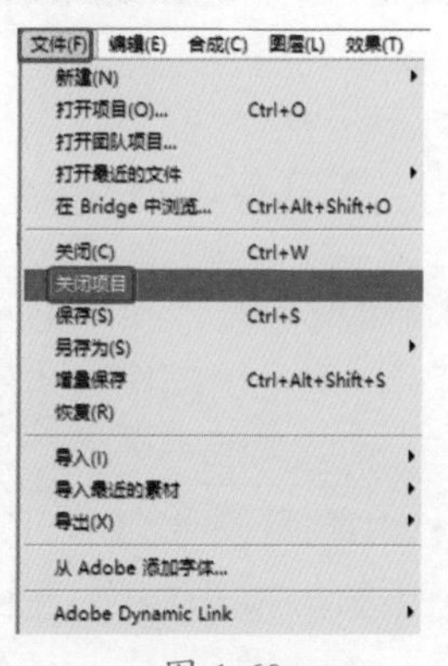

图 1-60

单击【保存】按钮，可保存文件；单击【不保存】按钮，则不保存文件；单击【取消】按钮，则会取消关闭项目的操作。

图 1-61

1.6 合成操作

合成是在一个项目中建立的，是项目文件中重要的部分。After Effects 的编辑工作都是在合成中进行的，当新建一个合成后，会激活该合成的【时间轴】面板，然后在其中进行编辑工作。

1.6.1 新建合成

在一个项目中要进行操作，首先需要创建合成。其创建方法如下。

01 在菜单栏中选择【文件】|【新建】|【新建项目】命令，新建一个项目。

02 执行下列操作之一。

◎ 在菜单栏中选择【合成】|【新建合成】命令。

◎ 单击【项目】面板底部的【新建合成】按钮。

◎ 右击【项目】面板的空白区域，在弹出的快捷菜单中选择【新建合成】命令，如图 1-62 所示。执行操作后，在弹出的【合成设置】对话框中可对创建的合成进行设置，如设置持续时间、背景颜色等，如图 1-63 所示。

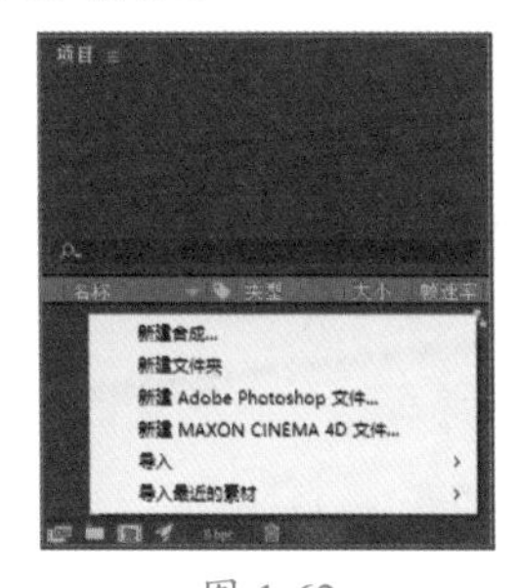

图 1-62

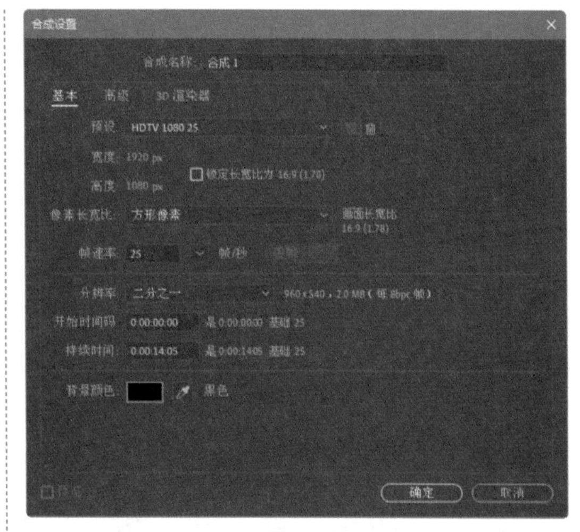

图 1-63

◎ 在【项目】面板中选择目标素材（一个或多个），将其拖曳至【新建合成】按钮上，释放鼠标即可进行创建。

03 设置完成后，单击【确定】按钮即可。

提示：当通过将素材文件拖曳至【新建合成】按钮上创建合成时，将不会弹出【合成设置】对话框。

1.6.2 合成的嵌套

在一个项目中，合成是独立存在的。不过在多个合成之间也存在着引用的关系，一个合成可以像素材文件一样导入到另一个合成中，形成合成之间的嵌套关系，如图 1-64 所示。

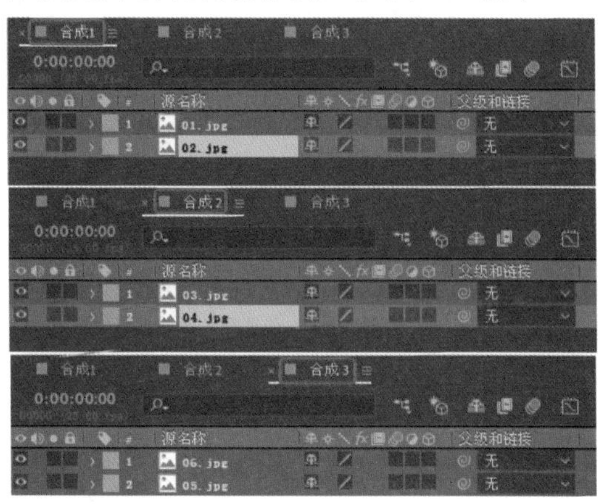

图 1-64

合成之间不能相互嵌套，只能是一个合成嵌套着另一个合成。使用流程图可方便地查看它们之间的关系，如图 1-65 所示。

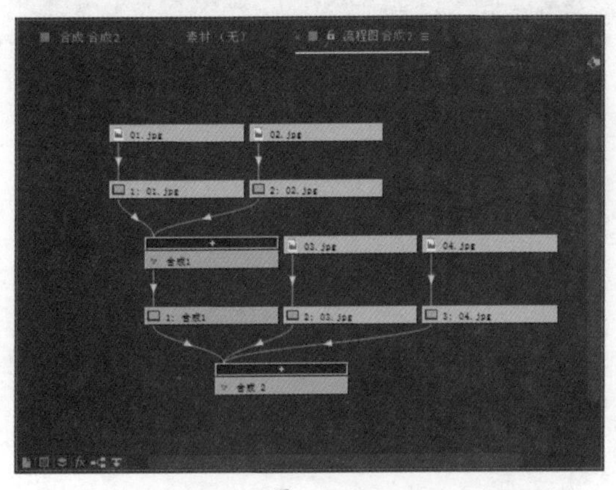

图 1-65

合成的嵌套在后期合成制作中起到很重要的作用，因为并不是所有的制作都在一个合成中完成，在制作一些复杂的效果时都可能用到合成的嵌套。在对多个图层应用相同设置时，可通过合成嵌套为这些图层所在的合成进行该设置，这样可以节省时间，提高工作效率。

1.7 在项目中导入素材

在 After Effects 2020 中，虽然能够使用矢量图形制作视频动画，但是丰富的外部素材才是视频动画中的基础元素，比如视频、音频、图像、序列图片等，所以如何导入不同类型的素材，才是视频动画制作的关键。

1.7.1 导入素材的方法

在进行影片的编辑时，一般首要的任务是导入要编辑的素材文件，素材的导入主要是将素材导入到【项目】面板中或相关文件夹中。向【项目】面板中导入素材的方法有以下几种。

◎ 执行菜单栏中的【文件】|【导入】|【文件】命令，或按 Ctrl+I 组合键，在打开的【导入文件】对话框中选择要导入的素材，然后单击【导入】按钮即可。

◎ 在【项目】面板的空白区域右击，在弹出的快捷菜单中选择【导入】|【文件】命令，在打开的【导入文件】对话框中选择需要导入的素材，然后单击【导入】按钮即可。

◎ 在【项目】面板的空白区域双击，在打开的【导入文件】对话框中选择需要导入的素材，然后单击【导入】按钮即可。

◎ 在 Windows 的资源管理器中选择需要导入的文件，然后直接将其拖动到 After Effects 2020 软件的【项目】面板中即可。

【实战】导入单个素材文件

在 After Effects 2020 中，导入单个素材文件是素材导入的最基本操作，其操作方法如下。

素材	素材 \Cha01\02.jpg
场景	场景 \Cha01\【实战】导入单个素材文件 .aep
视频	视频教学 \Cha01\【实战】导入单个素材文件 .mp4

01 在【项目】面板的空白区域右击，在弹出的快捷菜单中选择【导入】|【文件】命令，如图 1-66 所示。

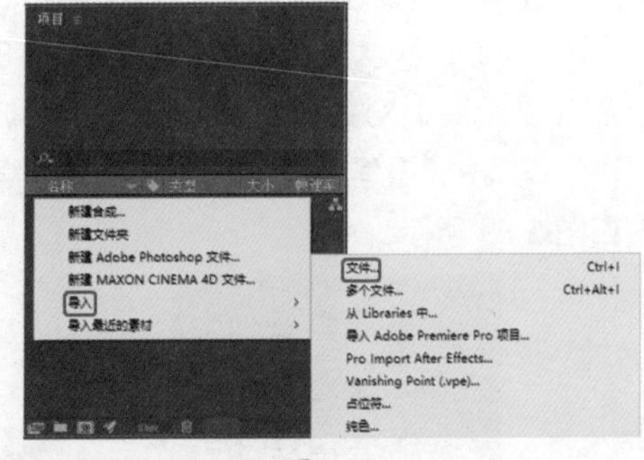

图 1-66

02 在弹出的【导入文件】对话框中选择“素材 \Cha01\02.jpg”素材图片，如图 1-67 所示。单击【导入】按钮，即可导入素材。

图 1-67

【实战】导入多个素材文件

在导入文件时可同时导入多个文件，这样可节省操作时间。导入多个素材文件的操作方法如下。

素材	素材 \Cha01\01.jpg、02.jpg、03.jpg
场景	场景 \Cha01\【实战】导入多个素材文件 .aep
视频	视频教学 \Cha01\【实战】导入多个素材文件 .mp4

01 在菜单栏中选择【文件】|【导入】|【多个文件】命令，打开【导入多个文件】对话框。

02 选择导入的素材文件，在按住 Ctrl 键或 Shift 键的同时单击要导入的文件，如图 1-68 所示。

图 1-68

03 单击【导入】按钮，即可将选中的素材导入到【项目】面板中，如图 1-69 所示。

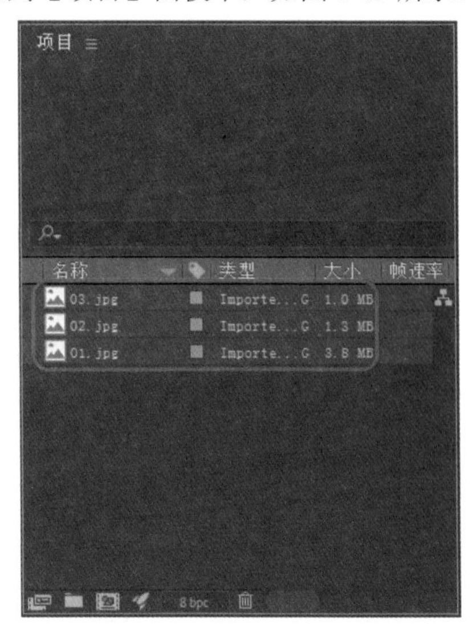

图 1-69

如果要导入的素材全部存在于一个文件夹中，可在【导入多个文件】对话框中选择该文件夹，然后单击【导入文件夹】按钮，即可将其导入【项目】面板中。

【实战】导入序列图片

在使用三维动画软件输出作品时，经常会将其渲染成序列图像文件。序列文件是指由若干张按顺序排列的图片组成的一个图片序列，每张图片代表一帧，记录运动的影像。下面将介绍如何导入序列图片，其具体操作步骤如下。

素材	素材 \Cha01\ 序列图片
场景	场景 \Cha01\【实战】导入序列图片 .aep
视频	视频教学 \Cha01\【实战】导入序列图片 .mp4

01 在菜单栏中选择【文件】|【导入】|【文件】命令，打开【导入文件】对话框。

02 选择"素材 \Cha01\01.jpg"素材文件，在该文件夹中选择一个序列图片，然后选中【Importer JPEG 序列】复选框，如图 1-70 所示。

图 1-70

03 单击【导入】按钮，即可导入序列图片，如图 1-71 所示。

图 1-71

04 在【项目】面板中双击序列文件，在【合成】面板中将其打开，按空格键即可进行预览，效果如图 1-72 所示。

图 1-72

■ 1.7.2 导入 Photoshop 文件

After Effects 与 Photoshop 同为 Adobe 公司开发的软件，两款软件各有所长，且 After Effects 对 Photoshop 文件有很好的兼容性。使用 Photoshop 来处理 After Effects 所需的静态图像元素，可拓展思路，创作出更好的效果。在将 Photoshop 文件导入 After Effects 中时，有多种导入方法，产生的效果也有所不同。

1. 将 Photoshop 文件以合并层的方式导入

01 按 Ctrl+I 组合键，在弹出的对话框中选择“素材\Cha01\07.psd”素材文件，如图 1-73 所示。

图 1-73

02 单击【导入】按钮，在弹出的对话框中使用其默认参数，如图 1-74 所示。

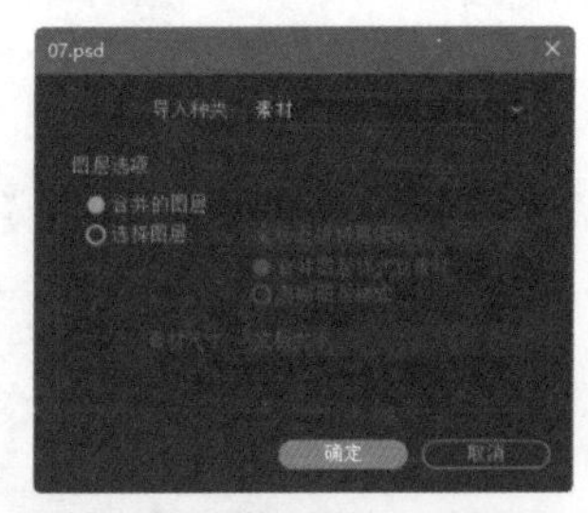

图 1-74

03 单击【确定】按钮，即可将选中的素材文件导入至软件中，效果如图 1-75 所示。

图 1-75

2. 导入 Photoshop 文件中的某一层

01 按 Ctrl+I 组合键，在弹出的对话框中选择“素材\Cha01\07.psd”素材文件，单击【导入】按钮，在弹出的对话框中选中【选择图层】单选按钮，将图层设置为【背景】，如图 1-76 所示。

图 1-76

02 设置完成后，单击【确定】按钮，即可导入选中的图层，如图 1-77 所示。

3. 以合成方式导入 Photoshop 文件

除了上述两种方法外，用户还可以将 Photoshop 文件以合成文件的方式导入至软件中，并在导入的 07.psd 对话框中设置导入类型，如图 1-78 所示。

图 1-77

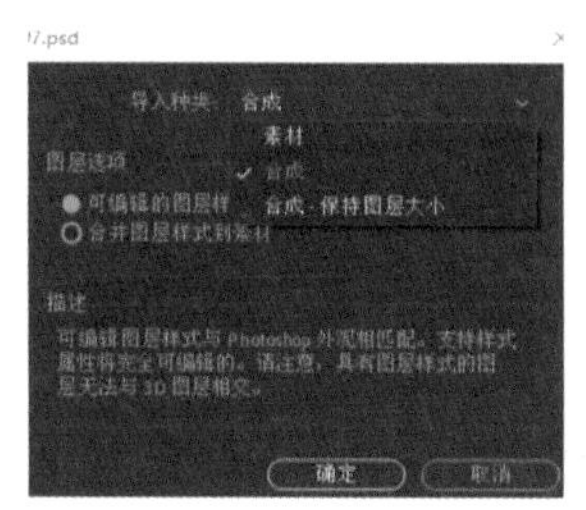

图 1-78

课后项目练习 导入 PSD 分层素材

在 After Effects 2020 中导入 PSD 分层素材，效果如图 1-79 所示。

课后项目练习效果展示

图 1-79

课后项目练习过程概要

01 在【项目】面板的空白区域右击，单击【导入】按钮。

02 在弹出的对话框中选中【选择图层】单选按钮，将图层设置为【背景】，单击【确定】按钮。

素材	素材\Cha01\08.psd
场景	无
视频	视频教学\Cha01\导入 PSD 分层素材 .mp4

01 启动软件后，选择【文件】|【导入】|【文件】命令，也可以按 Ctrl+I 组合键，如图 1-80 所示，打开【导入文件】对话框。

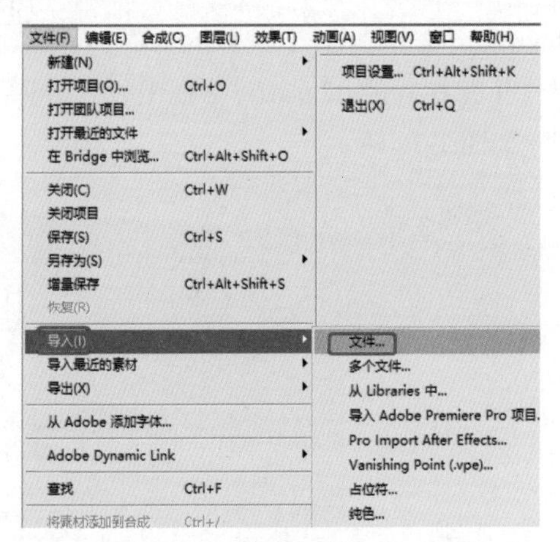

图 1-80

02 选择“素材\Cha01\08.psd”素材文件，单击【导入】按钮，弹出如图 1-81 所示的对话框。

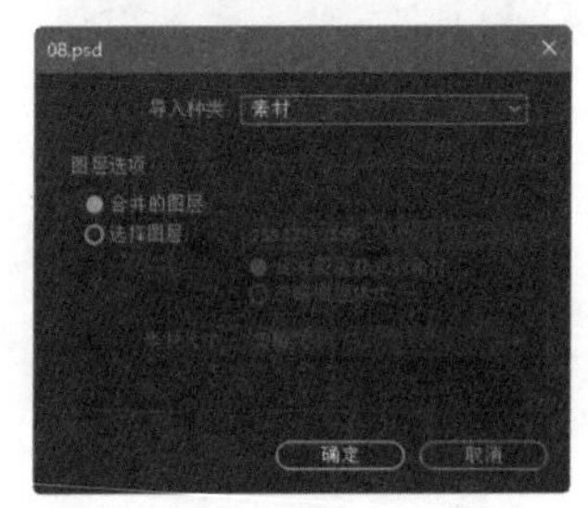

图 1-81

知识链接：PSD 格式

PSD 是 Adobe 公司的图形设计软件 Photoshop 的专用格式。PSD 文件可以存储成 RGB 或 CMYK 模式，还能够自定义颜色数并加以存储，还可以保存 Photoshop 的层、通道、路径等信息，是目前唯一能够支持全部图像色彩模式的格式。

03 将图像导入【项目】面板中，该图像是一个合并图层的文件。双击该文件，在【素材 08.psd】面板中即可查看该素材文件，如图 1-82 所示。

04 选中【项目】面板中的素材，按 Delete 键删除，再次使用导入文件的命令，并导入 08.psd 素材。在打开的对话框中，选中【图层选项】选项组中的【选择图层】单选按钮，并单击右侧的下三角按钮，从弹出的下拉列表中选择【背景】选项，单击【确定】按钮，如图 1-83 所示。

图 1-82

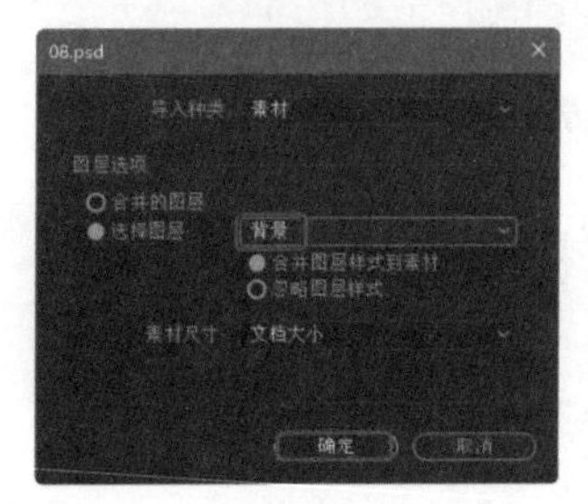

图 1-83

05 将图层导入【项目】面板中，双击该图层文件，在【素材背景/08.psd】面板中可以查看该图层文件，如图 1-84 所示。

图 1-84

第 02 章

科技信息展示——关键帧动画与运动控制

本章导读：

本章详细介绍关键帧在视频动画中的创建、编辑和应用，以及与关键帧动画相关的动画控制功能。关键帧部分包括关键帧的设置、选择、移动和删除。高级动画控制部分包括图表编辑器、时间控制、动态草图等，这些设置可使我们制作出更复杂的动画效果，而运动跟踪技术更是制作高级效果所必备的技术。

案例精讲
科技信息展示

为了更好地完成本设计案例，现对制作要求及设计内容做如下规划，最终效果如图2-1所示。

作品名称	科技信息展示
设计创意	通过设置关键帧，添加特效制作科技信息展示动画效果
主要元素	（1）科技信息展示素材 （2）创建文字
应用软件	Adobe After Effects 2020
素材	素材 \Cha02\ 科技信息展示素材 .aep
场景	场景 \Cha02\【案例精讲】科技信息展示 .aep
视频	视频教学 \Cha02\【案例精讲】科技信息展示 .mp4
科技信息展示效果欣赏	中原科技 ZHONG YUAN TECHNOLOGY 图 2-1
备注	

01 按 Ctrl+O 组合键，打开“素材 \Cha02\ 科技信息展示素材 .aep”素材文件，在【项目】面板中选择“视频素材 02.mp4”文件，将其拖至【时间轴】面板中，并修改名称为“视频素材 02”，如图 2-2 所示。

02 在【时间轴】面板中拖动时间线，在【合成】面板中观察视频效果，如图 2-3 所示。

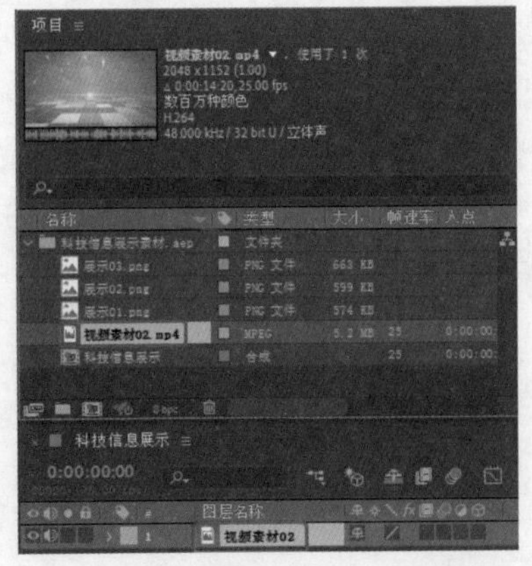

图 2-2

图 2-3

03 在【项目】面板中将“展示 02.png”素材文件拖至【时间轴】面板中，将其名称修改为“展示 02”，并将【缩放】设置为 35, 35%，如图 2-4 所示。

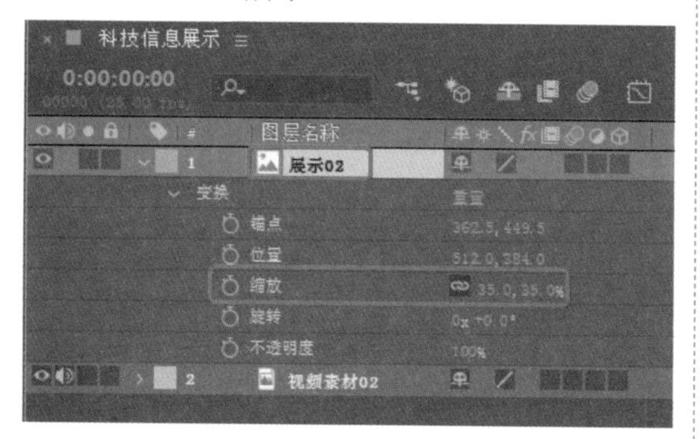

图 2-4

04 在【合成】面板中查看设置缩放后的效果，如图 2-5 所示。

图 2-5

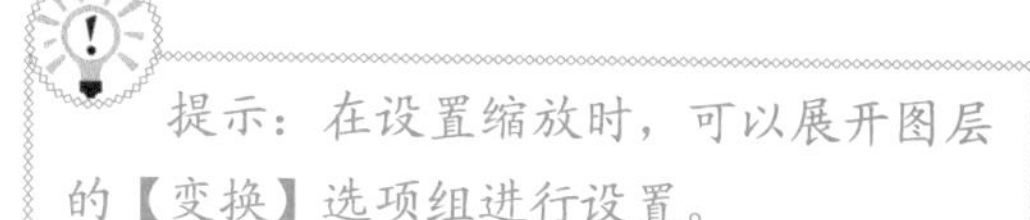

提示：在设置缩放时，可以展开图层的【变换】选项组进行设置。

05 在【时间轴】面板中单击底部的按钮，此时可以对素材的【入】、【出】【持续时间】和【伸缩】进行设定，将【入】设置为0:00:00:00，将【持续时间】设置为 0:00:03:00，如图 2-6 所示。

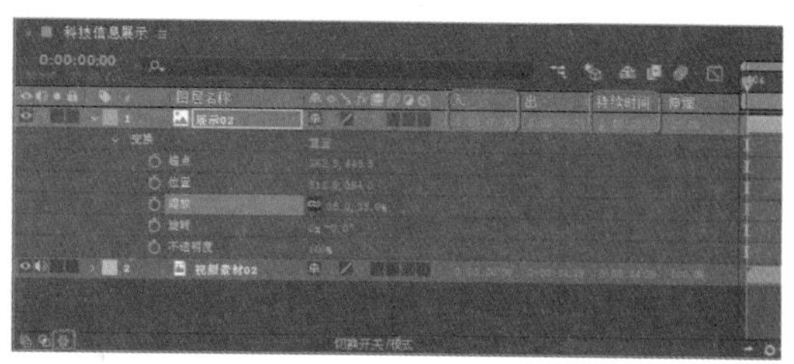

图 2-6

提示：在设置【入】参数时，也可以首先设置当前时间，例如将当前时间设置为 0:00:11:00，此时按住 Alt 键单击【入】下面的时间数值，则素材图层的起始位置将处于 0:00:11:00。

06 将当前时间设置为 0:00:01:00，在【时间轴】面板中展开“展示 02”图层的【变换】选项组，单击【位置】前面的【添加关键帧】按钮，添加关键帧，并将【位置】设置为 833, 384，如图 2-7 所示。

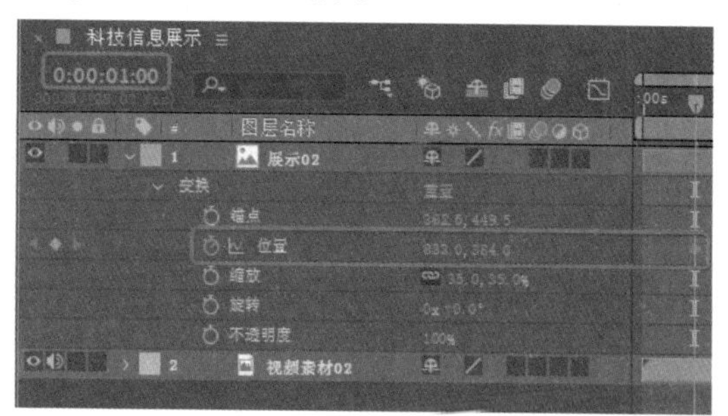

图 2-7

07 此时在【合成】面板中可以观察科技信息展示 0:00:01:00 的效果，如图 2-8 所示。

08 将当前时间设置为 0:00:02:00，并将【位置】设置为 202, 384，如图 2-9 所示。

图 2-8

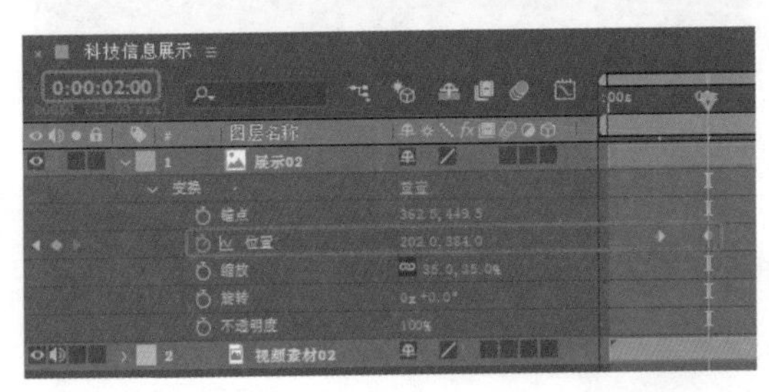
图 2-9

09 此时在【合成】面板中可以观察科技信息展示 0:00:02:00 的效果，如图 2-10 所示。

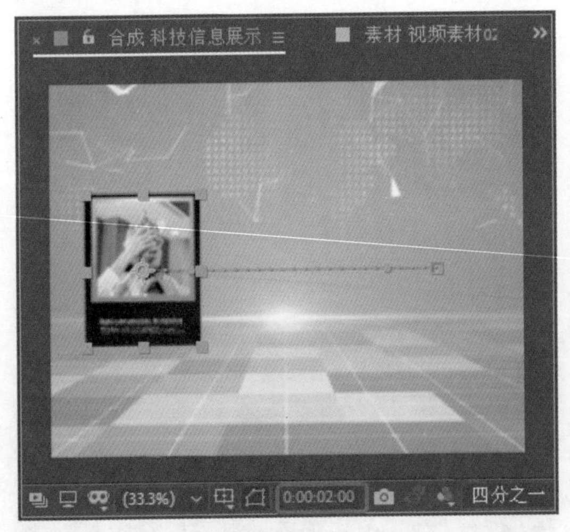
图 2-10

10 在【项目】面板中选择“展示 01.png”素材文件并将其拖至【时间轴】面板中，将其放置到“展示 02”图层的上方，修改名称为“展示 01”，将【入】设置为 0:00:00:00，将【持续时间】设置为 0:00:03:00，如图 2-11 所示。

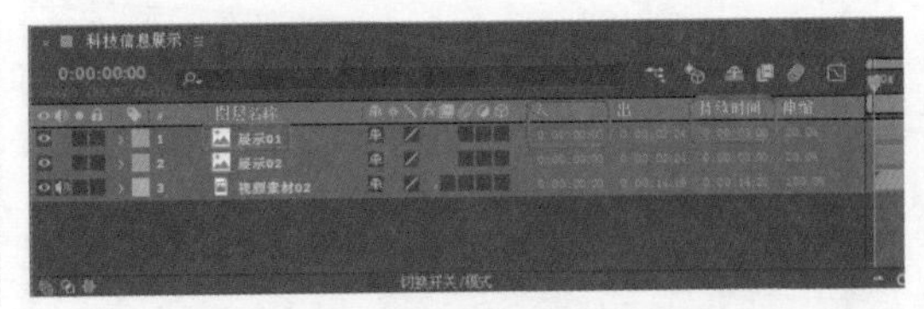
图 2-11

11 将当前时间设置为 0:00:01:00，展开“展示 01”图层的【变换】选项组，分别单击【位置】和【缩放】前面的【添加关键帧】按钮，并将【位置】设置为 202, 384，将【缩放】设置为 35, 35%，如图 2-12 所示。

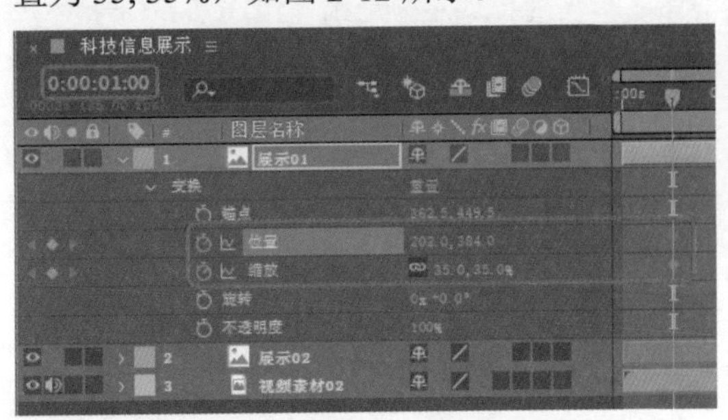
图 2-12

12 此时在【合成】面板中可以观察科技信息展示 0:00:01:00 的效果，如图 2-13 所示。

图 2-13

13 将当前时间设置为 0:00:02:00，在【时间轴】面板中展开“展示 01”图层的【变换】选项组，并将【位置】设置为 512, 384，将【缩放】设置为 40, 40%，如图 2-14 所示。

14 此时在【合成】面板中可以观察科技信息展示 0:00:02:00 的效果，如图 2-15 所示。

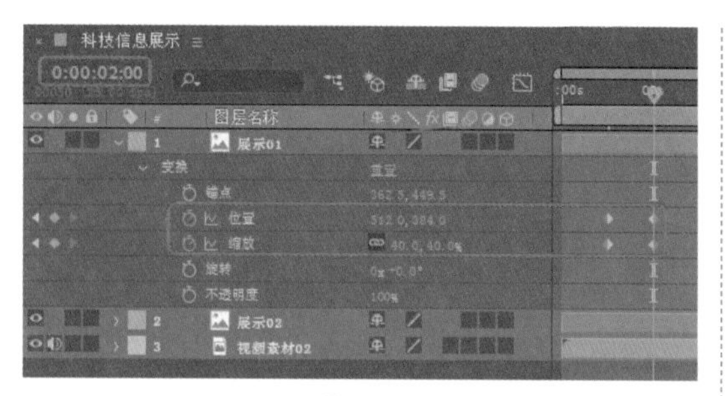

图 2-14

图 2-15

15 在【项目】面板中选择“展示 03.png”素材文件并将其拖至【时间轴】面板中，将其放置在“展示 01”图层的上方，修改名称为“展示 03”，将【入】设置为 0:00:00:00，将【持续时间】设置为 0:00:03:00，如图 2-16 所示。

图 2-16

16 将当前时间设置为 0:00:01:00，在【时间轴】面板中展开“展示 03”图层的【变换】选项组，单击【位置】和【缩放】前面的【添加关键帧】按钮，添加关键帧，并将【位置】设置为 512, 384，将【缩放】设置为 40, 40%，如图 2-17 所示。

17 此时在【合成】面板中可以观察科技信息展示 0:00:01:00 的效果，如图 2-18 所示。

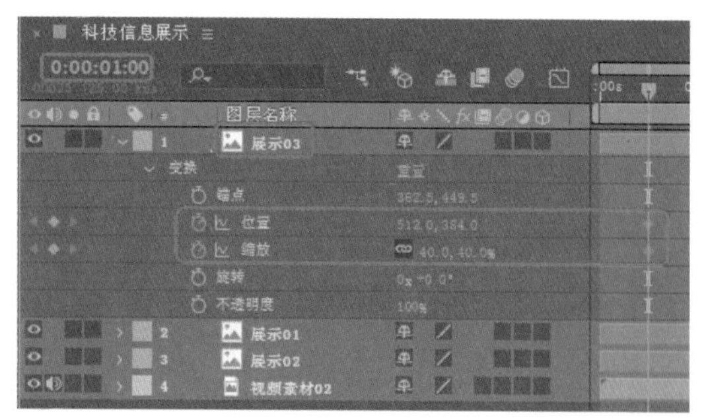

图 2-17

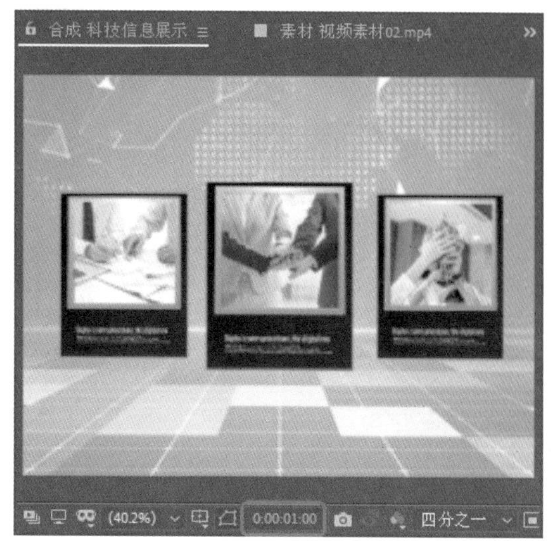

图 2-18

18 将当前时间设置为 0:00:02:00，在【时间轴】面板中展开“展示 03”图层的【变换】选项组，并将【位置】设置为 833, 384，将【缩放】设置为 35, 35%，如图 2-19 所示。

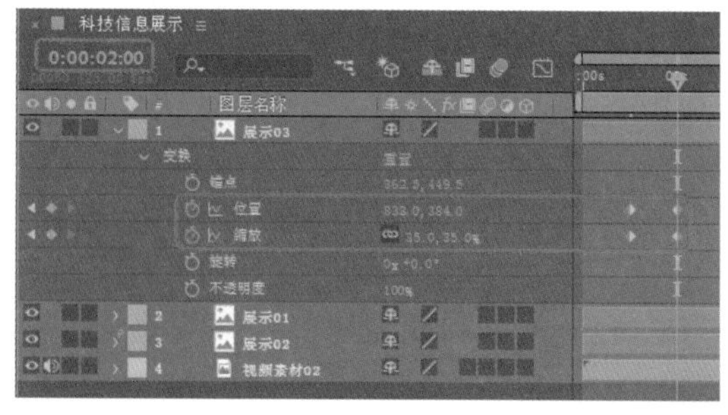

图 2-19

19 此时在【合成】面板中可以观察科技信息展示 0:00:02:00 的效果，如图 2-20 所示。

20 使用同样的方法制作其他的科技信息展示效果，设置相应的关键帧动画，如图 2-21 所示。

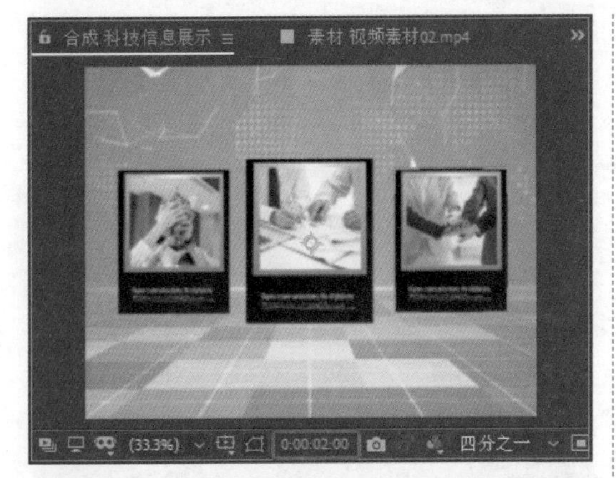

图 2-20

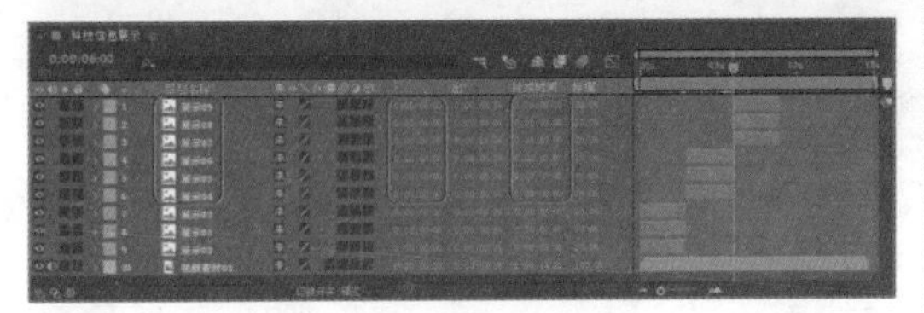
图 2-21

21 在工具栏中选择【横排文字工具】T，输入“中原科技”，在【字符】面板中，将【字体】设置为【长城新艺体】，将【字体大小】设置为138像素，将【字符间距】设置为300，【字体颜色】的RGB值设置为46、92、169，并适当调整文字的位置，如图2-22所示。

图 2-22

22 继续使用【横排文字工具】T输入文字ZHONG YUAN TECHNOLOGY，在【字符】面板中，将【字体】设置为【长城新艺体】，将【字体大小】设置为66像素，将【字符间距】设置为0，【字体颜色】的RGB值设置为46、92、169，单击【全部大写字母】按钮TT，并适当调整文本的位置，如图2-23所示。

图 2-23

23 在【时间轴】面板中选择上一步创建的两个文字图层，将【入】设置为0:00:09:00，将【持续时间】设置为0:00:05:18，如图2-24所示。

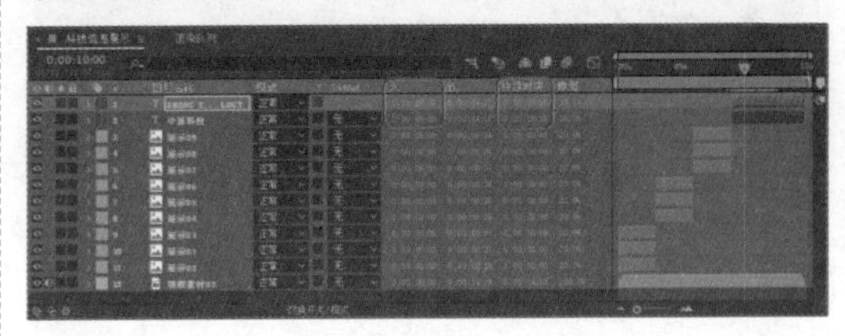
图 2-24

24 将当前时间设置为0:00:09:05，在【效果和预设】面板中选择【动画预设】| Text | Animate In |【平滑移入】特效，分别将其添加到两个文字图层上。当时间为0:00:10:00时，在【合成】面板中查看效果，如图2-25所示。

图 2-25

2.1 关键帧的概念

After Effects通过关键帧创建和控制动画，即在不同的时间点对对象属性进行变化，而时间点间的变化则由计算机来完成。

当对一个图层的某个参数设置一个关键帧时，表示该层的某个参数在当前时间有了一个固定值，而在另一个时间点设置了不同的参数后，在这一段时间中，该参数的值会由前一个关键帧向后一个关键帧变化。After Effects 通过计算会自动生成两个关键帧之间参数变化时的过渡画面，当这些画面连续地播放，就形成了视频动画的效果。

在 After Effects 中，关键帧的创建是在【时间轴】面板中进行的，本质上就是为层的属性设置动画。在可以设置关键帧属性的效果和参数左侧都有一个按钮，单击该按钮，图标变为状态，这样就打开了关键帧记录，并在当前的时间位置设置了一个关键帧，如图 2-26 所示。

将时间轴移至一个新的时间位置，对设置关键帧属性的参数进行修改，此时即可在当前的时间位置自动生成一个关键帧，如图 2-27 所示。

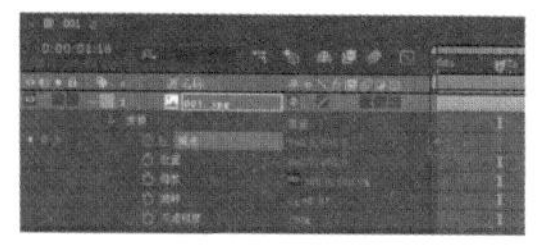
图 2-26

图 2-27

如果在一个新的时间位置，设置一个与前一关键帧参数相同的关键帧，可直接单击【关键帧导航】中的【在当前时间添加或移除关键帧】按钮，当按钮转换为状态，即可创建关键帧，如图 2-28 所示。

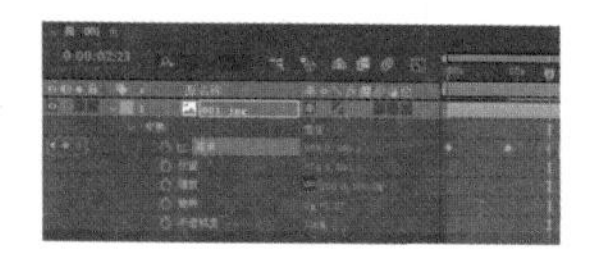
图 2-28

其中，表示跳转到上一帧；表示跳转到下一帧。当【关键帧导航】显示为时，表示当前关键帧左侧有关键帧；当【关键帧导航】显示为时，表示当前关键帧右侧有关键帧；当【关键帧导航】显示为时，表示当前关键帧左侧和右侧都有关键帧。

在【效果控件】面板中，也可以为特效设置关键帧。单击参数前的按钮，就可打开动画关键帧记录，并添加一处关键帧，因此，只要在不同的时间点改变参数，即可添加一处关键帧。添加的关键帧会在【时间轴】面板中该层的特效的相应位置显示出来，如图 2-29 所示。

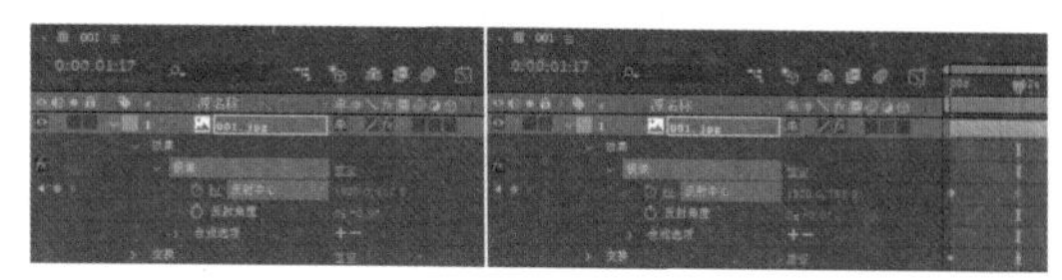
图 2-29

2.2 关键帧基础操作

在 After Effects 中通过对素材位置、比例、旋转、透明度等参数的设置以及在相应的时间点设置关键帧的操作可以制作简单的动画。

2.2.1 锚点设置

单击【时间轴】面板中素材名称左边的小三角，可以打开各属性的参数控制，如图 2-30 所示。

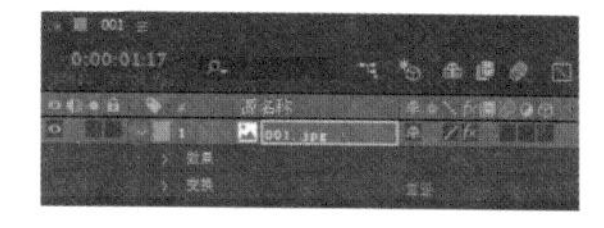
图 2-30

【锚点】是通过改变参数的数值来定位素材的中心点，其下面的【旋转】、【缩放】都将以该中心点为中心执行。其参数的设置方法有多种，下面就来具体介绍一下。

◎ 单击带有下划线的参数值，可以将该参数值激活，如图 2-31 所示。在该激活输入框内输入所需的数值，然后单击【时间轴】面板的空白区域或按 Enter 键确认。

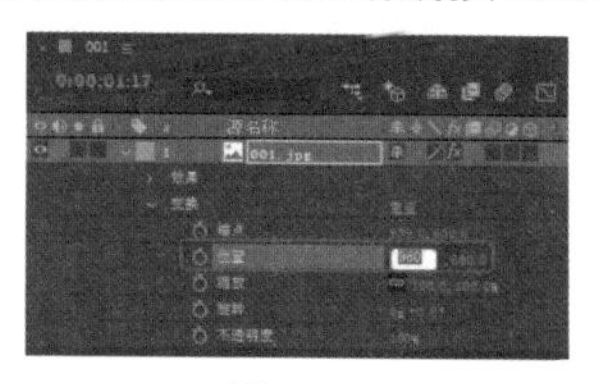
图 2-31

◎ 将鼠标指针放置在带有下划线的参数上，当鼠标指针变为双向箭头时，按住鼠标左键拖动，如图 2-32 所示。向左拖动将减小参数值，向右拖动将增大参数值。

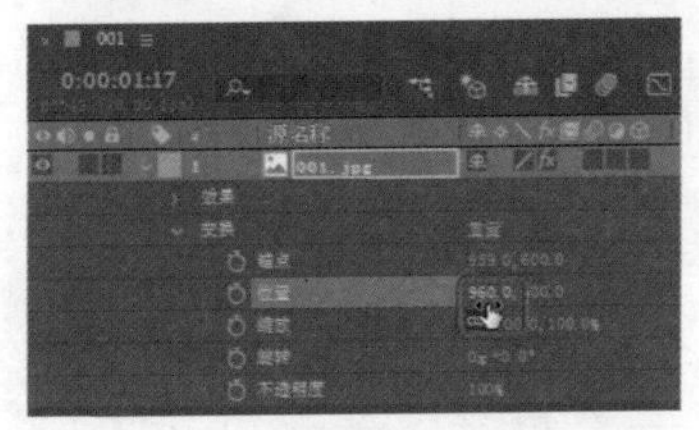

图 2-32

◎ 在属性名称上右击，在弹出的快捷菜单中选择【编辑值】命令，或在下划线上右击，从中选择【编辑值】命令，将打开相应的参数设置对话框。图 2-33 所示为锚点参数设置对话框，在该对话框中输入所需的数值，选择单位后，单击【确定】按钮进行调整。

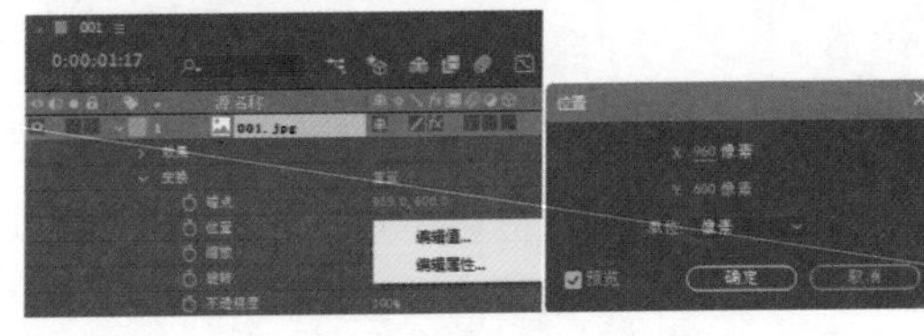

图 2-33

2.2.2 创建图层位置关键帧动画

图层位置是通过调节参数的大小来控制素材的位置，达到想要的效果。

创建图层位置关键帧动画的具体操作步骤如下。

01 将素材 001.jpg、002.jpg 导入【时间轴】面板中。

02 单击【时间轴】面板中素材名称左边的小三角，可以打开各属性的参数控制，然后单击【位置】属性前的按钮，打开关键帧，将时间滑块拖至图层结尾处，然后将【位置】参数设置为 75, 216.5，添加关键帧，如图 2-34 所示。

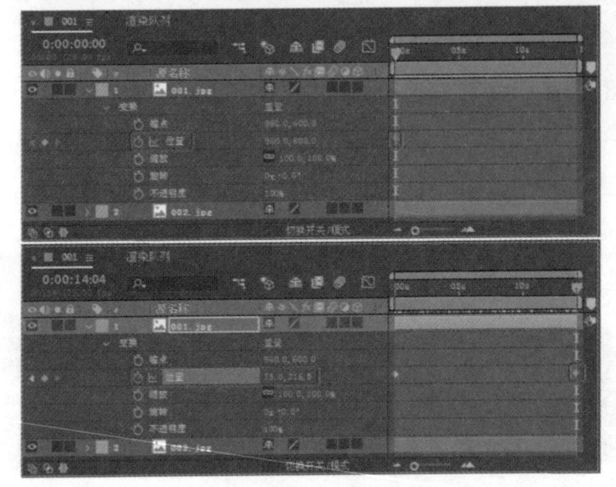

图 2-34

03 拖动时间滑块即可观看效果，如图 2-35 所示。

图 2-35

2.2.3 创建图层缩放关键帧动画

缩放是通过调节参数的大小来控制素材的大小，达到想要的效果。值得注意的是，当参数值前面出现【约束比例】图标时，表示可以同时改变相互链接的参数值，并且锁定它们之间的比例。单击该图标使其消失便可以取消参数锁定。

创建图层缩放关键帧动画的具体操作步骤如下。

01 将素材 003.jpg、004.jpg 导入【时间轴】面板中。

02 单击【时间轴】面板中素材名称左边的小三角，可以打开各属性的参数控制，将时间滑块拖动至图层开始位置处，然后单击【缩放】属性前的按钮，打开关键帧，将时间滑块拖动至图层结尾处，然后将【缩放】参数设置为0, 0%，添加关键帧，如图2-36所示。

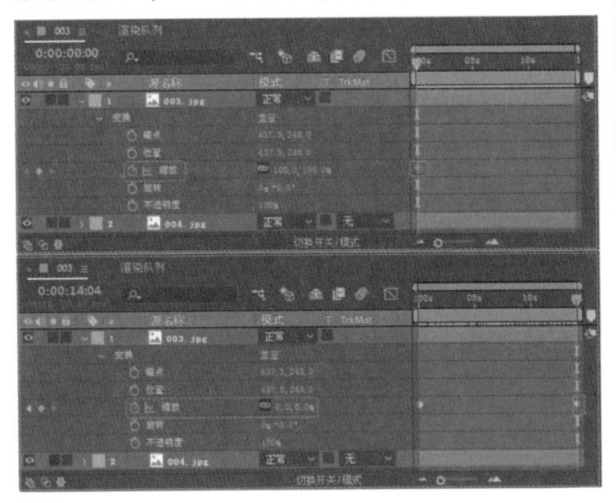

图 2-36

03 拖动时间滑块即可观看效果，如图2-37所示。

图 2-37

2.2.4 创建图层旋转关键帧动画

旋转是指以锚点为中心，通过调节参数来旋转素材，但是要注意改变参数的前后位置。改变前面数值的大小，将以圆周为单位来调节角度的变化，前面的参数增加或减少1，表示角度改变360°；改变后面数值的大小，将以度为单位来调节角度的变化，每增加360°，前面的参数值就递增一个数值，如图2-38所示。

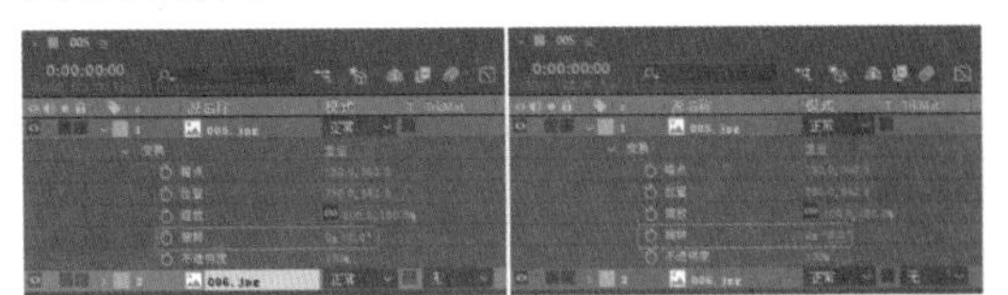

图 2-38

创建图层旋转关键帧动画的具体操作步骤如下。

01 将素材005.jpg、006.jpg导入【时间轴】面板中。

02 单击【时间轴】面板中素材名称左边的小三角，可以打开各属性的参数控制，将时间滑块拖动至图层开始位置处，然后单击【旋转】属性前的按钮，打开关键帧，将时间滑块拖动至图层结尾处，然后将【旋转】参数设置为2×+24.0°，添加关键帧，如图2-39所示。

图 2-39

03 拖动时间滑块即可观看效果，如图2-40所示。

图 2-40

■ 2.2.5 创建图层淡入动画

通过调节透明度参数的大小可以改变素材的透明度，达到想要的效果。

创建图层淡入动画的具体操作步骤如下。

01 将素材 007.jpg、008.jpg 导入【时间轴】面板中。

02 单击【时间轴】面板中素材名称左边的小三角，可以打开各属性的参数控制，将时间滑块拖动至图层开始位置处，然后将【不透明度】设置为 0%，单击【不透明度】属性前的按钮，打开关键帧，如图 2-41 所示。

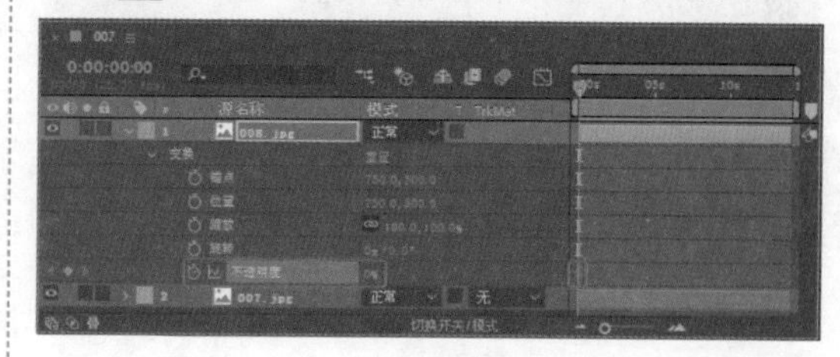

图 2-41

03 将时间滑块拖动至图层结尾处，然后将【不透明度】参数设置为 100%，添加关键帧，如图 2-42 所示。

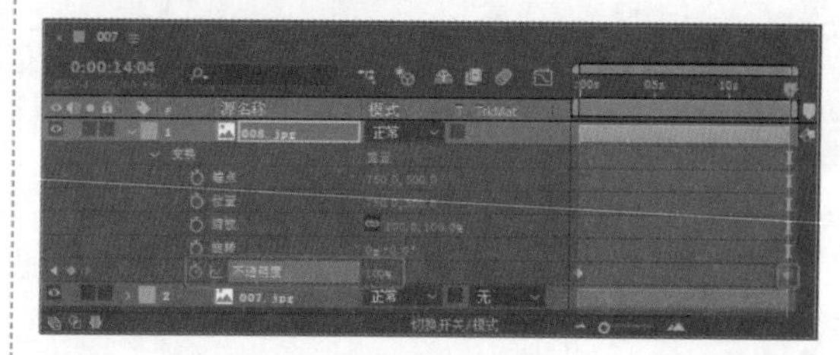

图 2-42

04 拖动时间滑块即可观看效果，如图 2-43 所示。

图 2-43

图 2-43（续）

【实战】利用关键帧制作不透明动画

本例将介绍如何利用关键帧制作不透明动画。首先新建合成，然后在【合成】面板中输入文字，在【时间轴】面板中设置【不透明度】关键帧，完成后的效果如图 2-44 所示。

图 2-44

素材	素材 \Cha02\L1.jpg
场景	场景 \Cha02\【实战】利用关键帧制作不透明动画 .aep
视频	视频教学 \Cha02\【实战】利用关键帧制作不透明动画 .mp4

01 启动软件后，在【项目】面板中双击鼠标，在弹出的对话框中选择“素材 \Cha02\L1.jpg”素材图片，单击【导入】按钮。在【项目】面板中右击，在弹出的快捷菜单中选择【新建合成】命令，弹出【合成设置】对话框，在【基本】选项卡中取消选中【锁定长宽比为 4:3（1.33）】复选框，将【宽度】、【高度】分别设置为 1024px、768px，将【帧速率】设置为 25 帧 / 秒，单击【确定】按钮，如图 2-45 所示。

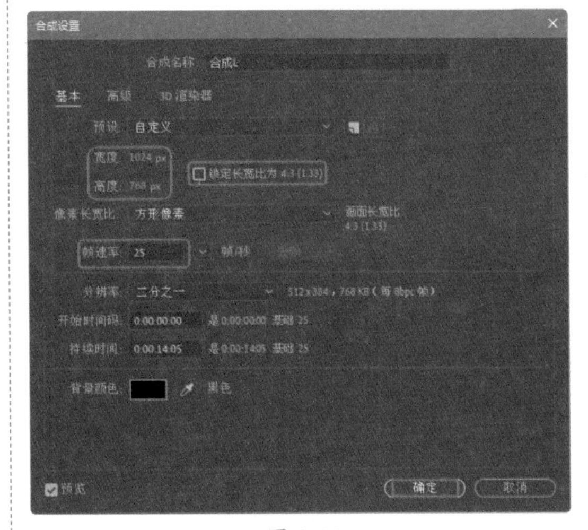

图 2-45

知识链接：像素长宽比

一般我们都知道 DVD 的分辨率是 720×576 或 720×480，屏幕宽高比为 4:3 或 16:9，但不是所有人都知道像素宽高比 (Pixel Aspect Ratio) 的概念。

4:3 或 16:9 是屏幕宽高比，但 720×576 或 720×480 如果纯粹按正方形像素算，屏幕宽高比却不是 4:3 或 16:9。

之所以会出现这种情况，是因为人们

忽略了一个重要概念：它们所使用的像素不是正方形的，而是长方形的！

这种长方形像素也有一个宽高比，叫像素宽高比 (Pixel Aspect Ratio)，这个值随制式不同而不同。

常见的像素宽高比如下。

PAL 窄屏 (4:3) 模式 (720×576)，像素宽高比 =1.067，所以，720×1.067 : 576 约等于 4:3。

PAL 宽屏 (16:9) 模式 (720×576)，像素宽高比 =1.422，同理，720×1.422 : 576 = 16:9。

NTSC 窄屏 (4:3) 模式 (720×480)，像素宽高比 =0.9，同理，720×0.9 : 480 = 4:3。

NTSC 宽屏 (16:9) 模式 (720×480)，像素宽高比 =1.2，同理，720×1.2 :480= 16:9。

02 将【项目】面板中的 L1.jpg 素材图片拖曳至【合成】面板中，在工具栏中单击【横排文字工具】按钮，在【合成】面板中单击，输入文字“MISS”。按 Ctrl+6 组合键打开【字符】面板，在该面板中将【字体】设置为【汉仪太极体简】，将【字体大小】设置为 65 像素，【字符间距】设置为 20，将【填充颜色】的 RGB 值设置为 193、11、11，如图 2-46 所示。

图 2-46

03 在【时间轴】面板中选择文字图层，将该图层展开，将【位置】设置为 178, 448，将【旋转】设置为 0×-15°，如图 2-47 所示。

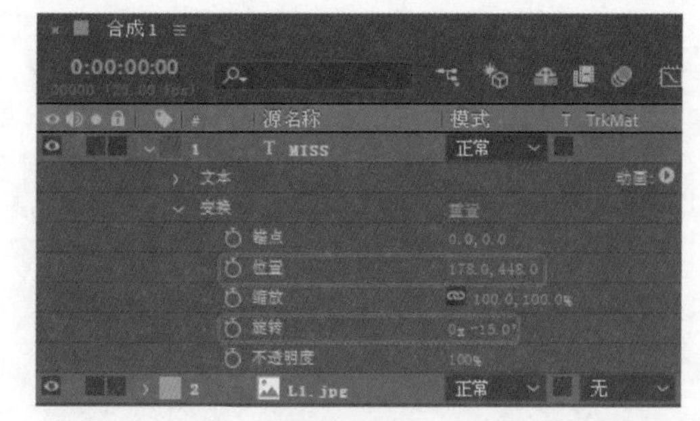

图 2-47

04 在【时间轴】面板的空白处右击，在弹出的快捷菜单中选择【新建】|【文本】命令。在【合成】面板中输入文字“YOU”，在【时间轴】面板中将【位置】设置为 212、510，将【旋转】设置为 0×-15°，在【合成】面板中的效果如图 2-48 所示。

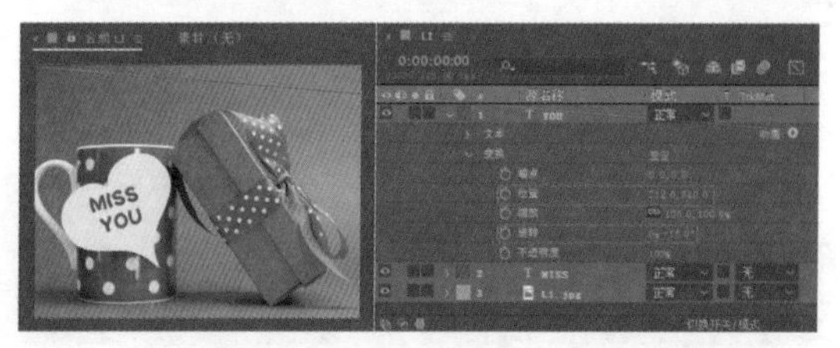

图 2-48

05 在【项目】面板中选择【合成 L】，右击，在弹出的快捷菜单中选择【合成设置】命令，在弹出的【合成设置】对话框中将【持续时间】设置为 00:00:05:00，单击【确定】按钮，如图 2-49 所示。

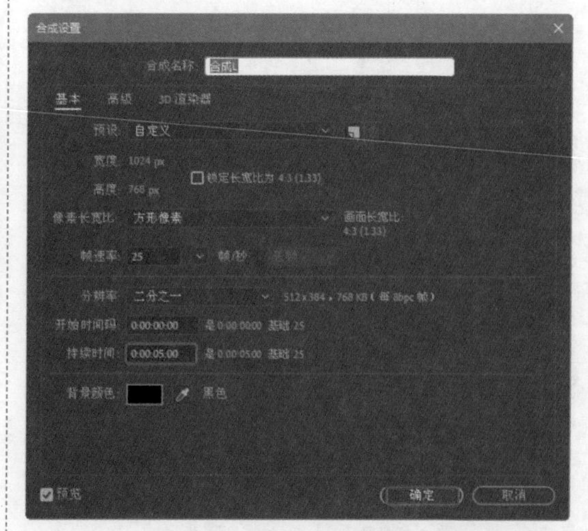

图 2-49

> 提示：当某个特定属性的秒表处于活动状态时，如果用户更改属性值，After Effects 将在当前时间自动添加或更改该属性的关键帧。

06 将当前时间设置为 0:00:00:00，选择 MISS 图层，将【不透明度】设置为 0%，单击其左侧的按钮，添加关键帧。将时间线拖动至 0:00:01:00 处，将【不透明度】设置为 100%，如图 2-50 所示。

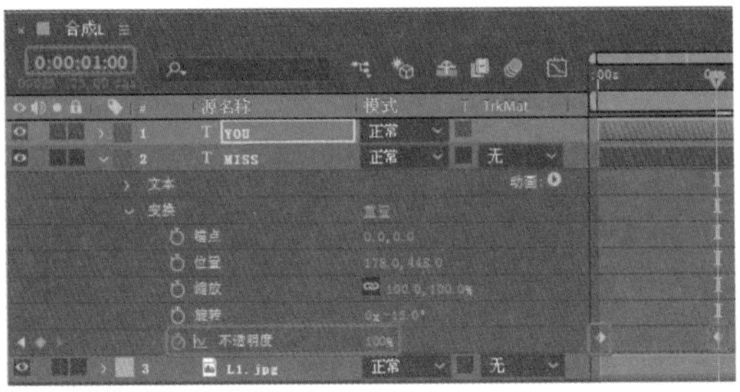

图 2-50

07 将当前时间设置为 0:00:01:00，选择 YOU 图层，将【不透明度】设置为 0%，单击其左侧的按钮，添加关键帧。将时间线拖动至 00:00:02:00 处，将【不透明度】设置为 100%，如图 2-51 所示。

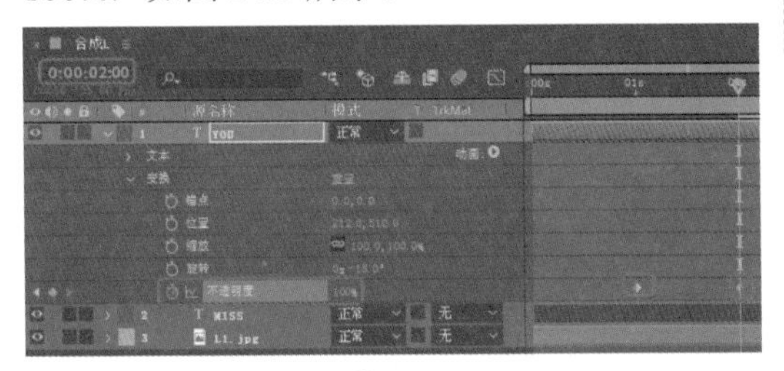

图 2-51

至此，使用关键帧制作不透明动画的操作就完成了。

2.3 编辑关键帧

在制作过程中的任何时间用户都可以对关键帧进行编辑。可以对关键帧进行修改参数、移动、复制等操作。

2.3.1 选择关键帧

根据选择关键帧的情况不同，可以有多种方法对关键帧进行选择。

◎ 在【时间轴】面板中单击要选择的关键帧，关键帧图标变为状态表示已被选中。

◎ 如果要选择多个关键帧，按住 Shift 键单击要选择的关键帧即可。也可使用鼠标拖出一个选框，对关键帧进行框选，如图 2-52 所示。

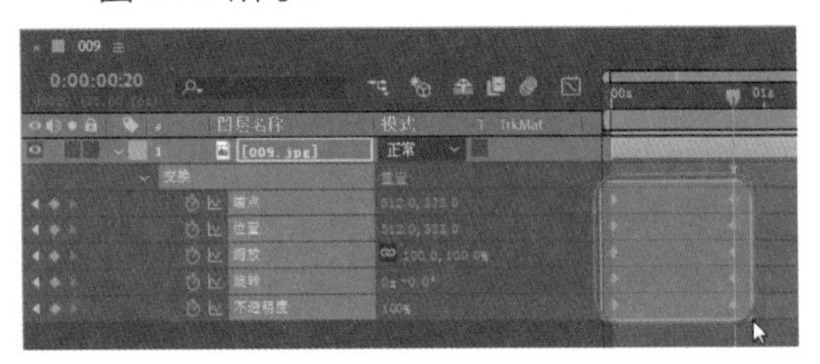

图 2-52

◎ 单击层的一个属性名称，可将该属性的关键帧全部选中，如图 2-53 所示。

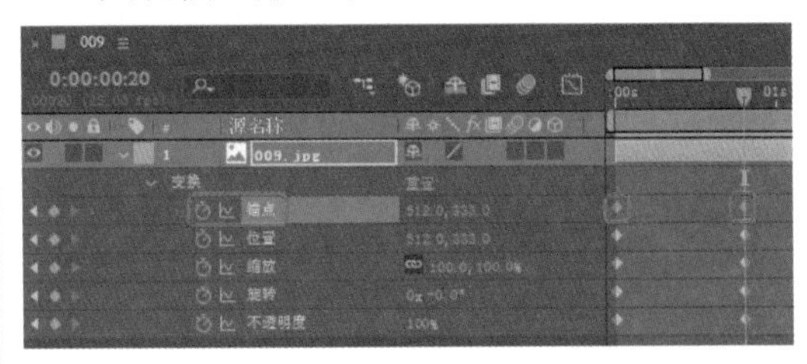

图 2-53

◎ 创建关键帧后，在【合成】面板中可以看到一条线段，并且在线上出现控制点，这些控制点就是设置的关键帧，只要单击这些控制点，就可以选择相对应的关键帧。选中的控制点以实心的方块显示，没选中的控制点则以空心的方块显示，如图 2-54 所示。

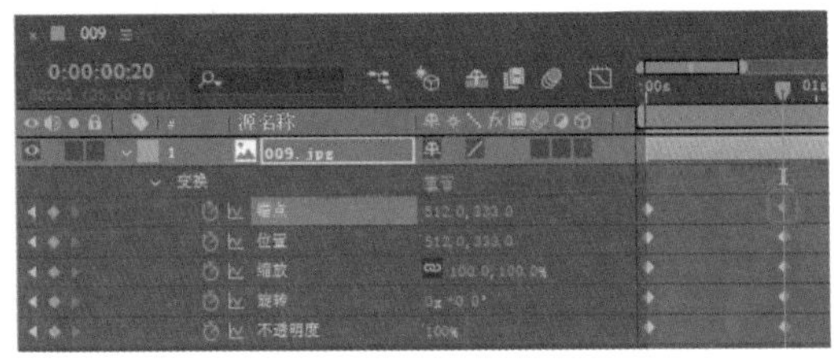

图 2-54

2.3.2 移动关键帧

◎ 移动单个关键帧：如果需要移动单个关键帧，可以选中需要移动的关键帧，直接用鼠标拖动至目标位置即可，如图 2-55 所示。

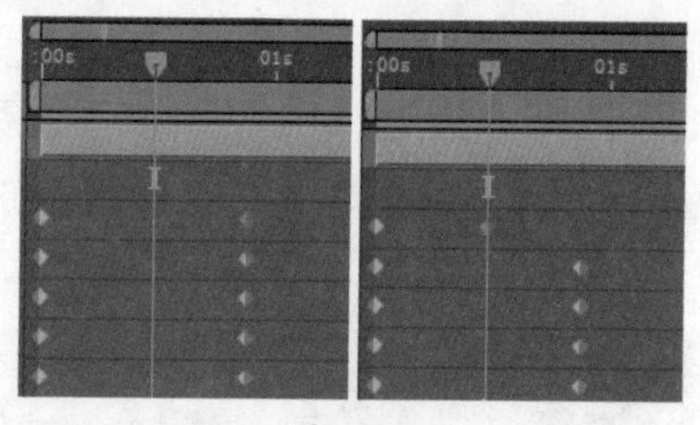

图 2-55

◎ 移动多个关键帧：如果需要移动多个关键帧，可以框选或者按住 Shift 键选择需要移动的多个关键帧，然后拖动至目标位置即可，如图 2-56 所示。

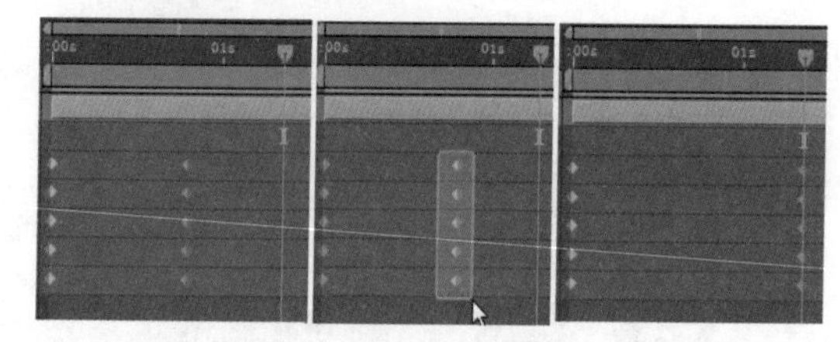

图 2-56

◎ 精确移动关键帧：为了将关键帧精确地移动到目标位置，通常先移动时间轴的位置，借助时间轴来精确移动关键帧。精确移动时间轴的方法如下。

◆ 先将时间轴移至大致的位置，然后按 Page Up(【向前】)键或 Page Down(【向后】)键进行逐帧的精确调整。

◆ 单击【时间轴】面板左上角的当前时间，此时当前时间变为可编辑状态，如图 2-57 所示。在其中输入精确的时间，然后按 Enter 键确认，即可将时间轴移至指定位置。

提示：按快捷键 Home 或 End，可将时间轴快速地移至时间的开始处或结束处。

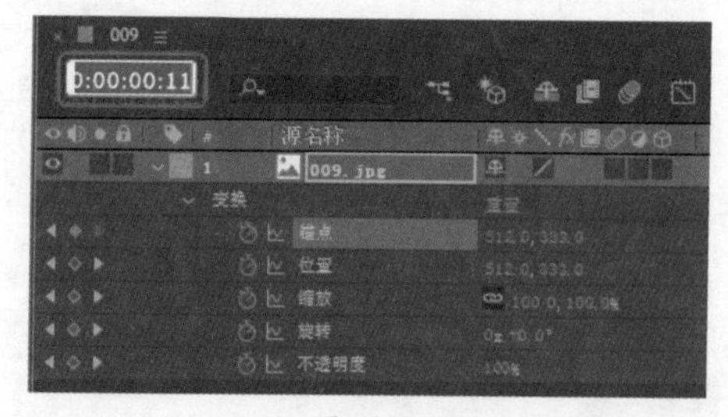

图 2-57

根据时间轴来移动关键帧的方法如下。

◎ 先将时间轴移至关键帧所要放置的位置，然后单击关键帧并按住 Shift 键进行移动，移至时间轴附近时，关键帧会自动吸附到时间轴上。这样，关键帧就被精确地移至指定的位置。

◎ 拉长或缩短关键帧：选择多个关键帧后，按住鼠标左键和 Alt 键的同时向外拖动可以拉长关键帧的距离，向内拖动可以缩短关键帧的距离，如图 2-58 所示。这种改变只是改变了所选关键帧的距离大小，关键帧间的相对距离是不变的。

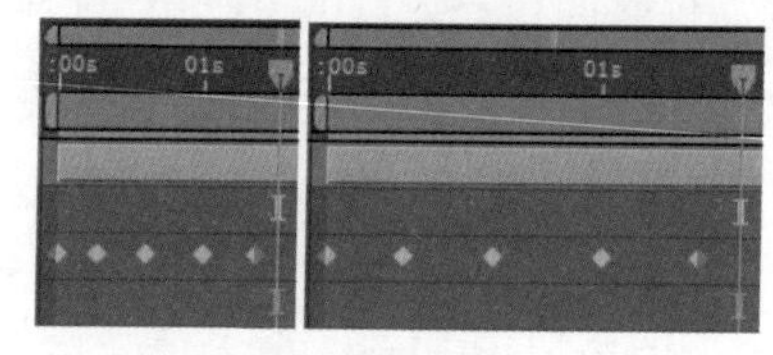

图 2-58

2.3.3 复制关键帧

如果要对多个层设置相同的运动效果，可先设置好一个图层的关键帧，然后对关键帧进行复制，将复制的关键帧粘贴给其他层。这样就节省了再次设置关键帧的时间，提高了工作效率。

◎ 选择一个图层的关键帧，在菜单栏中选择【编辑】|【复制】命令，对关键帧进行复制。然后选择目标层，在菜单栏中选择【编辑】|【粘贴】命令，粘贴关键帧。在对关键帧进行复制、粘贴时，可使用快捷键 Ctrl+C【复制】和 Ctrl+V【粘贴】来执行。

> 提示：在粘贴关键帧时，关键帧会粘贴在时间轴的位置。所以，一定要先将时间轴移至正确的位置，然后再执行粘贴。

2.3.4 删除关键帧

如果在操作时出现了失误，添加了多余的关键帧，就可以将不需要的关键帧删除。删除关键帧的方法有以下三种。

◎ 按钮删除：将时间轴调整至需要删除的关键帧位置，可以看到该属性左侧的【在当前时间添加或移除关键帧】按钮呈蓝色激活状态，单击该按钮，即可将当前时间位置的关键帧删除，如图 2-59 所示。删除完成后该按钮呈灰色，如图 2-60 所示。

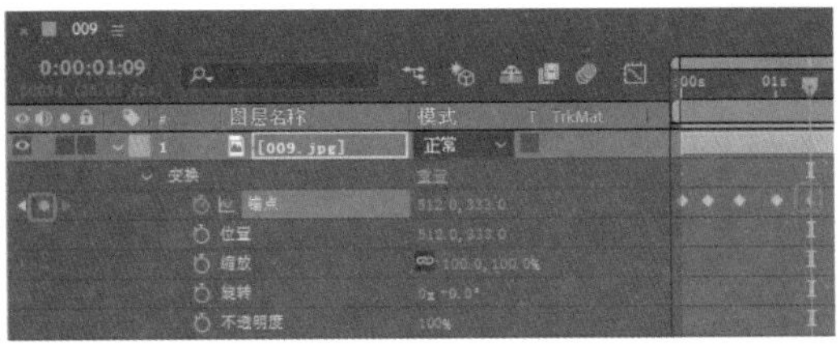

图 2-59

图 2-60

◎ 键盘删除：选择不需要的关键帧，按键盘上的 Delete 键，即可将选中的关键帧删除。

◎ 菜单删除：选择不需要的关键帧，执行菜单栏中的【编辑】|【清除】命令，即可将选中的关键帧删除。

2.3.5 改变显示方式

关键帧不但可以显示为方形，还可以显示为阿拉伯数字。

在【时间轴】面板的左上角单击按钮，在弹出的下拉菜单中选择【使用关键帧索引】命令，将关键帧以数字的形式显示，如图 2-61 所示。

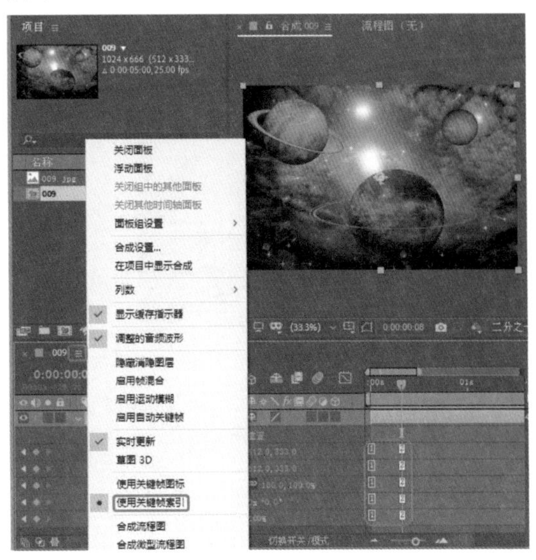

图 2-61

> 提示：使用数字形式显示关键帧时，关键帧会以数字顺序命名，即第一个关键帧为 1，依次往后排。当在两个关键帧之间添加一个关键帧后，该关键帧后面的关键帧会重新进行排序命名。

2.3.6 关键帧插值

After Effects 基于曲线进行插值控制。通过调节关键帧的方向手柄，对插值的属性进行调节。在不同时间，插值的关键帧在【时间轴】面板中的图标也不相同，如图 2-62 所示中的【线性插值】、【定格】、【自动贝塞尔曲线】、【连续贝塞尔曲线】。

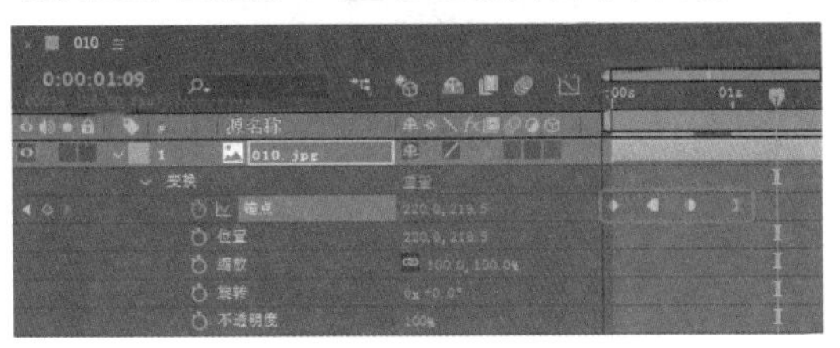

图 2-62

1．改变插值

在【时间轴】面板中线性插值的关键帧上右击，从弹出的快捷菜单中选择【关键帧插值】命令，打开【关键帧插值】对话框，如图 2-63 所示。

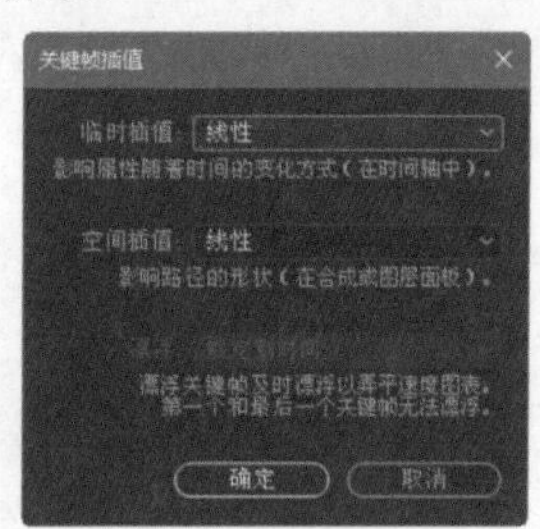

图 2-63

在【临时插值】与【空间插值】下拉列表框中可选择不同的插值方式。图 2-64 所示为不同的关键帧插值方式。

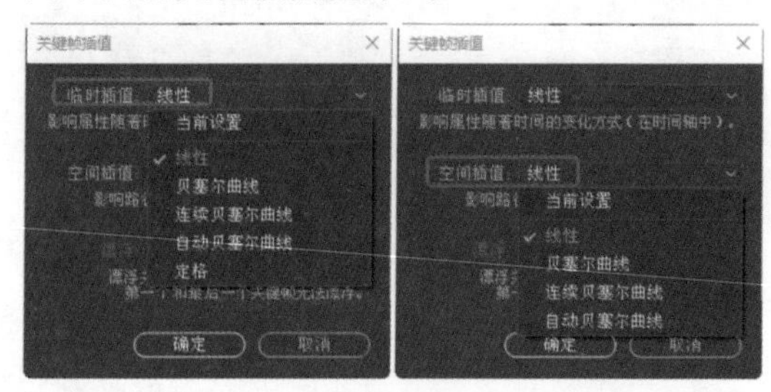

图 2-64

◎ 【当前设置】：保留已应用在所选关键帧上的插值。

◎ 【线性】：线性插值。

◎ 【贝塞尔曲线】：贝塞尔插值。

◎ 【连续贝塞尔曲线】：连续曲线插值。

◎ 【自动贝塞尔曲线】：自动曲线插值。

◎ 【定格】：静止插值。

在【漂浮】下拉列表框中可选择关键帧的空间或时间插值方法，如图 2-65 所示。

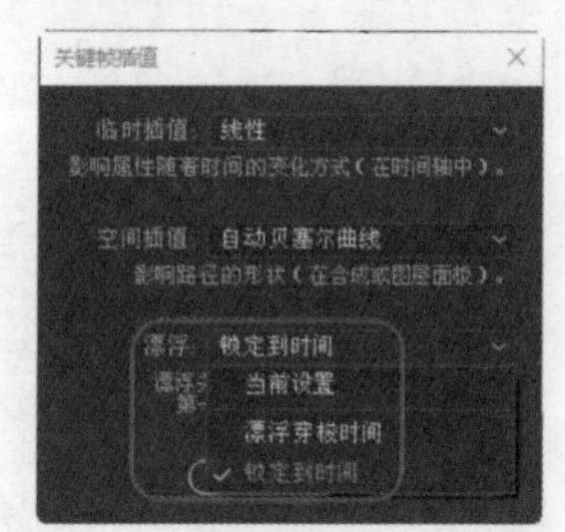

图 2-65

◎ 【当前设置】：保留当前设置。

◎ 【漂浮穿梭时间】：以当前关键帧的相邻关键帧为基准，通过自动变化它们在时间上的位置平滑当前关键帧变化率。

◎ 【锁定到时间】：保持当前关键帧在时间上的位置，只能手动进行移动。

提示：使用选择工具，按住 Ctrl 键的同时单击关键帧标记，即可改变当前关键帧的插值。但插值的变化取决于当前关键帧的插值方法。如果关键帧使用线性插值，则变为自动曲线插值；如果关键帧使用曲线插值、连续曲线插值或自动曲线插值，则变为线性插值。

2．插值介绍

1）【线性】插值

【线性】插值是 After Effects 默认的插值方式，它使关键帧产生相同的变化率，具有较强的变化节奏，但相对比较机械。

如果一个层上所有的关键帧都是线性插值方式，则从第一个关键帧开始匀速变化到第二个关键帧。到达第二个关键帧后，变化率转为第二至第三个关键帧的变化率，匀速变化到第三个关键帧。关键帧结束，其变化停止。在图表编辑器中可观察到线性插值关键帧之间的连接线段在值图中显示为直线，如图 2-66 所示。

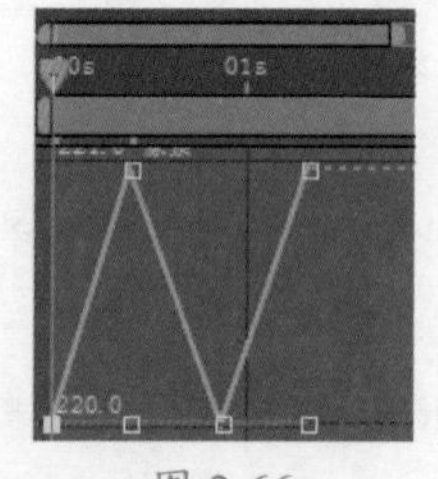

图 2-66

2）【贝塞尔曲线】插值

曲线插值方式的关键帧具有可调节的手柄，用于改变运动路径的形状，为关键帧提供精确的插值，具有很好的可控性。

如果层上的所有关键帧都使用曲线插值方式，则关键帧间都会有一个平稳的过渡。【贝塞尔曲线】插值通过保持方向手柄的位置平行于连接前一关键帧和下一关键帧的直线来实现。通过调节手柄，可以改变关键帧的变化率，如图 2-67 所示。

3）【连续贝塞尔曲线】插值

【连续贝塞尔曲线】插值同【贝塞尔曲线】插值相似，【连续贝塞尔曲线】插值在通过一个关键帧时，会产生一个平稳的变化率。与【贝塞尔曲线】插值不同的是，【连续贝塞尔曲线】插值的方向手柄在调整时只能保持直线，如图 2-68 所示。

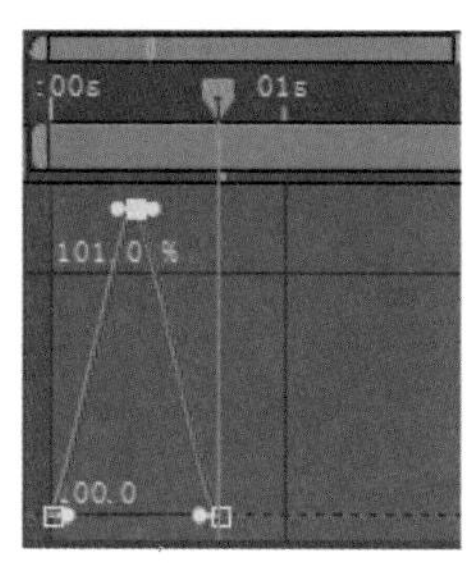

图 2-67

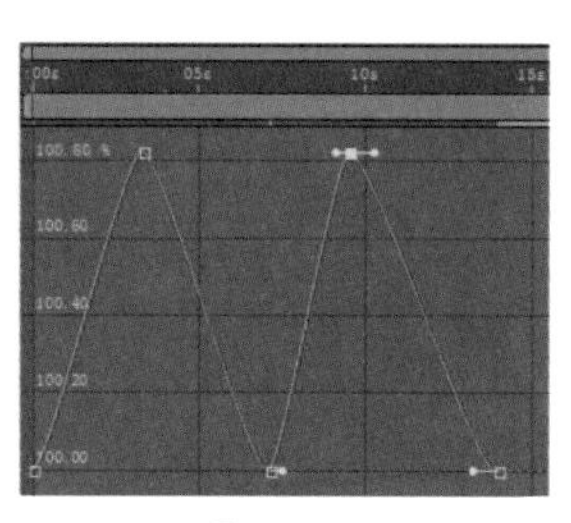

图 2-68

4）【自动贝塞尔曲线】插值

【自动贝塞尔曲线】插值在通过关键帧时会产生一个平稳的变化率。它可以对关键帧两边的路径进行自动调节。如果以手动方法调节【自动贝塞尔曲线】插值，则关键帧插值变为【连续贝塞尔曲线】插值，如图 2-69 所示。

5）【定格】插值

【定格】插值根据时间来改变关键帧的值，关键帧之间没有任何过渡。使用【定格】插值，第一个关键帧保持其值不变，在到下一个关键帧时，值立即变为下一关键帧的值，如图 2-70 所示。

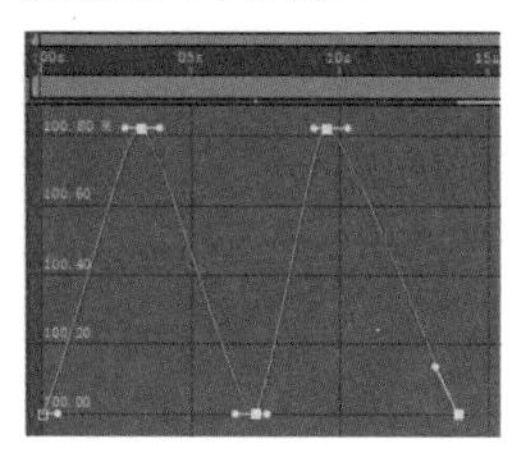

图 2-69

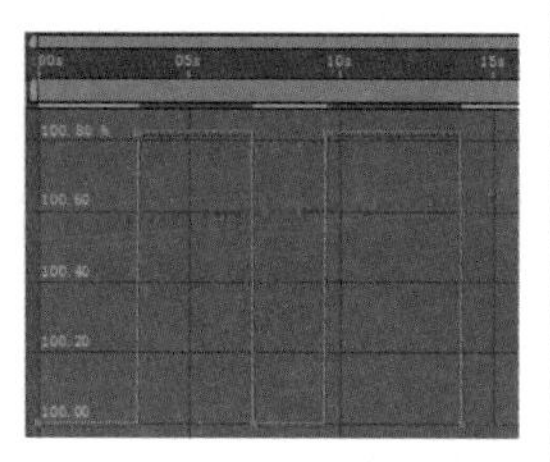

图 2-70

2.3.7 使用关键帧辅助

关键帧辅助可以优化关键帧，对关键帧动画的过渡进行控制，以减缓关键帧进入或离开的速度，使动画更加平滑、自然。

1. 柔缓曲线

该命令可以设置关键帧进入和离开时的平滑速度，可以使关键帧缓入缓出，下面介绍如何进行设置。选择需要柔化的关键帧（见图 2-71），右击，在弹出的快捷菜单中选择【关键帧辅助】|【缓动】命令，如图 2-72 所示。

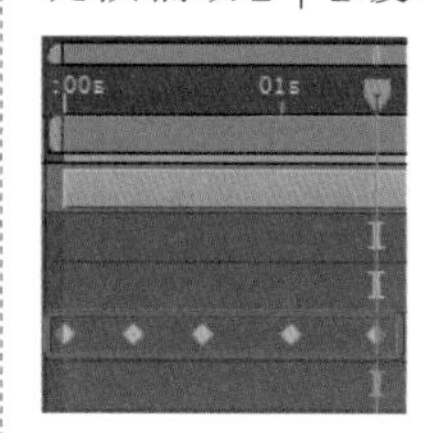

图 2-71

图 2-72

设置完成后的效果如图 2-73 所示。此时单击【图表编辑器】按钮，可以看到关键帧发生了变化，如图 2-74 所示。

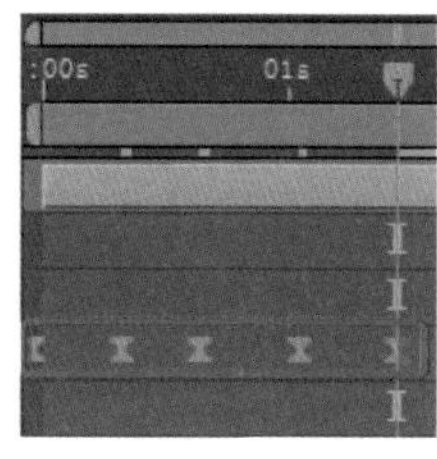

图 2-73

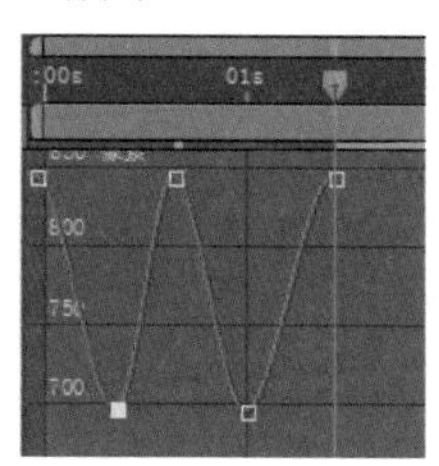

图 2-74

2. 柔缓曲线入点

该命令只影响关键帧进入时的流畅速度，可以使进入关键帧的速度变缓，下面介绍其设置方法。选择需要柔化的关键帧（见图 2-75），右击，在弹出的快捷菜单中选择【关键帧辅助】|【缓入】命令，如图 2-76 所示。

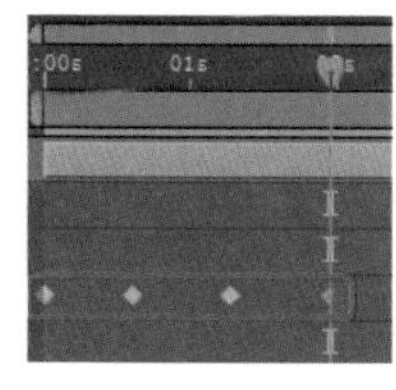

图 2-75

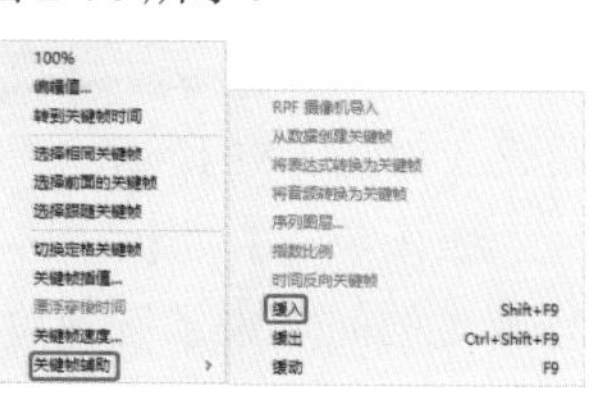

图 2-76

此时可以看到关键帧发生了变化，如图2-77所示。

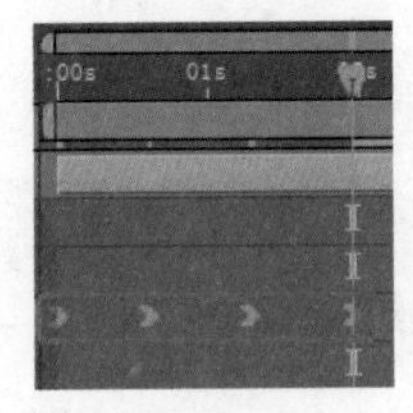

图 2-77

3. 柔缓曲线出点

该命令只影响关键帧离开时的流畅速度，可以使离开的关键帧速度变缓，下面介绍其设置方法。选择需要柔化的关键帧（见图2-78），右击，在弹出的快捷菜单中选择【关键帧辅助】|【缓出】命令，如图2-79所示。

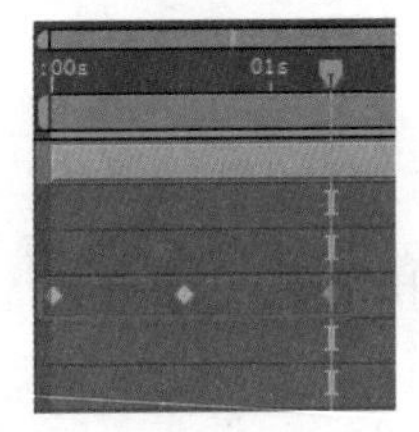

图 2-78

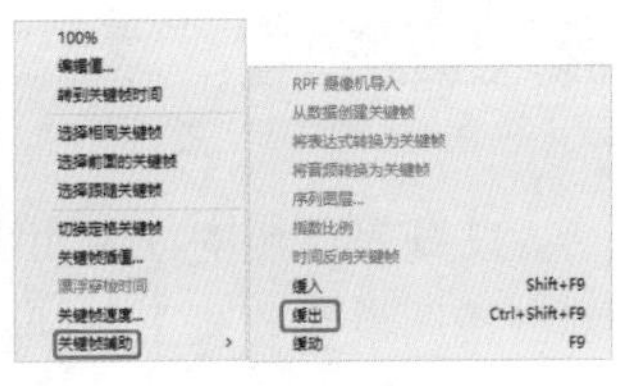

图 2-79

此时可以看到关键帧发生了变化，如图2-80所示。

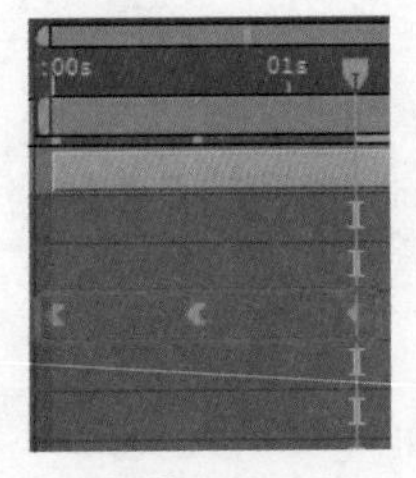

图 2-80

2.3.8 速度控制

在图表编辑器中可观察层的运动速度，并能对其进行调整。观察图表编辑器中的曲线，线的位置高表示速度快，位置低表示速度慢，如图2-81所示。

在【合成】面板中，可通过观察运动路径上点的间隔来了解速度的变化。路径上两个关键帧之间的点越密集，表示速度越慢；点越稀疏，表示速度越快。

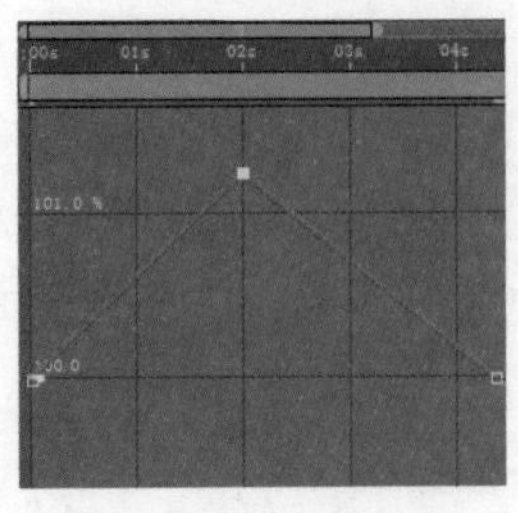

图 2-81

速度调整的方法如下。

1. 调节关键帧间距

通过调节两个关键帧间的空间距离或时间距离可对动画速度进行调节。在【合成】面板中调整两个关键帧之间的距离，距离越大，速度越快；距离越小，速度越慢。在【时间轴】面板中调整两个关键帧之间的距离，距离越大，速度越慢；距离越小，速度越快。

2. 控制手柄

在图表编辑器中调节关键帧控制点上的缓冲手柄，可产生加速、减速等效果，如图2-82所示。

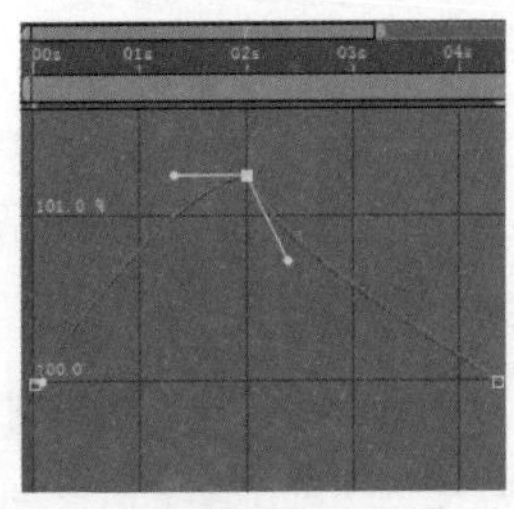

图 2-82

拖动关键帧控制点上的缓冲手柄，即可调节该关键帧的速度。向上调节则增大速度，向下调节则减小速度。左右方向调节手柄，可以扩大或减小缓冲手柄对相邻关键帧产生的影响，如图2-83所示。

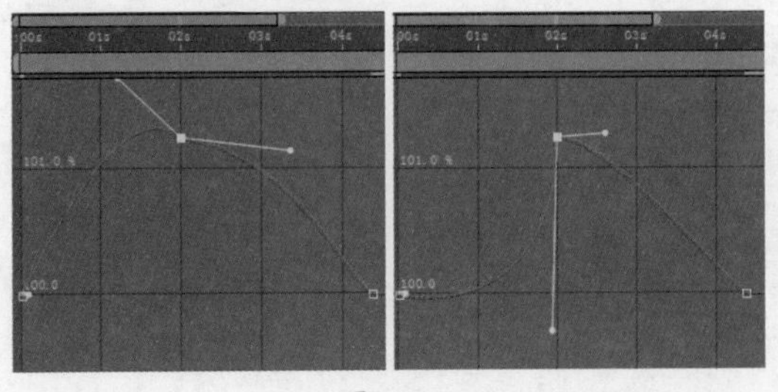

图 2-83

3. 指定参数

在【时间轴】面板中，在要调整速度的关键帧上右击，从弹出的快捷菜单中选择【关键帧速度】命令，打开【关键帧速度】对话框，如图 2-84 所示，可在该对话框中设置关键帧速率。当设置该对话框中某个项目参数时，在【时间轴】面板中关键帧的图标也会发生变化。

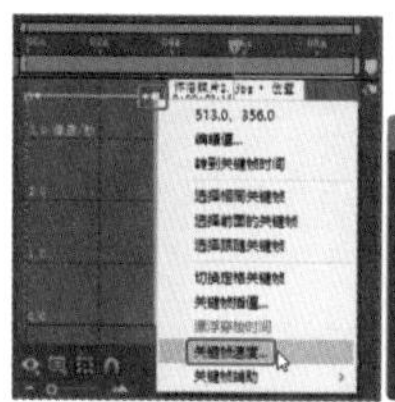

图 2-84

提示：不同属性的关键帧在调整速率时，在对话框中的单位也不同。锚点和位置：像素 / 秒。遮罩形状：像素 / 秒，该速度用 X（水平）和 Y（垂直）两个量。缩放：百分比 / 秒，该速度用 X（水平）和 Y（垂直）两个量。旋转：度 / 秒。不透明度：百分比 / 秒。

- ◎ 进来速度：引入关键帧的速度。
- ◎ 输出速度：引出关键帧的速度。
- ◎ 速度：关键帧的平均运动速度。
- ◎ 影响：控制对前面关键帧（进入插值）或后面关键帧（离开插值）的影响程度。
- ◎ 连续：保持相等的进入和离开速度产生平稳过渡。

2.3.9 时间控制

选择要进行调整的层并右击，在弹出的快捷菜单中选择【时间】命令，在其子菜单中包含对当前层的 5 种时间控制命令，如图 2-85 所示。

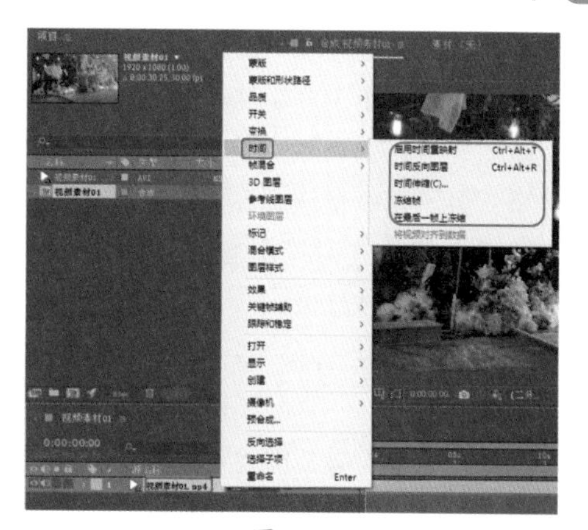

图 2-85

1. 时间反向图层

应用【时间反向图层】命令，可对当前层实现反转，即影片倒播。在【时间轴】面板中，设置反转后的层会有斜线显示，如图 2-86 所示。执行【启用时间重映射】命令会发现，当时间轴在 0:00:00:00 的时间位置时，“时间重置”显示为层的最后一帧。

图 2-86

2. 时间伸缩

应用【时间伸缩】命令，可打开【时间伸缩】对话框，如图 2-87 所示。在该对话框中显示了当前动画的播放时间和伸缩比例。

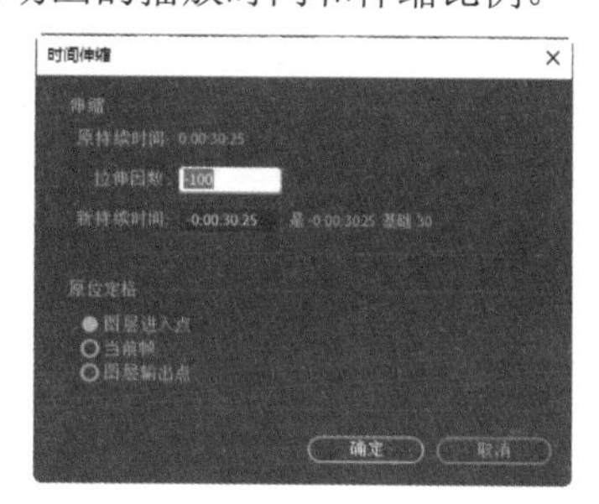

图 2-87

【拉伸因数】可按百分比设置层的持续时间。当参数大于100%时，层的持续时间变长，速度变慢；当参数小于100%时，层的持续时间变短，速度变快。

设置【新持续时间】参数，可为当前层设置一个精确的持续时间。

当双击某个关键帧时，可以弹出该关键帧的属性对话框。例如单击【不透明度】参数的其中一个关键帧，即可弹出【不透明度】对话框，如图2-88所示。在弹出的对话框中可以改变其参数。

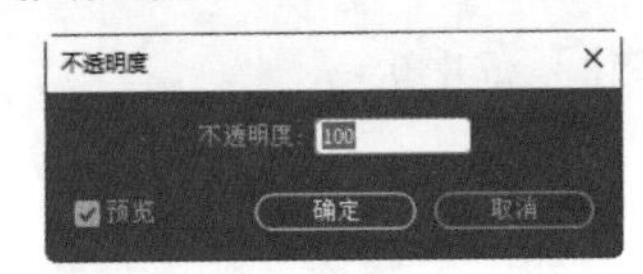

图 2-88

2.3.10　动态草图

在菜单栏中选择【窗口】|【动态草图】命令，可打开【动态草图】面板，如图2-89所示。

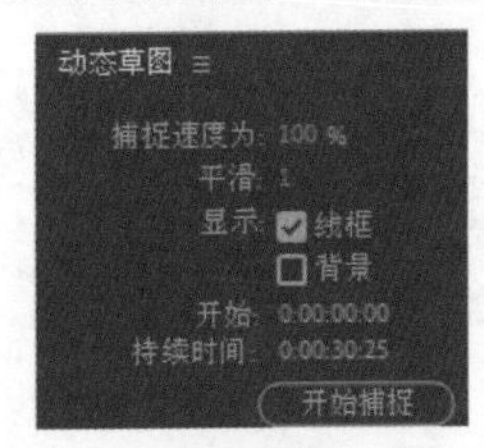

图 2-89

◎ 【捕捉速度为】：指定一个百分比，确定记录的速度与绘制路径的速度在回放时的关系。当参数大于100%时，回放速度快于绘制速度；当参数小于100%时，回放速度慢于绘制速度；当参数等于100%时，回放速度与绘制速度相同。

◎ 【平滑】：设置该参数，可以将运动路径进行平滑处理，数值越大路径越平滑。

◎ 【线框】：选中该复选框，绘制运动路径时，显示层的边框。

◎ 【背景】：选中该复选框，绘制运动路径时，显示【合成】面板的内容，可作为绘制运动路径的参考。该选项只显示合成图像窗口中开始绘制时的第一帧。

◎ 【开始】：绘制运动路径的开始时间，即【时间轴】面板中工作区域的开始时间。

◎ 【持续时间】：绘制运动路径的持续时间，即【时间轴】面板中工作区域的总时间。

◎ 【开始捕捉】：单击该按钮，在【合成】面板中拖动层，即可绘制运动路径，如图2-90所示。释放鼠标后，结束路径绘制，系统跟随绘制的路径自动添加关键帧，如图2-91所示。运动路径只能在工作区内绘制，当超出工作区时，系统自动结束路径的绘制。

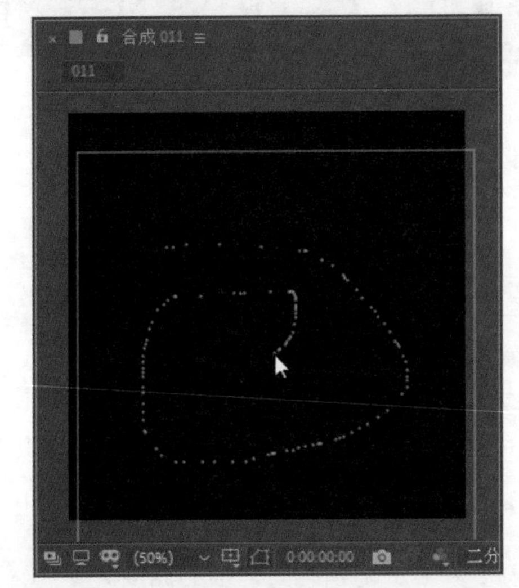

图 2-90

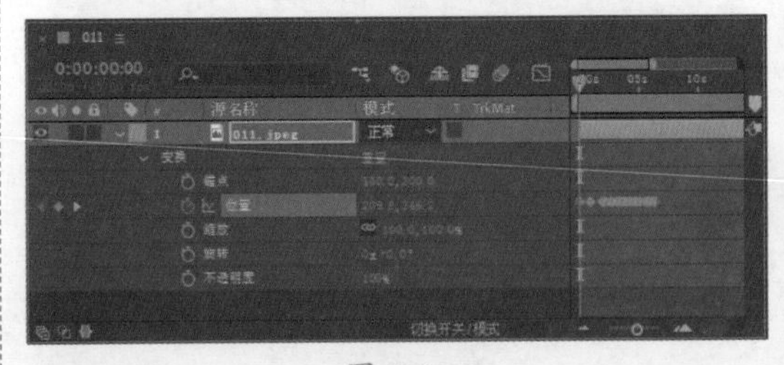

图 2-91

课后项目练习
点击关注动画

本例制作点击关注动画，通过设置关键帧来达到动画效果，如图2-92所示。

课后项目练习效果展示

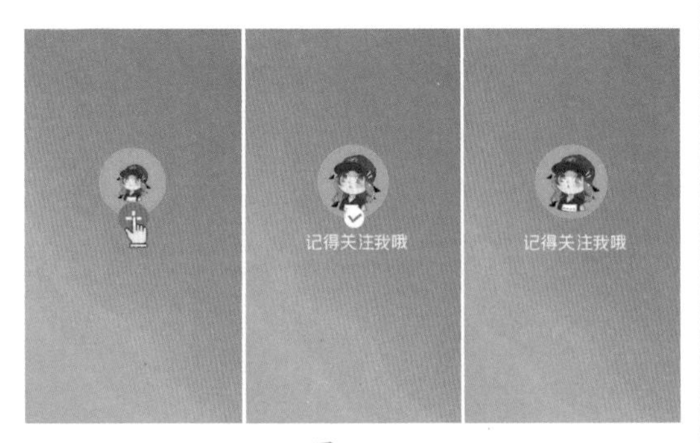

图 2-92

课后项目练习过程概要

01 打开"点击关注动画素材 .aep"素材文件。

02 在【时间轴】面板中设置关键帧，变换参数。

素材	素材 \Cha02\ 点击关注动画素材 .aep
场景	场景 \Cha02\ 点击关注动画 .aep
视频	视频教学 \Cha02\ 点击关注动画 .mp4

01 按 Ctrl+O 组合键，打开"素材 \Cha02\ 点击关注动画素材 .aep"素材文件，在【项目】面板中选择"视频素材 04.avi"文件，将其拖到【时间轴】面板中，如图 2-93 所示。

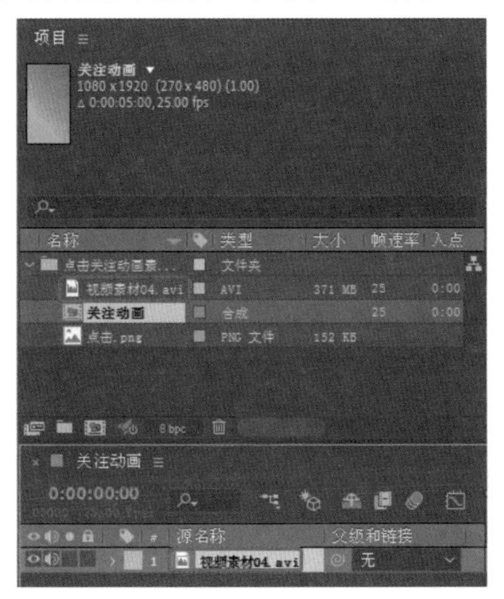

图 2-93

02 在【时间轴】面板中拖动时间线，然后在【合成】面板中观察视频效果，如图 2-94 所示。

图 2-94

03 在【项目】面板中，将"点击 .png"素材文件拖曳至【时间轴】面板中，将当前时间设置为 0:00:00:20，将【变换】下的【锚点】设置为 1000, 1000，将【位置】设置为 561, 964，将【不透明度】设置为 0%，单击【不透明度】左侧的按钮，如图 2-95 所示。

图 2-95

04 将当前时间设置为 0:00:01:01，将【变换】下的【缩放】设置为 12, 12%，单击【缩放】左侧的按钮，将【不透明度】设置为 100%，如图 2-96 所示。

图 2-96

05 在【合成】面板中观察 0:00:01:01 时间位置的动画，效果如图 2-97 所示。

图 2-97

06 将当前时间设置为0:00:01:05，将【缩放】设置为10, 10%，如图2-98所示。

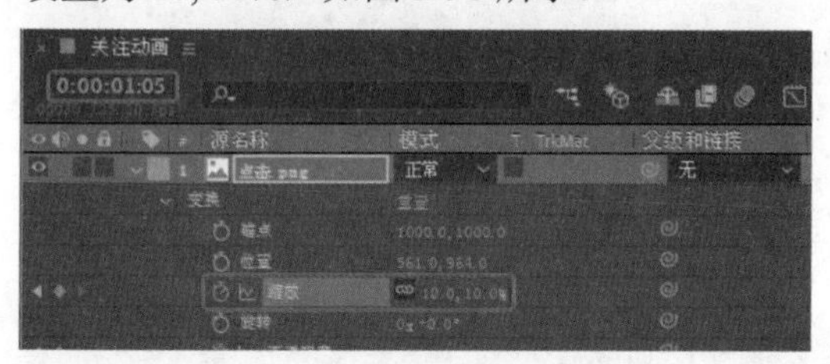
图 2-98

07 在【合成】面板中观察0:00:01:05时间位置的动画，效果如图2-99所示。

08 将当前时间设置为0:00:01:08，将【缩放】设置为12, 12%，将【不透明度】设置为0%，如图2-100所示。

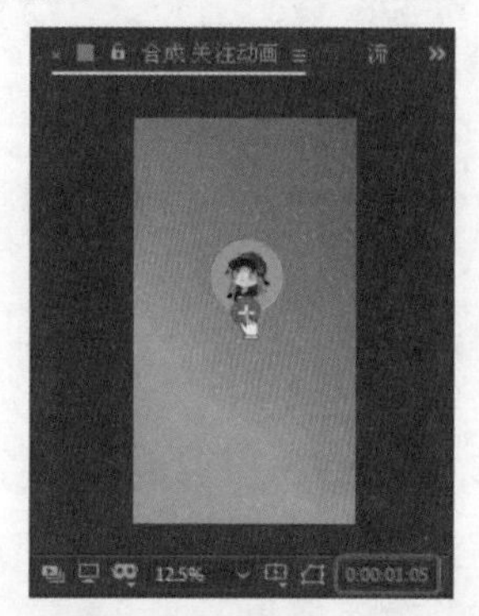
图 2-99

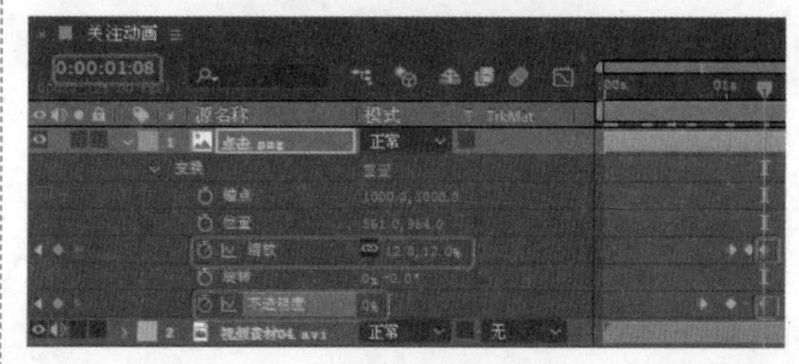
图 2-100

至此，点击关注动画制作完成，拖动时间线在【合成】面板中预览效果即可。

第 03 章

摩托车展示效果——蒙版

本章导读：

蒙版就是通过蒙版图层中的图形或轮廓对象透出图层中的内容，本章主要介绍蒙版的创建、蒙版形状的编辑、蒙版属性设置以及遮罩特效。

案例精讲
摩托车展示效果

为了更好地完成本设计案例，现对制作要求及设计内容做如下规划，最终效果如图3-1所示。

作品名称	摩托车展示效果
设计创意	通过对素材文件设置背景、添加蒙版、设置蒙版参数以及添加关键帧，制作高级的动画效果
主要元素	摩托车展示素材
应用软件	Adobe After Effects 2020
素材	素材 \Cha03\ 摩托车展示效果素材 .aep
场景	场景 \Cha03\【案例精讲】摩托车展示效果 .aep
视频	视频教学 \Cha03\【案例精讲】摩托车展示效果 .mp4
摩托车展示效果欣赏	图 3-1
备注	

01 按 Ctrl+O 组合键，打开“素材 \Cha03\ 摩托车展示效果素材 .aep”素材文件，右击，在弹出的快捷菜单中选择【合成设置】命令。弹出【合成设置】对话框，将【合成名称】设置为“摩托车展示效果”，【宽度】设置为 600 px，【高度】设置为 634 px，【像素长宽比】设置为【方形像素】，将【帧速率】设置为 25 帧 / 秒，将【持续时间】设置为 8 秒，【背景颜色】设置为 #FCDF1D，如图 3-2 所示。

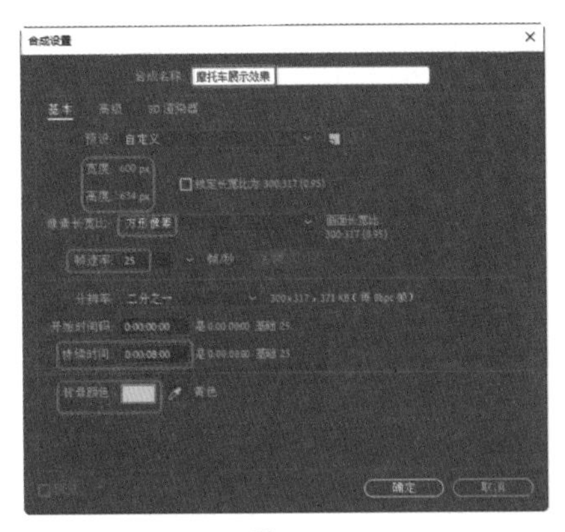

图 3-2

02 单击【确定】按钮，在【项目】面板中将“摩托车素材 01.mp4”素材文件拖曳至【时间轴】面板中，将【变换】|【缩放】设置为 60, 60%，如图 3-3 所示。

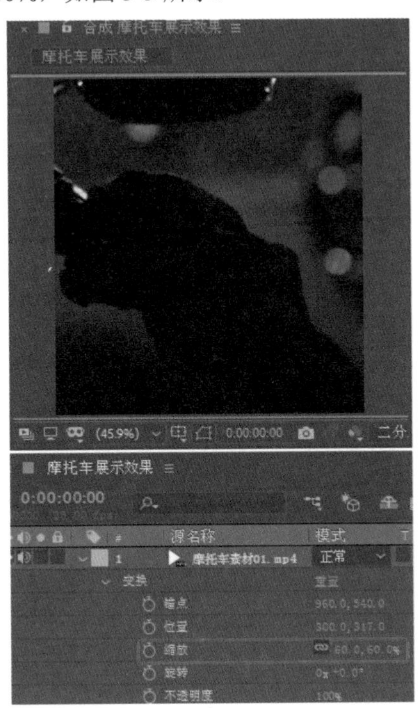

图 3-3

03 选中“摩托车素材 01.mp4”图层，在工具栏中单击【矩形工具】按钮，在【合成】面板中绘制一个矩形蒙版。单击“摩托车素材 01.mp4”层中的【蒙版】|【蒙版 1】|【蒙版路径】右侧的【形状】按钮，在弹出的【蒙版形状】对话框中，设置【定界框】参数，将【顶部】、【底部】分别设置为 11.7 像素、1075.2 像素，将【左侧】、【右侧】分别设置为 453.2 像素、795.1 像素，选中【重置为】复选框，如图 3-4 所示。

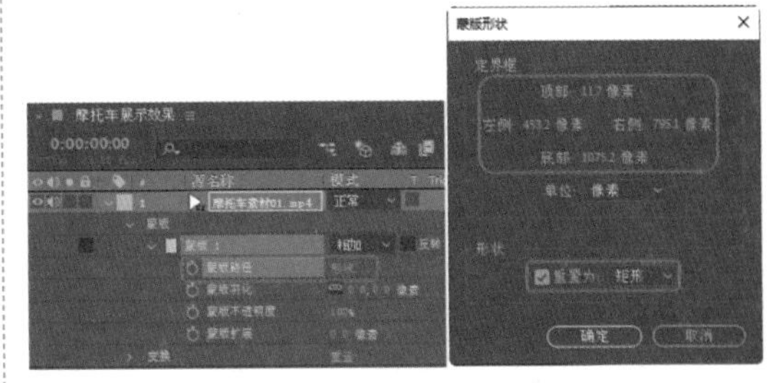

图 3-4

04 单击【确定】按钮，将当前时间设置为 0:00:01:07，单击【蒙版路径】左侧的按钮，如图 3-5 所示。

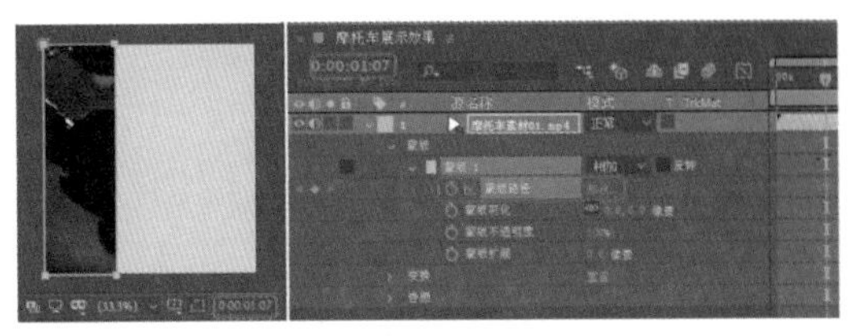

图 3-5

05 将当前时间设置为 0:00:00:00，单击“摩托车素材 01.mp4”层中的【蒙版】|【蒙版 1】|【蒙版路径】右侧的【形状】按钮，在弹出的【蒙版形状】对话框中，设置【定界框】参数，将【顶部】、【底部】均设置为 11.7 像素，将【左侧】、【右侧】分别设置为 453.2 像素、795.1 像素，如图 3-6 所示。

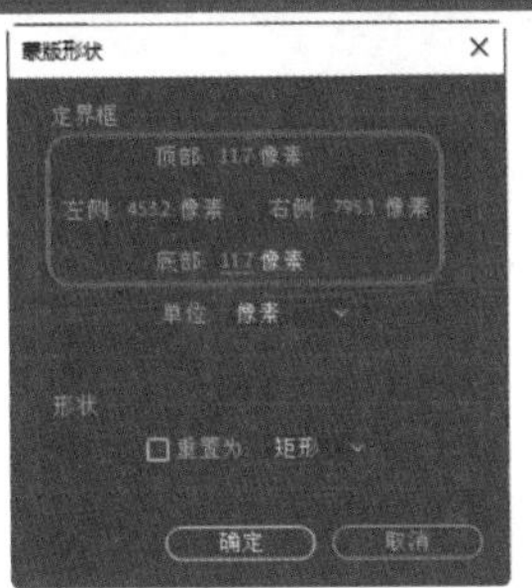

图 3-6

06 单击【确定】按钮，在【项目】面板中将“摩托车素材02.mp4”素材文件拖曳至【时间轴】面板中，将【变换】|【缩放】设置为60, 60%，如图3-7所示。

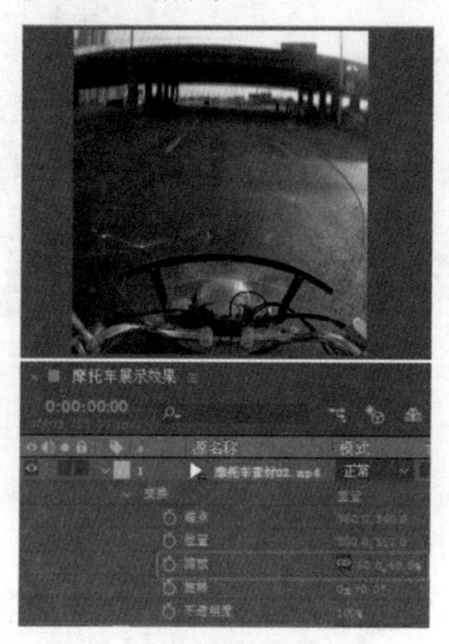

图 3-7

07 选中“摩托车素材02.mp4”图层，在工具栏中单击【矩形工具】按钮，在【合成】面板中绘制一个矩形蒙版。单击“摩托车素材02.mp4”层中的【蒙版】|【蒙版1】|【蒙版路径】右侧的【形状】按钮，在弹出的【蒙版形状】对话框中，设置【定界框】参数，将【顶部】、【底部】分别设置为8.2像素、1082像素，将【左侧】、【右侧】分别设置为795.1像素、1143.3像素，选中【重置为】复选框，如图3-8所示。

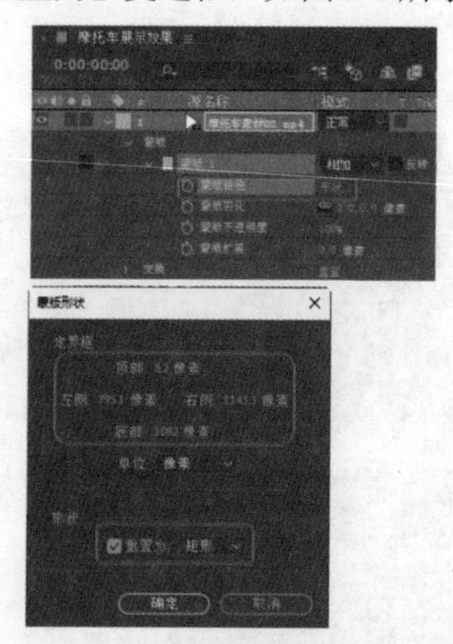

图 3-8

08 单击【确定】按钮，将当前时间设置为0:00:01:07，单击【蒙版路径】左侧的按钮，如图3-9所示。

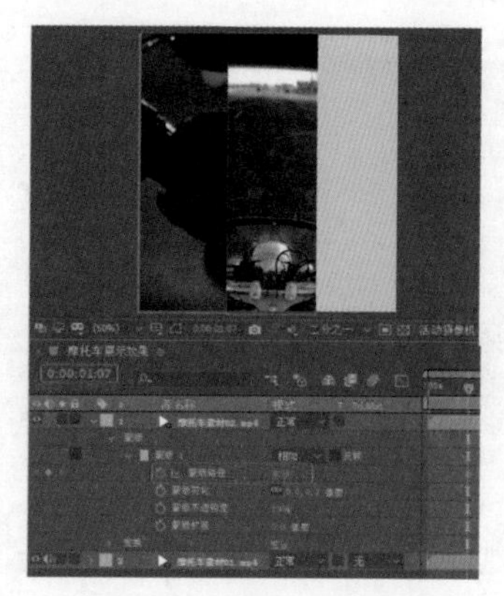

图 3-9

09 将当前时间设置为0:00:00:00，单击“摩托车素材02.mp4”层中的【蒙版】|【蒙版1】|【蒙版路径】右侧的【形状】按钮，在弹出的【蒙版形状】对话框中，设置【定界框】参数，将【顶部】、【底部】均设置为1082像素，将【左侧】、【右侧】分别设置为795.1像素、1143.3像素，如图3-10所示。

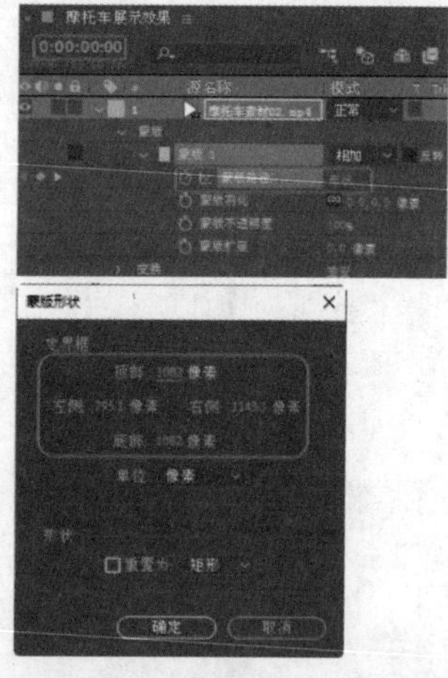

图 3-10

10 单击【确定】按钮，在【项目】面板中将“摩托车素材03.mp4”素材文件拖曳至【时间轴】面板中，将【变换】|【位置】设置为505, 317，如图3-11所示。

11 选中“摩托车素材03.mp4”层，在工具栏中单击【矩形工具】按钮，在【合成】面板中绘制一个矩形蒙版。单击“摩托车素材03.mp4”层中的【蒙版】|【蒙版1】|【蒙版路径】右侧的【形状】按钮，在弹出的【蒙版形状】对话框中，设置【定界框】参数，

将【顶部】、【底部】分别设置为 36.8 像素、679.1 像素，将【左侧】、【右侧】分别设置为 545.4 像素、742.3 像素，选中【重置为】复选框，如图 3-12 所示。

图 3-11

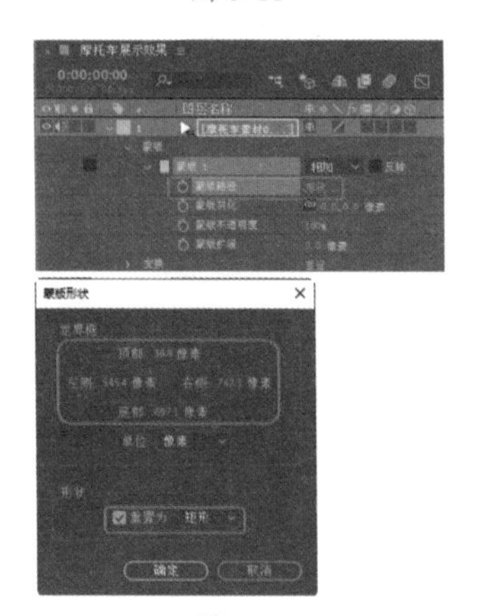

图 3-12

12 单击【确定】按钮，将当前时间设置为 0:00:01:07，单击【蒙版路径】左侧的按钮，如图 3-13 所示。

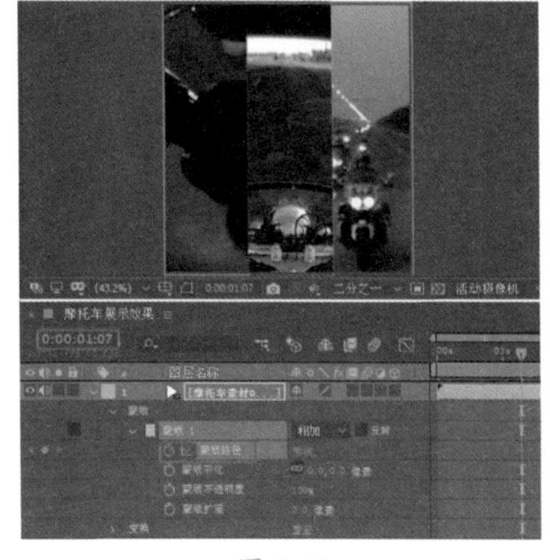

图 3-13

13 将当前时间设置为 0:00:00:00，单击“摩托车素材 03.mp4”层中的【蒙版】|【蒙版 1】|【蒙版路径】右侧的【形状】按钮，在弹出的【蒙版形状】对话框中，设置【定界框】参数，将【顶部】、【底部】均设置为 36.8 像素，将【左侧】、【右侧】分别设置为 545.4 像素、742.3 像素，如图 3-14 所示。

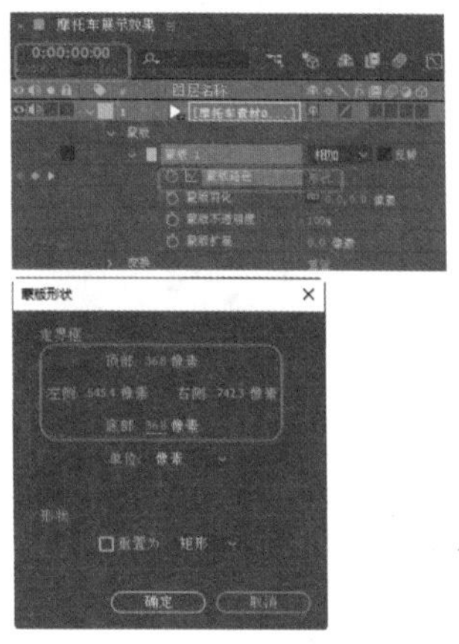

图 3-14

14 单击【确定】按钮，在【项目】面板中将“摩托车 .jpg”素材文件拖曳至【时间轴】面板中，单击【时间轴】面板底部的按钮，将【入】设置为 0:00:03:21，如图 3-15 所示。

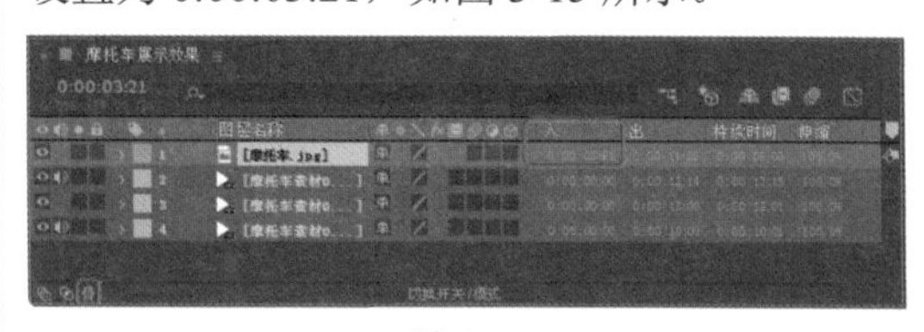

图 3-15

15 选中“摩托车 .jpg”图层，在工具栏中单击【矩形工具】按钮，在【合成】面板中绘制一个矩形蒙版。单击“摩托车 .jpg”层中的【蒙版】|【蒙版 1】|【蒙版路径】右侧的【形状】按钮，在弹出的【蒙版形状】对话框中，设置【定界框】参数，将【顶部】、【底部】分别设置为 0 像素、215 像素，将【左侧】、【右侧】分别设置为 0 像素、600 像素，选中【重置为】复选框，如图 3-16 所示。

16 单击【确定】按钮，将当前时间设置为 0:00:05:11，单击【蒙版路径】左侧的按钮，如图 3-17 所示。

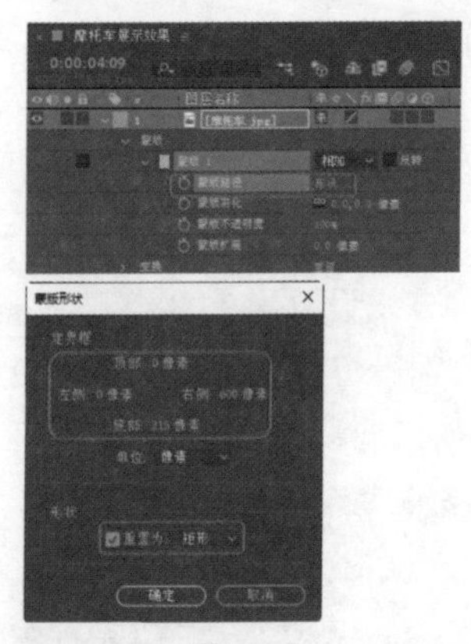

图 3-16

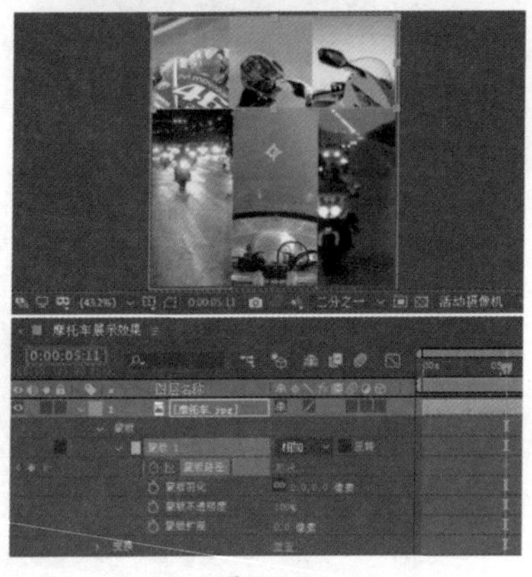

图 3-17

17 将当前时间设置为0:00:03:22，单击“摩托车.jpg”层中的【蒙版】|【蒙版1】|【蒙版路径】右侧的【形状】按钮，在弹出的【蒙版形状】对话框中，设置【定界框】参数，将【顶部】、【底部】分别设置为0像素、215像素，将【左侧】、【右侧】分别设置为0像素、5像素，如图3-18所示。

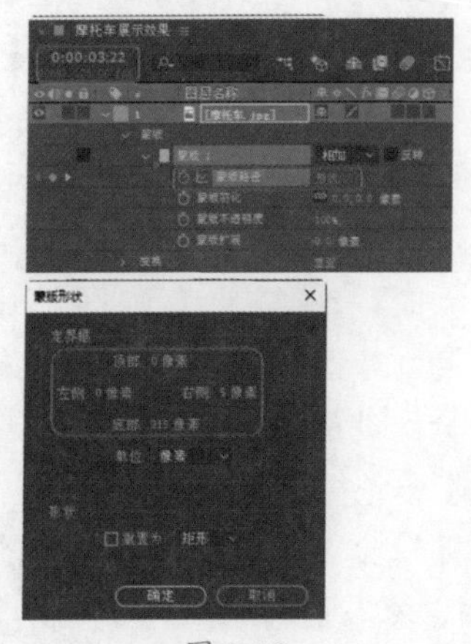

图 3-18

18 单击【确定】按钮，继续选中“摩托车.jpg”层，在工具栏中单击【矩形工具】按钮，在【合成】面板中绘制一个矩形蒙版。单击“摩托车.jpg”层中的【蒙版】|【蒙版2】|【蒙版路径】右侧的【形状】按钮，在弹出的【蒙版形状】对话框中，设置【定界框】参数，将【顶部】、【底部】分别设置为420像素、640像素，将【左侧】、【右侧】分别设置为0像素、600像素，选中【重置为】复选框，如图3-19所示。

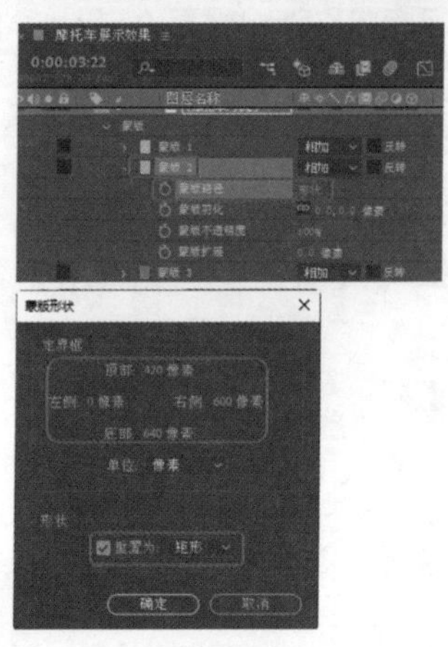

图 3-19

19 单击【确定】按钮，将当前时间设置为0:00:05:11，单击【蒙版路径】左侧的按钮，如图3-20所示。

图 3-20

20 将当前时间设置为0:00:03:22，单击“摩托车.jpg”层中的【蒙版】|【蒙版2】|【蒙版路径】右侧的【形状】按钮，在弹出的【蒙

版形状】对话框中，设置【定界框】参数，将【顶部】、【底部】分别设置为420像素、640像素，将【左侧】、【右侧】分别设置为585像素、600像素，如图3-21所示。

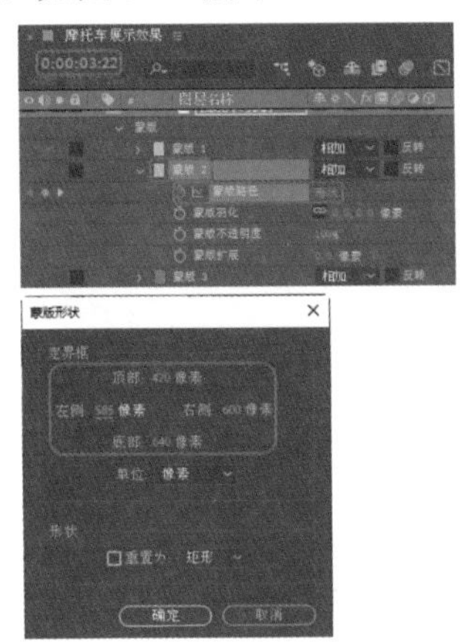

图 3-21

21 单击【确定】按钮，继续选中"摩托车.jpg"层，在工具栏中单击【矩形工具】按钮，在【合成】面板中绘制一个矩形蒙版。单击"摩托车.jpg"层中的【蒙版】|【蒙版3】|【蒙版路径】右侧的【形状】按钮，在弹出的【蒙版形状】对话框中，设置【定界框】参数，将【顶部】、【底部】分别设置为215像素、420像素，将【左侧】、【右侧】分别设置为0像素、600像素，选中【重置为】复选框，如图3-22所示。

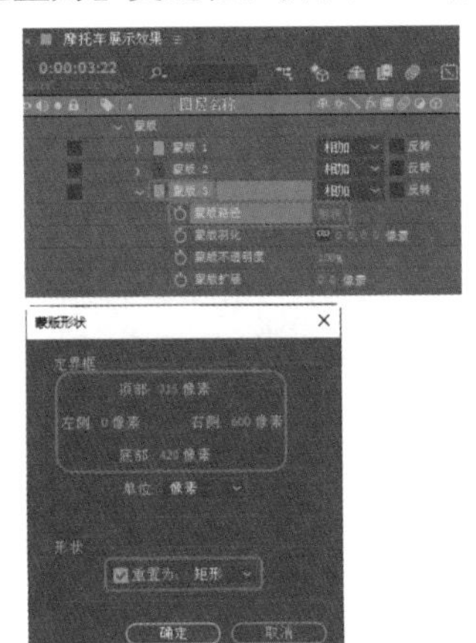

图 3-22

22 单击【确定】按钮，将当前时间设置为0:00:06:15，单击【蒙版路径】左侧的按钮，如图3-23所示。

23 将当前时间设置为0:00:05:12，单击"摩托车.jpg"层中的【蒙版】|【蒙版3】|【蒙版路径】右侧的【形状】按钮，在弹出的【蒙版形状】对话框中，设置【定界框】参数，将【顶部】、【底部】均设置为318像素，将【左侧】、【右侧】分别设置为0像素、600像素，如图3-24所示。

图 3-23

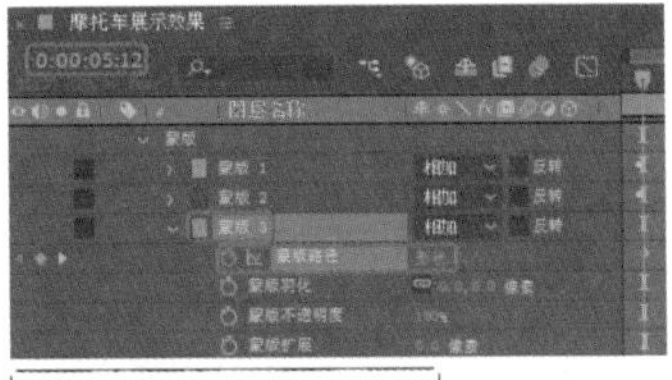

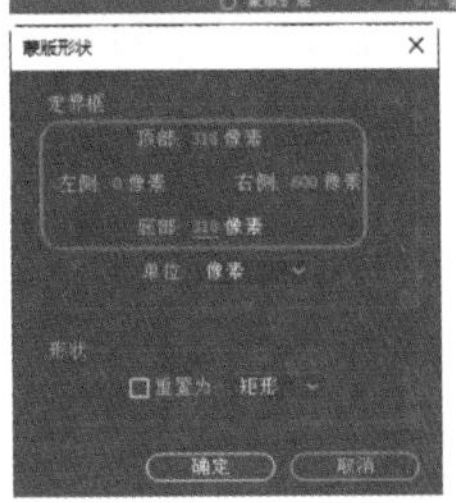

图 3-24

24 单击【确定】按钮，在【合成】面板中观察效果，如图3-25所示。

图 3-25

3.1 认识蒙版

一般来说，蒙版需要有两个层，而在After Effects中，蒙版绘制在图层中，虽然是一个层，但可以将其理解为两个层：一个是轮廓层，即蒙版层；另一个是被蒙版层，即蒙版下面的层。蒙版层的轮廓形状决定看到的图像形状，而被蒙版层决定显示的内容。

3.2 创建蒙版

在After Effects自带的工具栏中，可以利用相关的蒙版工具来创建如矩形、圆形和自由形状的蒙版。

3.2.1 使用【矩形工具】创建蒙版

在工具栏中选择【矩形工具】可以创建矩形或正方形蒙版。选择要创建蒙版的层，在工具栏中选择【矩形工具】，然后在【合成】面板中，单击鼠标左键并拖动鼠标即可绘制一个矩形蒙版区域，如图3-26所示。在矩形蒙版区域中将显示当前层的图像，矩形以外的部分将隐藏。

图 3-26

选择要创建蒙版的层，然后双击工具栏中的【矩形工具】按钮，可以快速创建一个与层素材大小相同的矩形蒙版。在绘制蒙版时，如果按住Shift键，可以创建一个正方形蒙版，如图3-27所示。

图 3-27

提示：在绘制矩形蒙版时，移动鼠标并按住空格键可以移动绘制的矩形蒙版。

3.2.2 使用【圆角矩形工具】创建蒙版

使用【圆角矩形工具】创建蒙版与使用【矩形工具】创建蒙版的方法相同，在这里就不再赘述，效果如图3-28所示。

图 3-28

选择要创建蒙版的层，然后双击工具栏中的【圆角矩形工具】按钮，可沿层的边创建一个最大程度的圆角矩形蒙版。在绘制蒙版时，如果按住Shift键，可以创建一个圆角的正方形蒙版，如图3-29所示。

图 3-29

3.2.3 使用【椭圆工具】创建蒙版

选择要创建蒙版的层，在工具栏中选择【椭圆工具】，然后在【合成】面板中，单击鼠标左键并按住Shift键拖动鼠标即可绘制一个正圆形蒙版区域，如图3-30所示。在正圆形蒙版区域中将显示当前层的图像，正圆形以外的部分变成透明。

图 3-30

选择要创建蒙版的层，然后双击工具栏中的【椭圆工具】按钮，沿图像边缘最大程度创建椭圆形蒙版，如图3-31所示。

图 3-31

3.2.4 使用【多边形工具】创建蒙版

使用【多边形工具】可以创建一个正五边形蒙版。选择要创建蒙版的层，在工具栏中选择【多边形工具】，在【合成】面板中，单击鼠标左键并拖动鼠标即可绘制一个正五边形蒙版区域，如图3-32所示。在正五边形蒙版区域中将显示当前层的图像，正五边形以外的部分变成透明。

提示：在绘制蒙版时，如果按住Shift键可固定它们的创建角度。

图 3-32

3.2.5 使用【星形工具】创建蒙版

使用【星形工具】可以创建一个星形蒙版，使用该工具创建蒙版的方法与使用【多边形工具】创建蒙版的方法相同，在这里就不再赘述，效果如图3-33所示。

图 3-33

3.2.6 使用【钢笔工具】创建蒙版

使用【钢笔工具】可以绘制任意形状的蒙版，它不但可以绘制封闭的蒙版，还可以绘制开放的蒙版。【钢笔工具】具有很高的灵活性，可以绘制直线，也可以绘制曲线，可以绘制直角多边形，也可以绘制弯曲的任意形状。

选择要创建蒙版的层，在工具栏中选择【钢笔工具】，在【合成】面板中，单击鼠标左键创建第1点，然后在其他区域单击鼠标左键创建第2点，如果连续单击下去，可以创建一个直线的蒙版轮廓，如图3-34所示。

如果按住鼠标左键并拖动，则可以绘制一个曲线点，以创建曲线。多次创建后，可以创建一个弯曲的曲线轮廓，如图3-35所示。

若使用【转换“顶点”工具】，可以对顶点进行转换，将直线转换为曲线或将曲线转换为直线。

图 3-34

图 3-35

如果想绘制开放蒙版，可以在绘制到需要的程度后，按住 Ctrl 键的同时在【合成】面板中单击，即可结束绘制，如图 3-36 所示。

图 3-36

如果要绘制一个封闭的轮廓，则可以将鼠标指针移到开始点的位置，当指针变成形状时单击，即可将路径封闭，如图 3-37 所示。

图 3-37

3.3 编辑蒙版形状

创建完蒙版后，可以根据需要对蒙版的形状进行修改，以更适合图像轮廓的要求。下面就来介绍修改蒙版形状的方法。

3.3.1 选择顶点

创建蒙版后，可以在创建的形状上发现小的方形控制点，这些控制点就是顶点。

选中的顶点与没有选中的顶点是不同的，选中的顶点是实心的方形，没有选中的顶点是空心的方形。

选择顶点的方法如下。

◎ 使用【选取工具】在顶点上单击，即可选择一个顶点，如图 3-38 所示。如果想选择多个顶点，可以在按住 Shift 键的同时，分别单击要选择的顶点。

◎ 在【合成】面板中单击鼠标左键并拖动鼠标，将出现一个矩形选框，被矩形选框框住的顶点都将被选中，如图 3-39 所示。

图 3-38　　图 3-39

提示：在按住 Alt 键的同时单击其中一个顶点，可以选中所有的顶点。

3.3.2 移动顶点

选中蒙版图形的顶点，通过移动顶点，可以改变蒙版的形状。移动顶点的操作方法如下。

在工具栏中选择【选取工具】，在【合成】面板中选中其中一个顶点，如图 3-40 所示。然后拖动顶点到其他位置即可，如图 3-41 所示。

图 3-40

图 3-41

3.3.3 添加 / 删除顶点

通过使用【添加“顶点”工具】和【删除“顶点”工具】，可以在绘制的形状上添加或删除顶点，从而改变蒙版的轮廓结构。

1. 添加顶点

在工具栏中选择【添加“顶点”工具】，将鼠标指针移动到路径上需要添加顶点的位置处，单击鼠标左键，即可添加一个顶点。如图 3-42 所示为添加顶点前后的效果对比。多次在路径上不同的位置单击，可以添加多个顶点。

图 3-42

2. 删除顶点

在工具栏中选择【删除“顶点”工具】，将鼠标指针移动到需要删除的顶点上并单击鼠标左键，即可删除该顶点。如图 3-43 所示为删除顶点前后的效果对比。

图 3-43

> 提示：选择需要删除的顶点，然后在菜单栏中选择【编辑】|【清除】命令或按键盘上的 Delete 键，也可将选择的顶点删除。

3.3.4 顶点的转换

绘制的形状上的顶点可以分为两种：角点和曲线点，如图 3-44 所示。

图 3-44

◎ 角点：顶点的两侧都是直线，没有弯曲角度。

◎ 曲线点：一个顶点有两个控制手柄，可以控制曲线的弯曲程度。

通过使用工具栏中的【转换“顶点”工具】，可以将角点和曲线点进行快速转换，转换的操作方法如下。

◎ 使用工具栏中的【转换“顶点”工具】，在曲线点上单击，即可将曲线点转换为角点。

◎ 使用工具栏中的【转换“顶点”工具】，单击角点并拖动，即可将角点转换成曲线点，如图 3-45 所示。

图 3-45

> 提示：当转换成曲线点后，通过使用【选取工具】可以手动调节曲线点两侧的控制柄，以修改蒙版的形状。

3.3.5 蒙版羽化

在工具栏中选择【蒙版羽化工具】，单击蒙版轮廓边缘能够添加羽化顶点，如图3-46所示。

图 3-46

在添加羽化顶点时，按住鼠标左键不放，拖动羽化顶点可以为蒙版添加羽化效果，如图3-47所示。

图 3-47

3.4 【蒙版】属性设置

创建蒙版后，会在【时间轴】面板中添加一组新的属性——【蒙版】，如图3-48所示。

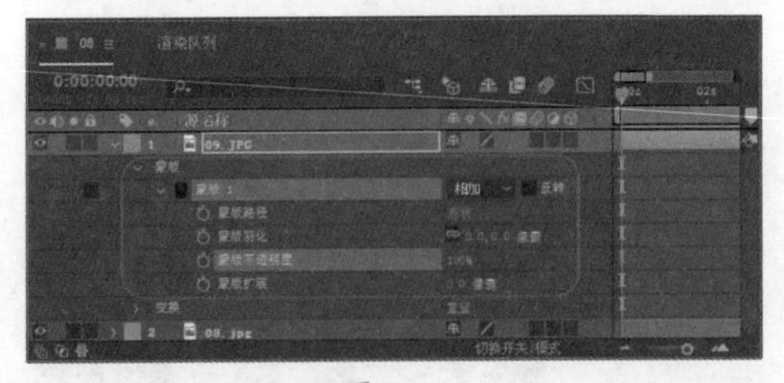

图 3-48

3.4.1 锁定蒙版

为了避免操作中出现失误，可以将蒙版锁定，锁定后的蒙版将不能被修改。锁定蒙版的操作方法如下。

在【时间轴】面板中展开【蒙版】选项组。

单击要锁定的【蒙版1】左侧的图标，此时该图标将变成图标，如图3-49所示，表示该蒙版已锁定。

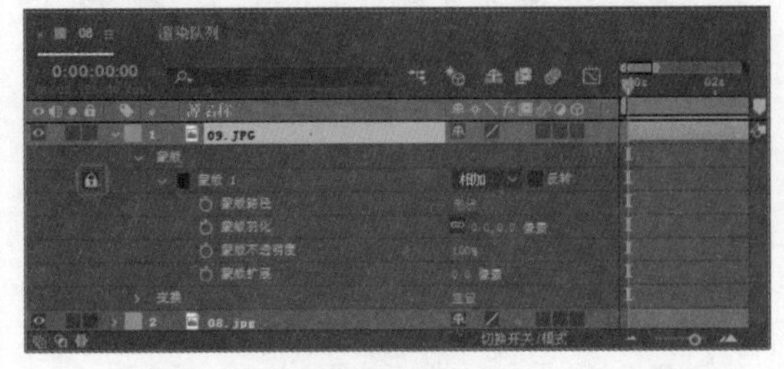

图 3-49

3.4.2 蒙版的混合模式

当一个层上有多个蒙版时，可在这些蒙版之间添加不同的模式来产生各种效果。在【时间轴】面板中选择层，打开【蒙版】属性卷展栏。蒙版的默认模式为【相加】，单击【相加】按钮，在弹出的下拉菜单中可选择蒙版的其他模式，如图3-50所示。

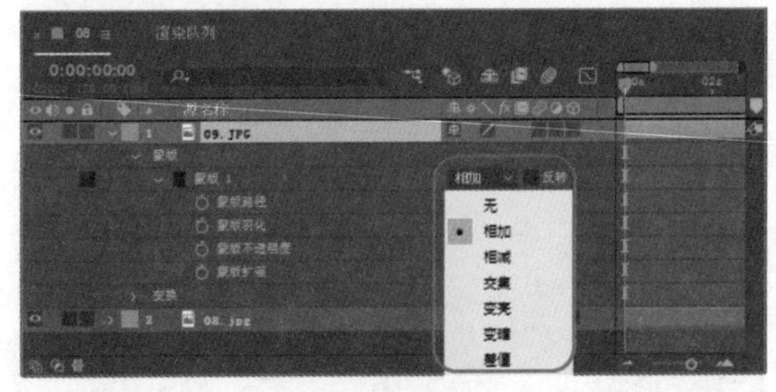

图 3-50

使用【椭圆工具】和【圆角矩形工具】可为层绘制两个交叉的蒙版，如图3-51所示。其中将蒙版1的模式设置为【相加】，下面将通过改变蒙版2的模式来演示效果。

◎ 【无】：选择【无】混合模式的路径将起不到蒙版作用，仅作为路径存在，如图3-52所示。

图 3-51

图 3-52

◎ 【相加】：使用该模式，在合成图像上

显示所有蒙版内容，蒙版相交部分不透明度相加。如图 3-53 所示，蒙版 1 的【不透明度】为 80%，蒙版 2 的【不透明度】为 50%。

◎ 【相减】：使用该模式，上面的蒙版减去下面的蒙版，被减去区域的内容不在合成图像上显示，如图 3-54 所示。

图 3-53

图 3-54

◎ 【交集】：该模式只显示所选蒙版与其他蒙版相交部分的内容，如图 3-55 所示。

◎ 【变亮】：该模式与【相加】模式效果相同，但是对于蒙版相交部分的不透明度则采用不透明度较高的那个值。如图 3-56 所示，蒙版 1 的【不透明度】为 100%，蒙版 2 的【不透明度】为 60%。

图 3-55

图 3-56

◎ 【变暗】：该模式与【交集】模式效果相同，但是对于蒙版相交部分的不透明度则采用不透明度较小的那个值。如图 3-57 所示，蒙版 1 的【不透明度】为 100%，蒙版 2 的【不透明度】为 50%。

◎ 【差值】：应用该模式蒙版将采取并集减交集的方式，在合成图像上只显示相交部分以外的所有蒙版区域，如图 3-58 所示。

图 3-57

图 3-58

3.4.3 反转蒙版

在默认情况下，只显示蒙版以内当前层的图像，蒙版以外将不显示。选中【时间轴】面板中的【反转】复选框可设置蒙版的反转，在菜单栏中选择【图层】|【蒙版】|【反转】命令，如图 3-59 所示，也可设置蒙版反转。如图 3-60 所示左图为反转前的效果，右图为反转后的效果。

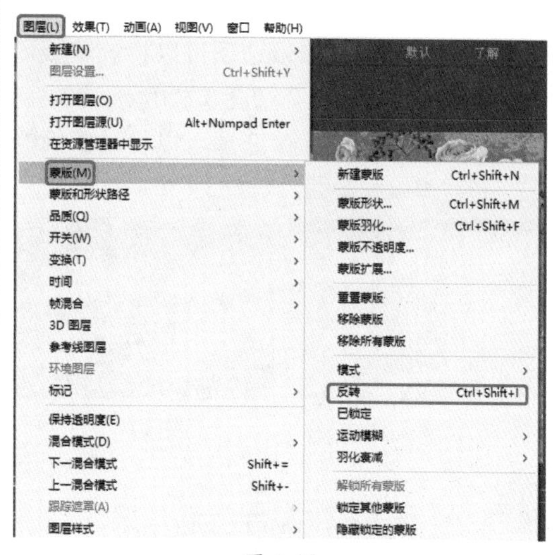

图 3-59

图 3-60

3.4.4 蒙版路径

在添加了蒙版的图层中，单击【蒙版】选项组中【蒙版路径】右侧的【形状】按钮，可以弹出【蒙版形状】对话框，如图 3-61 所示。在【定界框】选项区域，通过修改【顶部】、【底部】、【左侧】、【右侧】选项参数，可以修改当前蒙版的大小。通过【单位】下拉列表框可以为修改值设置一个适当的单位。

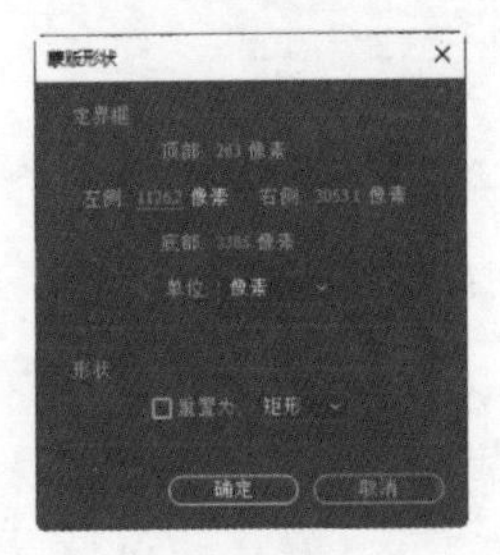

图 3-61

在【形状】选项区域可以修改当前蒙版的形状，比如将其改成矩形或椭圆。

◎ 【矩形】：选择该选项可以将该蒙版的形状修改为矩形，如图 3-62 所示。

◎ 【椭圆】：选择该选项可以将该蒙版的形状修改为椭圆，如图 3-63 所示。

图 3-62

图 3-63

【实战】照片剪切效果

本案例将介绍如何制作照片剪切效果。本例首先添加素材图片，然后使用【圆角矩形工具】绘制蒙版，最后为图层添加【投影】效果，完成后的效果如图 3-64 所示。

图 3-64

素材	素材 \Cha03\ 照片剪切效果素材 .aep
场景	场景 \Cha03\【实战】照片剪切效果 .aep
视频	视频教学 \Cha03\【实战】照片剪切效果 .mp4

01 按 Ctrl+O 组合键，打开“素材 \Cha03\ 照片剪切效果素材 .aep”素材文件，将【项目】面板中的“照片素材 01.jpg”素材图片添加到【时间轴】面板中，在【合成】面板中观看效果，如图 3-65 所示。

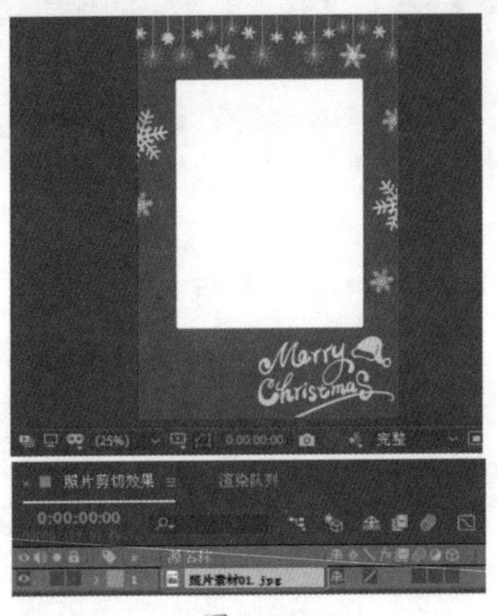

图 3-65

02 将【项目】面板中的“照片素材 04.jpg”素材图片添加到【时间轴】面板中，将【变换】|【位置】设置为 445, 652，将【缩放】设置为 70, 70%，如图 3-66 所示。

图 3-66

03 在工具栏中单击【圆角矩形工具】按钮 ，在【合成】面板中绘制圆角矩形，创建蒙版。在【时间轴】面板中，单击【蒙版 1】下方的【形状】按钮，弹出【蒙版形状】对话框，将【顶部】、【底部】分别设置为 26 像素、1266 像素，将【左侧】、【右侧】分别设置为 518.6 像素、1475 像素，如图 3-67 所示。

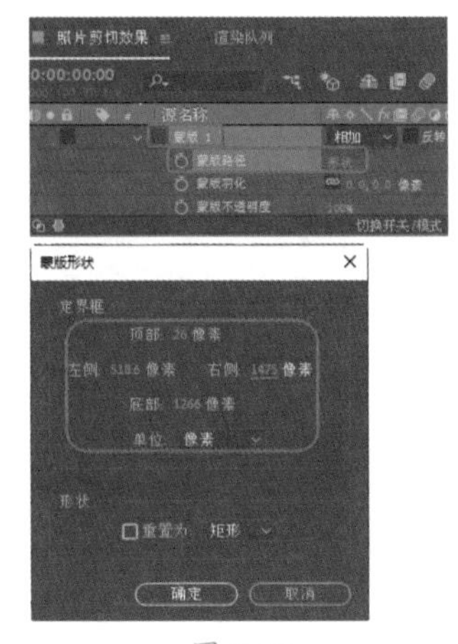

图 3-67

04 单击【确定】按钮，在【效果和预设】面板中搜索【投影】效果，为“照片素材 04.jpg”素材文件添加投影效果。在【效果控件】面板中将【不透明度】设置为 56%，将【距离】、【柔和度】分别设置为 7、21，如图 3-68 所示。

图 3-68

05 将【项目】面板中的“照片素材 02.png”素材图片添加到【时间轴】面板中，将【变换】|【位置】设置为 551, 186，将【缩放】设置为 48, 48%，如图 3-69 所示。

图 3-69

06 将【项目】面板中的“照片素材 03.png”素材图片添加到【时间轴】面板中，将【变换】|【位置】设置为 236, 1094，将【缩放】设置为 51, 51%，如图 3-70 所示。

图 3-70

3.4.5　蒙版羽化

通过设置【蒙版羽化】参数可以对蒙版的边缘进行柔化处理，制作出虚化的边缘效果，如图 3-71 所示。

在菜单栏中选择【图层】|【蒙版】|【蒙版羽化】命令，或在图层的【蒙版】|【蒙版1】|【蒙版羽化】参数上右击，在弹出的快捷菜单中选择【编辑值】命令，弹出【蒙版羽化】对话框，在该对话框中也可设置羽化参数，如图3-72所示。

图 3-71

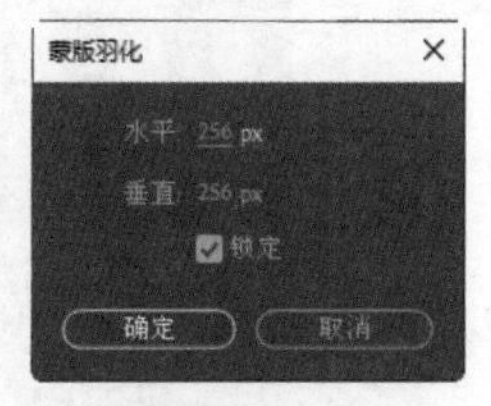

图 3-72

若要单独设置水平羽化或垂直羽化，则在【时间轴】面板中单击【蒙版羽化】右侧的【约束比例】按钮，将约束比例取消，然后就可以分别调整水平或垂直的羽化值。

水平羽化和垂直羽化的效果如图3-73所示。

图 3-73

3.4.6 蒙版不透明度

通过设置【蒙版不透明度】参数可以调整蒙版的不透明度。如图3-74所示为该参数分别为100%（左）和50%（右）的效果。

图 3-74

在图层的【蒙版】|【蒙版1】|【蒙版不透明度】参数上右击，在弹出的快捷菜单中选择【编辑值】命令，或在菜单栏中选择【图层】|【蒙版】|【蒙版不透明度】命令，如图3-75所示。弹出【蒙版不透明度】对话框，在该对话框中也可设置蒙版的不透明度，如图3-76所示。

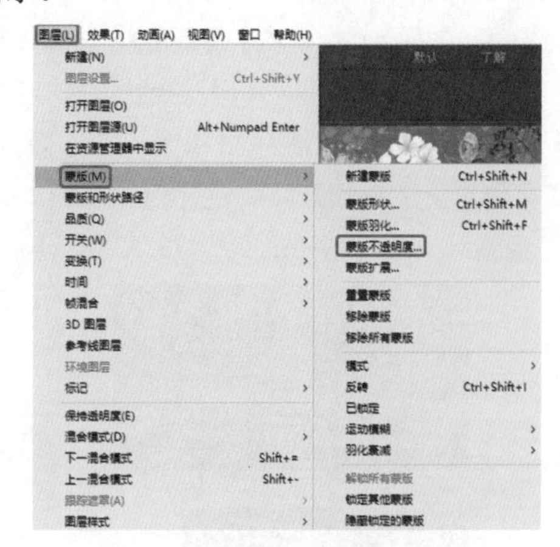

图 3-75

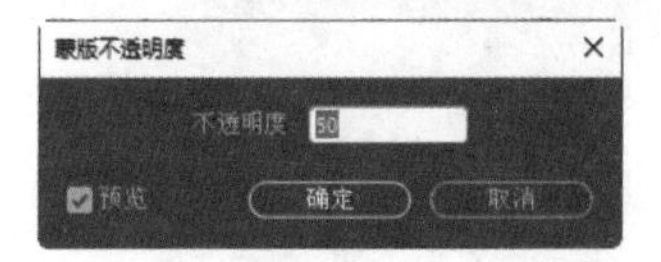

图 3-76

【实战】图像切换效果

下面将通过【蒙版羽化】与【蒙版不透明度】来讲解如何制作图像切换效果，如图3-77所示。其具体操作步骤如下。

图 3-77

素材	素材\Cha03\风景1.jpg、风景2.jpg
场景	场景\Cha03\【实战】图像切换效果.aep
视频	视频教学\Cha03\【实战】图像切换效果.mp4

01 在【项目】面板中右击，在弹出的快捷菜单中选择【新建合成】命令。在弹出的【新建合成】对话框中，将【宽度】和【高度】分别设置为 420 px、329 px，将【像素长宽比】设置为 D1/DV PAL(1.09)，将【帧速率】设置为 25 帧 / 秒，将【持续时间】设置为 0:00:03:00，然后单击【确定】按钮，如图 3-78 所示。

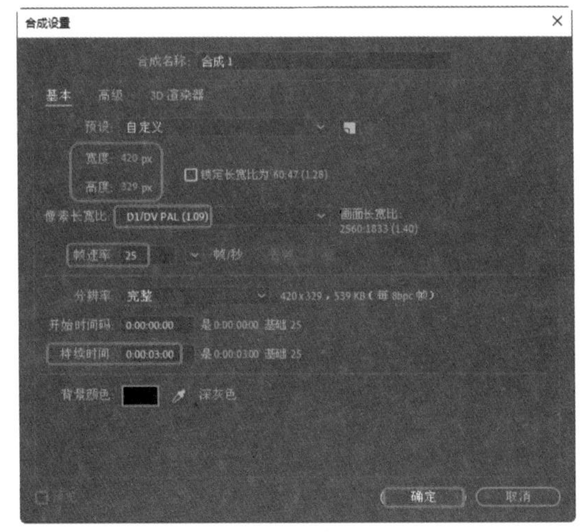

图 3-78

02 导入“素材 \Cha03\ 风景 1.jpg、风景 2.jpg”素材图片，在【项目】面板中选择“风景 1.jpg”素材文件添加至【时间轴】面板中，将【变换】选项组中的【缩放】设置为 55, 55%，如图 3-79 所示。

图 3-79

03 在【项目】面板中选择“风景 2.jpg”素材文件，按住鼠标左键将其拖曳至“风景 1.jpg”的上方，将【变换】选项组中的【缩放】设置为 55, 55%，如图 3-80 所示。

图 3-80

04 确认当前时间为 0:00:00:00，在【时间轴】面板中选中“风景 2.jpg”图层，使用【矩形工具】绘制如图 3-81 所示的矩形蒙版，然后单击【蒙版】|【蒙版 1】中【蒙版羽化】左侧的按钮，添加关键帧，如图 3-81 所示。

图 3-81

05 将当前时间设置为0:00:01:12，将【蒙版羽化】设置为800, 800像素，然后单击【蒙版不透明度】左侧的按钮，添加关键帧，如图3-82所示。

图 3-82

06 将当前时间设置为0:00:02:18，将【蒙版不透明度】设置为0%，如图3-83所示。

图 3-83

07 将合成添加到【渲染队列】中并输出视频，然后将场景文件保存即可。

3.4.7 蒙版扩展

蒙版的范围可以通过【蒙版扩展】参数来调整，当参数值为正值时，蒙版范围将向外扩展，如图3-84所示。当参数值为负值时，蒙版范围将向里收缩，如图3-85所示。

图 3-84

图 3-85

在图层的【蒙版】|【蒙版1】|【蒙版扩展】参数上右击，在弹出的快捷菜单中选择【编辑值】命令，或在菜单栏中选择【图层】|【蒙版】|【蒙版扩展】命令，如图3-86所示。弹出【蒙版扩展】对话框，在该对话框中可以对蒙版的扩展参数进行设置，如图3-87所示。

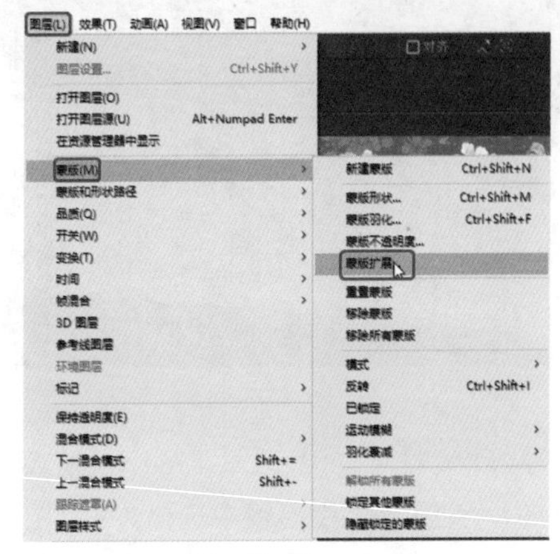

图 3-86

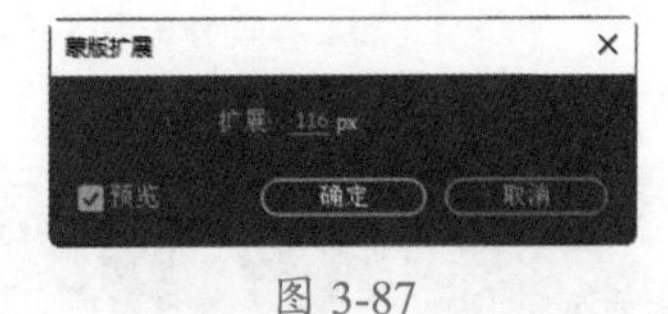

图 3-87

3.5 多蒙版操作

After Effects支持在同一个层上建立多个蒙版，各蒙版间可以进行叠加。层上的蒙版以创建的先后顺序命名、排列。蒙版的名称和排列位置可以改变。

3.5.1 多蒙版的选择

After Effects可以在同一层中同时选择多个蒙版进行操作。选择多个蒙版的方法如下。

◎ 在【合成】面板中，选择一个蒙版后，按住 Shift 键可同时选择其他蒙版的控制点。

◎ 在【合成】面板中，选择一个蒙版后，按住 Alt+Shift 组合键单击要选择的蒙版的一个控制点即可。

◎ 在【时间轴】面板中打开层的【蒙版】卷展栏，按住 Ctrl 键或 Shift 键选择蒙版。

◎ 在【时间轴】面板中打开层的【蒙版】卷展栏，使用鼠标框选蒙版。

3.5.2 蒙版的排序

默认状态下，系统以蒙版创建的顺序为蒙版命名，例如：【蒙版 1】、【蒙版 2】……蒙版的名称和顺序都可改变。改变蒙版的顺序的操作方法如下。

◎ 在【时间轴】面板中选择要改变顺序的蒙版，按住鼠标左键将蒙版拖至目标位置，即可改变蒙版的排列顺序，如图 3-88 所示。

图 3-88

◎ 使用菜单命令也可改变蒙版的排列顺序。首先在【时间轴】面板中选择需要改变顺序的蒙版。然后在菜单栏中选择【图层】|【排列】命令，在弹出的子菜单中有 4 种排列命令，如图 3-89 所示。

- ◆ 【将蒙版置于顶层】：可以将蒙版移至顶部位置。
- ◆ 【使蒙版前移一层】：可以将蒙版向上移动一层。
- ◆ 【使蒙版后移一层】：可以将蒙版向下移动一层。
- ◆ 【将蒙版置于底层】：可以将蒙版移至底部位置。

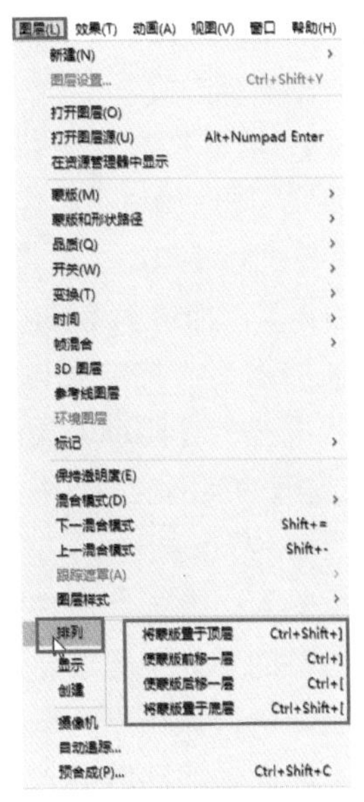

图 3-89

3.6 遮罩特效

【遮罩】特效组中包含【调整实边遮罩】、【调整柔和遮罩】、mocha shape、【遮罩阻塞工具】和【简单阻塞工具】5 种特效，利用【遮罩】特效可以将带有 Alpha 通道的图像进行收缩或描绘。

3.6.1 调整实边遮罩

使用【调整实边遮罩】特效可改善现有实边 Alpha 通道的边缘。【调整实边遮罩】特效是 After Effects 以前版本中【调整遮罩】特效的更新，其参数如图 3-90 所示。

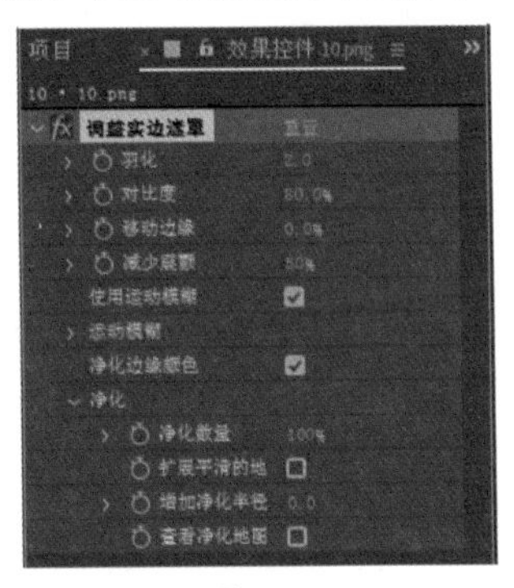

图 3-90

◎ 【羽化】：增大此值，可通过平滑边缘，降低遮罩中曲线的锐度。

◎ 【对比度】：确定遮罩的对比度。如果【羽化】值为 0，则此属性不起作用。与【羽化】属性不同，【对比度】跨边缘应用。

◎ 【移动边缘】：相对于【羽化】属性值，遮罩扩展的数量。其结果与【遮罩阻塞工具】效果内的【阻塞】属性结果非常相似，只是值的范围从 -100% 到 100%（而非 -127 到 127）。

◎ 【减少震颤】：增大此属性可减少边缘逐帧移动时的不规则更改。此属性确定在跨邻近帧执行加权平均以防止遮罩边缘不规则地逐帧移动时，当前帧应具有多大影响力。如果【减少震颤】值高，则震颤减少程度强，当前帧被认为震颤较少。如果【减少震颤】值低，则震颤减少程度弱，当前帧被认为震颤较多。如果【减少震颤】值为 0，则认为仅当前帧需要遮罩优化。

> 提示：如果前景物体不移动，但遮罩边缘正在移动和变化，则增加【减少震颤】属性的值。如果前景物体正在移动，但遮罩边缘没有移动，则降低【减少震颤】属性的值。

◎ 【使用运动模糊】：选中【使用运动模糊】复选框可用运动模糊渲染遮罩。这个高品质选项虽然比较慢，但能产生更干净的边缘。用户也可以控制样本数和快门角度，其意义与在合成设置的运动模糊上下文中的意义相同。在【调整实边遮罩】效果中，如要使用任何运动模糊，则需要选中此复选框。

◎ 【净化边缘颜色】：选中此复选框可净化（纯化）边缘像素的颜色。从前景像素中移除背景颜色有助于修正经运动模糊处理的其中含有背景颜色的前景对象的光晕和杂色。此净化的强度由【净化数量】决定。

◎ 【净化数量】：确定净化的强度。

◎ 【扩展平滑的地】：只有在【减少震颤】大于 0 并选中【净化边缘颜色】复选框时才起作用，清洁为减少震颤而移动的边缘。

◎ 【增加净化半径】：为边缘颜色净化（也包括任何净化，如羽化、运动模糊和扩展净化）而增加的半径值量（像素）。

◎ 【查看净化地图】：显示哪些像素将通过边缘颜色净化而被清除。

3.6.2 调整柔和遮罩

【调整柔和遮罩】特效主要是通过参数属性来调整蒙版与背景之间的衔接过渡，使画面过渡得更加柔和。使用新的【调整柔和遮罩】特效可以定义柔和遮罩。此特效使用额外的进程来自动计算更加精细的边缘细节和透明区域，其参数如图 3-91 所示。

◎ 【计算边缘细节】：计算半透明边缘和边缘区域中的细节。

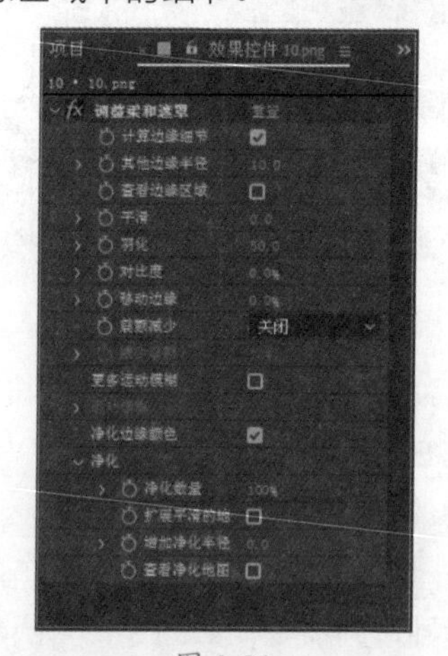

图 3-91

◎ 【其他边缘半径】：沿整个边界添加均匀的边界带，描边的宽度由此值确定。

◎ 【查看边缘区域】：将边缘区域渲染为黄色，前景和背景渲染为灰度图像（背景光线比前景更暗）。

◎ 【平滑】：沿 Alpha 边界进行平滑，跨边界保存半透明细节。

◎ 【羽化】：在优化后的区域中模糊 Alpha 通道。如图 3-92 所示为参数分别为 0%（左）和 50%（右）的效果。

图 3-92

◎ 【对比度】：在优化后的区域中设置 Alpha 通道对比度。

◎ 【移动边缘】：相对于【羽化】属性值，遮罩扩展的数量，值的范围从 -100% 到 100%。

◎ 【震颤减少】：启用或禁用【震颤减少】。可以选择【更多细节】或【更平滑（更慢）】选项。

◎ 【减少震颤】：增大此属性可减少边缘逐帧移动时的不规则更改。【更多细节】的最大值为 100%，【更平滑（更慢）】的最大值为 400%。

◎ 【更多运动模糊】：选中此复选框，可用运动模糊渲染遮罩。这个高品质选项虽然比较慢，但能产生更干净的边缘。此选项可以控制样本数和快门角度，其意义与在合成设置的运动模糊上下文中的意义相同。在【调整柔和遮罩】效果中，源图像中的任何运动模糊都会被保留，只有希望向素材添加效果时才需选中此选项。

◎ 【运动模糊】：用于设置抠像区域的动态模糊效果。

◆ 【每帧采样数】：用于设置每帧图像前后采集运动模糊效果的帧数，数值越大动态模糊越强烈，需要渲染的时间也就越长。

◆ 【快门角度】：用于设置快门的角度。

◆ 【较高品质】：选中该复选框，可让图像在动态模糊状态下保持较高的影像质量。

◎ 【净化边缘颜色】：选中此复选框，可净化（纯化）边缘像素的颜色。从前景像素中移除背景颜色有助于修正经运动模糊处理的其中含有背景颜色的前景对象的光晕和杂色。此净化的强度由【净化数量】决定。

◎ 【净化数量】：确定净化的强度。

◎ 【扩展平滑的地】：只有在【减少震颤】大于 0 并选中【净化边缘颜色】复选框时才起作用，清洁为减少震颤而移动的边缘。

◎ 【增加净化半径】：为边缘颜色净化（也包括任何净化，如羽化、运动模糊和扩展净化）而增加的半径值量（像素）。

◎ 【查看净化地图】：显示哪些像素将通过边缘颜色净化而被清除，其中白色边缘部分为净化半径作用区域，如图 3-93 所示。

图 3-93

3.6.3　mocha shape

mocha shape 特效主要是为抠像层添加形状或颜色蒙版效果，以便对该蒙版做进一步动画抠像，其参数如图 3-94 所示。

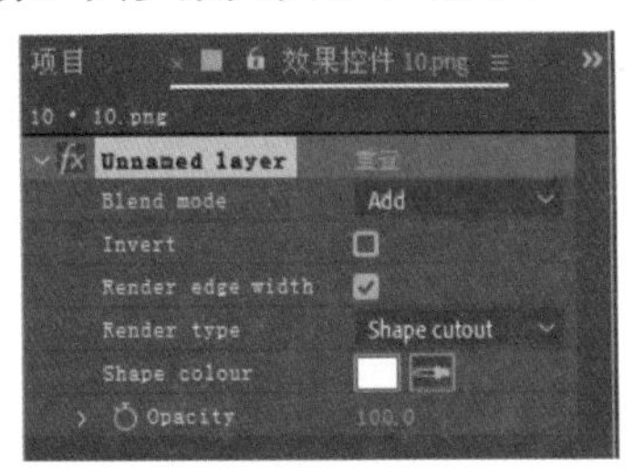

图 3-94

◎ Blend mode（混合模式）：用于设置抠像层的混合模式。包括 Add（相加）、Subtract（相减）和 Multiply（正片叠底）3 种模式。

◎ Invert（反转）：选中该复选框，可以对抠像区域进行反转设置。

◎ Render edge width（渲染边缘宽度）：选中该复选框，可以对抠像边缘的宽度进行渲染。

◎ Render type（渲染类型）：用于设置抠像区域的渲染类型。包括 Shape cutout（形状剪贴）、Color composite（颜色合成）和 Color shape cutout（颜色形状剪贴）3 种类型。

◎ Shape colour（形状颜色）：用于设置蒙版的颜色。

◎ Opacity（透明度）：用于设置抠像区域的不透明度。

3.6.4 遮罩阻塞工具

【遮罩阻塞工具】特效主要用于对带有 Alpha 通道的图像进行控制，可以收缩和扩展 Alpha 通道图像的边缘，达到修改边缘的效果，其参数如图 3-95 所示。

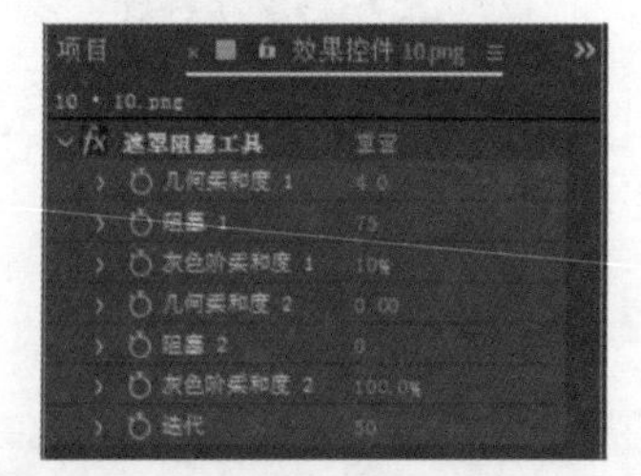

图 3-95

◎ 【几何柔和度 1】/【几何柔和度 2】：用于设置边缘的柔和程度。

◎ 【阻塞 1】/【阻塞 2】：用于设置阻塞的数量。该值为正值图像扩展，该值为负值图像收缩。

◎ 【灰色阶柔和度 1】/【灰色阶柔和度 2】：用于设置边缘的柔和程度。该值越大，边缘柔和程度越强烈。

◎ 【迭代】：用于设置蒙版扩展边缘的重复次数。如图 3-96 所示为参数分别为 10（左）和 50（右）的效果。

图 3-96

3.6.5 简单阻塞工具

【简单阻塞工具】特效与上面讲到的【遮罩阻塞工具】特效相似，只能作用于 Alpha 通道，其参数如图 3-97 所示。

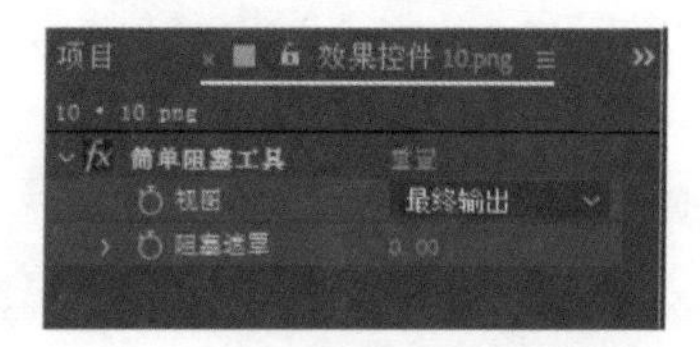

图 3-97

◎ 【视图】：在右侧的下拉列表框中可以选择显示图像的最终效果。

◆ 【最终输出】：表示以图像为最终输出效果。

◆ 【遮罩】：表示以蒙版为最终输出效果。如图 3-98 所示为遮罩前后的效果对比。

图 3-98

◎ 【阻塞遮罩】：用于设置蒙版的阻塞程度。该值为正值图像扩展，该值为负值图像收缩。如图 3-99 所示为参数分别为 -50（左）和 100（右）的效果。

图 3-99

课后项目练习
手写文字动画

本例制作手写文字动画，运用钢笔绘制蒙版路径，设置蒙版路径描边，效果如图 3-100 所示。

课后项目练习效果展示

图 3-100

课后项目练习过程概要

01 新建合成，设置【宽度】和【高度】参数，导入背景文件并输入文字。

02 在图层上使用【钢笔工具】绘制多个蒙版路径。

03 为图层添加多个【描边】效果，设置蒙版路径描边效果。

素材	素材 \Cha03\ 背景 1.jpg
场景	场景 \Cha03\ 手写文字动画 .aep
视频	视频教学 \Cha03\ 手写文字动画 .mp4

01 在【项目】面板中右击，在弹出的快捷菜单中选择【新建合成】命令。在弹出的【新建合成】对话框中，将【宽度】和【高度】分别设置为 1024 px、768 px，【帧速率】设置为 25 帧 / 秒，【持续时间】设置为 0:00:09:00，然后单击【确定】按钮。

02 在【项目】面板中导入“素材 \Cha03\ 背景 1.jpg”素材文件，并将其添加到【时间轴】面板中，如图 3-101 所示。

图 3-101

03 在工具栏中单击【横排文字工具】按钮 T，在【合成】面板的适当位置输入文字，然后将【字体】设置为 BrowalliaUPC，【字体大小】设置为 82 像素，单击【仿粗体】按钮 T，将【背景颜色】设置为 #000000，如图 3-102 所示。

图 3-102

04 将文字层的【变换】选项组展开，将【位置】设置为 297.5, 402.3，【旋转】设置为 0×-5.0°，如图 3-103 所示。

图 3-103

05 选中“背景 1.jpg”层，在工具栏中单击【钢笔工具】按钮，根据英文字母 h，绘制如图 3-104 所示的蒙版路径。

图 3-104

06 选中“背景 1.jpg”层，在菜单栏中选择【效果】|【生成】|【描边】命令，如图 3-105 所示。

07 确认当前时间为 0:00:00:00，在【效果控件】面板中，将【描边】的【路径】设置为【蒙版 1】，将【画笔大小】设置为 3，将【结束】设置为 0%，并单击其左侧的【时间变化秒表】按钮，如图 3-106 所示。

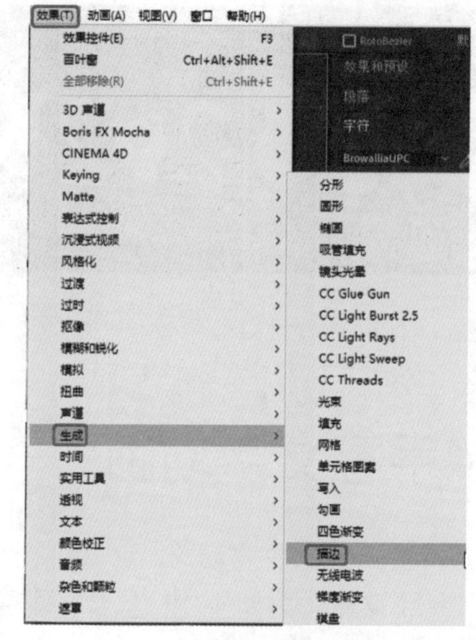

图 3-105

图 3-106

08 将当前时间设置为 0:00:00:20，在【效果控件】面板中，将【描边】的【结束】设置为 100%，如图 3-107 所示。

图 3-107

09 选中“背景 1.jpg”层，在工具栏中单击【钢笔工具】按钮，根据英文字母 a，绘制如图 3-108 所示的蒙版路径。

图 3-108

10 选中“背景 1.jpg”层，在菜单栏中选择【效果】|【描边】命令。确认当前时间为 0:00:00:20，在【效果控件】面板中，将【描边 2】的【路径】设置为【蒙版 2】，将【画笔大小】设置为 3，将【结束】设置为 0%，并单击【结束】左侧的【时间变化秒表】按钮，如图 3-109 所示。

图 3-109

11 将当前时间设置为 0:00:01:15，在【效果控件】面板中将【描边 2】的【结束】设置为 100%，如图 3-110 所示。

图 3-110

12 使用相同的方法，绘制其他蒙版路径并设置描边效果，如图 3-111 所示。

图 3-111

13 将“背景 1.jpg”层转换为 3D 图层。将当前时间设置为 0:00:00:00，将“背景 1.jpg”层的【变换】|【位置】设置为 513, 390, -200，并单击其左侧的【时间变化秒表】按钮，如图 3-112 所示。

图 3-112

14 将当前时间设置为0:00:08:24，将“背景1.jpg”层的【变换】|【位置】设置为513, 390, -40，如图3-113所示。

图 3-113

15 将文字图层的图标关闭，将其隐藏，如图3-114所示。

图 3-114

16 将合成添加到【渲染队列】中并输出视频，最后将场景文件保存即可。

第 04 章

产品展示效果——3D 图层

本章导读：

本章详细介绍 3D 图层的基本操作、灯光的应用，以及摄像机的应用，3D 部分包括创建、移动、缩放、旋转等操作。最后讲解投影的制作过程，从而达到立体投影的效果。

案例精讲 产品展示效果

为了更好地完成本设计案例，现对制作要求及设计内容做如下规划，最终效果如图4-1所示。

作品名称	产品展示效果
设计创意	通过给素材添加不同效果，设置参数，添加关键帧，完美展示视频动画的效果
主要元素	（1）产品背景 （2）5G 通信
应用软件	Adobe After Effects 2020
素材	素材 \Cha04\ 产品展示效果 .aep
场景	场景 \Cha04\【案例精讲】产品展示效果 .aep
视频	视频教学 \Cha04\【案例精讲】产品展示效果 .mp4
产品展示效果欣赏	图 4-1
备注	

01 启动软件后，按 Ctrl+O 组合键，打开“素材 \Cha04\ 产品展示效果 .aep”素材文件，选中【时间轴】面板中的“产品背景 .jpg”图层，并单击【3D 图层】按钮。在【效果和预设】面板中，搜索 CC Star Burst 效果，将其添加到“产品背景 .jpg”图层上，如图 4-2 所示。

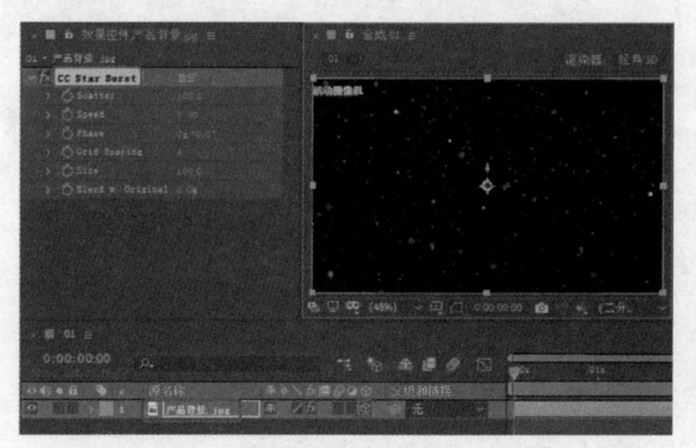

图 4-2

02 将当前时间线拖曳至 0:00:00:00，将 Scatter 设置为 56，单击 Scatter 与 Blend w. Original 左侧的【时间变化秒表】按钮，如图 4-3 所示。

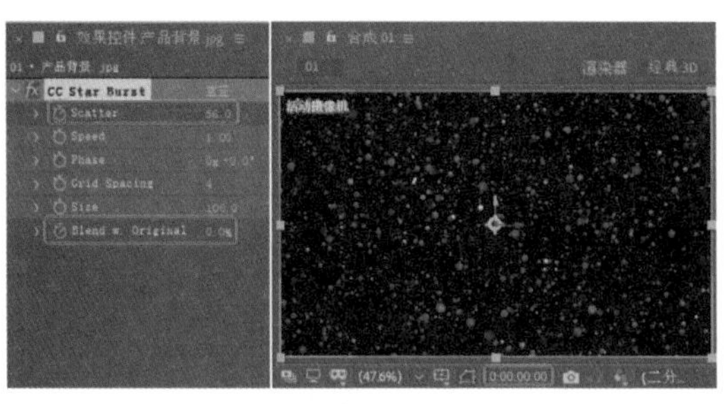

图 4-3

03 将当前时间设置为 0:00:01:24，将 Scatter 设置为 0，将 Blend w. Original 设置为 100%，如图 4-4 所示。

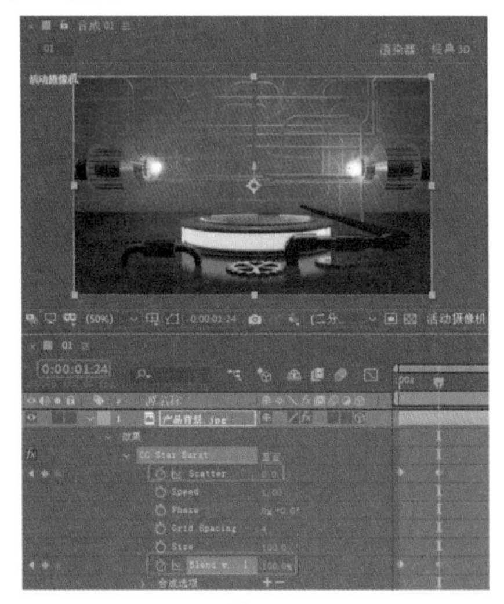

图 4-4

04 在【项目】面板中右击，从弹出的快捷菜单中选择【导入】|【文件】命令，弹出【导入文件】对话框。选择“素材\Cha04\5G 通信 .png”素材文件，并将其拖曳至【时间轴】面板中，然后单击【3D 图层】按钮，如图 4-5 所示。

05 将【缩放】设置为 28, 28, 28%，将当前时间设置为 0:00:02:10，将【位置】设置为 412.7, −119, 0，将【Z 轴旋转】设置为 0×+0°，单击【位置】与【Z 轴旋转】左侧的【时间变化秒表】按钮，如图 4-6 所示。

06 将当前时间设置为 0:00:04:10，将【位置】设置为 412.7, 221, 0，将【Z 轴旋转】设置为 3×+349°，如图 4-7 所示。

图 4-5

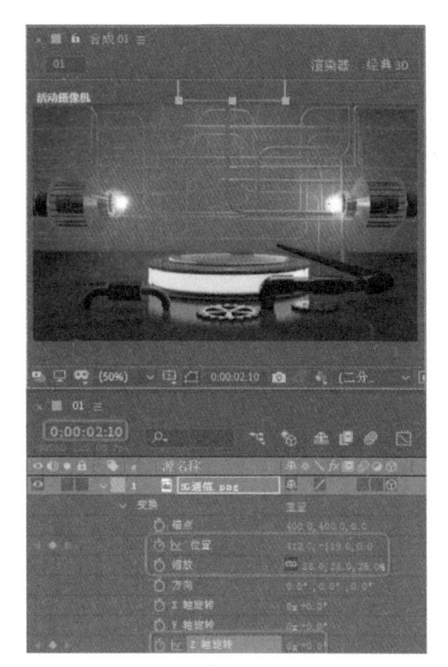

图 4-6

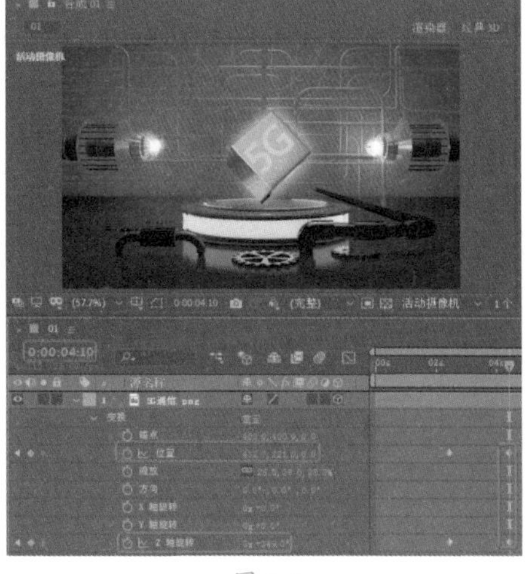

图 4-7

4.1 了解 3D

在介绍 After Effects 2020 中的三维合成之前，首先来认识一下什么是 3D。所谓 3D 就是所说的三维立体空间的简称，它在几何数学中用（X、Y、Z）坐标系来表示。这个世界是三维的，空间中的所有物体也是三维的，它们可以任意地旋转、移动。与 3D 相对的是 2D，也就是所说的二维平面空间，它在几何数学中用（X、Y）坐标系来表示，实际上所有的 3D 物体都是由若干的 2D 物体组成的，二者之间有着密切的联系。

在计算机图形世界中有 2D 图形和 3D 图形之分。所谓 2D 图形就是平面几何概念，即所有图像只存在于二维坐标中，并且只能沿着水平轴（X 轴）和垂直轴（Y 轴）运动，它只包含图形元素，像三角形、长方形、正方形、梯形、圆等，它们所使用的坐标系是 X、Y。所谓 3D 图形就是立体化几何概念，它在二维平面的基础上对图像添加了另外的一个维数元素——距离或者说深度，就形成了立体几何中“立体”的概念，与 2D 图形相对应的是锥体、立方体、球等，它们使用的坐标系是 X、Y、Z。

所谓深度也叫作 Z 坐标，它用于表示一个物体在深度轴（即 Z 轴）上的位置。如果把 X 坐标、Y 坐标看作是左右和上下方向，那么 Z 坐标所代表的就是前后方向。物体的 3D 坐标用（X、Y、Z）表示出来，如果站在坐标轴的中心，那么正的 Z 坐标表示物体处在距离中心前面远一些的地方，而负的 Z 坐标表示物体处在距离中心后面远一些的地方。

当将一个图像转变为 3D 图像时，也就是为它增加了深度，这样它就具有了现实空间中物体的属性了。例如，反射光线、形成阴影以及在三维空间移动等。

4.2 三维空间合成的工作环境

三维空间中的合成对象为我们提供了更广阔的想象空间，同时也产生了更炫更酷的效果。在制作影视片头和广告特效时，三维空间的合成尤其有用。

After Effects 和诸多三维软件不同，虽然 After Effects 也具有三维空间合成功能，但它只是一个特效合成软件，并不具备建模能力，所有的层都像是一张纸，只是可以改变其位置、角度而已。

要想将一个图层转化为三维图层，在 After Effects 中进行三维空间的合成，只需将对象的 3D 属性打开即可。如图 4-8 所示，打开 3D 属性的对象即处于三维空间内。系统在其 X、Y 轴坐标的基础上，自动为其赋予三维空间中的深度概念——Z 轴。在对象的各项变化中自动添加 Z 轴参数。

图 4-8

4.3 坐标体系

在 After Effects 2020 中提供了 3 种坐标系工作方式，分别是本地轴模式、世界轴模式和视图轴模式。

◎ 【本地轴模式】：在该坐标模式下旋转层，层中的各个坐标轴和层一起被旋转，如图 4-9 所示。

图 4-9

◎ 【世界轴模式】：在该坐标模式下，在【正面】视图中观看时，X、Y轴总是成直角；在【左侧】视图中观看时，Y、Z轴总是成直角；在【顶部】视图中观看时，X、Z轴总是成直角，如图4-10所示。

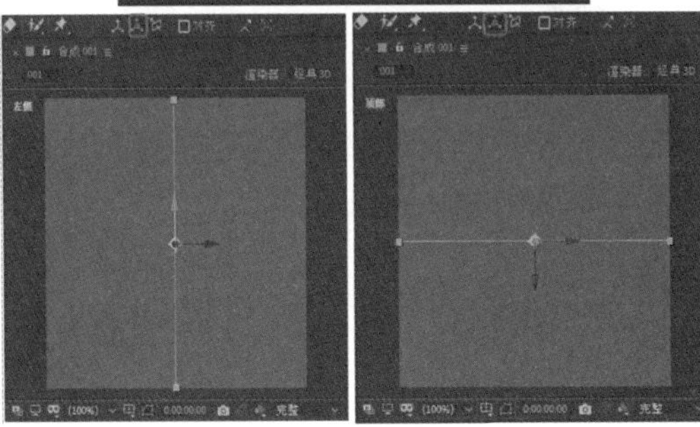

图 4-10

◎ 【视图轴模式】：在该坐标模式下，坐标的方向保持不变，无论如何旋转层，X、Y轴总是成直角，Z轴总是垂直于屏幕，如图4-11所示。

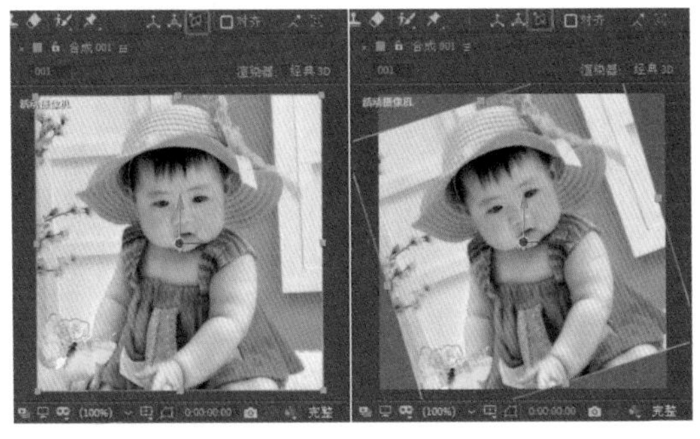

图 4-11

4.4 3D图层的基本操作

3D图层的操作与2D图层的相似，可以改变3D对象的位置、旋转角度，也可以通过调节其坐标参数进行设置。

4.4.1 创建3D图层

选择一个3D图层，在【合成】面板中可看到出现了一个立体坐标，如图4-12所示，红色箭头代表X轴（水平），绿色箭头代表Y轴（垂直），蓝色箭头代表Z轴（纵深）。

图 4-12

4.4.2 移动3D图层

当一个2D图层转换为3D图层后，在其原有属性的基础上又会添加一组参数，用来调整Z轴，也就是3D图层深度的变化。

用户可通过在【时间轴】面板中改变图层的【位置】参数来移动图层；也可在【合成】面板中使用【选择工具】，直接调整图层的位置。选择一个坐标轴即可在该方向上进行移动，如图4-13所示。

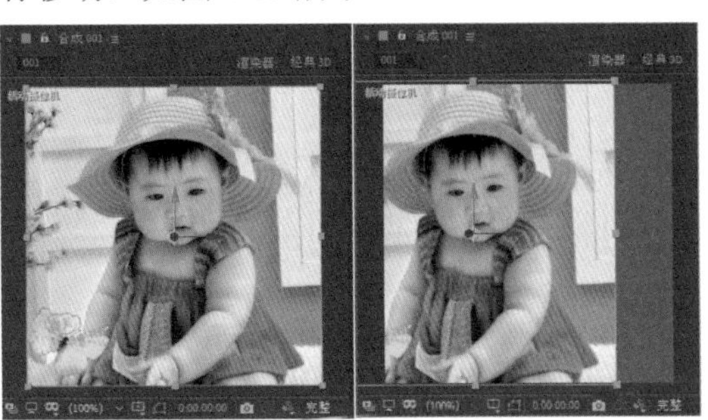

图 4-13

在使用【选择工具】改变3D图层的位置时，【信息】面板的下方会显示层的坐标信息，如图4-14所示。

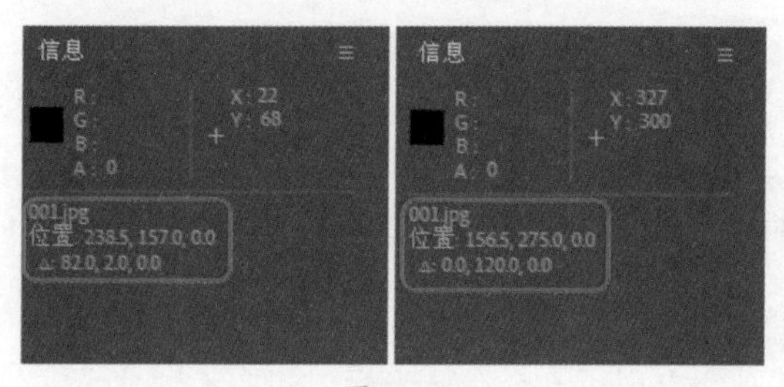

图 4-14

4.4.3 缩放 3D 图层

用户可通过在【时间轴】面板中改变图层的【缩放】参数来缩放图层；也可以使用【选择工具】在【合成】面板中调整层的控制点来缩放图层，如图 4-15 所示。

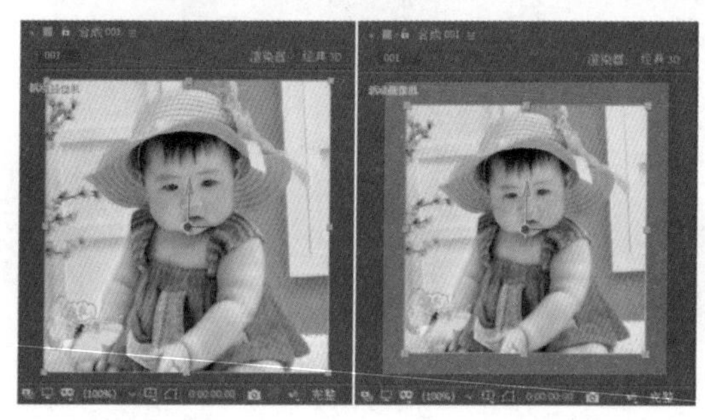

图 4-15

4.4.4 旋转 3D 图层

用户可通过在【时间轴】面板中改变图层的【方向】参数或【X 轴旋转】、【Y 轴旋转】、【Z 轴旋转】参数来旋转图层；还可以使用【旋转工具】在【合成】面板中直接控制层进行旋转。如果要单独以某一个坐标轴进行旋转，可将鼠标指针移至坐标轴上，当鼠标指针中包含有该坐标轴的名称时，再拖动鼠标即可进行单一方向上的旋转。如图 4-16 所示为以 X 轴旋转的 3D 图层。

当选择一个层时，【合成】面板中该层的四周会出现 8 个控制点，如果使用【旋转工具】拖动拐角的控制点，层会沿 Z 轴旋转；如果拖动左右中间的两个控制点，层会沿 Y 轴旋转；如果拖动上下中间的两个控制点，层会沿 X 轴旋转。

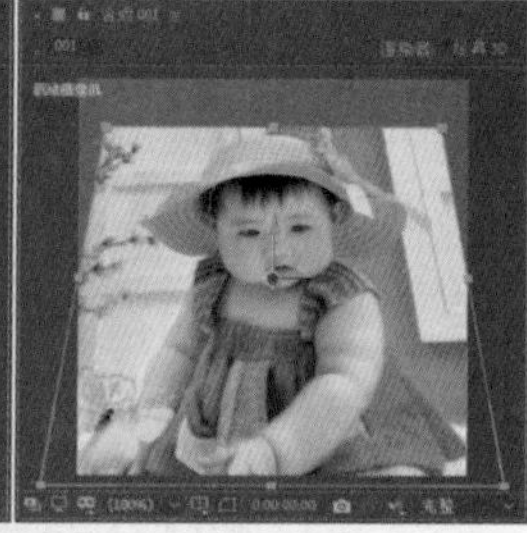

图 4-16

当改变 3D 图层的【X 轴旋转】、【Y 轴旋转】、【Z 轴旋转】参数时，层会沿着每个单独的坐标轴旋转，所调整的旋转数值就是层在该坐标轴上的旋转角度。用户可以在每个坐标轴上添加层旋转并设置关键帧，以此来创建层的旋转动画。利用坐标轴的【旋转】属性来创建层的旋转动画要比应用方向属性来生成动画具有更多的关键帧控制选项。但是，这样也可能会导致运动结果比预想的要差，这种方法对于创建沿一个单独坐标轴旋转的动画是非常有用的。

4.4.5 【材质选项】属性

当 2D 图层转换为 3D 图层后，除了原有属性的变化外，系统又添加了一组新的属性——【材质选项】，如图 4-17 所示。

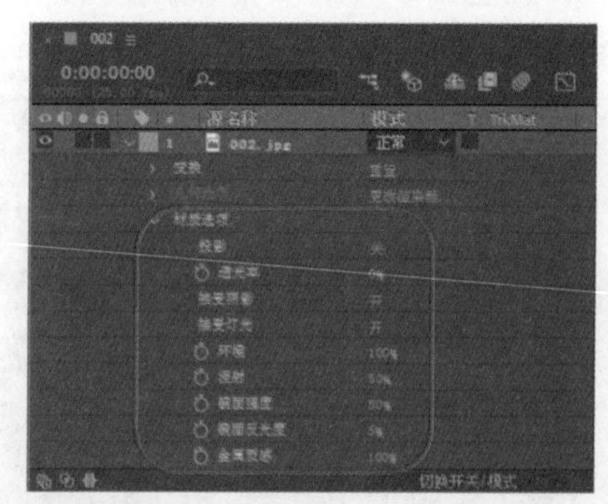

图 4-17

【材质选项】属性主要用于控制光线与阴影的关系。当场景中设置灯光后，场景中的层怎样接受照明，又怎样设置阴影，这都是需要在【材质选项】属性中进行设置的。

◎ 【投影】：用于设置当前层是否产生阴影。阴影的方向和角度取决于光源的方向和角度。【关】表示不产生阴影，【开】表示产生阴影，【仅】表示只显示阴影，不显示层。如图 4-18 所示为阴影为这三种状态的效果。

图 4-18

提示：要使一个 3D 图层投射阴影，一方面要在该层的【材质选项】属性中设置【接受阴影】选项；另一方面也要在发射光线的灯光层的【灯光选项】属性中设置【投影】选项。

◎ 【接受阴影】：用于设置当前层是否接受其他层投射的阴影。

◎ 【接受灯光】：用于设置当前层是否受场景中灯光的影响。如图 4-19 所示，当前层为文字层，左图为【接受灯光】设置为【开】时的效果，右图为【接受灯光】设置为【关】时的效果。

图 4-19

◎ 【环境】：用于设置当前层受环境光影响的程度。

◎ 【漫射】：用于设置当前层扩散的程度。当设置为 100% 时将反射大量的光线，当设置为 0% 时不反射光线。如图 4-20 所示，左图为将文字层中的【漫射】设置为 0% 时的效果，右图为将文字层中的【漫射】设置为 100% 时的效果。

图 4-20

◎ 【镜面强度】：用于设置层上镜面反射高光的亮度。其参数范围为 0% ～ 100%。如图 4-21 所示，左图为将文字中的【镜面强度】设置为 0% 时的效果，右图为将文字中的【镜面强度】设置为 100% 时的效果。

◎ 【镜面反光度】：用于设置当前层上高光的大小。数值越大，发光越小；数值越小，发光越大。

◎ 【金属质感】：用于设置层上镜面高光的颜色。

图 4-21

■ 4.4.6　3D 视图

在 2D 模式下层与层之间是没有空间感的，系统总是先显示处于前方的层，并且前面的层会遮住后面的层。在【时间轴】面板中，层在堆栈中的位置越靠上，在【合成】面板中它的位置就越靠前，如图 4-22 所示。

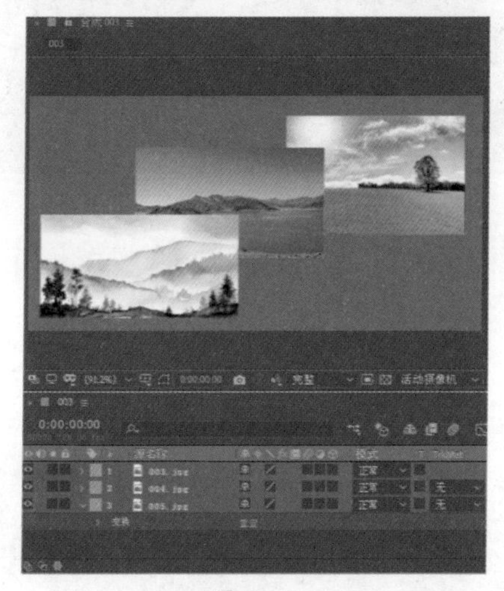

图 4-22

由于 After Effects 2020 中的 3D 层具有深度属性，因此在不改变【时间轴】面板中层堆栈顺序的情况下，处于后面的层也可以被放置到【合成】面板的前面来显示，前面的层也可以放到其他层的后面去显示。因此，After Effects 中的 3D 层在【时间轴】面板中的层序列并不代表它们在【合成】面板中的显示顺序，系统会以层在 3D 空间中的前后来显示各层的图像，如图 4-23 所示。

图 4-23

在 3D 模式下，用户可以在多种模式下观察【合成】面板中层的排列。这些模式大体可以分为两种：正交视图模式和自定义视图模式，如图 4-24 所示。正交视图模式包括【正面】、【左侧】、【顶部】、【背面】、【右侧】、【底部】六种，用户可以从不同的角度来观察 3D 层在【合成】面板中的位置，但并不能显示层的透视效果。自定义视图模式有三种，它可以显示层与层之间的空间透视效果。在这种视图模式下，用户就好像置身于【合成】面板中的某一高度和角度，用户可以使用摄像机工具来调节所处的高度和角度，来改变观察方位。

图 4-24

用户可以随时更改 3D 视图，以便从不同的角度来观察 3D 层。要切换视图模式，可以执行下面的操作。

◎ 单击【合成】面板底部的【3D 视图弹出式菜单】按钮 活动摄像机 ，在弹出的下拉列表中可以选择一种视图模式。

◎ 在菜单栏中选择【视图】|【切换 3D 视图】命令，在弹出的子菜单中可以选择一种视图模式。

◎ 在【合成】面板或【时间轴】面板中右击，在弹出的快捷菜单中选择【切换 3D 视图】命令，在弹出的子菜单中选择一种视图模式。

如果用户希望在几种经常使用的 3D 视图模式之间快速切换，可以为其设置快捷键。设置快捷键的方法如下。

将视图切换到经常使用的视图模式下，例如切换到【自定义视图 1】模式下，然后在菜单栏中选择【视图】|【切换 3D 视图】命令，在弹出的子菜单中，可选择其中任意一

个，例如选择【自定义视图 1】命令，如图 4-25 所示。这样便将 F11 作为【自定义视图 1】视图的快捷键。在其他视图模式下，按 F11 键，即可快速切换到【自定义视图 1】视图模式。

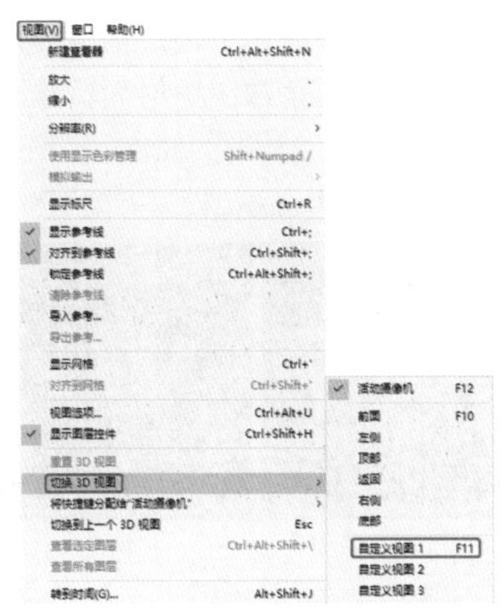

图 4-25

用户可以选择菜单栏中的【视图】|【切换到上一个 3D 视图】命令或按 Esc 键快速切换到上次 3D 视图模式中。注意，该操作只能向上返回一次 3D 视图模式，如果反复执行此操作，【合成】面板会在最近的两次 3D 视图模式之间来回切换。

当用户在不同 3D 视图模式间进行切换时，个别层可能在当前视图中无法完全显示。这时，用户可以在菜单栏中选择【视图】|【查看所有图层】命令来显示所有的层，如图 4-26 所示。

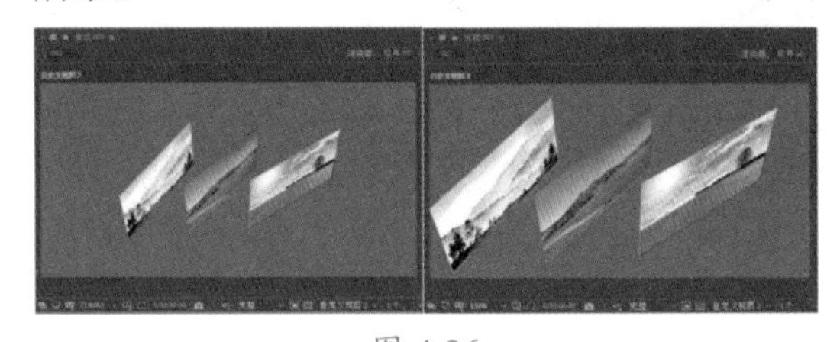

图 4-26

在菜单栏中选择【视图】|【查看选定图层】命令，只显示当前所选择的图层，如图 4-27 所示。

如果用户觉得在几种视图模式之间切换太麻烦，那么可以在【合成】面板中同时打开多个视图，从不同的角度观察图层。单击【合成】面板下方的【选择视图布局】按钮 ，在弹出的下拉菜单中可选择视图的布局方案，如图 4-28 所示。例如选择【4 个视图 - 左侧】、【4 个视图 - 顶部】两种视图方案的效果如图 4-29 所示。

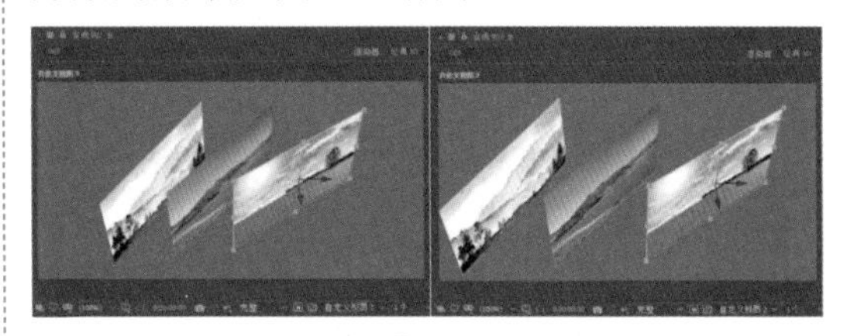

图 4-27

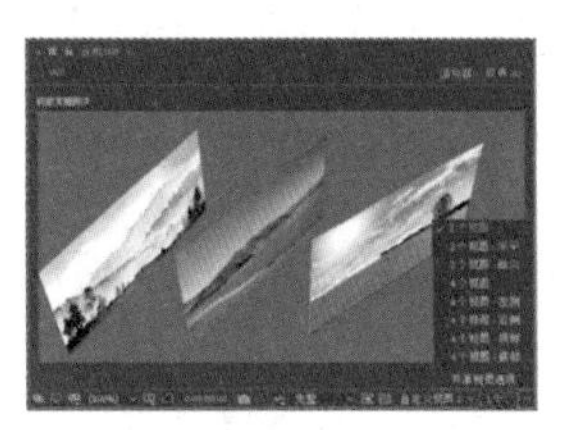

图 4-28

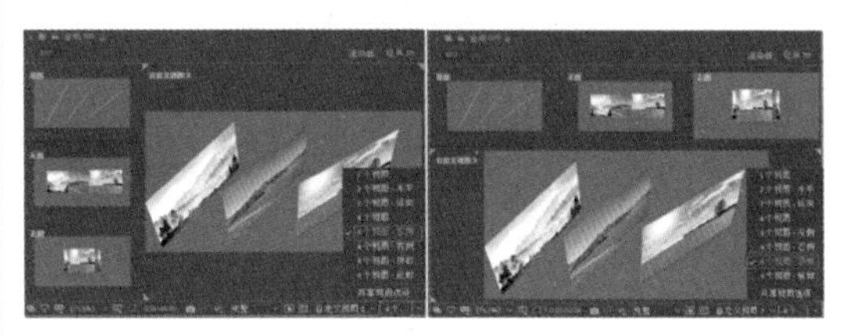

图 4-29

4.5 灯光的应用

在合成制作中，使用灯光可模拟现实世界中的真实效果，并能够渲染影片气氛，突出重点。

4.5.1 创建灯光

在 After Effects 2020 中灯光是一个层，它可以用来照亮其他的图像层。

用户可以在一个场景中创建多个灯光，并且有四种不同的灯光类型可供选择。要创建一个照明用的灯光来模拟现实世界中的光照效果，可以执行下面的操作。

在菜单栏中选择【图层】|【新建】|【灯

光】命令，如图 4-30 所示。弹出【灯光设置】对话框，在该对话框中对灯光设置后，单击【确定】按钮，即可创建灯光，如图 4-31 所示。

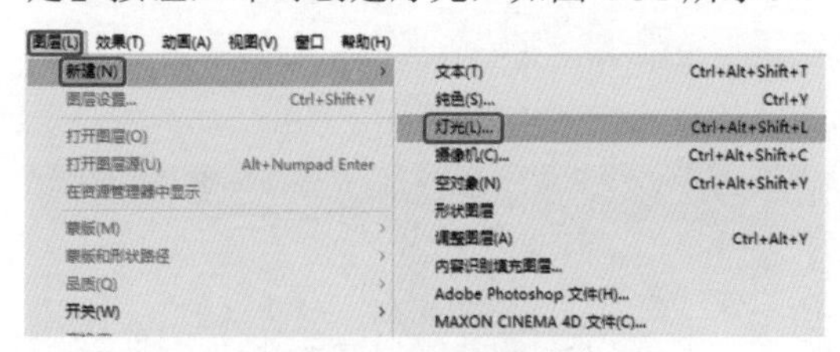

图 4-30

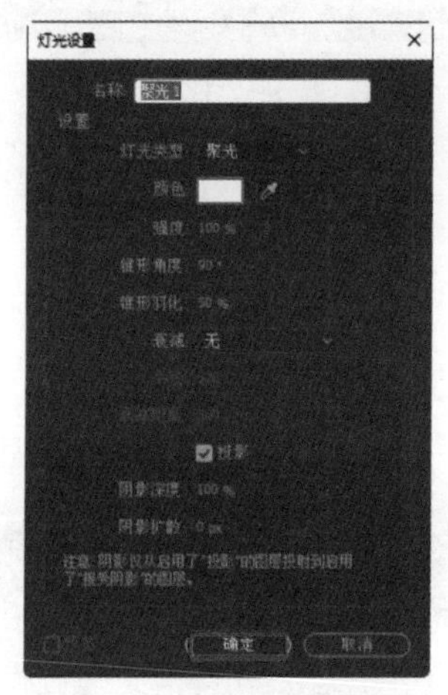

图 4-31

提示：在【合成】面板或【时间轴】面板中右击，在弹出的快捷菜单中选择【新建】|【灯光】命令，也可弹出【灯光设置】对话框。

■ 4.5.2　灯光类型

After Effects 2020 中提供了 4 种类型的灯光，即【平行】、【聚光】、【点】和【环境】，选择不同的灯光类型会产生不同的灯光效果。在【灯光设置】对话框的【灯光类型】下拉列表框中可选择所需的灯光。

◎　【平行】：这种类型的灯光可以模拟现实中的平行光效果，如探照灯。它从一个点光源发出一束平行光线，光照范围无限远。它可以照亮场景中位于目标位置的每一个物体或画面，并不会因为距离的原因而衰减，如图 4-32 所示。

◎　【聚光】：这种类型的灯光可以模拟现实中的聚光灯效果，如手电筒。它是从一个点光源发出锥形的光线，它的照射面积受锥角大小的影响，锥角越大照射面积越大，锥角越小照射面积越小。该类型的灯光还受距离的影响，距离越远，亮度越弱，照射面积越大，如图 4-33 所示。

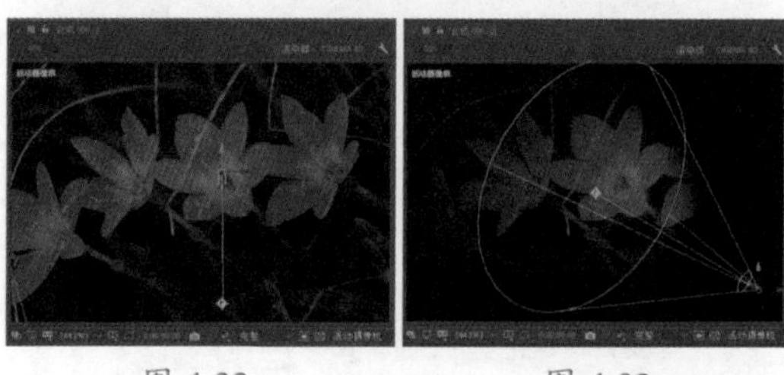

图 4-32　　图 4-33

◎　【点】：这种类型的灯光可以模拟现实中的散光灯效果，如照明灯。光线从某个点向四周发射，如图 4-34 所示。

◎　【环境】：该光线没有发光点，光线从远处射来照亮整个环境，并且它不会产生阴影，如图 4-35 所示。这种类型的灯光发出的光线颜色可以设置，并且整个环境的颜色也会随着灯光颜色的不同发生改变，与置身于五颜六色的霓虹灯下的效果相似。

图 4-34　　图 4-35

■ 4.5.3　灯光的属性

在创建灯光时可以先设置好灯光的属性，也可以先创建灯光然后再在【时间轴】面板中进行修改，如图 4-36 所示。

◎　【强度】：用于控制灯光亮度。当【强度】值为 0% 时，场景变黑。当【强度】值为负值时，可以起到吸光的作用。当场景中有其他灯光时，负值的灯光可减弱场景中的光照强度。如图 4-37 所示，（a）图是一盏灯光强度为 50% 的效果，（b）图是一盏灯光强度为 100% 的效果，（c）图是一盏灯光强度为 150% 的效果。

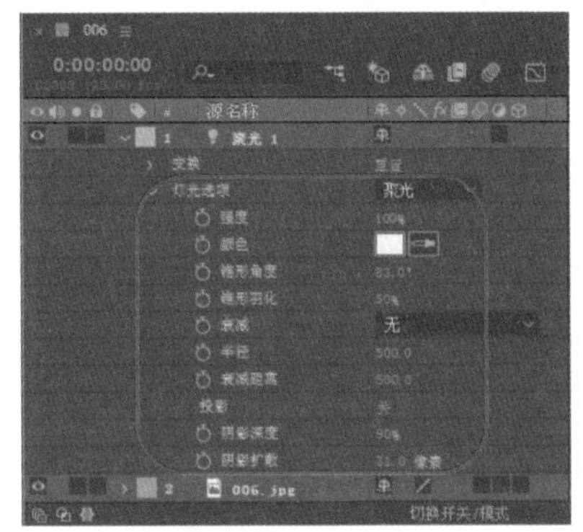

图 4-36

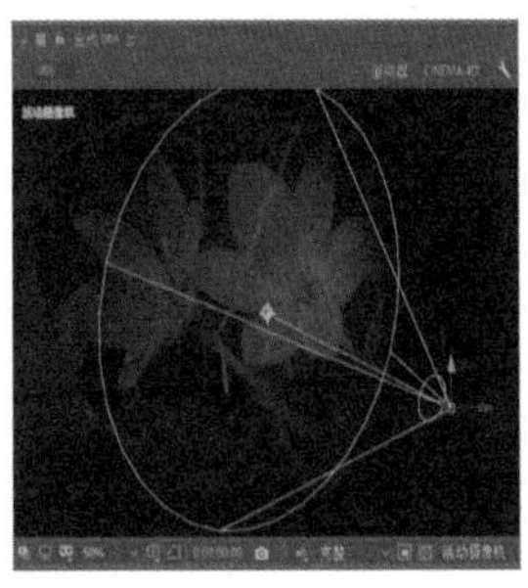

（a）

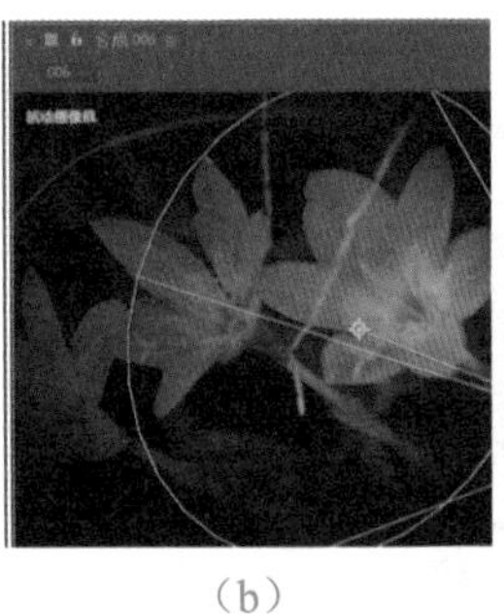

（b）

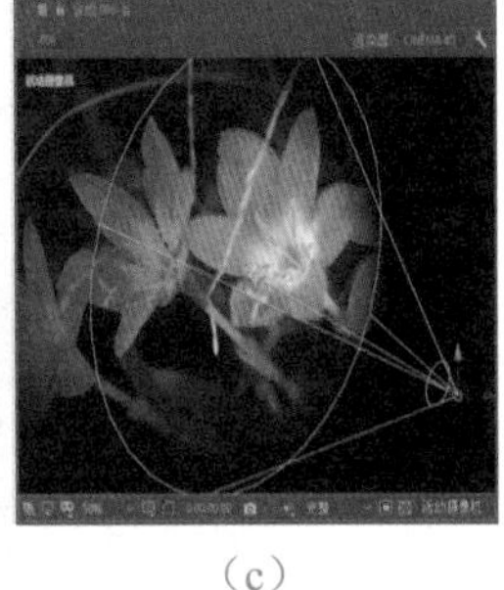

（c）

图 4-37

◎ 【颜色】：用于设置灯光的颜色。单击右侧的色块，在弹出的【颜色】对话框中可设置一种颜色，也可以使用色块右侧的吸管工具在工作界面中拾取一种颜色，从而创建出有色光照射的效果。

◎ 【锥形角度】：当选择【聚光灯】类型时才出现该参数。该选项用于设置灯光的照射范围，角度越大，光照范围越大；角度越小，光照范围越小。如图 4-38 所示为参数值分别为 60.0°（左）和 90.0°（右）的效果。

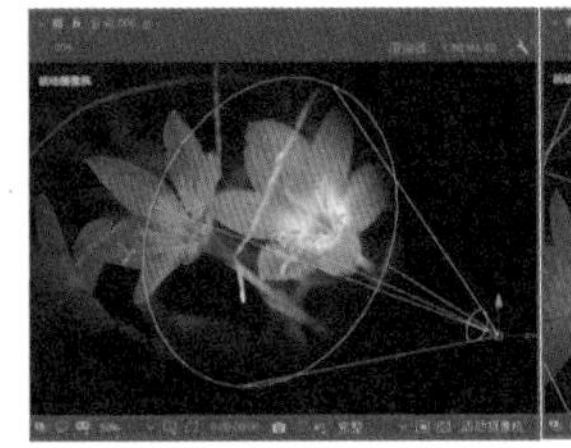
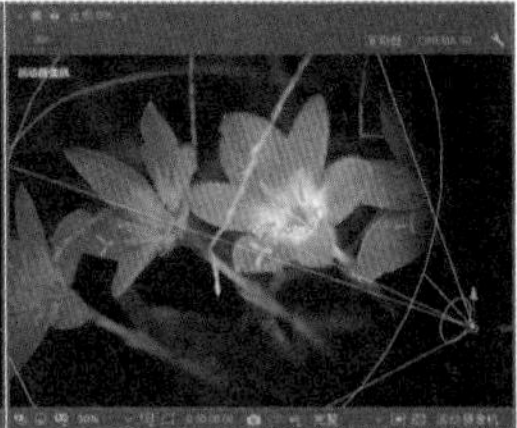

图 4-38

◎ 【锥形羽化】：当选择【聚光灯】类型时才出现该参数。该参数用于设置聚光灯照明区域边缘的柔和度，默认设置为 50%。当设置为 0% 时，照明区域边缘界线比较明显。参数越大，边缘越柔和，如图 4-39 所示为设置不同的【锥形羽化】参数后的效果。

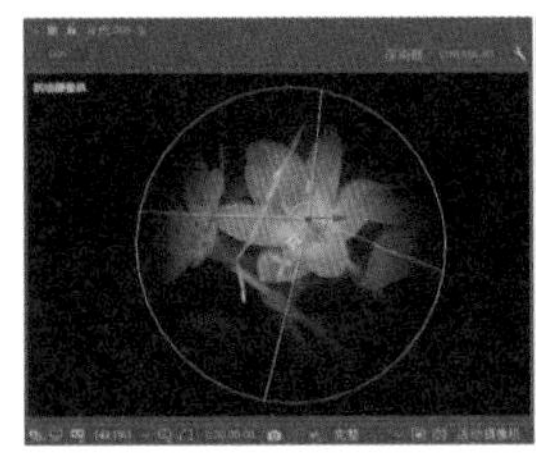
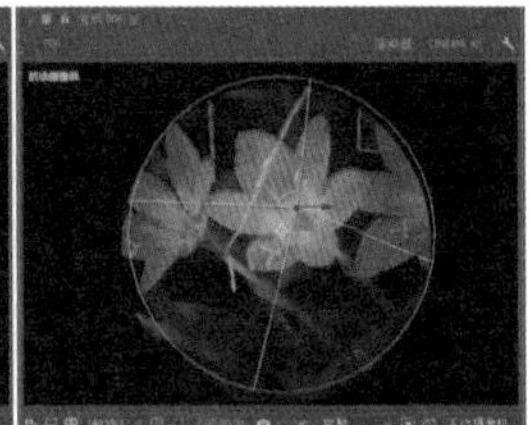

图 4-39

◎ 【投影】：设置为【开】，打开投影。灯光会在场景中产生投影。

◎ 【阴影深度】：用于设置阴影的颜色深度，默认设置为 100%。参数越小，阴影的颜色越浅。如图 4-40 所示为参数分别为 100%（左）和 40%（右）的效果。

图 4-40

◎ 【阴影扩散】：用于设置阴影的漫射扩散大小。值越高，阴影边缘越柔和。如图 4-41 所示为参数分别为 0 像素（左）和 40 像素（右）的效果。

图 4-41

【实战】立体投影效果

本例将讲解投影的制作过程，其中主要通过对素材文件设置材质选项，然后通过灯光设置，使素材呈现投影效果。具体操作方法如下，完成后的效果如图 4-42 所示。

图 4-42

素材	素材 \Cha04\ 儿童人物 .png、投影墙 .png
场景	场景 \Cha04\【实战】立体投影效果 .aep
视频	视频教学 \Cha04\【实战】立体投影效果 .mp4

01 启动软件后，按 Ctrl+N 组合键，弹出【合成设置】对话框，将【合成名称】设置为“人物投影”，在【基本】选项卡中，将【宽度】和【高度】分别设置为 1024 px 和 768 px，将【像素长宽比】设置为【方形像素】，将【帧速率】设置为 25 帧 / 秒，将【持续时间】设置为 0:00:05:00，单击【确定】按钮，如图 4-43 所示。

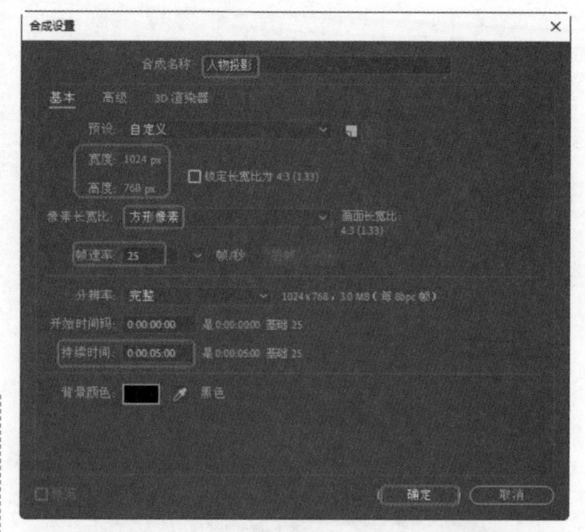

图 4-43

02 切换到【项目】面板，在该面板中进行双击，弹出【导入文件】对话框。在该对话框中，导入“素材 \Cha04\ 儿童人物 .png、投影墙 .png”文件，然后在【项目】面板中选择“投影墙 .png”文件将其添加到【时间轴】面板中，开启 3D 图层，在【变换】选项组中将【缩放】设置为 34, 34, 34%，如图 4-44 所示。

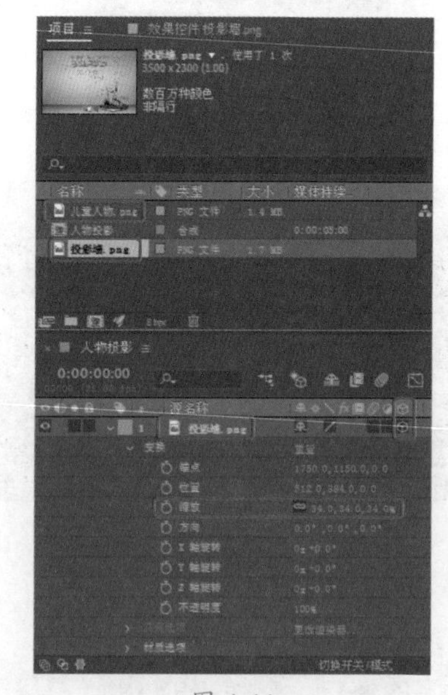

图 4-44

03 切换到【合成】面板，在其中查看调整后的效果，如图 4-45 所示。

04 返回到【时间轴】面板中，打开“投影墙 .png”图层的【材质选项】，将【接受灯光】设置为【关】，如图 4-46 所示。

图 4-45

图 4-46

05 在【项目】面板中选择“儿童人物 .png”素材文件，将其拖至【时间轴】面板上并将其放置到“投影墙 .png”图层的上方，开启 3D 图层，如图 4-47 所示。

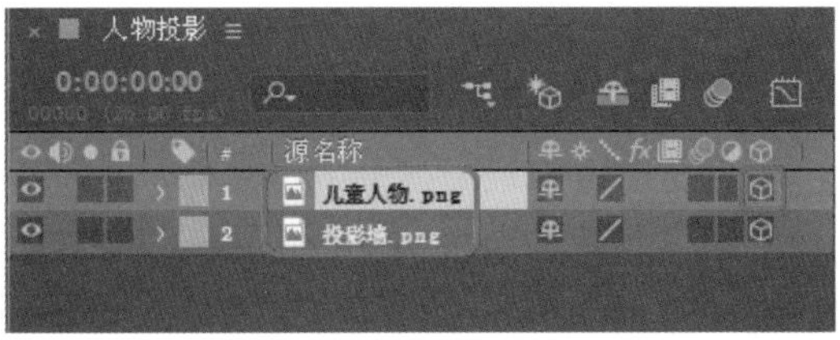

图 4-47

06 展开“儿童人物 .png”图层的【变换】选项组，将【位置】设置为 277.3, 541.3, −244.2，将【缩放】设置为 26, 26, 26%，将【X 轴旋转】设置为 0×+13°，如图 4-48 所示。

图 4-48

知识链接：聚光灯

聚光灯 spot light，指使用聚光镜头或反射镜等聚成的光。反射灯的点光型比较简单，对于超近摄影，利用显微镜的照明装置或幻灯机照明，可获得效果较好的点光照明。照度强、照幅窄、便于朝场景中的特定区位集中照射的灯，是摄影棚内用得最多的一种灯。聚光灯可以投射出高度定向性光束。它可以产生很亮的高光区以及线条鲜明、影调深暗的阴影区。只用几盏聚光灯并不能营造出动人的戏剧性效果。在多数情况下，人们总是综合运用泛光和聚光灯，这样既可保证整体布光柔和，又能使强光区轮廓鲜明、清晰而明亮。

07 切换到【材质选项】组中，将【投影】设置为【开】，如图 4-49 所示。

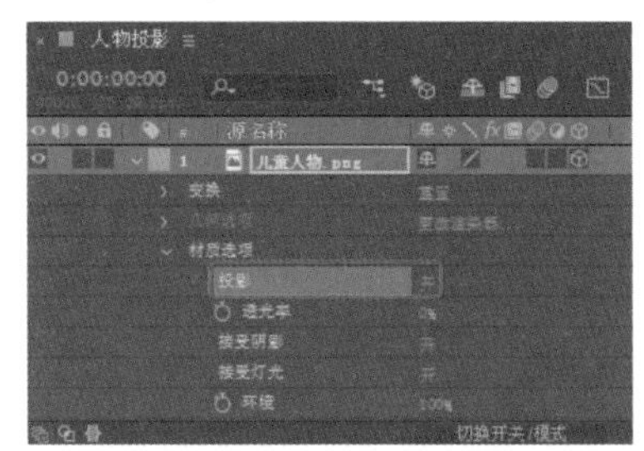

图 4-49

08 切换到【合成】面板，在其中查看设置的效果，如图 4-50 所示。

图 4-50

09 在【时间轴】面板中右击，在弹出的快捷菜单中选择【新建】|【灯光】命令，如图 4-51 所示。

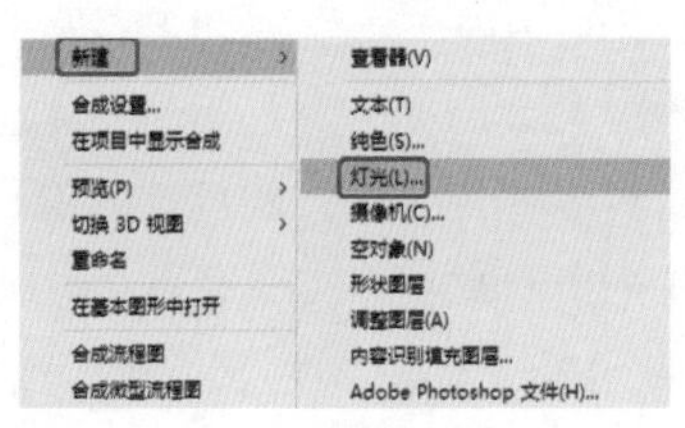

图 4-51

10 弹出【灯光设置】对话框，将【灯光类型】设置为【聚光】，将【颜色】设置为白色，将【强度】设置为 113%，将【锥形角度】设置为 90°，将【锥形羽化】设置为 50%，将【衰减】设置为【无】，选中【投影】复选框，将【阴影深度】设置为 43%，将【阴影扩散】设置为 0px，单击【确定】按钮，如图 4-52 所示。

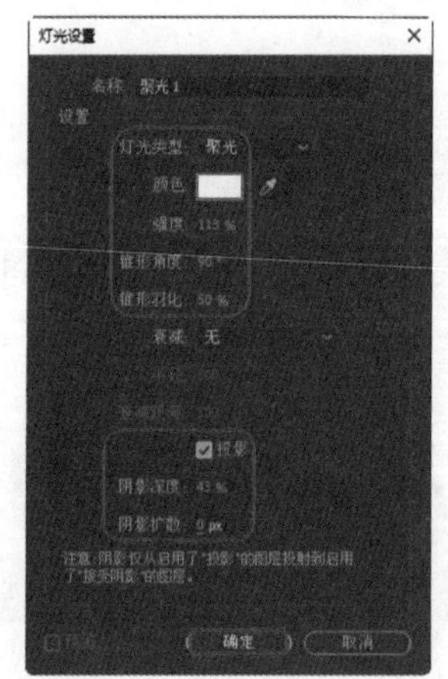

图 4-52

11 选择创建的“聚光 1”图层，将【目标点】设置为 359.3, 448.4, -396.4，将【位置】设置为 502.6, 545.2, -900，如图 4-53 所示。

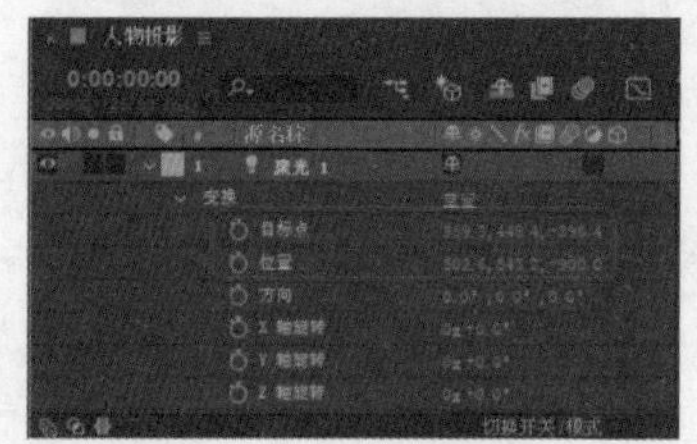

图 4-53

12 设置完成后，在【合成】面板中查看效果，如图 4-54 所示。

图 4-54

4.6 摄像机的应用

在 After Effects 2020 中，可以借助摄像机灵活地从不同角度和距离观察 3D 图层，并可以为摄像机添加关键帧，得到精彩的动画效果。在 After Effects 2020 中的摄像机与现实中的摄像机相似，用户可以调节它的镜头类型、焦距大小、景深等。

在 After Effects 2020 中，合成影像中的摄像机在【时间轴】面板中也是以一个层的形式出现的，在默认状态下，新建的摄像机层总是排列在层堆栈的最上方。After Effects 2020 虽然以【活动摄像机】的视图方式显示合成影像，但是合成影像中并不包含摄像机，这只不过是 After Effects 2020 的一种默认的视图方式而已。

每创建一个摄像机，在【合成】面板的右下角 3D 视图方式列表中就会添加一个摄像机名称，用户随时可以选择需要的摄像机视图方式观察合成影像。

创建摄像机的方法是：在菜单栏中选择【图层】|【新建】|【摄像机】命令，打开【摄像机设置】对话框，如图 4-55 所示。在该对

话框中进行设置，单击【确定】按钮，即可创建摄像机。

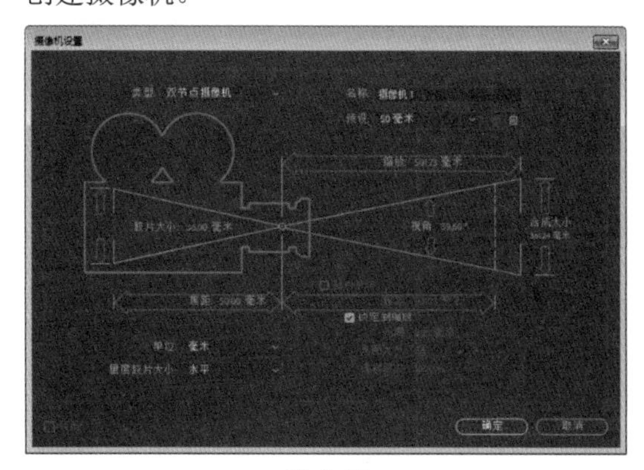

图 4-55

提示：在【合成】面板或【时间轴】面板中右击，在弹出的快捷菜单中选择【新建】|【摄像机】命令，也可以弹出【摄像机设置】对话框。

4.6.1 参数设置

在新建摄像机时会弹出【摄像机设置】对话框，在该对话框中用户可以对摄像机的镜头、焦距等进行设置。

【摄像机设置】对话框中各项参数的含义如下。

◎ 【名称】：用于设置摄像机的名称。在 After Effects 系统默认的情况下，用户在合成影像中所创建的第一个摄像机命名为“摄像机 1”，以后创建的摄像机就依次为“摄像机 2”“摄像机 3”“摄像机 4”等，数值逐渐增大。

◎ 【预设】：用于设置摄像机镜头的类型。在 After Effects 中提供了几种常见的摄像机镜头类型，以便可以模拟现实中不同摄像机镜头的效果。这些摄像机镜头是以它们的焦距大小来表示的，从 35 毫米的标准镜头到 15 毫米的广角镜头以及 200 毫米的鱼眼镜头，用户都可以在这里找到，并且当选择这些镜头时，它们的一些参数都会调到相应的数值。

◎ 【缩放】：用于设置摄像机位置与视图面之间的距离。

◎ 【胶片大小】：用于模拟真实摄像机中所使用的胶片尺寸，与合成画面的大小相对应。

◎ 【视角】：视图角度的大小由焦距、胶片尺寸和缩放所决定，也可以自定义设置，使用宽视角或窄视角。

◎ 【合成大小】：显示合成的高度、宽度或对角线的参数，以【测量胶片大小】中的设置为准。

◎ 【启用景深】：用于建立真实的摄像机调焦效果。选中该复选框可对景深进行进一步的设置，如焦距、光圈值等。

◎ 【焦距】：用于设置摄像机焦点范围的大小。

◎ 【焦距】：用于设置摄像机的焦距大小。

◎ 【锁定到缩放】：当选中该复选框时，系统将焦点锁定到镜头上。这样，在改变镜头视角时始终与其一起变化，使画面保持相同的聚焦效果。

◎ 【光圈】：用于调节镜头快门的大小。镜头快门开得越大，受聚焦影响的像素就越多，模糊范围就越大。

◎ 【光圈大小】：用于改变透镜的大小。

◎ 【模糊层次】：用于设置景深模糊的大小。

◎ 【单位】：可以选择【像素】、【英寸】或【毫米】作为单位。

◎ 【量度胶片大小】：可将测量标准设置为水平、垂直或对角。

4.6.2 使用工具控制摄像机

在 After Effects 2020 中创建了摄像机后，单击【合成】面板右下角的【3D 视图弹出式菜单】按钮 活动摄像机，在弹出的下拉菜单中会出现相应的摄像机名称，如图 4-56 所示。

当以摄像机视图的方式观察当前合成影像图像时，用户就不能在【合成】面板中对当前摄像机进行直接调整了，这时要调整摄像机视图最好的办法就是使用摄像机工具来调整摄像机视图。

图 4-56

在 After Effects 2020 中提供的摄像机工具主要用来旋转、移动和推拉摄像机视图。需要注意的是，通过摄像机工具不会更改摄像机镜头参数设置及关键帧动画，只能通过调整摄像机角度观察当前视图。

◎ 【轨道摄像机工具】：该工具用于旋转摄像机视图。使用该工具可向任意方向旋转摄像机视图。

◎ 【跟踪 XY 摄像机工具】：该工具用于水平或垂直移动摄像机视图。

◎ 【跟踪 Z 摄像机工具】：该工具用于缩放摄像机视图。

课后项目练习
倒影效果

通过给素材添加不同的特效，制作出倒影效果，如图 4-57 所示。

课后项目练习效果展示

图 4-57

课后项目练习过程概要

01 新建合成文件，导入素材文件。

02 添加梯度渐变、倒影等效果并设置参数，从而制作出最终的效果。

素材	素材 \Cha04\ 手机 .png
场景	场景 \Cha04\ 倒影效果 .aep
视频	视频教学 \Cha04\ 倒影效果 .mp4

01 启动软件后，按 Ctrl+N 组合键，弹出【合成设置】对话框，将【合成名称】设置为“倒影”，在【基本】选项卡中，将【宽度】和【高度】分别设置为 1024 px、768 px，将【像素长宽比】设置为【方形像素】，将【帧速率】设置为25帧/秒，将【持续时间】设置为0:00:05:00，单击【确定】按钮，如图 4-58 所示。

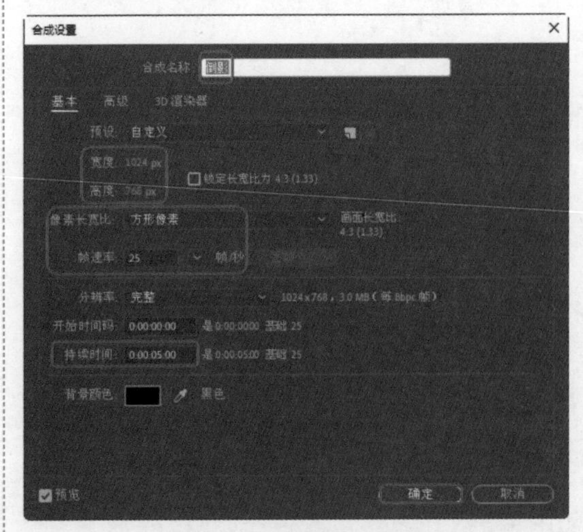

图 4-58

02 切换到【项目】面板，在该面板中双击，弹出【导入文件】对话框，在该对话框中，选择“素材 \Cha04\ 手机 .png”素材文件，然后单击【导入】按钮。在【项目】面板中，可以查看导入的素材文件，如图 4-59 所示。

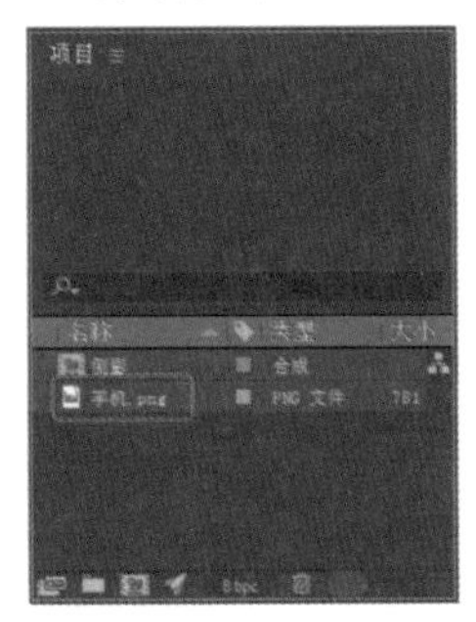

图 4-59

提示：帧速率是指每秒钟刷新图片的帧数，也可以理解为图形处理器每秒钟能够刷新几次。对影片内容而言，帧速率是指每秒钟所显示的静止帧格数。要生成平滑连贯的动画效果，帧速率一般不小于 8 fps；而电影的帧速率为 24 fps。捕捉动态视频内容时，此数字越高越好。

03 在【项目】面板的“倒影”名称上右击，在弹出的快捷菜单中选择【新建】|【纯色】命令。弹出【纯色设置】对话框，将【名称】设置为“背景”，将【宽度】和【高度】分别设置为 1024 像素和 768 像素，将【颜色】设置为白色，如图 4-60 所示。

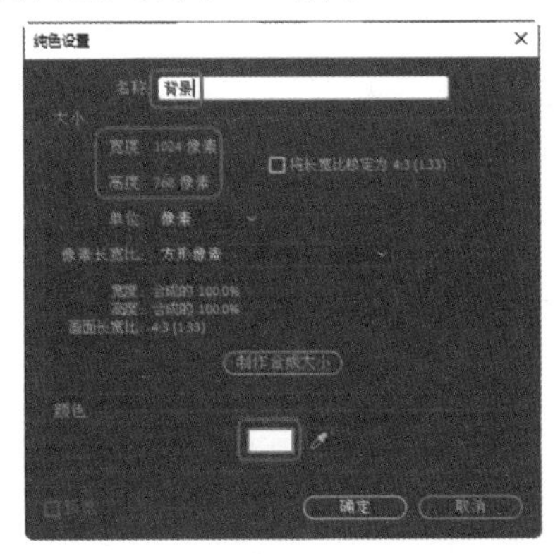

图 4-60

04 单击【确定】按钮。按 Ctrl+5 组合键，打开【效果和预设】面板，在搜索框中输入“梯度渐变”，此时会在【效果和预设】面板中显示搜索的效果，如图 4-61 所示。

图 4-61

05 选择【梯度渐变】效果，将其添加到“背景”图层上，激活【效果控件】面板，将【结束颜色】的 RGB 值设置为 175、175、175，如图 4-62 所示。

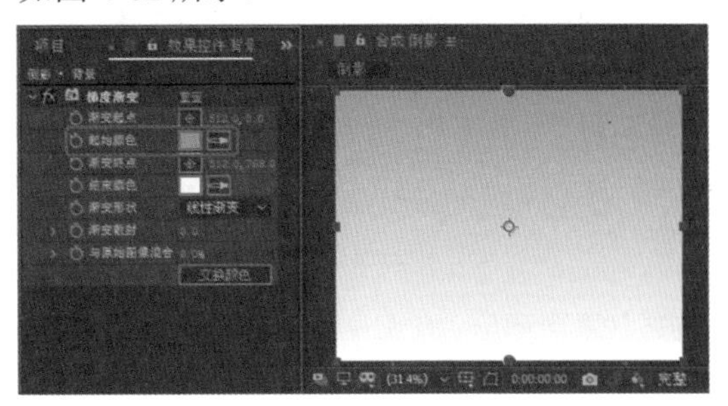

图 4-62

06 在【项目】面板中选择“手机 .png”，将其拖曳到时间轴的“背景”图层上方，并将其【位置】设置为 652, 314，将【缩放】设置为 50, 50%，如图 4-63 所示。

图 4-63

07 在【时间轴】面板中选择“手机 .png”图层，按 Ctrl+D 组合键对其进行复制，并将复制的图层的名称设置为“倒影”，然后单击【3D 图层】按钮，开启 3D 图层，如图 4-64 所示。

08 在时间轴中展开“倒影”图层的【变换】选项组，将【位置】设置为 652, 842, 0，将【X

轴旋转】设置为0×+180°，如图4-65所示。

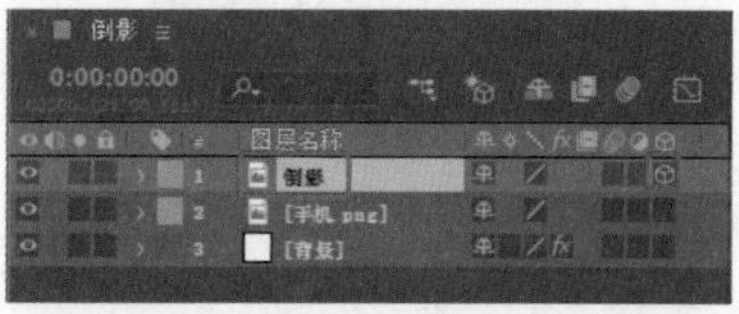

图 4-64

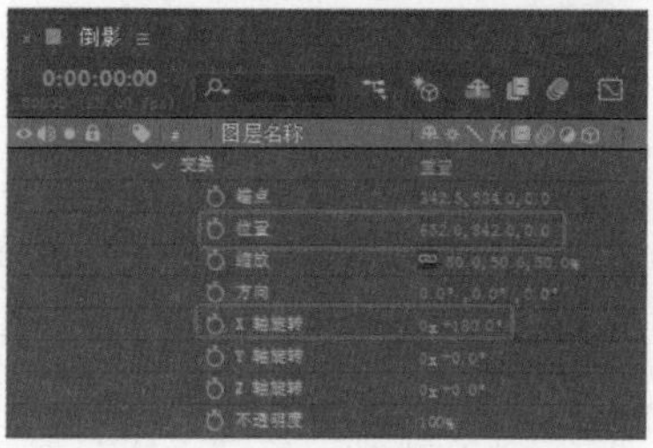

图 4-65

09 设置完成后，在【合成】面板中查看效果，如图4-66所示。

图 4-66

10 在【效果和预设】面板中搜索【线性擦除】效果，将其添加到“倒影”对象上。在【效果控件】面板中，将【过渡完成】设置为83%，将【擦除角度】设置为0×-180°，将【羽化】设置为289，如图4-67所示。

图 4-67

11 在工具栏中单击【横排文字工具】按钮，在【合成】面板中输入“音乐手机”，在【字符】面板中将【字体】设置为【Adobe 黑体 Std】，将【填充颜色】设置为黑色，将【字体大小】设置为75像素，将【水平缩放】设置为128%，单击【仿粗体】按钮，如图4-68所示。

12 在【效果和预设】面板中，搜索【百叶窗】效果，并将其添加到文字图层上，将当前时间线拖动至0:00:00:00，单击【过渡完成】左侧的【时间变化秒表】按钮，将【过渡完成】设置为100%，将【方向】设置为0×+22°，将【宽度】设置为30，将时间线拖动至0:00:04:00，将【过渡完成】设置为0%，如图4-69所示。

提示：【线性擦除】效果是按指定方向对图层执行简单的线性擦除。使用“草图”品质时，擦除的边缘不会消除锯齿；使用“最佳”品质时，擦除的边缘会消除锯齿且羽化是平滑的。

图 4-68

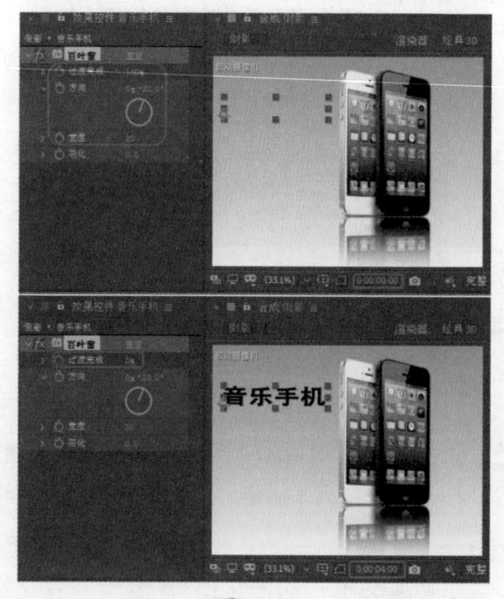

图 4-69

第 05 章

打字动画——文字效果

本章导读：

在日常生活中随处可见一些文字变形效果，不同的文字效果会给人以不同的感受，本章将详细介绍路径文字与轮廓线、文字特效、文字动画、文字的创建与设置。

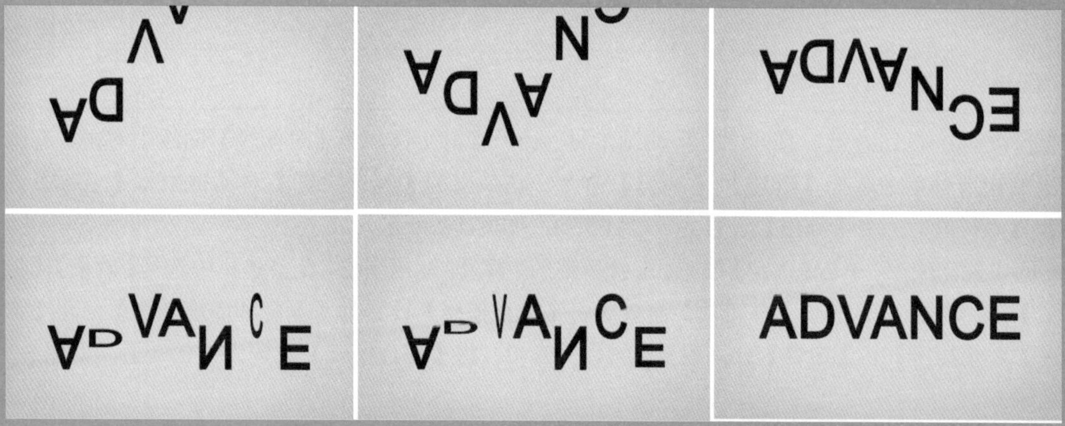

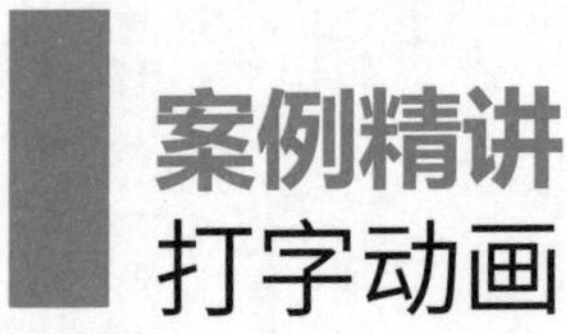

案例精讲 打字动画

为了更好地完成本设计案例，现对制作要求及设计内容做如下规划，最终效果如图5-1所示。

作品名称	打字动画
设计创意	通过创建图形蒙版、输入文字并进行设置、添加效果及关键帧，制作出打字动画效果
主要元素	（1）打字动画素材 （2）图形蒙版 （3）制作字幕
应用软件	Adobe After Effects 2020
素材	素材 \Cha05\ 打字动画素材 .aep
场景	场景 \Cha05\【案例精讲】打字动画 .aep
视频	视频教学 \Cha05\【案例精讲】打字动画 .mp4
打字动画效果欣赏	图 5-1
备注	

01 按 Ctrl+O 组合键，打开“打字动画素材 .aep”素材文件，在【时间轴】面板中右击，在弹出的快捷菜单中选择【新建】|【纯色】命令，在弹出的【纯色设置】对话框中将【名称】设置为“背景”，将【颜色】设置为 # CAE5FB，如图 5-2 所示。

02 设置完成后，单击【确定】按钮。选择新建的“背景”纯色图层，在菜单栏中选择【效果】|【生成】|【网格】命令，在【时间轴】面板中将【大小依据】设置为【宽度和高度滑块】，将【宽度】、【高度】、【边界】分别设置为 14、15、2，将【混合模式】设置为【正常】，如图 5-3 所示。

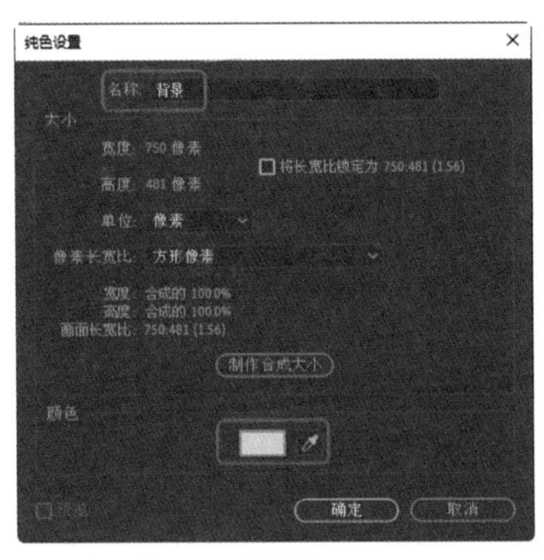
图 5-2

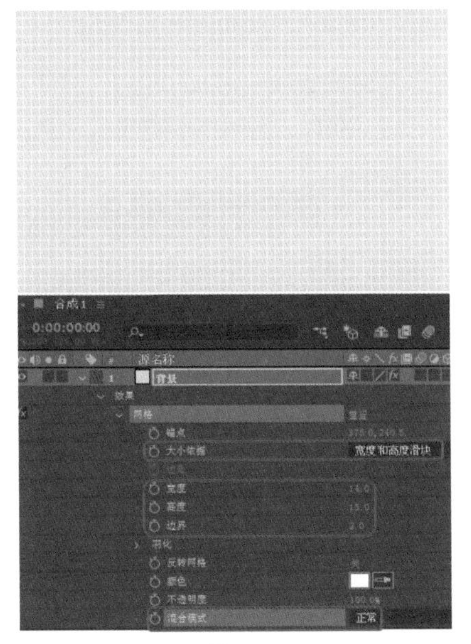
图 5-3

03 新建一个名称为“图形 1”，【宽度】、【高度】分别为 750 像素、481 像素，【像素长宽比】为【方形像素】，【持续时间】为 0:00:12:00 的合成。在工具栏中单击【圆角矩形工具】按钮，在【合成】面板中绘制一个圆角矩形，在【时间轴】面板中单击【大小】右侧的【约束比例】按钮，取消比例的约束，将【大小】设置为 361, 71，将【圆度】设置为 35.5，将【描边 1】选项组中的【颜色】设置为黑色，将【描边宽度】设置为 3，将【填充 1】选项组中的【颜色】设置为 # C7E8FA，将【变换：矩形 1】选项组中的【位置】设置为 34.5, 145，如图 5-4 所示。

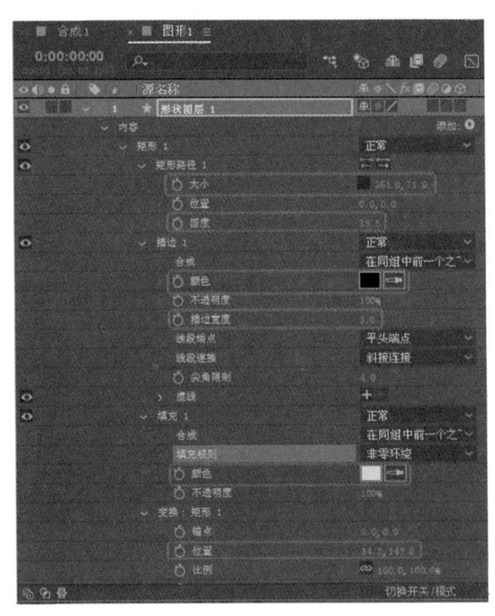
图 5-4

04 在【时间轴】面板的空白位置处单击，在工具栏中单击【圆角矩形工具】按钮，在【合成】面板中绘制一个圆角矩形。在【时间轴】面板中单击【大小】右侧的【约束比例】按钮，取消比例的约束，将【大小】设置为 339, 58，将【圆度】设置为 29，将【描边 1】选项组中的【描边宽度】设置为 0，将【填充 1】选项组中的【颜色】设置为 # FF7DB5，将【变换：矩形 1】选项组中的【位置】设置为 35, 144.5，如图 5-5 所示。

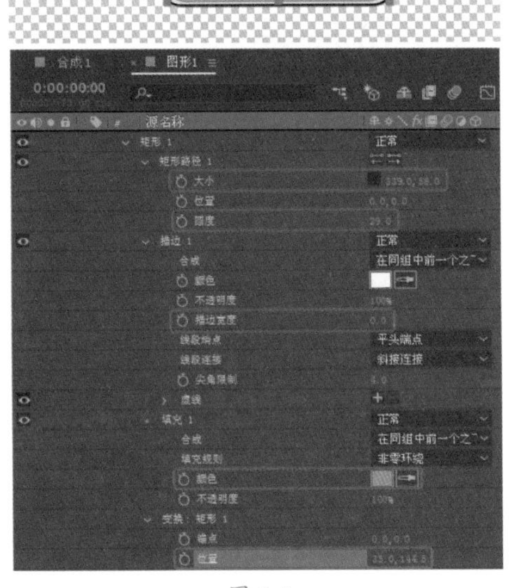
图 5-5

05 在【项目】面板中选择“图形 1”合成，按Ctrl+D组合键对其进行复制，并命名为“图形 2”。双击“图形 2”合成，将“形状图层 1”图层下的【大小】设置为298, 71，将【变换】选项组中的【位置】设置为262, 57.5，如图 5-6 所示。

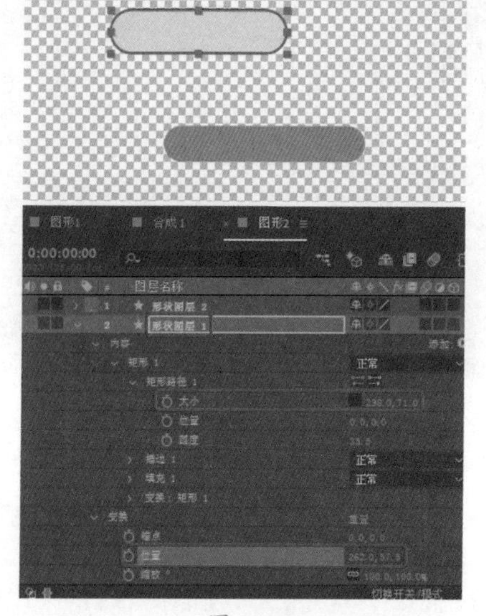

图 5-6

06 将“形状图层 2”图层下的【大小】设置为277, 58，将【变换】选项组中的【位置】设置为261, 57.5，如图 5-7 所示。

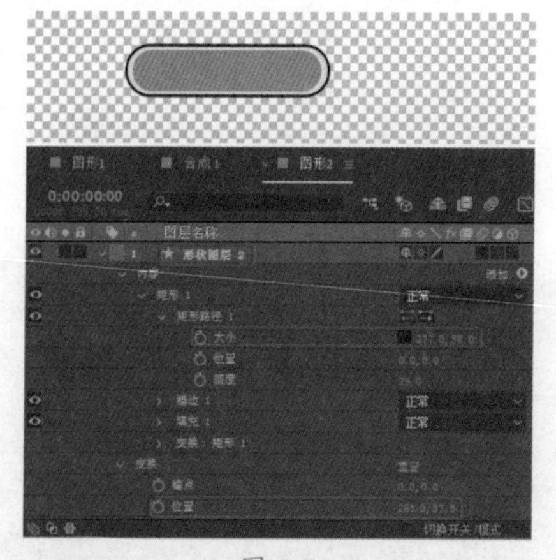

图 5-7

07 在【时间轴】面板中单击“合成 1”图层，在【项目】面板中选择“图形 1”合成，按住鼠标左键将其拖曳至【时间轴】面板中，将当前时间设置为0:00:00:00，将【位置】设置为375, 382.5，并单击【位置】左侧的【时间变化秒表】按钮，如图 5-8 所示。

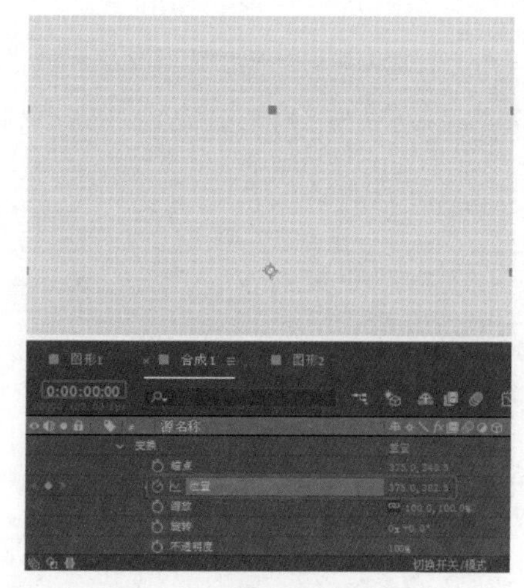

图 5-8

08 将当前时间设置为0:00:00:07，将【位置】设置为375, -59.5，如图 5-9 所示。

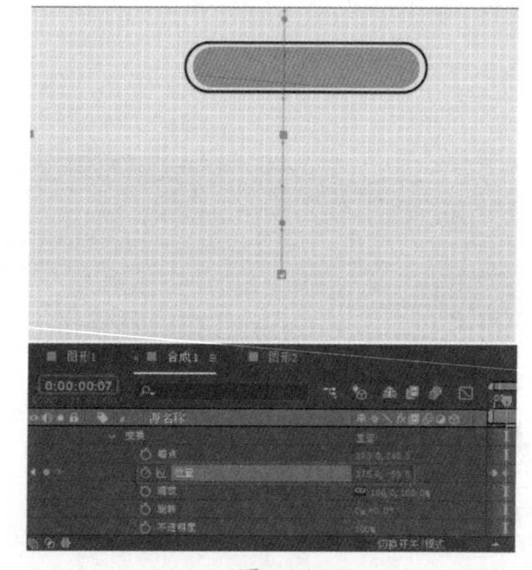

图 5-9

09 将当前时间设置为0:00:00:10，将【位置】设置为375, -50，如图 5-10 所示。

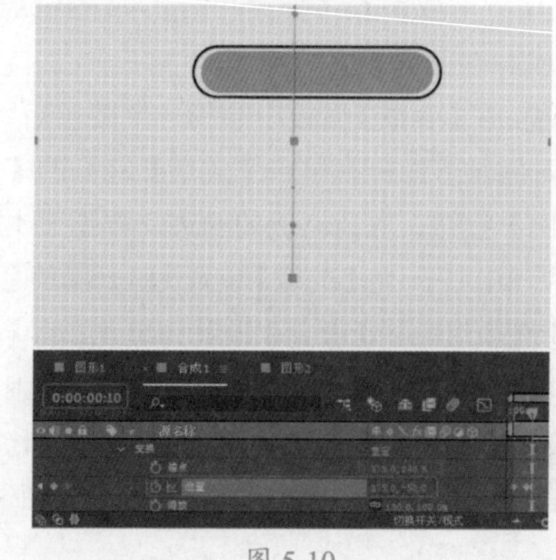

图 5-10

10 在工具栏中单击【横排文字工具】按钮，在【合成】面板中单击鼠标，输入文字，在【字符】面板中将【字体】设置为【Adobe 黑体 Std】，将【字体大小】设置为35像素，将【字符间距】设置为40，将【填充颜色】设置为白色，单击【仿斜体】按钮，在【段落】面板中单击【左对齐文本】按钮，在【时间轴】面板中将【位置】设置为253.5, 107.3，如图5-11所示。

图 5-11

11 将当前时间设置为0:00:00:11，在【效果和预设】面板中搜索【打字机】动画预设，按住鼠标左键将其拖曳至【时间轴】面板的文字图层上，如图5-12所示。

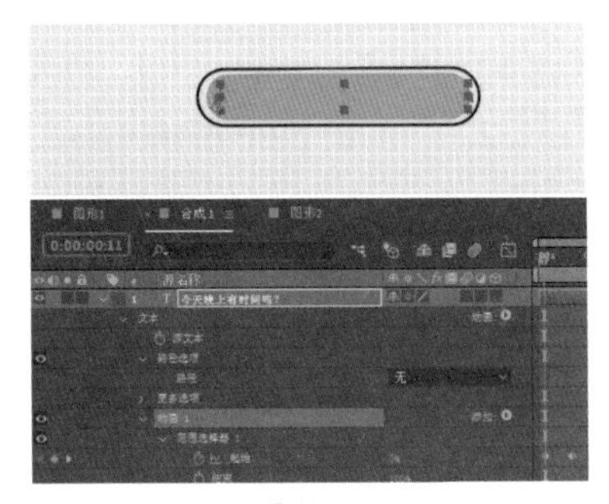

图 5-12

12 在【项目】面板中选择“打字素材01.png”素材文件，按住鼠标左键将其拖曳至【时间轴】面板中。将当前时间设置为0:00:00:00，将【位置】设置为666, 538.5，并单击【位置】左侧的【时间变化秒表】按钮，将【缩放】设置为30, 30%，如图5-13所示。

13 将当前时间设置为0:00:00:07，将【位置】设置为666, 75，如图5-14所示。

图 5-13

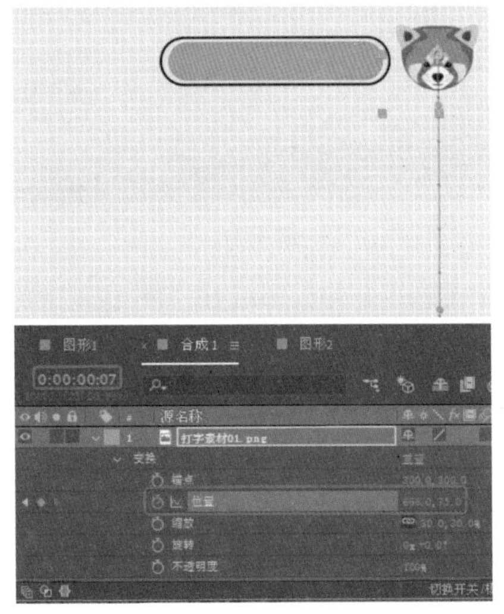

图 5-14

14 将当前时间设置为0:00:00:10，将【位置】设置为666, 90，如图5-15所示。

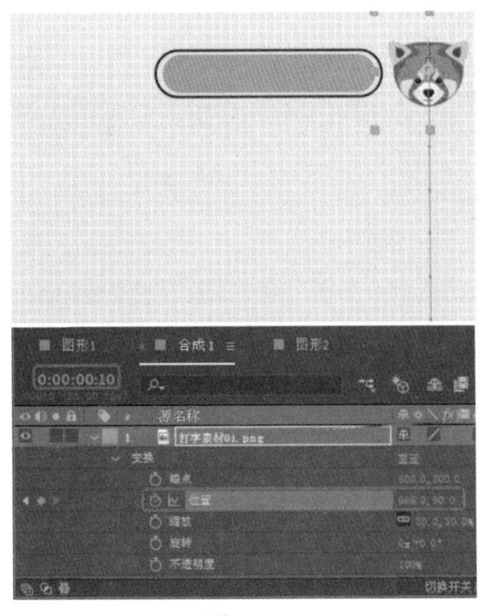

图 5-15

15 在【项目】面板中选择“打字素材02.mp3”素材文件，按住鼠标左键将其拖曳至【时间轴】面板中，如图 5-16 所示。

图 5-16

16 在【项目】面板中选择“图形 2”合成，按住鼠标左键将其拖曳至【时间轴】面板中。将当前时间设置为 0:00:02:23，将【位置】设置为 375, 559.5，并单击其左侧的【时间变化秒表】按钮；将【不透明度】设置为 0%，并单击其左侧的【时间变化秒表】按钮，如图 5-17 所示。

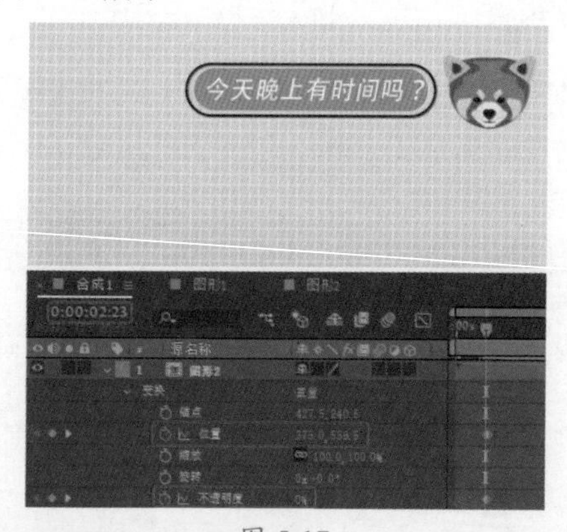

图 5-17

17 将当前时间设置为 0:00:03:05，将【不透明度】设置为 100%，如图 5-18 所示。

18 将当前时间设置为 0:00:03:07，将【位置】设置为 375, 233.5，如图 5-19 所示。

图 5-18

图 5-19

19 将当前时间设置为 0:00:03:12，将【位置】设置为 172, 220，如图 5-20 所示。

图 5-20

20 在【时间轴】面板中选择“今天晚上有时间吗？”文字图层，按Ctrl+D组合键对其进行复制，将其调整至“图形2”图层的上方，并修改文字内容，将复制的文字图层重命名为“有啊，怎么了？”。将当前时间设置为0:00:03:12，在【时间轴】面板中选择【范围选择器1】下的时间线左侧的两个关键帧，按住鼠标左键拖动选中的两个关键帧，将左侧第一个关键帧与时间线对齐，将【变换】选项组中的【位置】设置为172, 220，如图5-21所示。

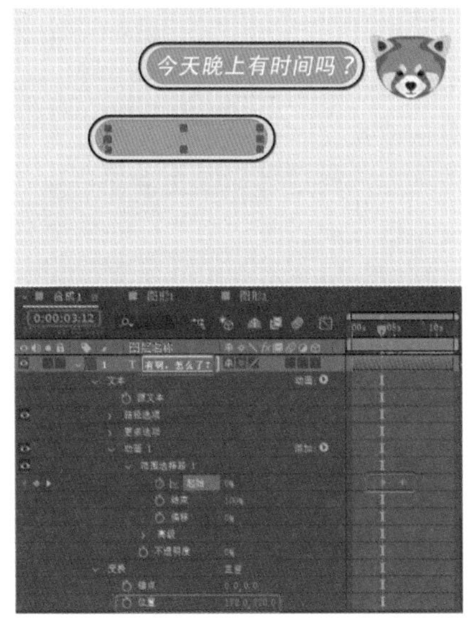

图 5-21

21 在【项目】面板中选择“打字素材03.png”素材文件，按住鼠标左键将其拖曳至【时间轴】面板中。将当前时间设置为0:00:02:22，将【位置】设置为75, 544.5，单击其左侧的【时间变化秒表】按钮，将【缩放】设置为30, 30%，将【不透明度】设置为0%，并单击其左侧的【时间变化秒表】按钮，如图5-22所示。

22 将当前时间设置为0:00:03:04，将【不透明度】设置为100%，如图5-23所示。

23 将当前时间设置为0:00:03:06，将【位置】设置为75, 207，如图5-24所示。

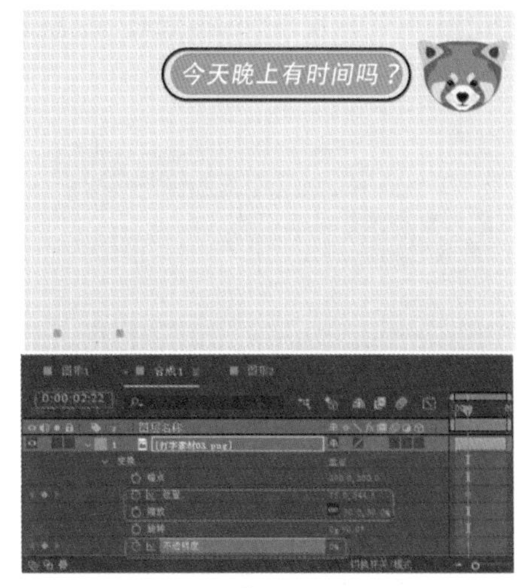

图 5-22

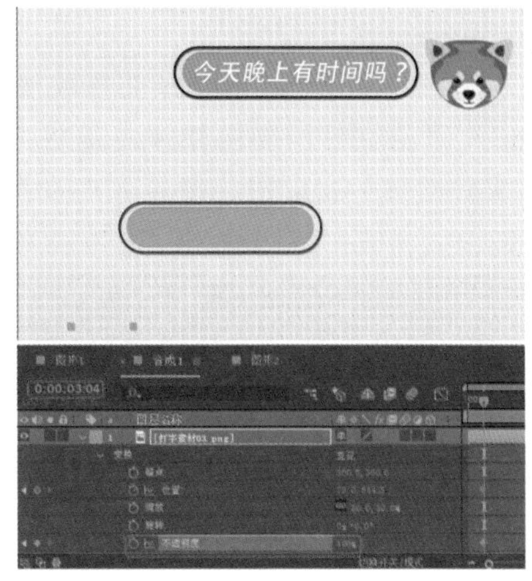

图 5-23

图 5-24

24 将当前时间设置为0:00:03:11，将【位置】设置为75, 203.5，如图5-25所示。

图5-25

25 在【项目】面板中选择“打字素材02.mp3”素材文件，按住鼠标左键将其拖曳至【时间轴】面板中，将其入点设置为0:00:02:19，如图5-26所示。

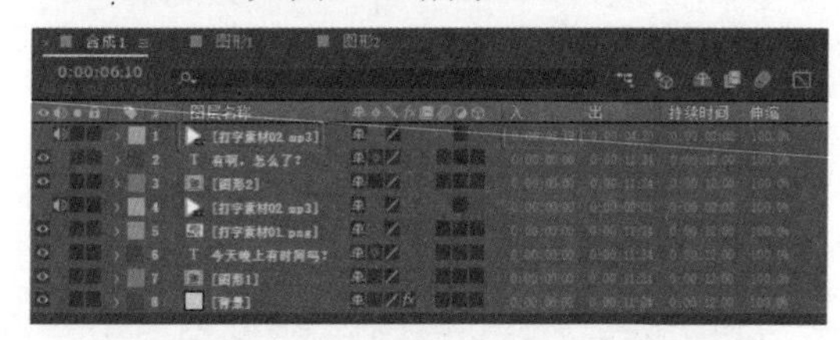

图5-26

26 根据前面介绍的方法制作其他动画效果，最终效果如图5-27所示。

图5-27

5.1 文字的创建与设置

在After Effects 2020中提供了较完整的文字功能，基本上可以为文字进行较为专业的处理，通过After Effects 2020提供的【横排文字工具】和【直排文字工具】可以直接在【合成】面板中输入文字，并通过【文字】、【段落】面板对文字大小、字体、颜色等属性进行更改。

5.1.1 创建文字

在After Effects 2020中，用户可以通过文本工具创建点文本和段落文本两种文本。所谓的点文本，就是每一行文字都是独立的，在对文本进行编辑时，文本行的长度会随时变长或缩短，但是不会因此与下一行文本重叠。而段落文本与点文本唯一的区别就是段落文本可以自动换行。本节将以点文本为例介绍如何创建文本，其具体操作步骤如下。

01 选择文字工具后，在【合成】面板中单击鼠标，即可在【合成】面板中插入光标，在【时间轴】面板中将新建一个文本图层，如图5-28所示。

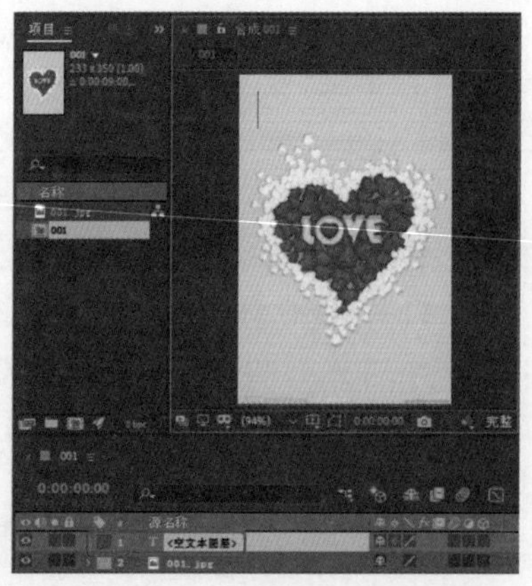

图5-28

02 输入文字后，在【时间轴】面板中单击文字层，文字层的名称将由输入的文字代替，如图5-29所示。

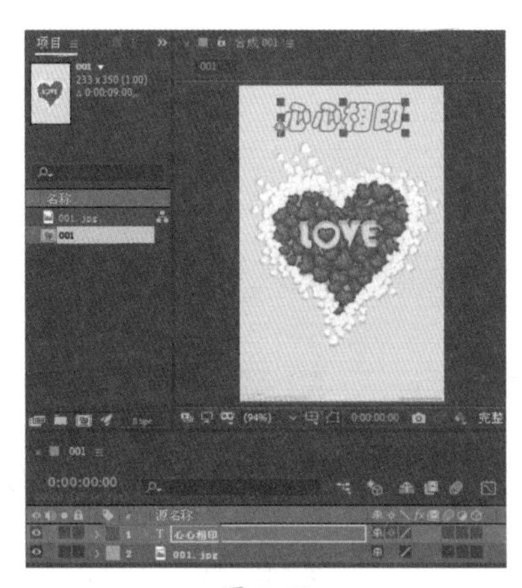

图 5-29

使用层创建文本时，在【时间轴】面板的空白区域右击，在弹出的快捷菜单中选择【新建】|【文本】命令，如图 5-30 所示。此时在【合成】面板中自动弹出输入光标，可以直接输入需要的文字，确定文字输入完成，该图层名将由输入的文字替代。

图 5-30

5.1.2 修改文字

当文字创建后，还可以像 Photoshop 等平面软件那样对其进行编辑修改。在【合成】面板中使用文字工具，将鼠标指针移至要修改的文字上，按住鼠标左键拖动，选择要修改的文字，然后进行编辑。被选中的文字会显示浅红色矩阵，如图 5-31 所示。

用户可以通过在菜单栏中选择【窗口】|【字符】命令调出【字符】面板，或按 Ctrl+6 组合键，如图 5-32 所示。当选择文字后，可以在【字符】面板中改变文字的字体、颜色、边宽等，如图 5-33 所示。

图 5-31

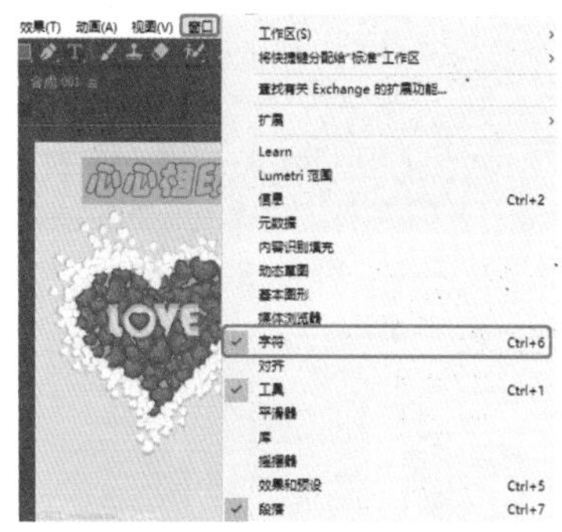

图 5-32

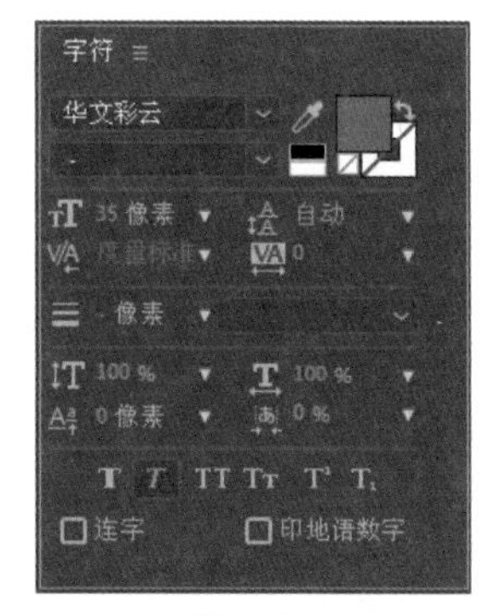

图 5-33

其中【字符】面板中各个选项的作用如下。

◎ 【字体】：用于设置文字的字体。单击【字体】右侧的下三角按钮，在打开的下拉列表中提供了系统中已经安装的所有字体，如图 5-34 所示。

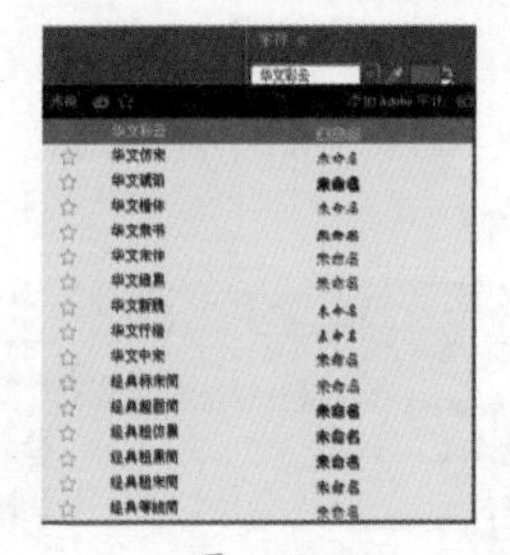

图 5-34

◎ 【填充颜色】：单击该色块，将会弹出【文本颜色】对话框，如图 5-35 所示。在该对话框中即可为字体设置颜色。如图 5-36 所示为设置不同字体颜色的效果。

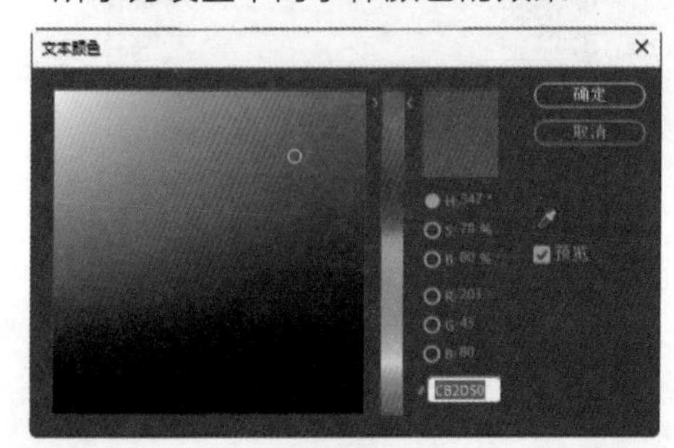

图 5-35

图 5-36

◎ 【吸管】：单击【吸管】按钮可以在 After Effects 软件中的任意位置单击来吸取颜色，如图 5-37 所示。单击黑白色块可以将文字直接设置为黑色或白色；单击【没有填充颜色】按钮，文字区域将没有任何颜色显示。

图 5-37

◎ 【描边颜色】：单击该色块后也会弹出【文本颜色】对话框，选择某种颜色后即可为文字添加或更改描边颜色，如图 5-38 所示。

图 5-38

◎ 【字体大小】：用于设置字体大小。可以直接输入数值，也可以单击其右侧下三角按钮，选择预设大小。如图 5-39 所示为设置字体大小不同时的效果。

图 5-39

◎ 【行距】：用于设置行与行之间的距离，数值越小，行与行之间的文字越有可能重合。

◎ 【字偶间距】：用于设置文字之间的距离。

◎ 【字符间距】：该选项也是用于设置文字之间的距离。区别在于【字偶间距】需要将鼠标指针放置在要调整的两个文字之间，而【字符间距】是调整选中文字层中所有文字之间的距离。如图 5-40 所示为字符间距不同时的效果。

◎ 【描边宽度】：用于设置文字描边的宽度。在其右侧的下拉列表框中还可以选择不同的选项来设置描边与填充色之间的关系，其中包括【在描边上填充】、【在填充上描边】、【全部填充在全部描边之上】、【全部描边在全部填充之上】4 个选项。如图 5-41 所示为边宽参数不同时的效果。

图 5-40

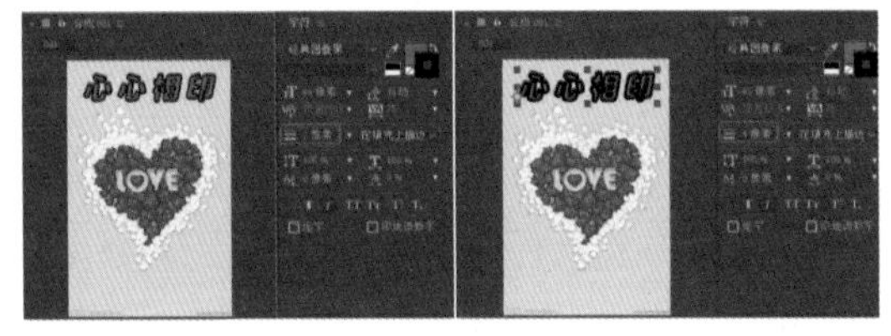

图 5-41

◎ 【垂直缩放】与【水平缩放】：分别用于设置文字的高度和宽度大小。

◎ 【基线偏移】：用于修改文字基线，改变其位置。

◎ 【比例间距】：用于对文字进行挤压。

◎ 【仿粗体】：单击该按钮后，即可对选中的文本进行加粗。

◎ 【仿斜体】：单击该按钮后，选中的文本将会进行倾斜，效果如图 5-42 所示。

◎ 【全部大写字母】：单击该按钮，可以将选中的英文字母全部都以大写的形式显示，效果如图 5-43 所示。

图 5-42

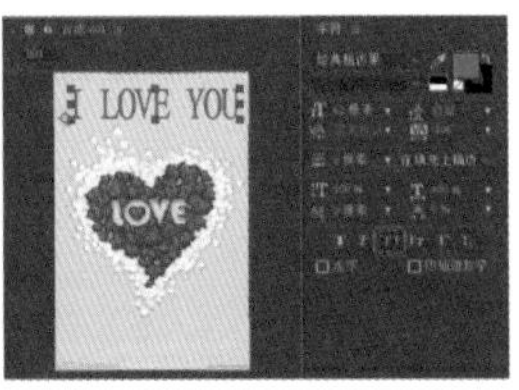

图 5-43

◎ 【小型大写字母】：单击该按钮后，可以将选中的英文字母以小型的大写字母的形式显示，效果如图 5-44 所示。

◎ 【上标】、【下标】：单击该按钮后，即可将选中的文本进行上标或下标。

图 5-44

提示：在 After Effects 中选择文本工具，在【合成】面板中通过按住鼠标左键进行拖动，即可创建一个输入框，用于创建段落文本。通过【段落】面板可以对段落文本进行相应设置。

5.1.3 修饰文字

文字创建完成后，为使文字适应不同的效果环境，可使用 After Effects 2020 中的特效对其进行设置，以达到修饰文字的效果，例如为文字添加阴影、发光等效果。

1. 阴影效果

应用径向阴影效果可以增强文字的立体感。在 After Effects 2020 中提供了两种阴影效果：【投影】和【径向阴影】。在【径向阴影】特效中提供了较多的阴影控制，下面对其进行简单的介绍。

选择创建的文字层，在【效果和预设】面板中选择【透视】|【径向阴影】特效，在【效果控件】面板中可以对【径向阴影】特效进行设置，效果如图 5-45 所示。其中，各项参数的作用如下。

◎ 【阴影颜色】：用于设置阴影的颜色，默认颜色为黑色。

◎ 【不透明度】：用于设置阴影的透明度。

图 5-45

◎ 【光源】：用于设置灯光的位置。改变灯光的位置，阴影的方向也会随之改变。如图5-46所示为光源不同位置时的效果。

图 5-46

◎ 【投影距离】：用于设置阴影与对象之间的距离。如图 5-47 所示为投影距离不同时的效果。

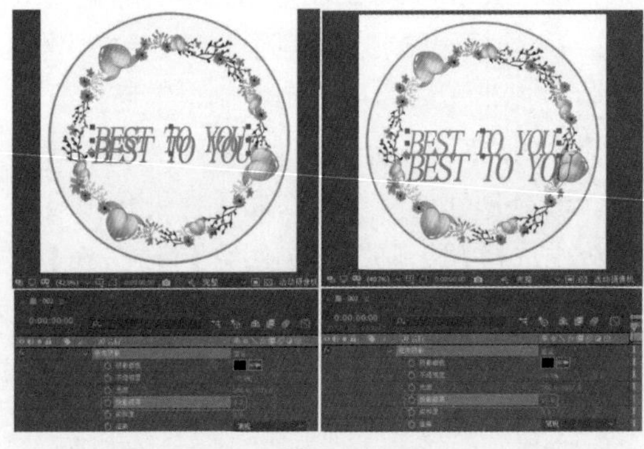

图 5-47

◎ 【柔和度】：用于调整阴影效果的边缘柔化度。如图 5-48 所示为柔和度不同时的效果。

◎ 【渲染】：用于选择阴影的渲染方式。一般选择【常规】方式。如果选择【玻璃边缘】方式，可以产生类似于投射到透明体上的透明边缘效果。选择该效果后，阴影边缘的效果将受到环境的影响。如图 5-49 所示为选择【常规】和【玻璃边缘】选项后的效果。

图 5-48

图 5-49

◎ 【颜色影响】：用于设置玻璃边缘效果的影响程度。

◎ 【仅阴影】：选择该选项后将只显示阴影效果。如图5-50所示为选择【关】和【开】选项后的效果。

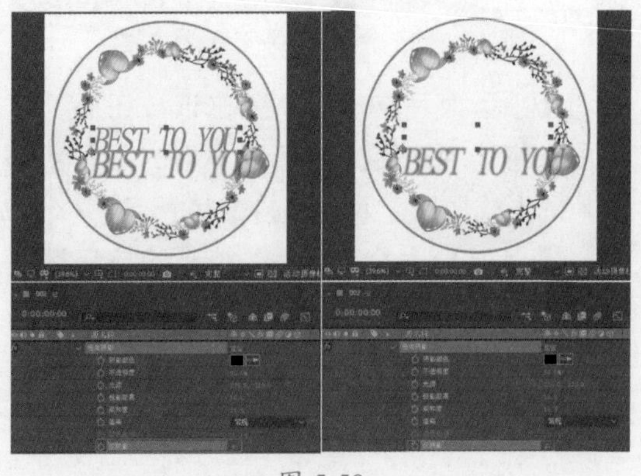

图 5-50

◎ 【调整图层大小】：选中该复选框，则

文字的阴影如果超出了层的范围，将全部被剪掉；取消选中该复选框，则选中文字的阴影可以超出层的范围。

2．画笔描边效果

画笔描边效果可以使文本产生一种类似画笔绘制的效果。选择创建的文字层，在【效果和预设】面板中选择【风格化】|【画笔描边】特效，为其添加【画笔描边】特效，如图5-51所示。其中，各项参数的作用如下。

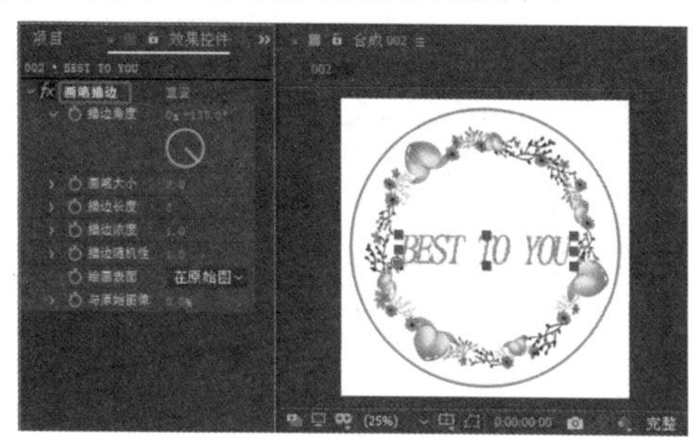

图 5-51

◎ 【描边角度】：该选项用于设置画笔描边的角度。

◎ 【画笔大小】：用户可以通过该选项设置画笔笔触的大小。当设置为不同的参数时，效果也不相同，如图5-52所示。

图 5-52

◎ 【描边长度】：该选项用于设置画笔的描绘长度。

◎ 【描边浓度】：该选项用于设置画笔笔触的稀密程度。

◎ 【描边随机性】：该选项用于设置画笔的随机变化量。

◎ 【绘画表面】：用户可以在其右侧的下拉列表框中选择用来设置描绘表面的位置。

◎ 【与原始图像混合】：该选项用于设置笔触描绘图像与原始图像之间的混合比例。参数值越大，将会越接近原图。

3．发光效果

在对文字进行设置时，有时需要使其产生发光或光晕的效果，此时可以为文字添加【发光】特效来实现。

选择创建的文字层，在【效果和预设】面板中选择【风格化】|【发光】特效，为其添加【发光】特效，如图5-53所示。其中，各项参数的作用如下。

图 5-53

◎ 【发光基于】：用于选择发光作用通道，可以选择【Alpha通道】和【颜色通道】两个选项，如图5-54所示。

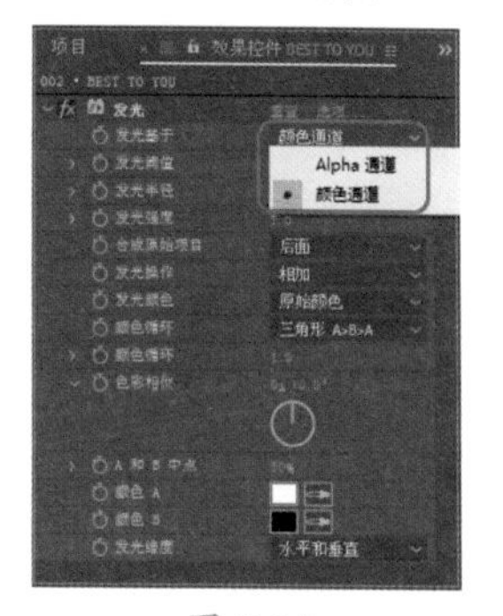

图 5-54

◎　【发光阈值】：用于设置发光的阈值，影响到发光的覆盖面。

◎　【发光半径】：用于设置发光的发光半径。如图5-55所示为发光半径不同时的效果。

图 5-55

◎　【发光强度】：用于设置发光的强弱程度。

◎　【合成原始项目】：用于设置效果与原始图像之间的融合方式，包括【顶端】、【后面】、【无】3种方式。

◎　【发光操作】：用于设置效果与原图像之间的混合模式，提供了25种混合方式。

◎　【发光颜色】：用于设置发光颜色的来源模式，包括【原始颜色】、【A和B颜色】、【任意映射】3种模式。当将发光颜色设置为【原始颜色】和【A和B颜色】时的效果如图5-56所示。

◎　【颜色循环】：用于设置颜色循环的顺序，该选项提供了【锯齿波A>B】、【锯齿波B>A】、【三角形A>B>A】、【三角形B>A>B】4种方式。

◎　【色彩相位】：用于设置颜色的相位变化。

◎　【A和B中点】：用于调整颜色A和B之间色彩的过渡效果的百分比。

◎　【颜色A】：用于设置A的颜色。

◎　【颜色B】：用于设置B的颜色。

◎　【发光维度】：用于设置发光作用的方向，其中包括【水平和垂直】、【水平】、【垂直】3种。

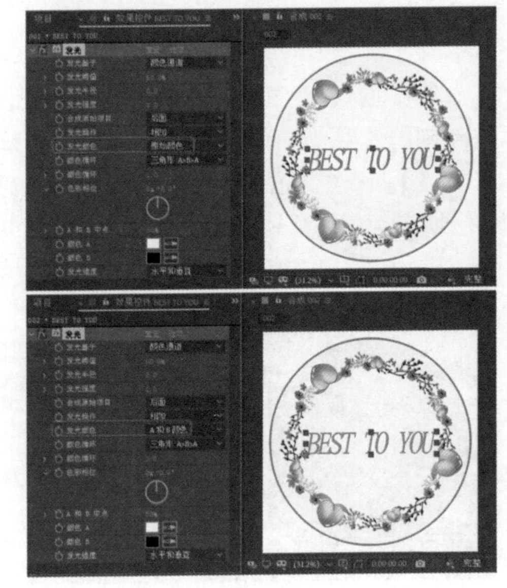

图 5-56

4. 毛边效果

毛边效果可以将文本进行粗糙化。选择创建的文字层，在【效果和预设】面板中选择【风格化】|【毛边】特效，为文字添加【毛边】特效，如图5-57所示。其中，各项参数的作用如下。

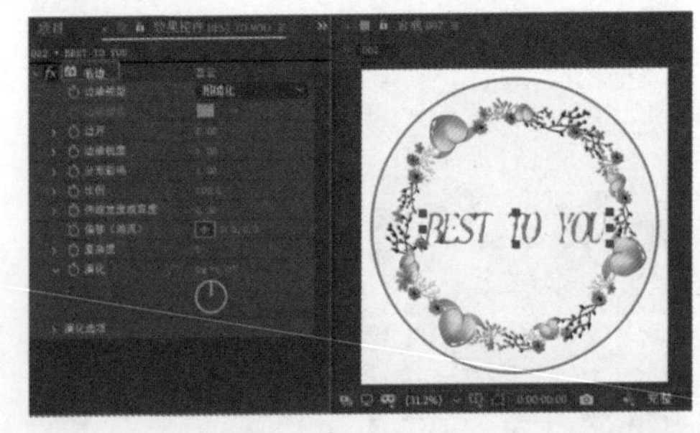

图 5-57

◎　【边缘类型】：用户可以在右侧的下拉列表框中选择用于粗糙边缘的类型。当将【边缘类型】设置为【剪切】和【影印】时的效果如图5-58所示。

◎　【边缘颜色】：该选项用于设置边缘粗糙时所使用的颜色。

◎ 【边界】：该选项用于设置边缘的粗糙度。

◎ 【边缘锐度】：该选项用于设置边缘的锐化程度。

◎ 【分形影响】：该选项用于设置边缘的不规则程度。

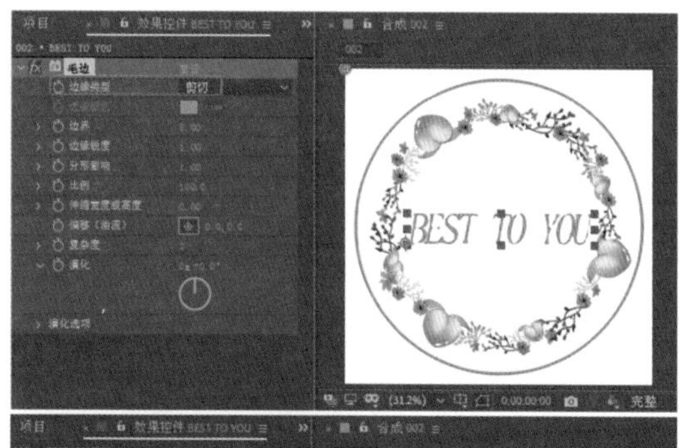

图 5-58

◎ 【比例】：用户可以通过该选项设置碎片的大小。

◎ 【伸缩宽度或高度】：该选项用于设置边缘碎片的拉伸程度。

◎ 【偏移（湍流）】：该选项用于设置边缘在拉伸时的位置。

◎ 【复杂度】：该选项用于设置边缘的复杂程度。

◎ 【演化】：该选项用于设置边缘的角度。

◎ 【演化选项】：用户可以通过该选项控制演化的循环设置。

◆ 【循环演化】：选中该复选框后，将启用循环演化功能。

◆ 【循环】：该选项用于设置循环的次数。

◆ 【随机植入】：用户可以通过该选项设置循环演化的随机性。

5.2 路径文字与轮廓线

在 After Effects 2020 中还提供了制作沿着某条指定路径运动的文字以及将文字转换为轮廓线的功能。通过它们可以制作更多的文字效果。

5.2.1 路径文字

在 After Effects 2020 中可以设置文字沿一条指定的路径进行运动，该路径作为文本层上的一个开放或封闭的遮罩存在。其操作步骤如下。

01 导入“素材\Cha05\音乐背景.jpg”素材文件，将素材文件拖曳至【合成】面板中。在工具栏中选择【横排文本工具】，在【合成】面板中单击鼠标，并输入文字，将【字体】设置为【汉仪雪君体简】，【填充颜色】设置为# 774040，如图 5-59 所示。

图 5-59

02 使用【钢笔工具】绘制一条路径，如图 5-60 所示。

图 5-60

03 在【时间轴】面板中展开文字层的【文本】属性，在【路径选项】参数项下将【路径】指定为【蒙版 1】，如图 5-61 所示。

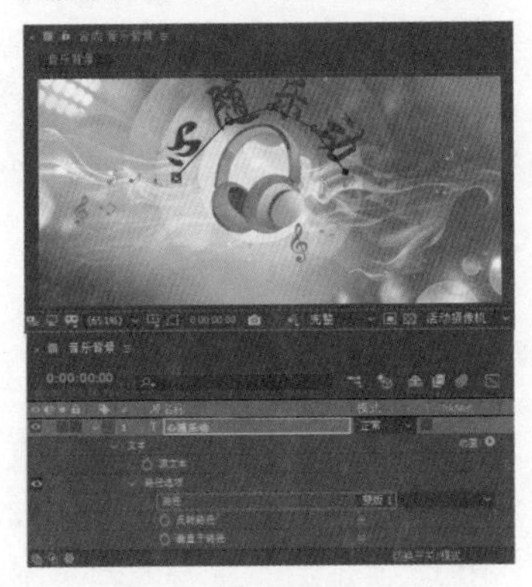

图 5-61

【路径选项】下各项参数的功能如下。

◎ 【路径】：用于指定文字层的遮罩路径。

◎ 【反转路径】：打开该选项可反转路径，默认为关闭。如图 5-62 所示为打开该选项时的效果。

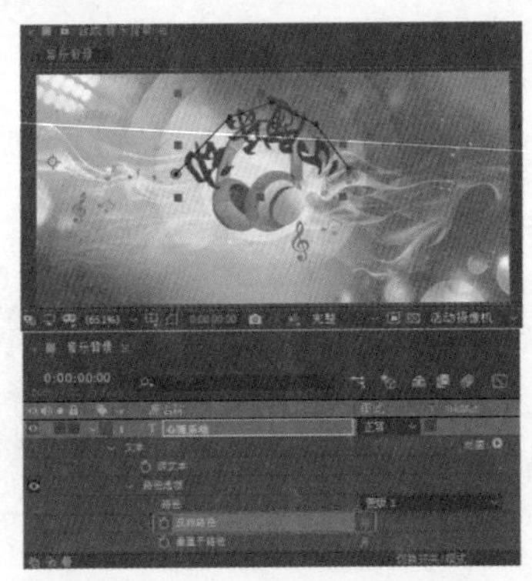

图 5-62

◎ 【垂直于路径】：打开该选项可使文字垂直于路径，默认为打开。关闭该选项后的效果如图 5-63 所示。

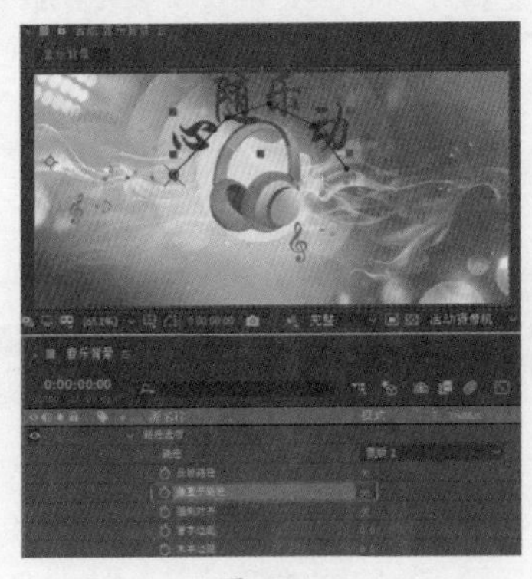

图 5-63

◎ 【强制对齐】：打开该选项，则将文字强制拉伸至路径的两端。

◎ 【首字边距】、【末字边距】：调整文本中首、尾字母的缩进。参数为正值表示文本从初始位置向右移动，参数为负值表示文本从初始位置向左移动。如图 5-64 所示为【首字边距】效果。

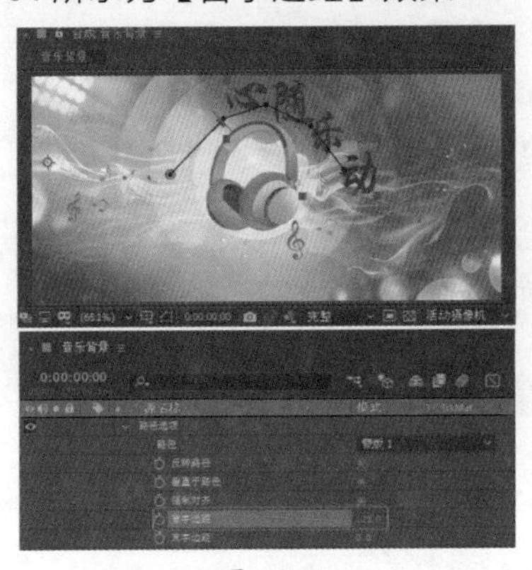

图 5-64

5.2.2 轮廓线

在 After Effects 2020 中可沿文本的轮廓创建遮罩，用户不必自己烦琐地去对文字绘制遮罩。

在【时间轴】面板中选择要设置轮廓遮罩的文字层，在菜单栏中选择【图层】|【从文字创建形状】命令，系统自动生成一个新的固态层，并在该层上产生由文本轮廓转换的遮罩，如图 5-65 所示。可以通过在转换的轮廓线文字图层上应用特效，制作出更多精彩的文字效果。

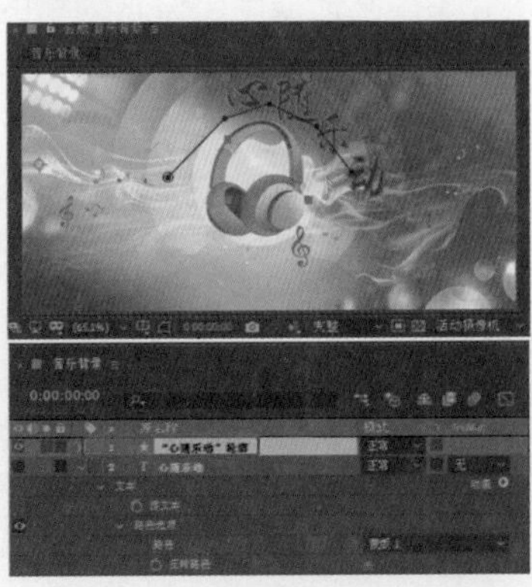

图 5-65

5.3 文字特效

在 After Effects 2020 中除了可以使用【横排文字工具】、【直排文字工具】创建文字外，还可以通过文字特效来创建。

5.3.1 【基本文字】特效

【基本文字】特效是一个相对简单的文本特效，其功能与使用文字工具创建基础文本相似。其具体操作步骤如下。

01 打开“素材 \Cha05\ 音乐背景 .aep”素材文件，使用【横排文字工具】在【合成】面板中单击鼠标左键，在菜单栏中选择【效果】|【过时】|【基本文字】命令，如图 5-66 所示。

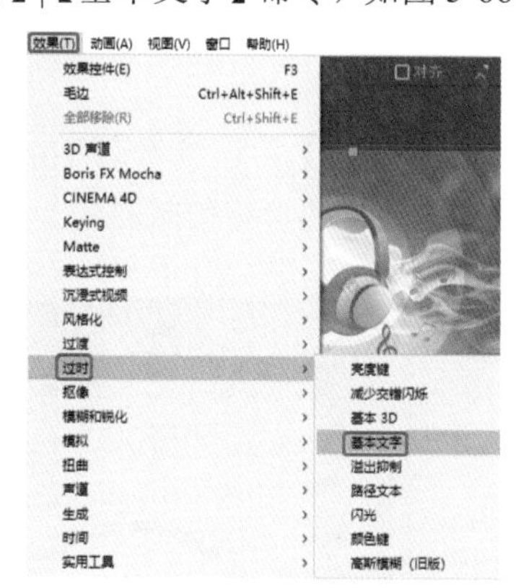

图 5-66

02 在弹出的【基本文字】对话框中输入文字“震撼音效”，然后单击【确定】按钮，如图 5-67 所示。

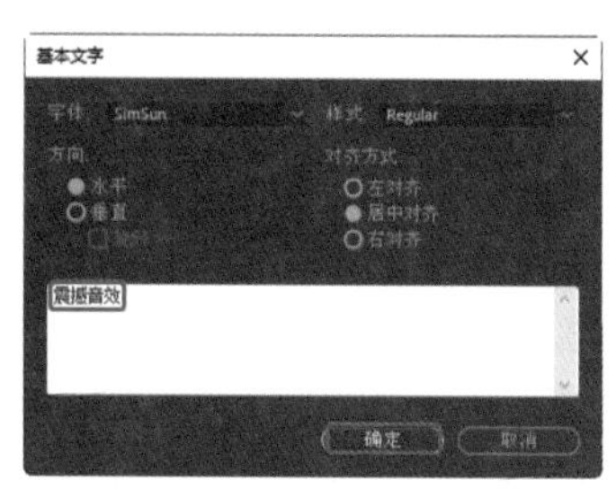

图 5-67

其中，各项参数的功能如下。

◎ 【字体】：用于设置文字字体。

◎ 【样式】：用于设置文字风格。

◎ 【方向】：用于设置文字排列方向，包括【水平】、【垂直】两种。

◎ 【对齐方式】：用于设置文字的对齐方式，包括【左对齐】、【居中对齐】和【右对齐】3 种。

03 在【效果控件】面板中，将【填充颜色】设置为 #DC0000，将【大小】设置为 100，如图 5-68 所示。

图 5-68

其中，各项参数的功能如下。

◎ 【编辑文本】：单击该按钮，可打开【基本文字】对话框编辑文字。

◎ 【位置】：用于设置文字的位置。

◎ 【显示选项】：用于设置文字的外观。包括【仅填充】、【仅描边】、【填充在边框上】和【边框在填充上】4 个选项，这 4 个选项的效果分别如图 5-69 所示。

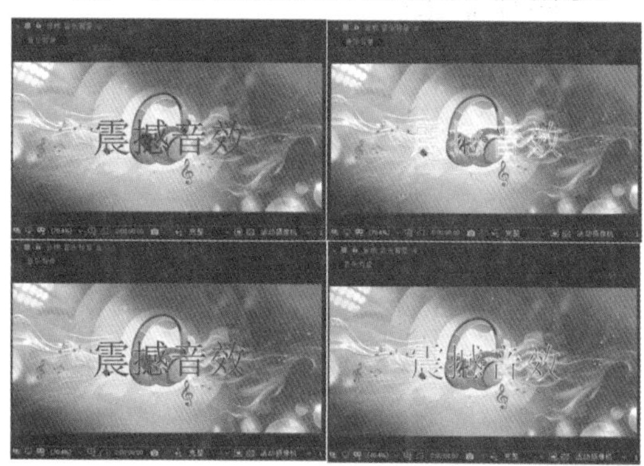

图 5-69

◎ 【填充颜色】：用于设置文字的填充颜色。

◎ 【描边颜色】：用于设置文字描边的颜色。

◎ 【描边宽度】：用于设置文字描边的宽度。

◎ 【大小】：用于设置文字的大小。

◎ 【字符间距】：用于设置文字之间的距离。

◎ 【行距】：用于设置行与行之间的距离。

◎ 【在原始图像上合成】：选中该复选框，可将文字合成到原始图像上，否则背景为黑色。

5.3.2 【路径文本】特效

【路径文本】特效是一个功能强大的文本特效，它的主要功能是通过设置路径带动文字进行动画的效果。

路径文本的创建方法与基本文字的类似，其中【效果控件】面板中【路径文本】特效的各项参数如图5-70所示。其各项功能如下。

图 5-70

◎ 【编辑文本】：单击该按钮，可打开【路径文本】对话框编辑文字。

◆ 【字体】：用于设置文字的字体。

◆ 【样式】：用于设置文字的风格。

◎ 【信息】：显示当前文字的字体、文本长度和路径长度等信息。

◎ 【路径选项】：路径的设置选项。

◆ 【形状类型】：用于设置路径类型，包括【贝塞尔曲线】、【圆形】、【循环】和【线】4种类型。4种类型的效果如图5-71所示，其中【圆】和【循环】类型相似。

◆ 【控制点】：用于设置路径的各点位置、曲线弯度等。

◆ 【自定义路径】：用于设置要使用的自定义路径层。

◆ 【反转路径】：选中该复选框将反转路径。

◎ 【填充和描边】：该参数项下的各参数用于设置文字的填充和描边。

图 5-71

◆ 【选项】：用于设置填充和描边的类型，包括【仅填充】、【仅描边】、【在描边上填充】和【在填充上描边】4种类型。

◆ 【填充颜色】：用于设置文字的填充颜色。

◆ 【描边颜色】：用于设置文字描边的颜色。

◆ 【描边宽度】：用于设置文字描边的宽度。

◎ 【字符】：该参数项下各参数用于设置文字的属性。

◆ 【大小】：用于设置文字的大小。

◆ 【字符间距】：用于设置文字之间的距离。

◆ 【字偶间距】：用于设置文字的字距。

◆ 【方向】：用于设置文字在路径上的方向。如图 5-72 所示为更改文字方向后的效果。

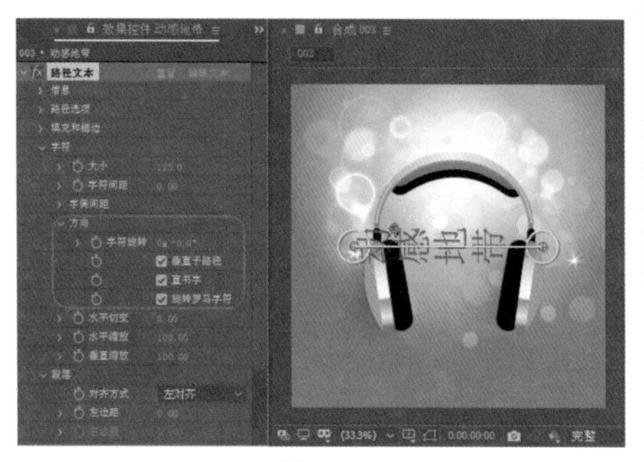

图 5-72

◆ 【水平切变】：用于设置文字在水平位置上倾斜的程度。参数为正值时文字向右倾斜，参数为负值时文字向左倾斜。设置水平切变后的效果如图 5-73 所示。

◆ 【水平缩放】：用于设置文字在水平位置上的缩放。设置缩放时，文字的高度不受影响。

◆ 【垂直缩放】：用于设置文字在垂直方向上的缩放。设置缩放时，文字的宽度不受影响。

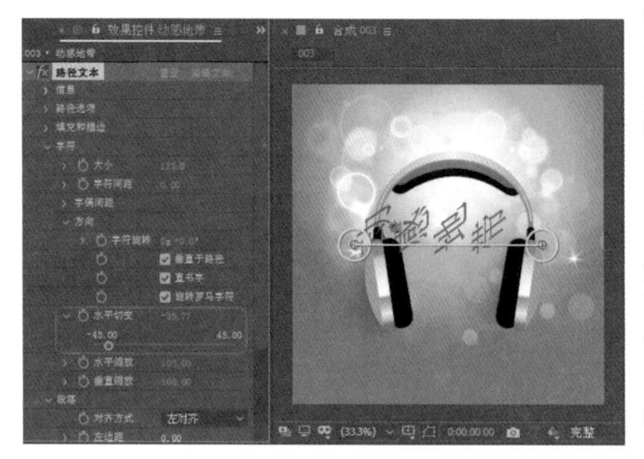

图 5-73

◎ 【段落】：对文字段落进行设置。

◆ 【对齐方式】：用于设置文字的排列方式。

◆ 【左边距】：用于设置文字的左边距大小。

◆ 【右边距】：用于设置文字的右边距大小。设置右边距后的效果如图 5-74 所示。

◆ 【行距】：用于设置文字的行距。

◆ 【基线偏移】：用于设置文字的基线位移。设置基线偏移后的效果如图 5-75 所示。

图 5-74

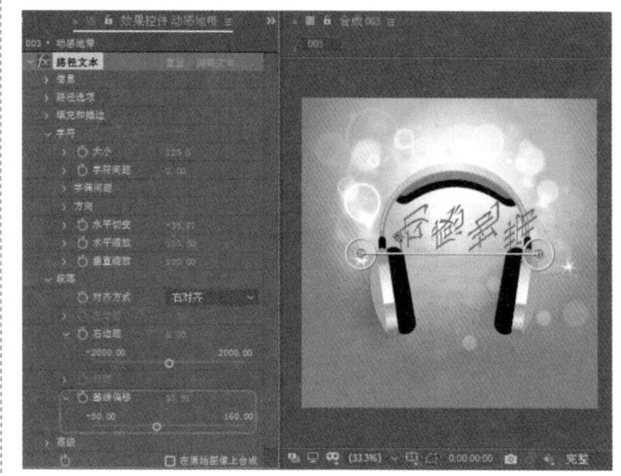

图 5-75

◎ 【高级】：该参数项下的各参数用于对文字进行高级设置。

◆ 【可视字符】：用于设置文字的显示数量。参数设置为多少，文字最多就可显示多少。当参数为 0 时，则不显示文字。

◆ 【淡化时间】：用于设置文字淡入淡出的时间。

◆ 【模式】：用于设置文字与当前层图像的混合模式。

◆ 【抖动设置】：用于设置文字的抖动。抖动设置后的效果如图 5-76 所示。

◎ 【在原始图像上合成】：选中该复选框，文字将合成到原始素材的图像上，否则背景为黑色。

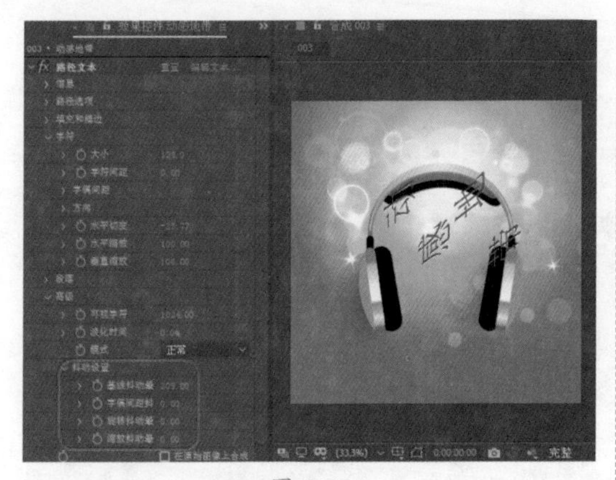

图 5-76

5.3.3 【编号】特效

【编号】特效的主要功能是对随机产生的数字进行排列编辑，并通过编辑时间码和当前日期等方式来输入数字。【编号】特效位于【效果和预设】面板中的【文字】特效组下，其创建方法与【基本文字】特效相似。添加【编号】特效后，可在【效果控件】面板中对其进行设置，如图 5-77 所示。其中，各项参数的功能如下。

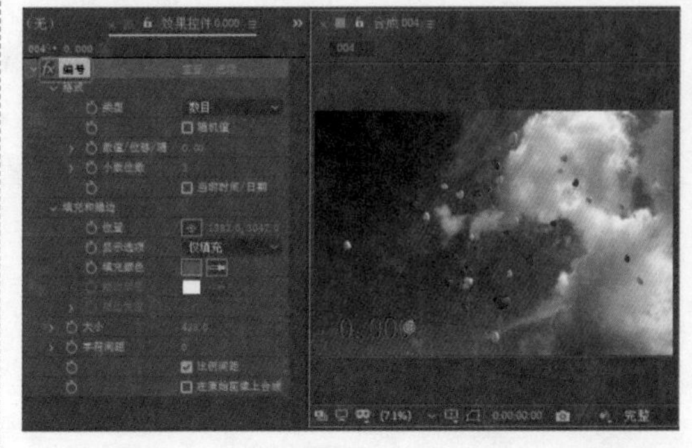

图 5-77

◎ 【格式】：在该参数项下可对文字的格式进行设置。

◆ 【类型】：用于设置数字文本的类型，包括【数目】、【时间码】、【数字日期】等 10 种类型。如图 5-78 所示为设置为【时间码】、【数字日期】和【十六进制】的类型效果。

图 5-78

◆ 【随机值】：选中该复选框，数字将随机变化。随机产生的数字限制在【数值 / 位移 / 随机 /】选项的数值范围内，若该选项值为 0，则不受限制。

◆ 【数值 / 位移 / 随机】：用于设置数字随机离散范围。

◆ 【小数位数】：用于设置添加编号中小数点的位数。

◆ 【当前时间 / 日期】：选中该复选框，系统将显示当前的时间和日期。

◎ 【填充和描边】：该参数项下的参数用于设置数字的颜色和描边。

◆ 【位置】：用于设置添加编号的位置坐标。

◆ 【显示选项】：用于设置数值外观，包含有 4 种方式。

◆ 【填充颜色】、【描边颜色】、【描边宽度】：用于设置数字的颜色、描边颜色以及描边宽度。

◎ 【大小】：用于设置数字文本的大小。

◎ 【字符间距】：用于设置数字文本间的间距。

◎ 【比例间距】：选中该复选框可使数字以均匀间距显示。

◎ 【在原始图像上合成】：选中该复选框，数字层将与原图像层合成，否则背景为黑色。

5.3.4 【时间码】特效

【时间码】特效主要用于为影片添加时间和帧数，作为影片的时间依据，方便后期制作。添加【时间码】特效的效果和参数如图 5-79 所示。其中，各项参数的功能如下。

图 5-79

◎ 【显示格式】：用于设置时间码的显示格式，包括 SMPTE HH:MM:SS:FFF、【帧编号】、【英尺 + 帧（35 毫米）】、【英尺 + 帧（16 毫米）】4 种方式。

◎ 【时间源】：用于设置帧速率。该设置与合成设置相对应。

◎ 【文本位置】：用于设置时间码的位置。调整文本位置后的效果如图 5-80 所示。

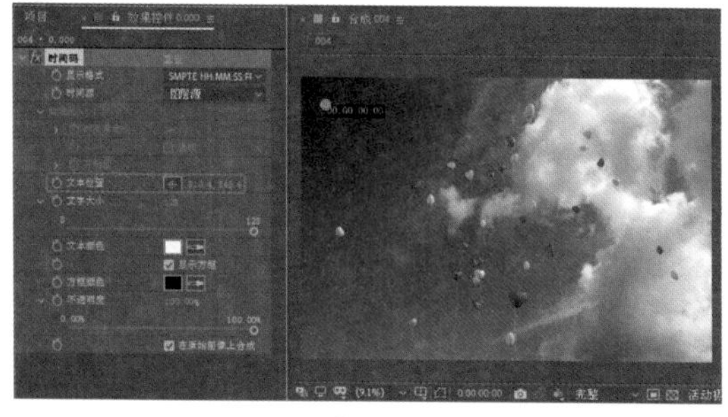

图 5-80

◎ 【文字大小】：用于设置时间码的显示大小。

◎ 【文本颜色】：用于设置时间码的颜色。

◎ 【显示方框】：选中该复选框后，将会在时间码的底部显示方框。如图 5-81 所示为取消选中该复选框后的效果。

图 5-81

◎ 【方框颜色】：该选项用于设置方框的颜色，只有在选中【显示方框】复选框时该选项才可用。设置方框颜色后的效果如图 5-82 所示。

图 5-82

◎ 【不透明度】：该选项用于设置时间码的透明度。

◎ 【在原始图像上合成】：选中该复选框，时间码将与原图像层合成，否则背景为黑色。

5.4 文本动画

在 After Effects 2020 中可以对创建的文本进行变换动画制作。在文字图层的【变换】属性组中对【锚点】、【位置】、【缩放】、【旋转】和【不透明度】属性都可以进行常规的动画设置。此外，After Effects 2020 还提供了更强大的动画功能。

5.4.1 动画控制器

在文字图层的【文本】属性组中有个【动画】选项，单击其右侧的小三角按钮，在弹出的下拉菜单中包含多种设置文本动画的命令，如图 5-83 所示。

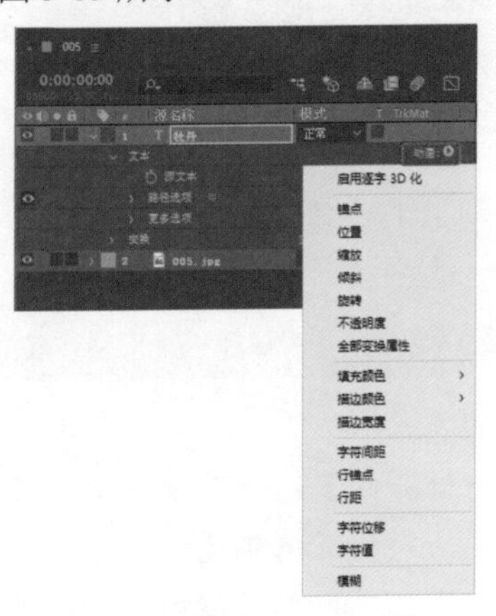

图 5-83

1．变换类控制器

该类控制器可以控制文本动画的变形，如位置、缩放、倾斜、旋转等。其属性与层的【变换】属性类似，如图 5-84 所示。

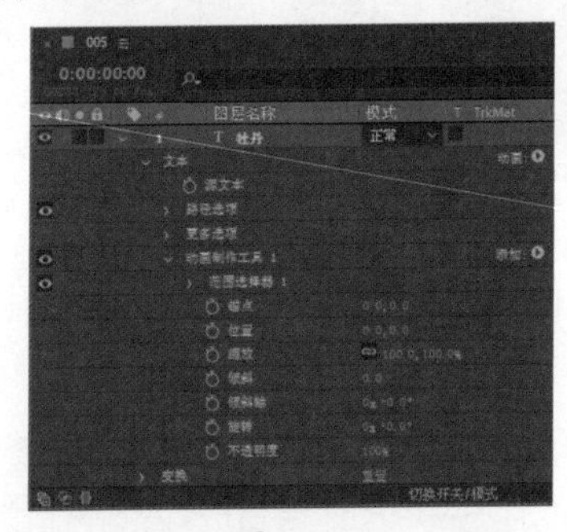

图 5-84

◎ 【锚点】、【位置】：用于设置文字的位置。其中【锚点】主要设置文字轴心点的位置，在对文字进行缩放、旋转等操作时均是以文字轴心点来进行。如图 5-85 所示为调整定位点前后的效果。

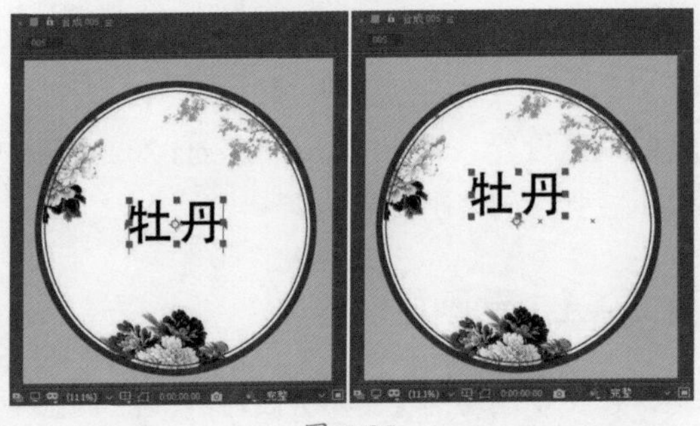

图 5-85

◎ 【缩放】：用于设置文本的缩放大小。数值越大，文本越大。启用参数左侧的【约束比例】按钮，可使 X、Y 轴同时缩放，防止字体变形，如图 5-86 所示。

图 5-86

◎ 【倾斜】：用于设置文本的倾斜度。数值为正时，文本向右倾斜；数值为负时，文本向左倾斜，如图 5-87 所示。

图 5-87

◎ 【倾斜轴】、【旋转】：分别用于设置文本的倾斜度和旋转角度，如图 5-88 所示。

◎ 【不透明度】：用于设置文本的不透明度。

2．颜色类控制器

颜色类控制器用于控制文本动画的颜色，如色相、饱和度、亮度等，如图 5-89 所示。综合使用可调整出丰富的文本颜色效果。

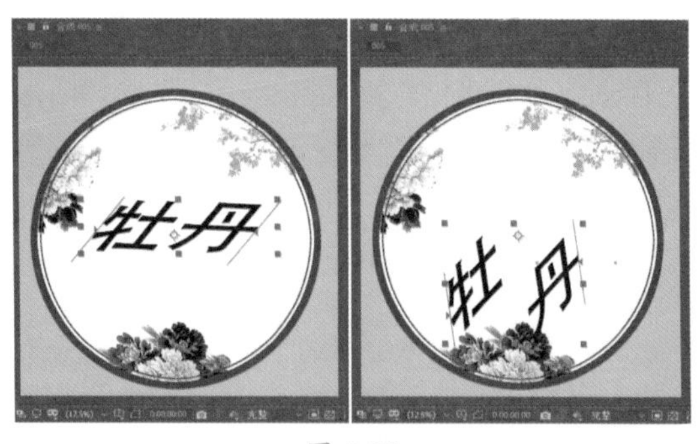

图 5-88

图 5-89

◎ 【填充】类：用于设置文本的基本颜色的色相、色调、亮度、透明度等，如图 5-90 所示。

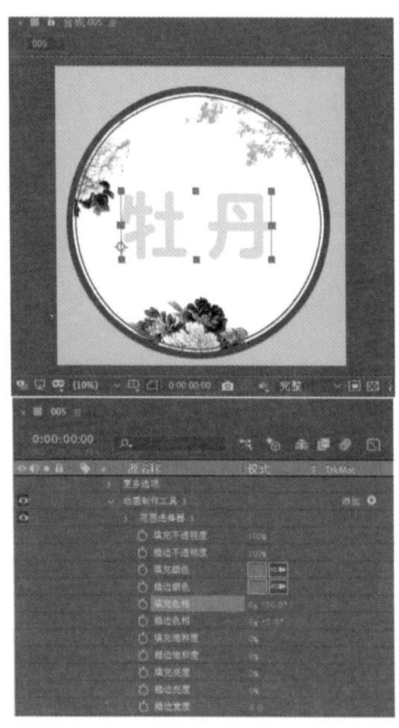

图 5-90

◎ 【边色】类、【边宽】类：用于设置文字描边的色相、色调、亮度和描边宽度等。

设置描边后的效果如图 5-91 所示。

图 5-91

3. 文本类控制器

文本类控制器用于控制文本字符的行间距和空间位置以及字符属性的变换效果，如图 5-92 所示。

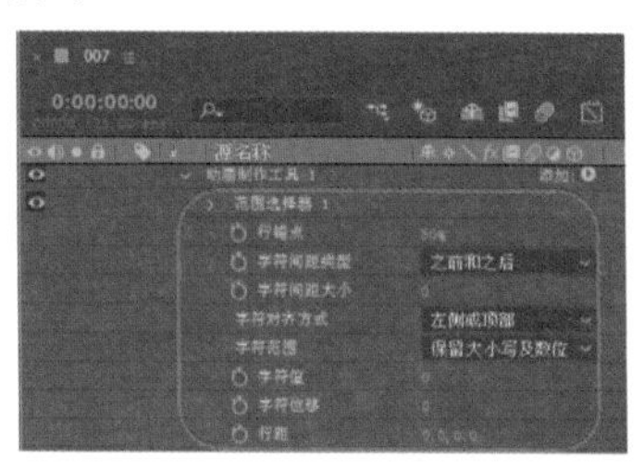

图 5-92

◎ 【行锚点】：用于设置文本的定位。

◎ 【字符间距类型】、【字符间距大小】：前者用于设置前后间距的类型，控制间距数量变化的前后范围，其中包含 3 个选项。后者用于设置间距的数量。

◎ 【字符对齐方式】：用于设置字符对齐的方式。该参数包含【左侧或顶部】、【中心】、【右侧或底部】等 4 种对齐方式，如图 5-93 所示。

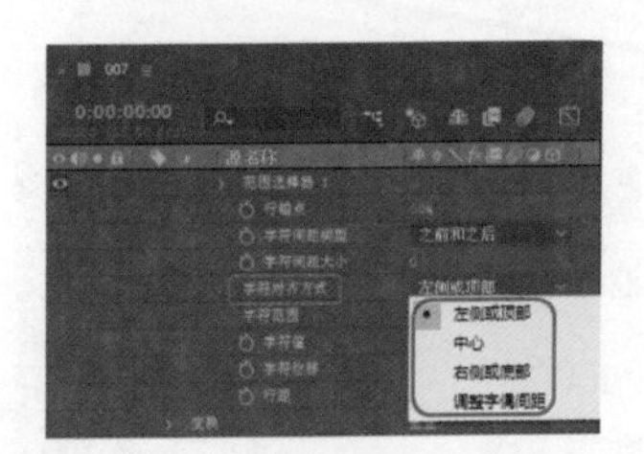

图 5-93

◎ 【字符范围】：用于设置字符范围的类型。可设置【保留大小写与数字】和【完整的 Unicode】两种类型。

◎ 【字符值】：调整该参数可使整个字符变为新的字符。

◎ 【字符位移】：调整该参数可使字符产生偏移，从而变成其他字符。

◎ 【行距】：用于设置文本中行和行的间距，如图 5-94 所示。

图 5-94

4．启用逐字 3D 化与模糊控制器

启用逐字 3D 化控制器可将文字层转换为三维层，并在【合成】面板中出现 3D 坐标轴，通过调整坐标轴来改变文本三维空间的位置，如图 5-95 所示。

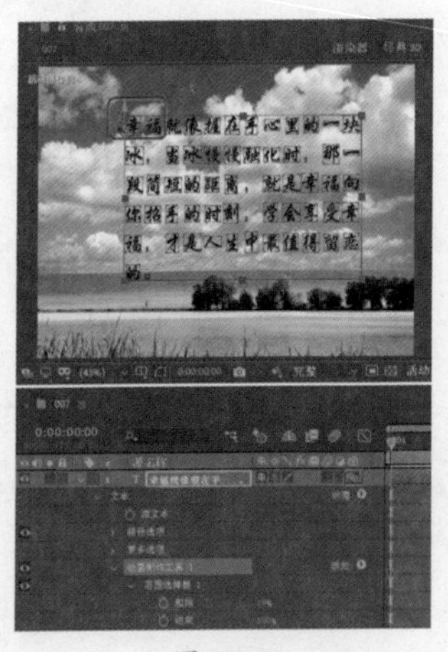

图 5-95

模糊控制器可以分别对文本进行水平和垂直方向上的模糊，如图 5-96 所示。

图 5-96

5．范围选择器

每当添加一种控制器时，都会在【动画】属性组中添加一个【范围选择器】选项，如图 5-97 所示。

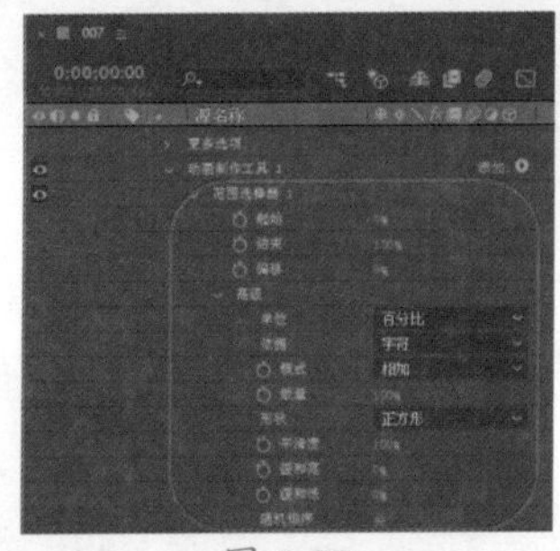

图 5-97

◎ 【起始】、【结束】：用于设置该控制器的有效起始或结束范围。有效范围的效果如图 5-98 所示。

图 5-98

◎ 【偏移】：用于设置有效范围的偏移量，如图 5-99 所示。

◎ 【单位】、【依据】：这两个参数用于控制有效范围内的动画单位。前者以字母为单位；后者以词组为单位。

图 5-99

◎ 【模式】：用于设置有效范围与原文本之间的交互模式。

◎ 【数量】：用于设置属性控制文本的程度，值越大影响的程度就越强。如图 5-100 所示为不同值时效果。

图 5-100

◎ 【形状】：用于设置有效范围内字符排列的形状模式，包括【矩形】、【上倾斜】、【三角形】等 6 种形状。

◎ 【平滑度】：用于设置产生平滑过渡的效果。

◎ 【缓和高】、【缓和低】：用于控制文本动画过渡柔和最高和最低点的速率。

◎ 【随机顺序】：用于设置有效范围添加在其他区域的随机性。随着随机数值的变化，有效范围在其他区域的效果也在不断变化。

6. 摆动选择器

摆动选择器可以控制文本的抖动，配合关键帧动画可以制作出复杂的动画效果。要添加摆动选择器，需要单击【添加】右侧的小三角按钮，在弹出的下拉菜单中选择【选择器】|【摆动】命令即可，如图 5-101 所示。默认情况下，添加摆动选择器后即可得到不规律的文字抖动效果。

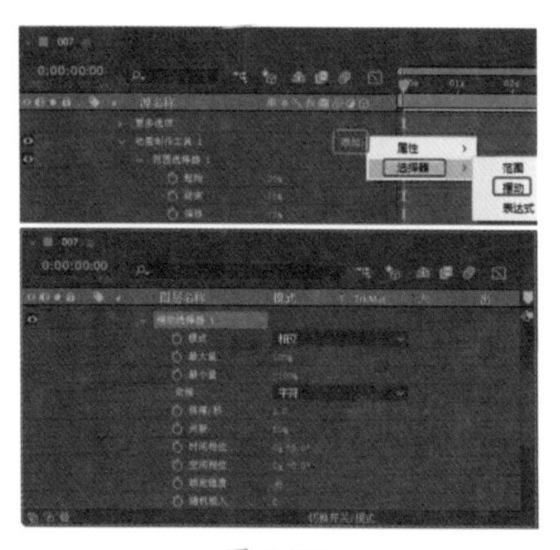

图 5-101

◎ 【最大量】、【最小量】：用于设置随机范围的最大值、最小值。

◎ 【摇摆 / 秒】：用于设置每秒钟随机变化的频率。数值越大，变化频率越大。

◎ 【关联】：用于设置字符间相互关联变化的程度。

◎ 【时间相位】、【空间相位】：用于设置文本动画在时间、空间范围内随机量的变化。

◎ 【锁定维度】：用于设置随机相对范围的锁定。

5.4.2 预设动画

在 After Effects 2020 的预置动画中提供了很多文字动画，在【效果和预设】面板中展开【动画预设】选项，在 Test 文件夹中包含有所有的文本预设动画，如图 5-102 所示。

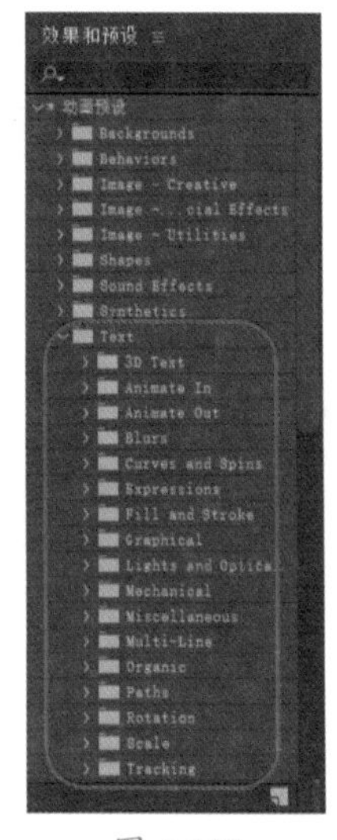

图 5-102

选择合适的动画预设，使用鼠标直接将其拖至文字层上即可。还可以在【效果控件】中对添加的预设动画进行修改。

【实战】跳跃的文字

本例制作跳跃的文字，通过给文字添加蒙版，设置蒙版路径，为其添加动画预设效果，如图 5-103 所示。

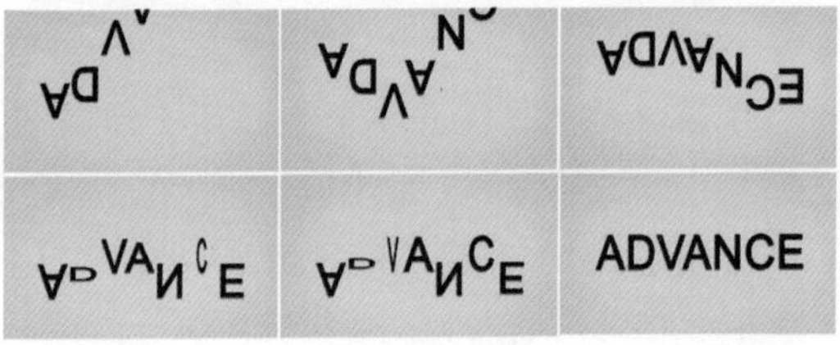

图 5-103

素材	素材 \Cha05\ 跳跃的文字素材 .aep
场景	场景 \Cha05\【实战】跳跃的文字 .aep
视频	视频教学 \Cha05\【实战】跳跃的文字 .mp4

01 打开“跳跃的文字素材 .aep”素材文件，在【时间轴】面板中右击，在弹出的快捷菜单中选择【纯色】命令。在弹出的对话框中将【名称】设置为“背景”，将【颜色】设置为 # FFEA00，单击【确定】按钮，即可创建纯色背景，如图 5-104 所示。

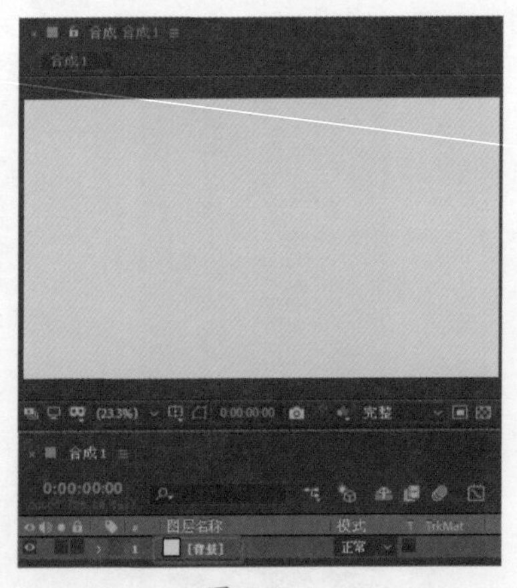

图 5-104

02 使用同样的方法再创建一个名称为“黑色”的黑色纯色图层，在工具栏中单击【椭圆工具】按钮，在【合成】面板中绘制一个椭圆。在【时间轴】面板中单击【蒙版路径】右侧的【形状】按钮，在弹出的【蒙版形状】对话框中将【左侧】、【顶部】、【右侧】、【底部】分别设置为 185、145、1785、950，将【单位】设置为【像素】，单击【确定】按钮。选中【反转】复选框，将【蒙版羽化】设置为 463, 463 像素，将【蒙版扩展】设置为 195 像素，将“黑色”图层的混合模式设置为【叠加】，如图 5-105 所示。

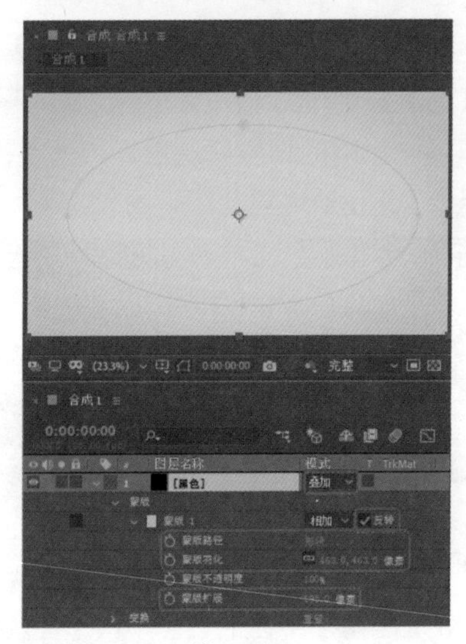

图 5-105

03 在工具栏中单击【横排文字工具】按钮，在【合成】面板中单击鼠标，输入文字。选中输入的文字，在【字符】面板中将【字体】设置为 Arial，将【字体样式】设置为 Regular，将【字体大小】设置为 305 像素，将【字符间距】设置为 0，将【水平缩放】设置为 128%，单击【仿粗体】按钮与【全部大写字母】按钮，将【填充颜色】设置为 #000000，单击【段落】面板中的【居中对齐】按钮。在【时间轴】面板中将 advance 文字图层下方的【位置】设置为 977, 642，如图 5-106 所示。

04 将当前时间设置为 0:00:00:00，在【效果和预设】面板中搜索【文字回弹】动画预设，选中该效果，按住鼠标左键将其拖曳至 advance 文字图层上，如图 5-107 所示。

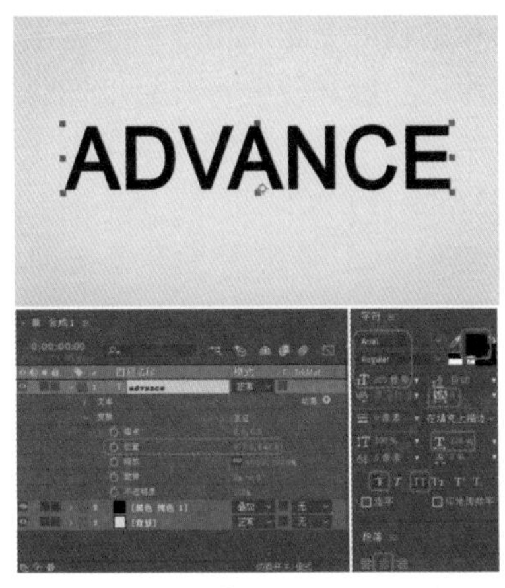

图 5-106

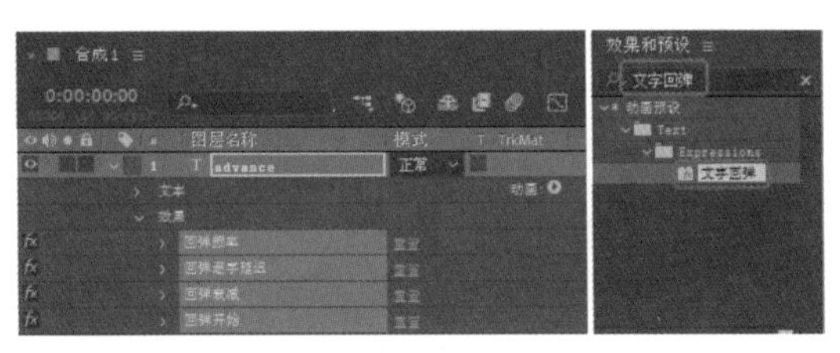

图 5-107

05 在【时间轴】面板中展开 advance 文字图层下的【动画 1】选项组，将其下方的【位置】设置为 0, -830，如图 5-108 所示。

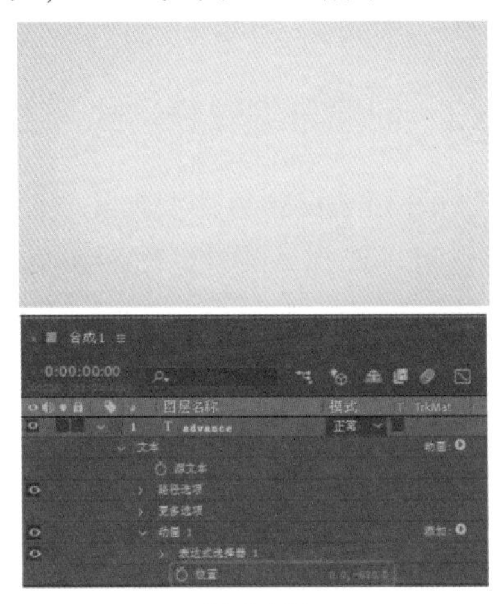

图 5-108

06 将当前时间设置为 0:00:03:05，在【效果和预设】面板中搜索【扭曲】动画预设，在搜索结果中选择【扭曲丝带 2】动画预设，然后按住鼠标左键将其拖曳至 advance 文字图层上，如图 5-109 所示。

07 将当前时间设置为 0:00:05:06，在【效果和预设】面板中搜索【缩放】动画预设，在搜索结果中选择【缩放回弹】动画预设，然后按住鼠标左键将其拖曳至 advance 文字图层上，如图 5-110 所示。

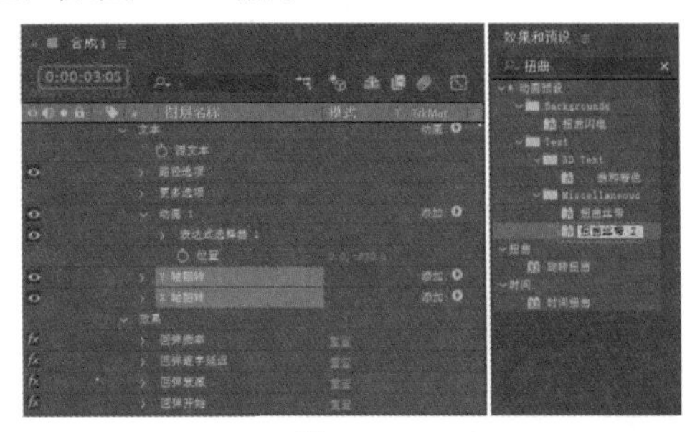

图 5-109

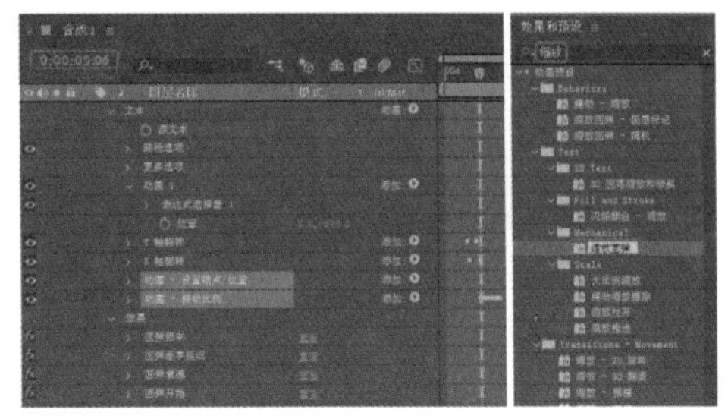

图 5-110

08 在【项目】面板中选择“跳跃的文字背景音乐 .mp3”音频文件，按住鼠标左键将其拖曳至【时间轴】面板中，如图 5-111 所示。

图 5-111

5.5 表达式

After Effects 2020 中提供了一种非常方便的动画控制方法——表达式。表达式是由传统的 JavaScript 语言编写而成，利用表达式可以实现界面中不能执行的命令或将大量重复性操作简单化。使用表达式可以制作出层与层或属性与属性之间的关联。

■ 5.5.1 认识表达式

在 After Effects 2020 中的表达式具有类似于其他程序设计的语法，只有遵循这些语法才可以创建正确的表达式。其实在 After Effects 2020 中应用的表达式不需要熟练掌握 JavaScript 语言，只要理解简单的写法就可创建表达式。

例如在某层的旋转下输入表达式 transform.rotation=transform.rotation+time*50，表示随着时间的增长呈 50 倍的旋转。

如果当前表达式要调用其他图层或者其他属性，需要在表达式中加上全局属性和层属性。如 thisComp("03_1.jpg")transform.rotation=transform.rotation+time*20。

◎ 全局属性（thisComp）：用来说明表达式所应用的最高层级，也可理解为整个合成。

◎ 层级标识符号（.）：该符号为英文输入状态下的句号。表示属性连接符号，该符号的前面为上位层级，后面为下位层级。

◎ layer（" "）：定义层的名称，必须在括号内加引号。例如，素材名称为 XW.jpg 可写成：layer("XW.jpg")。

另外，还可以为表达式添加注释。在注释语句前加上“//”符号，表示在同一行中任何处于“//”后面的语句都被认为是表达式注释语句。如：// 单行语句。在注释语句首尾添加“/*”和“*/”符号，表示处于“/*”和“*/”之间的语句都被认为是表达式注释语句。如：/* 这是一条多行注释 */。

在 After Effects 中经常用到的一个数据类型是数组，而数组经常使用常量和变量中的一部分。因此，需要了解其中的数组属性，这对于编写表达式有很大的帮助。

◎ 数组常量：在 JavaScript 语言中，数组常量通常包含几个数值，如 [5, 6]，其中 5 表示第 0 号元素，6 表示第一号元素。在 After Effects 中表达式的数值是由 0 开始的。

◎ 数组变量：用一些自定义的元素来代替具体的值，变量类似于一个容器，这些值可以不断被改变，并且值本身不全是数字，可以是一些文字或某一个对象，如 scale=[10, 20]。

◎ 可使用“[]”中的元素序号访问数组中的某一个元素，如 scale[0] 表示的数字是 10，而 scale[1] 表示的数字是 20。

◎ 将数组指针赋予变量：主要是为属性和方法赋予值或返回值。如将二维数组 thislayer.position 的 X 方向保持为 100，Y 方向可以运动，则表达式应为：y=position[1]，[100，y] 或 [100，position[1]]。

◎ 数组维度：属性的参数量为维度，如透明度的属性为一个参数，即为一维，也可以说是一元属性。不同的属性具有不同的维度。例如：

一维：旋转、透明度。

二维：二维空间中的位置、缩放、旋转。

三维：三维空间中的位置、缩放、方向。

四维：颜色。

■ 5.5.2 创建与编辑表达式

在 After Effects 2020 中要为某个属性创建表达式，可以选择该属性，然后在菜单栏中选择【动画】|【添加文本选择器】|【表达式】命令，如图 5-112 所示；或按住 Alt 键单击该属性左侧的按钮即可。添加表达式后的效果如图 5-113 所示。

图 5-112

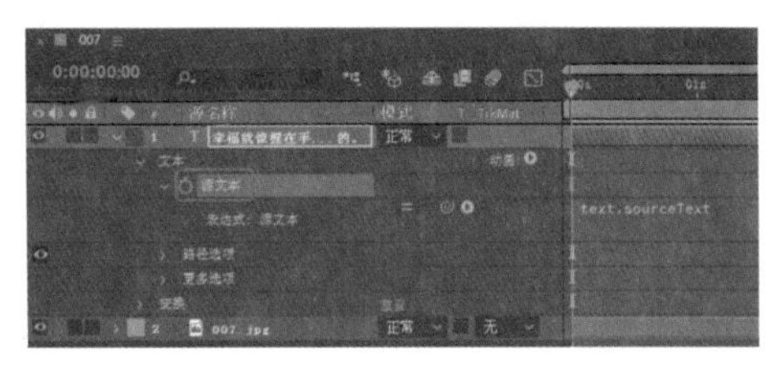

图 5-113

此时，在表达式区域中输入 transform.rotation=transform.rotation+time*20，按下键盘上的 Enter 键或在其他位置单击即可完成表达式的输入。按空格键可以查看【旋转】动画。

如果输入的表达式有误，按 Enter 键确认时，在表达式下【启用表达式】的左侧会出现警告图标，如图 5-114 所示。

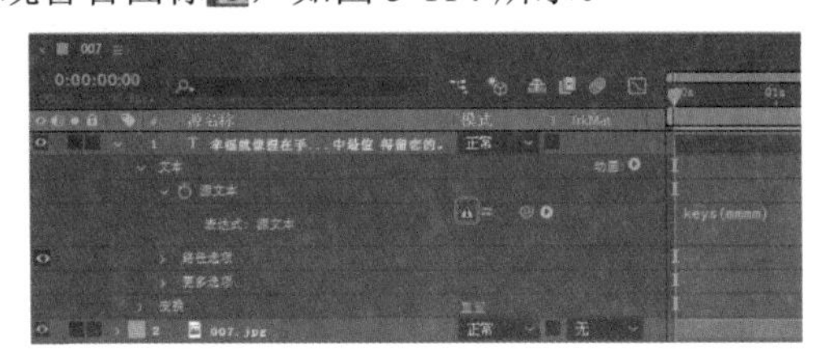

图 5-114

在创建表达式后，可以通过修改相应表达式的属性来编辑表达的命令。如启用、关闭表达式，链接属性等。

◎ 【启用表达式】：用于设置表达式的开和关。当开启时，相关属性参数将显示红色；当关闭时，相关属性恢复默认颜色，如图 5-115 所示。

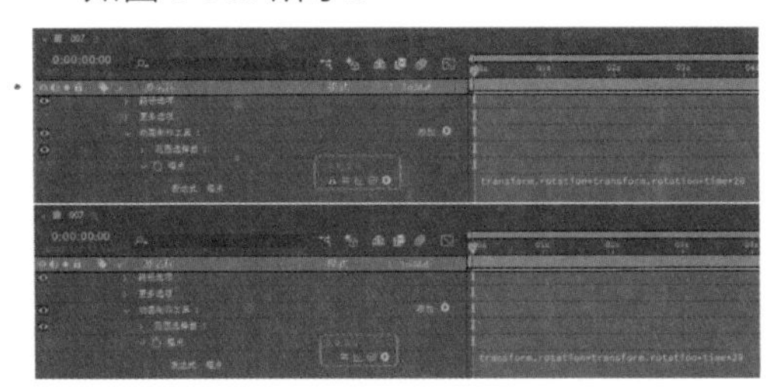

图 5-115

◎ 【显示后表达式图表】：单击该按钮，可以定义表达式的动画曲线，但是需要先激活图形编辑器。

◎ 【表达式关联器】：单击该按钮，可以拉出一根橡皮筋，将其链接到其他属性上，可以创建表达式，使它们建立关联性的动画，如图 5-116 所示。

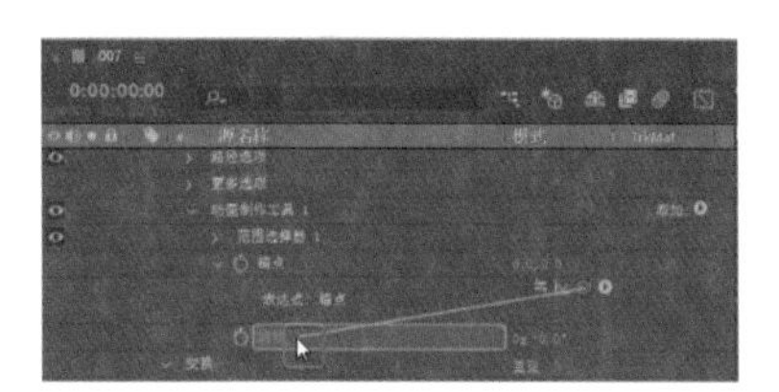

图 5-116

◎ 【表达式语言菜单】：单击该按钮，可以弹出系统为用户提供的表达式库中的命令，根据需要在表达式菜单中选择相关的表达式语句，如图 5-117 所示。

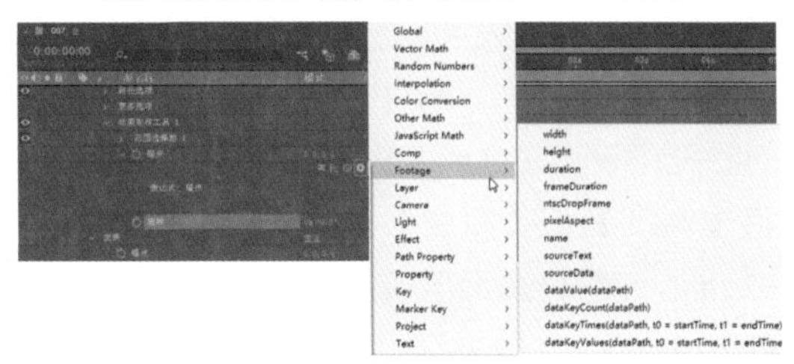

图 5-117

◎ 【表达式区域】：用户可以在表达式区域中对表达式进行修改，可以通过手动将该区域下方的边界向下进行扩展。

课后项目练习
烟雾文字

本例制作烟雾文字，通过给文字添加效果，制作出文字特效，如图 5-118 所示。

课后项目练习效果展示

图 5-118

课后项目练习过程概要

01 新建合成文件，导入“烟雾文字背景.jpg”素材文件。

02 创建文字，并给文字添加【线性擦除】效果。

03 新建纯色图层并添加Particle World效果。

素材	素材\Cha05\烟雾文字背景.jpg
场景	场景\Cha05\烟雾文字.aep
视频	视频教学\Cha05\烟雾文字.mp4

01 按Ctrl+N组合键，在弹出的【合成设置】对话框中设置【合成名称】为“烟雾文字”，将【宽度】和【高度】分别设置为835px和620 px，将【像素长宽比】设置为D1/DV PAL（1.09），将【持续时间】设置为0:00:05:00，单击【确定】按钮，如图5-119所示。

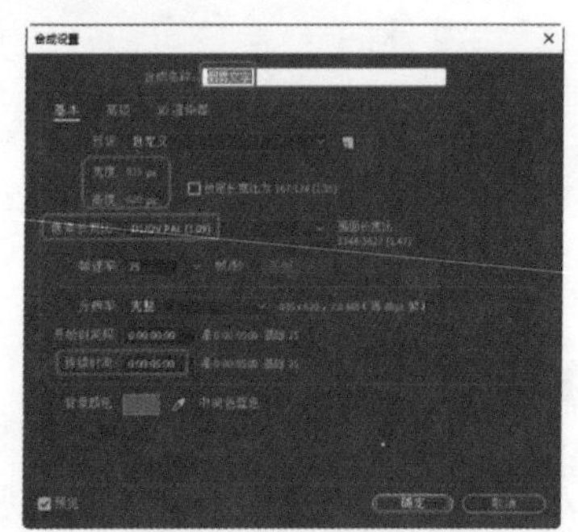

图 5-119

02 在【项目】面板的空白处双击，弹出【导入文件】对话框，在该对话框中选择素材图片“烟雾文字背景.jpg”，单击【导入】按钮，导入素材图片，并将其拖曳至【时间轴】面板中，效果如图5-120所示。

图 5-120

03 在工具栏中选择【横排文字工具】，在【合成】面板中输入文字The first snow in winter。选择输入的文字，在【字符】面板中将【字体】设置为【汉仪竹节体简】，将【字体大小】设置为66像素，将【填充颜色】的RGB值设置为45、219、255，并在【合成】面板中调整其位置，效果如图5-121所示。

图 5-121

04 在菜单栏中选择【效果】|【过渡】|【线性擦除】命令，即可为文字图层添加【线性擦除】效果。确认当前时间为0:00:00:00，在【效果控件】面板中，将【过渡完成】设置为100%，并单击其左侧的按钮，将【擦除角度】设置为0×+270°，将【羽化】设置为230，如图5-122所示。

图 5-122

05 将当前时间设置为0:00:03:00，将【过渡完成】设置为0%，如图5-123所示。

图 5-123

06 在【时间轴】面板的空白处右击，在弹出的快捷菜单中选择【新建】|【纯色】命令，弹出【纯色设置】对话框，设置【名称】为“烟雾01”，将【颜色】的RGB值设置为0、0、0，单击【确定】按钮，即可新建“烟雾01”图层，如图5-124所示。

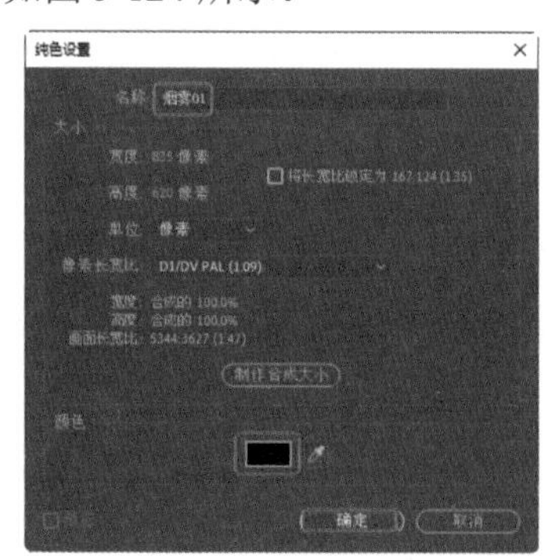

图 5-124

07 在菜单栏中选择【效果】|【模拟】|Particle World（粒子世界）命令，即可为“烟雾01”图层添加该效果。将当前时间设置为0:00:00:00，在【效果控件】面板中将Birth Rate（出生率）设置为0.1，将Longevity（sec）（寿命）设置为1.87，分别单击Position X（位置X）和Position Y（位置Y）左侧的按钮，将Position X（位置X）设置为-0.53，将Position Y（位置Y）设置为0.01，将Radius Z（半径Z）设置为0.44，将Animation（动画）设置为Viscouse，将Velocity（速度）设置为0.35，将Gravity（重力）设置为-0.05，如图5-125所示。

图 5-125

08 将Particle（粒子）选项组中的Particle Type（粒子类型）设置为Faded Sphere（透明球），将Birth Size（出生大小）设置为1.25，将Death Size（死亡大小）设置为1.9，将Birth Color（出生颜色）的RGB值设置为5、160、255，将Death Color（死亡颜色）的RGB值设置为0、0、0，将Transfer Mode（传输模式）设置为Add，如图5-126所示。

图 5-126

09 将当前时间设置为0:00:03:00，将Position X（位置X）设置为0.87，将Position Y（位置Y）设置为0.01，如图5-127所示。

图 5-127

10 在菜单栏中选择【效果】|【模糊和锐化】|Vector Blur（矢量模糊）命令，即可为“烟雾01”图层添加该效果。在【效果控件】面板中将Amount（数量）设置为250，将Angle Offset（角度偏移）设置为0×+10°，将Ridge Smoothness设置为32，将Map Softness（图像柔化）设置为25，如图5-128所示。

图 5-128

11 在【时间轴】面板中将“烟雾 01”图层的【模式】设置为【屏幕】，如图 5-129 所示。

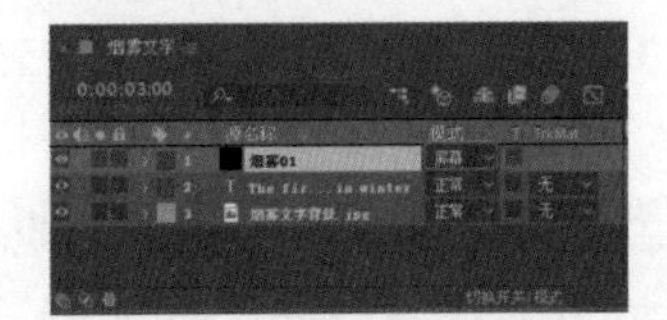

图 5-129

提示：使用【矢量模糊】特效可以产生一种特殊的变形模糊效果。

12 确认“烟雾 01”图层处于选择状态，按 Ctrl+D 组合键复制图层，将新复制的图层重命名为“烟雾 02”图层，如图 5-130 所示。

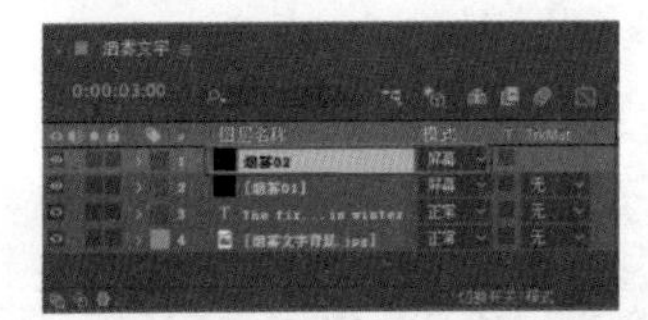

图 5-130

13 选择“烟雾 02”图层，在【效果控件】面板中将 Particle World（粒子世界）效果中的 Birth Rate（出生率）设置为 0.7，将 Radius Z（半径 Z）设置为 0.47，将 Particle（粒子）选项组中的 Birth Size（出生大小）设置为 0.94，将 Death Size（死亡大小）设置为 1.7，将 Death Color（死亡颜色）的 RGB 值设置为 13、0、0，如图 5-131 所示。

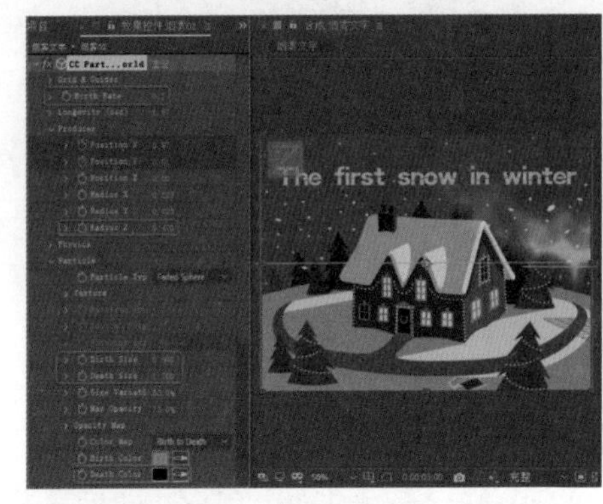

图 5-131

知识链接：图层混合模式

图层的混合模式控制着每个图层如何与它下面的图层混合或交互。After Effects 中图层的混合模式（以前称为图层模式，有时称为传递模式）与 Adobe Photoshop 中的混合模式相同。

大多数混合模式仅修改源图层的颜色值，而非 Alpha 通道。【Alpha 添加】混合模式影响源图层的 Alpha 通道，而轮廓和模板混合模式影响它们下面的图层的 Alpha 通道。

在 After Effects 中无法通过使用关键帧来直接为混合模式制作动画。要在某一特定时间更改混合模式，在该时间拆分图层，并将新混合模式应用于图层的延续部分。

14 在【效果控件】面板中将 CC Vector Blur（矢量模糊）效果中的 Amount（数量）设置为 340，将 Ridge Smoothness 设置为 24，将 Map Softness（图像柔化）设置为 23，如图 5-132 所示。

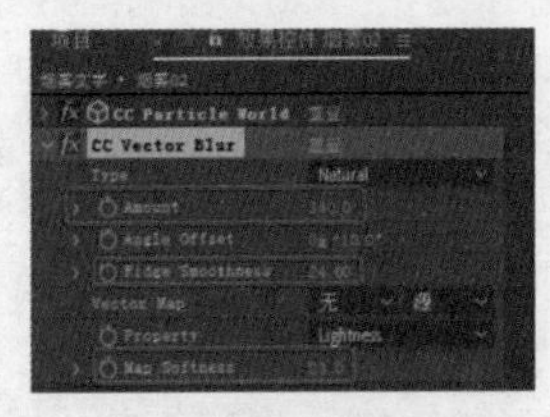

图 5-132

15 在【时间轴】面板中将“烟雾 02”图层的【不透明度】设置为 53%，将“烟雾 02”的【位置】设置为 420, 102，如图 5-133 所示。设置完成后，按空格键在【合成】面板中查看效果，然后对完成后的场景进行保存和输出即可。

图 5-133

第 06 章

水面波纹效果——扭曲与透视特效

本章导读：

本章详细介绍图片特效制作，通过运用扭曲特效、透视特效制作出奇特效果。

案例精讲 水面波纹效果

为了更好地完成本设计案例，现对制作要求及设计内容做如下规划，最终效果如图6-1所示。

作品名称	水面波纹效果
设计创意	通过给水面添加波纹效果，使水面呈现一种涌动的动画
主要元素	水面素材
应用软件	Adobe After Effects 2020
素材	素材 \Cha06\001.jpg
场景	场景 \Cha06\【案例精讲】水面波纹效果 .aep
视频	视频教学 \Cha06\【案例精讲】水面波纹效果 .mp4
水面波纹效果欣赏	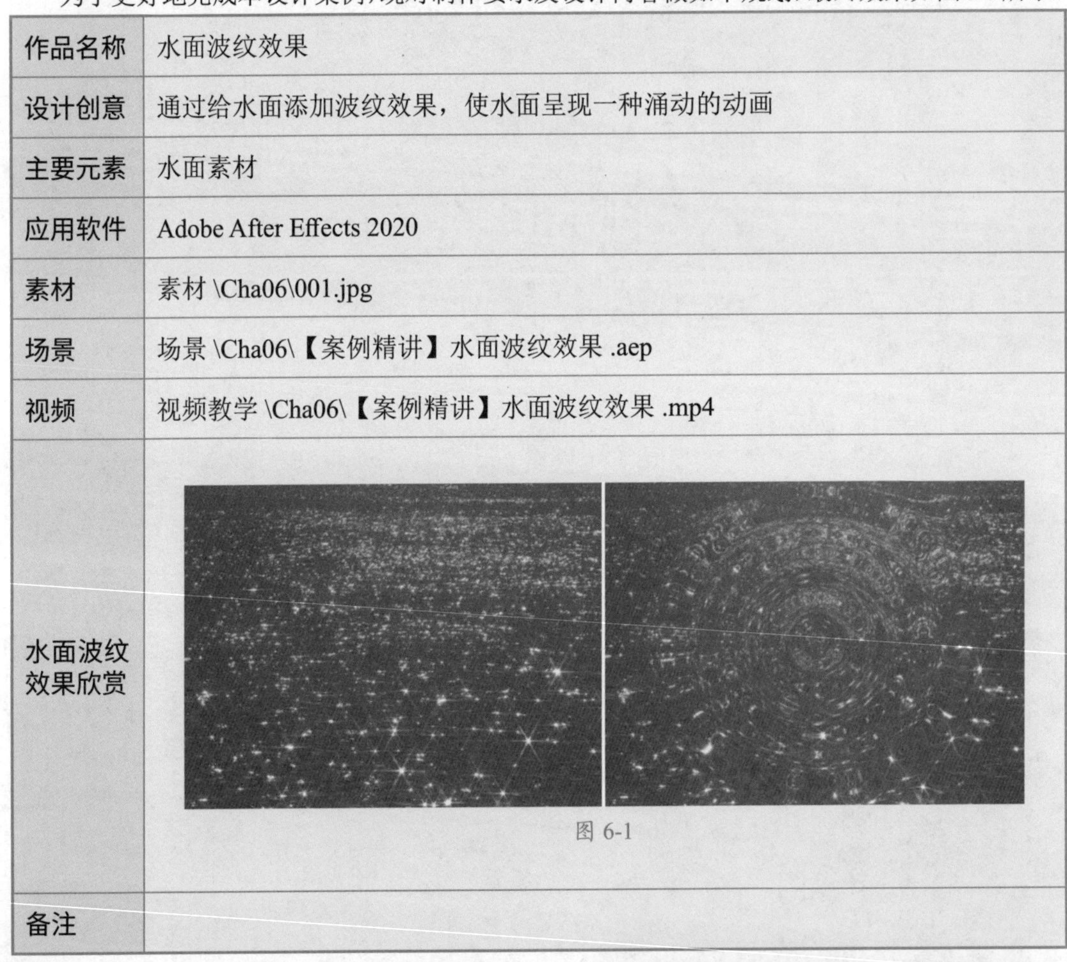 图 6-1
备注	

01 新建一个合成文件，按 Ctrl+N 组合键，在弹出的【合成设置】对话框中将【宽度】、【高度】分别设置为 1024 px、768 px，将【像素长宽比】设置为【方形像素】，将【持续时间】设置为 0:00:05:00，如图 6-2 所示。

02 设置完成后，单击【确定】按钮。按 Ctrl+I 组合键，在弹出的对话框中选择 001.jpg 素材文件，导入至【项目】面板中，按住鼠标左键将该素材文件拖曳至【时间轴】面板中，并将其【变换】选项组中的【缩放】设置为 190, 190%，如图 6-3 所示。

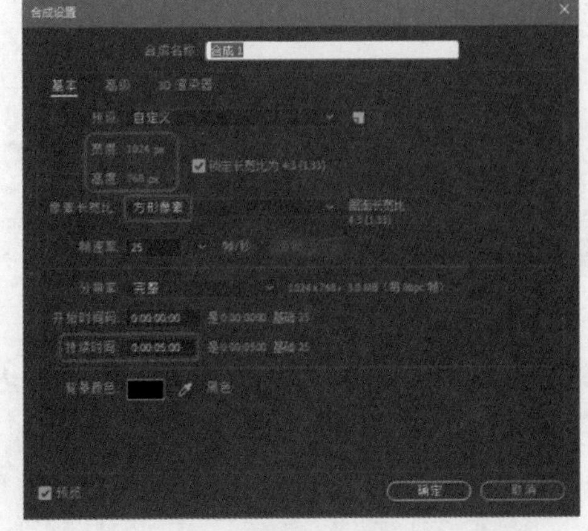

图 6-2

图 6-3

03 选中该图层，在菜单栏中选择【效果】|【扭曲】|【波纹】命令，在【时间轴】面板中将【波纹】选项组中的【半径】设置为 35，将【波纹中心】设置为 325, 220，将【转换类型】设置为【对称】，将【波形宽度】、【波形高度】分别设置为 30、300，如图 6-4 所示。

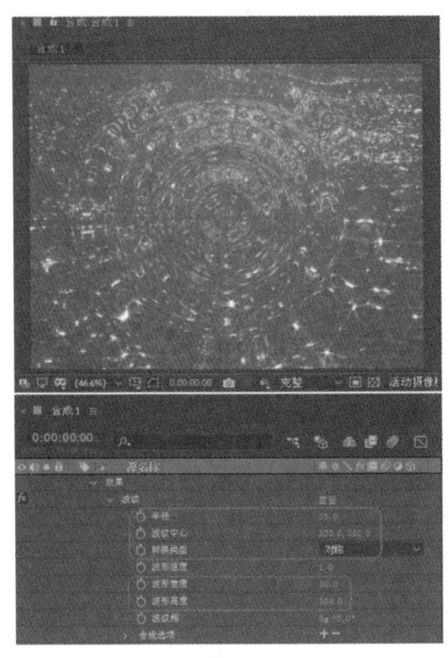

图 6-4

6.1 扭曲特效

扭曲特效主要是对素材进行扭曲、拉伸或挤压等变形操作。既可以对画面的形状进行校正，也可以通过对普通的画面进行变形得到特殊效果。在 After Effects 2020 中提供了【CC 两点扭曲】、【CC 卷页】、【CC 透镜】、【极坐标】、【液化】、【膨胀】等扭曲特效类型。

6.1.1 CC Bend It（CC 两点扭曲）特效

CC 两点扭曲特效通过在图像上定义两个控制点来模拟图像被吸引到这两个控制点上的效果。该特效的参数如图 6-5 所示，其设置前后的效果对比如图 6-6 所示。

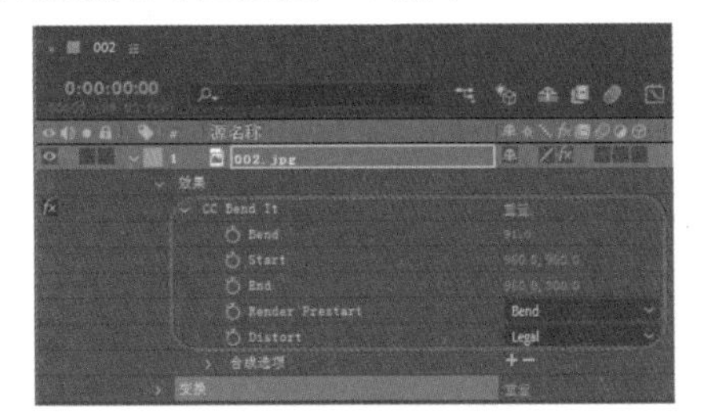

图 6-5

图 6-6

◎ Bend（弯曲）：用于设置对象的弯曲程度。数值越大，对象弯曲度越大，反之越小。

◎ Start（开始）：用于设置开始点的坐标。

◎ End（结束）：用于设置结束点的坐标。

◎ Render Prestart（渲染前）：可以在右侧的下拉列表框中选择一种模式设置开始点的状态。

◎ Distort（扭曲）：可以在右侧的下拉列表框中选择一种模式来设置结束点的状态。

6.1.2 CC Bender（CC 弯曲）特效

CC Bender（CC 弯曲）特效分别可以使图像产生弯曲的效果，其参数设置和设置前后的效果如图 6-7 和图 6-8 所示。

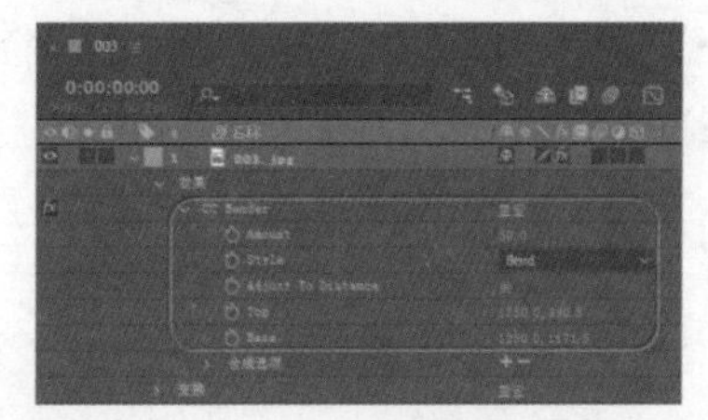

图 6-7

图 6-8

◎ Amount（数量）：用于设置对象的扭曲程度。

◎ Style（样式）：可以在右侧的下拉列表框中选择一种模式设置图像弯曲的方式，其中包括 Bend（弯曲）、Marilyn（玛丽莲）、Sharp（锐利）、Boxer（拳手）4 个选项。

◎ Adjust To Distance（调整方向）：选择【关】时，可以控制弯曲的方向。

◎ Top（顶部）：设置顶部坐标的位置。

◎ Base（底部）：设置底部坐标的位置。

6.1.3 CC Blobbylize（CC 融化溅落点）特效

CC Blobbylize（CC 融化溅落点）特效主要为对象纹理部分添加融化效果，通过【滴状斑点】、【光】、【阴影】3 个特效参数的调节达到想要的效果。其参数设置和设置前后的效果分别如图 6-9 和图 6-10 所示。

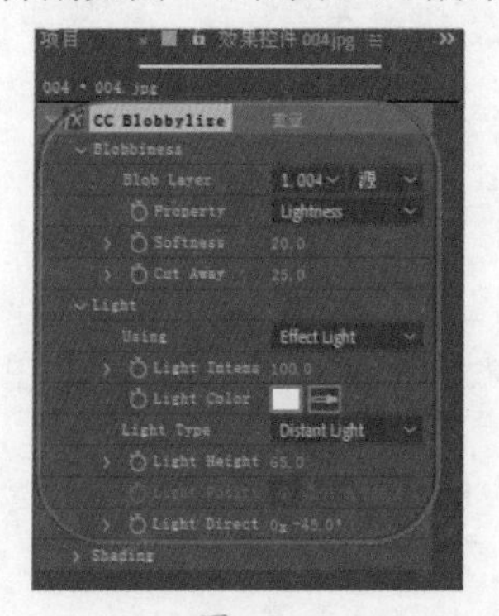

图 6-9

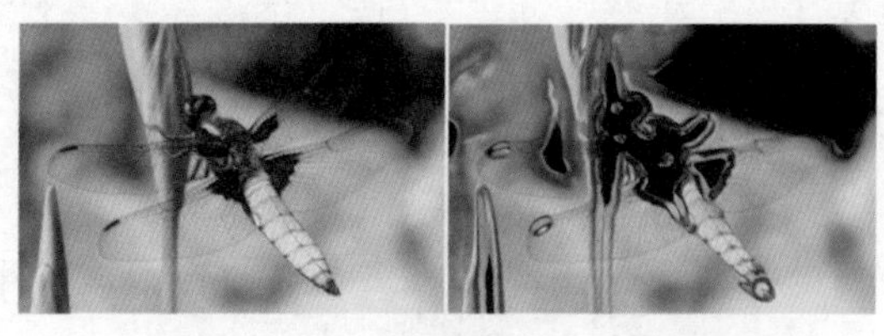

图 6-10

◎ Blobbiness（滴状斑点）：主要用来调整对象的扭曲程度和样式。

◆ Blob Layer（滴状斑点层）：用于设置产生融化溅落点效果的图层。默认情况下为效果所添加的层。也可以选择无或其他层。

◆ Property（特性）：可以从右侧的下拉列表框中选择一种特性，来改变扭曲的形状。

◆ Softness（柔和）：用于设置滴状斑点边缘的柔和程度。如图 6-11 所示为不同柔和值时的效果。

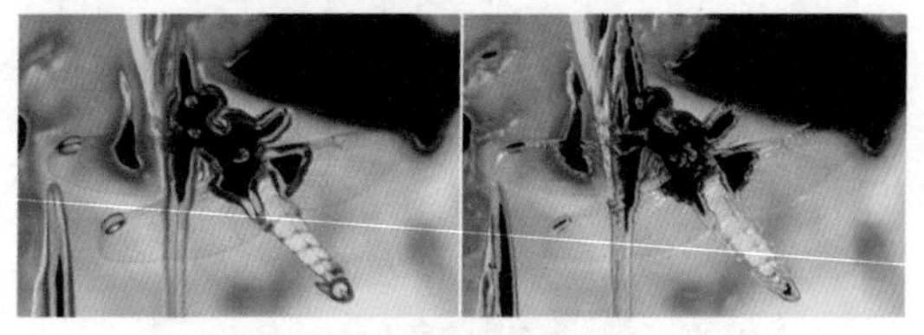

图 6-11

◆ Cut Away（剪切）：用于调整被剪切部分的多少。

◎ Light（光）：调整图像光的强度及整个图像的色调。

◆ Using（使用）：用于设置图像的照明方式。其中提供了 Effect Light（效果灯光）、AE Light（AE 灯光）两种方式。

◆ Light Intens（光强度）：用于设置图像受光照程度的强弱。数值越大，受光照程度也就越强。如图 6-12 所示为不同光强度时的效果。

◆ Light Color（光颜色）：用于设置光的颜色，可以调节图像的整体色调。

◆ Light Type（光类型）：用于设置照明灯光的类型，包括 Distant Light（远光灯）（见图 6-13）和 Point Light（点光灯）（见图 6-14）两种类型。

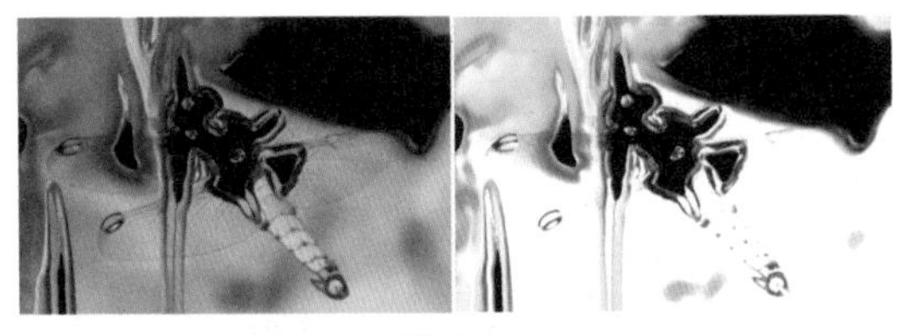

图 6-12

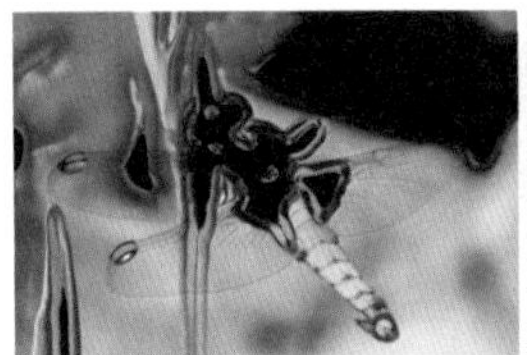

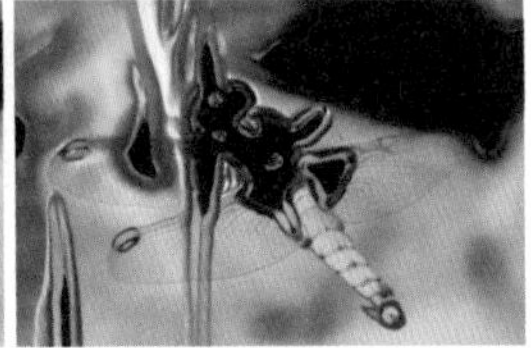

图 6-13　　　　图 6-14

◆ Light Height（光线长度）：用于设置光线的长度，可以调整图像的曝光度。

◆ Light Position（光位置）：用于设置平行光产生的方向。当灯光类型为点光灯时才可用。

◆ Light Direction（光方向）：用于调整光照射的方向。当灯光类型为远光灯时才可用。

◎ Shading（阴影）：用于设置图像明暗程度。

◆ Ambient（环境）：用于设置环境光的明暗程度。当数值越小时，照明的效果就越明显；当数值越大时，照明的效果越不明显，如图 6-15 所示。

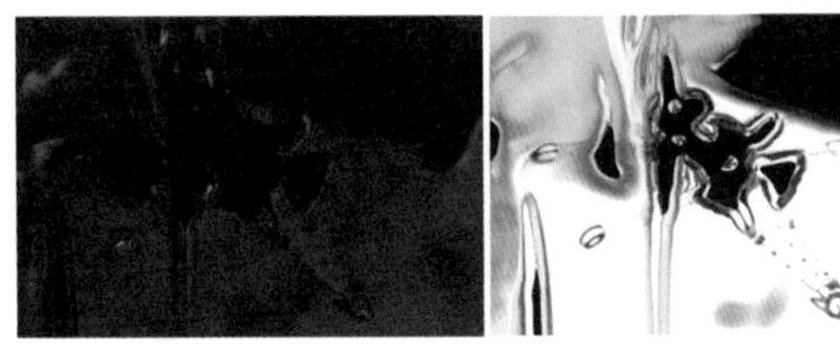

图 6-15

◆ Diffuse（漫反射）：用于调整光反射的程度。数值越大，反射程度越强，图像越亮；数值越小，反射程度越弱，图像越暗。

◆ Specular（高光反射）：用于设置图像的高光反射的强度。

◆ Roughness（边缘粗糙）：用于设置照明光在图像中形成光影的粗糙程度。当数值越大时，阴影效果就越淡。

◆ Metal（质感）：用于设置效果中金属质感的数量。当数值越大时，金属质感越低。

6.1.4 CC Flo Motion（CC 液化流动）特效

CC Flo Motion（CC 液化流动）特效是利用图像的两个边角位置的变化对图像进行变形处理，该特效的参数设置及设置前后的效果分别如图 6-16 和图 6-17 所示。

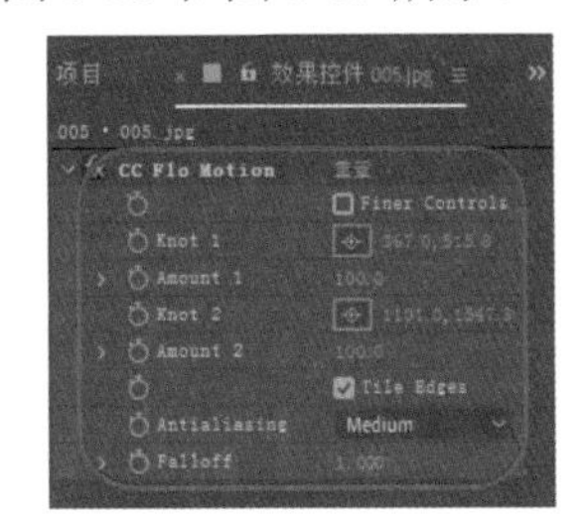

图 6-16

图 6-17

◎ Finer Controls（精细控制）：当选中该复选框时，图形的变形更细致。

◎ Kont 1（控制点 1）：用于设置控制点 1 的位置。

◎ Amount 1（数量 1）：用于设置控制点 1 位置图像拉伸的重复度。

◎ Kont 2（控制点 2）：用于设置控制点 2 的位置。

◎ Amount 2（数量 2）：用于设置控制点 2

位置图像拉伸的重复度。

◎ Tile Edges（背景显示）：当该复选框没有被选中时，则表示背景图像不显示。

◎ Antialiasing（抗锯齿）：在右侧的下拉列表框中设置抗锯齿的程度，包括 Low（低）、Medium（中）、High（高）3种程度。

◎ Falloff（衰减）：用于设置图像拉伸的重复程度。数值越小，重复度越大；数值越大，重复度越小。

6.1.5 CC Griddler（CC 网格变形）特效

CC Griddler（CC 网格变形）特效是通过设置水平和垂直缩放比例来对原始图像进行缩放，而且可以将图像进行网格化处理，并平铺至原图像大小，其参数设置和设置前后的效果分别如图 6-18 和图 6-19 所示。

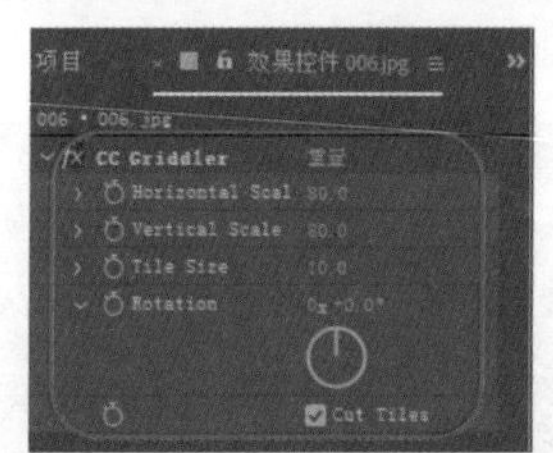

图 6-18

图 6-19

◎ Horizontal Scale（横向缩放）：用于设置网格水平方向的偏移程度。

◎ Vertical Scale（纵向缩放）：用于设置垂直方向的偏移程度。

◎ Tile Size（拼贴大小）：用于设置对象中每个网格尺寸的大小。数值越大，网格越大；数值越小，网格越小。

◎ Rotation（旋转）：用于设置图像中每个网格的旋转角度。如图 6-20 所示为设置旋转前后的效果。

图 6-20

◎ Cut Tiles（拼贴剪切）：选中该复选框，网格边缘会出现黑边，并有凸起效果。

6.1.6 CC Lens（CC 透镜）特效

CC Lens（CC 透镜）特效可以使图像变形为镜头的形状，该特效的参数设置及设置前后的效果分别如图 6-21 和图 6-22 所示。

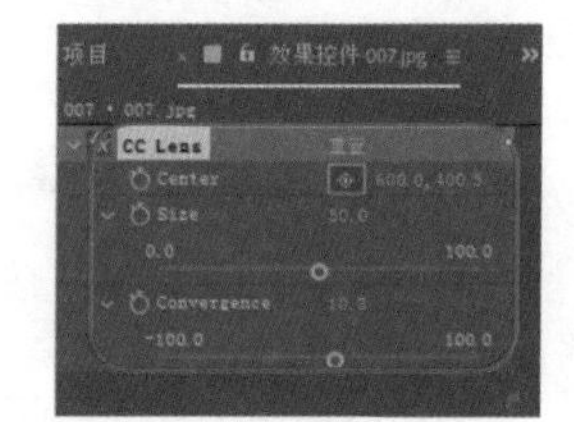

图 6-21

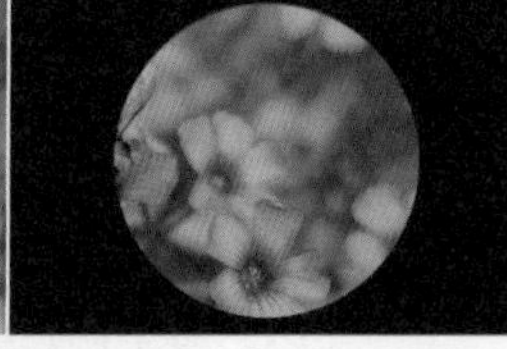

图 6-22

◎ Center（中心）：用于设置创建透镜效果的中心。

◎ Size（大小）：用于设置变形图像的尺寸大小。

◎ Convergence（聚合）：用于设置透镜效果中图像像素的聚焦程度。如图 6-23 所示为聚合前后的效果对比。

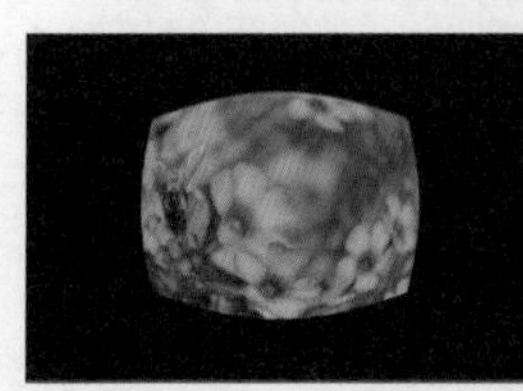
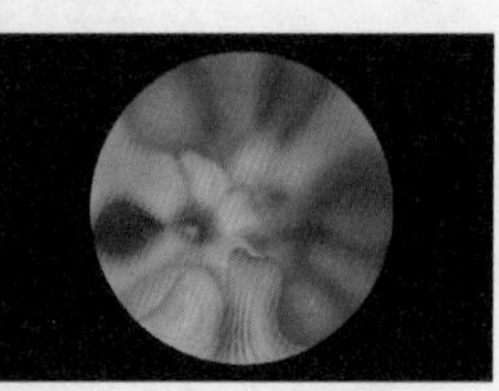

图 6-23

6.1.7 CC Page Turn（CC 卷页）特效

CC Page Turn（CC 卷页）特效主要用来模拟图像卷页的效果，并可以制作出卷页的动画。例如可以创建书本翻页的动画效果。该特效的参数设置和添加特效前后的对比分别如图 6-24 和图 6-25 所示。

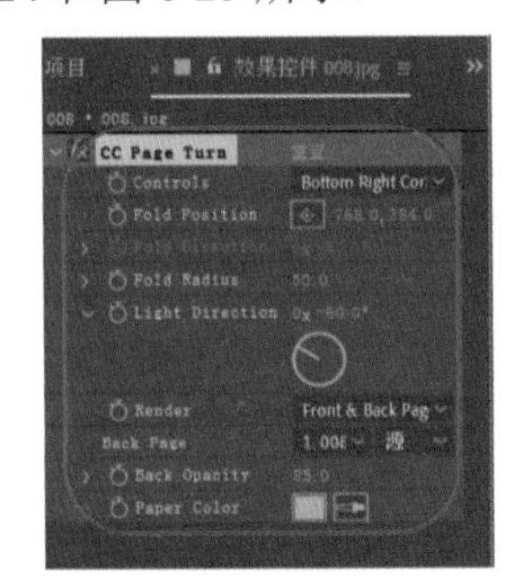

图 6-24

图 6-25

◎ Controls（控制）：用于设置图像卷页的类型。其中提供了 Classic UI(典型 UI)、Top Left Corner（左上角）、Top Right Corner（右上角）、Bottom Left Corner（左下角）和 Bottom Right Corner（右下角）5 种类型。

◎ Fold Position（折叠位置）：用于设置书页卷起的程度。在合适的位置添加关键帧可以产生书页翻动的效果。

◎ Fold Direction（折叠方向）：用于设置书页卷起的方向。

◎ Fold Radius（折叠半径）：用于设置折叠时的半径大小。

◎ Light Direction（光方向）：用于设置折叠时产生的光的方向。

◎ Render（渲染）：在右侧的下拉列表框中可以选择一种方式来设置渲染部位，包括 Front&Back Page（前 & 背页）、Back Page（背页）和 Front Page（前页）3 个选项。

◎ Back Page（背页）：从右侧的下拉列表框中可以选择一个层，作为背页的图案。这里的层即是当前时间线上的某一层。

◎ Back Opacity（背页不透明）：用于设置卷起时背页的不透明度。

◎ Paper Color（纸张颜色）：用于设置纸张的颜色。

6.1.8 CC Power Pin（CC 动力角点）特效

CC Power Pin（CC 动力角点）特效主要通过为图像添加 4 个边角控制点来对图像进行变形操作。通过该特效可以制作出透视效果。该特效的参数设置及添加效果前后的对比分别如图 6-26 和图 6-27 所示。

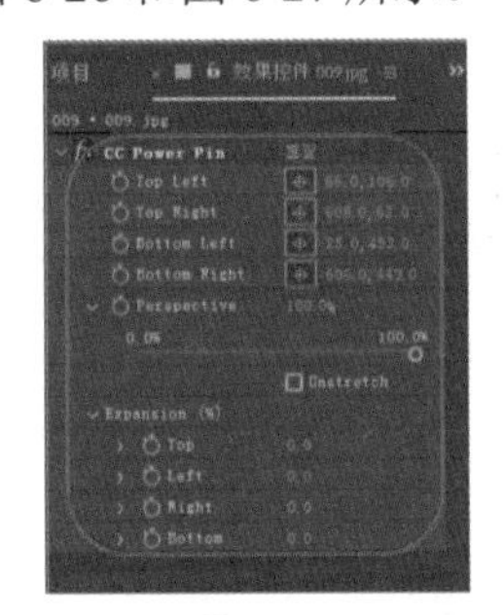

图 6-26

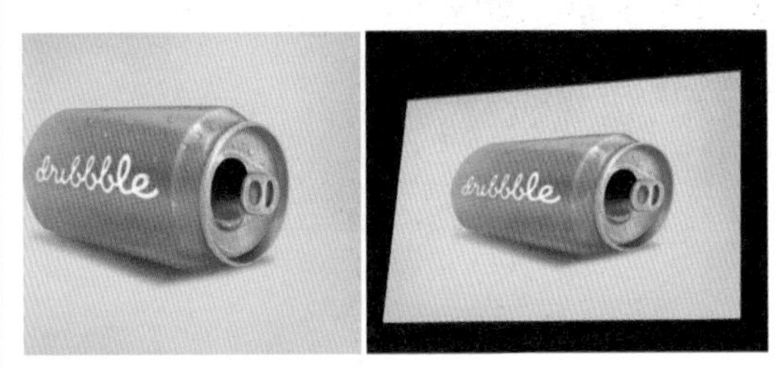

图 6-27

◎ Top Left（左上角）：用于设置左上角的控制点的位置。

◎ Top Right（右上角）：用于设置右上角的控制点的位置。

◎ Bottom Left（左下角）：用于设置左下角的控制点的位置。

◎ Bottom Right（右下角）：用于设置右下角的控制点的位置。

◎ Perspective（透视）：用于设置图像的透视强度。

◎ Expansion（扩充）：用于设置变形后边缘的扩充程度。

6.1.9 CC Ripple Pulse（CC 涟漪扩散）特效

CC Ripple Pulse（CC 涟漪扩散）特效主要用来模拟波纹涟漪扩散的效果。该特效的参数设置及添加特效前后的对比分别如图 6-28 和图 6-29 所示。

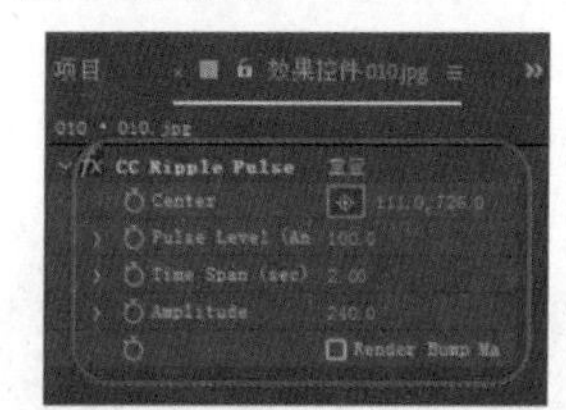

图 6-28

图 6-29

◎ Center（中心）：用于设置波纹变形中心的位置。

◎ Pulse Level（Animate）（脉冲等级）：用于设置波纹扩散的程度。数值越大，效果越明显。

◎ Time Span（sec）（时间长度秒）：用于设置涟漪扩散每次出现的时间跨度。当值为 0 时没有波纹效果。

◎ Amplitude（振幅）：用于设置波纹涟漪的振动幅度。

◎ Render Bump Map（RGBA）（渲染贴图）：当选中该复选框时不显示背景贴图。

6.1.10 CC Slant（CC 倾斜）特效

CC Slant（CC 倾斜）特效可以使对象产生平行倾斜。其参数设置如图 6-30 所示，添加效果前后的对比如图 6-31 所示。

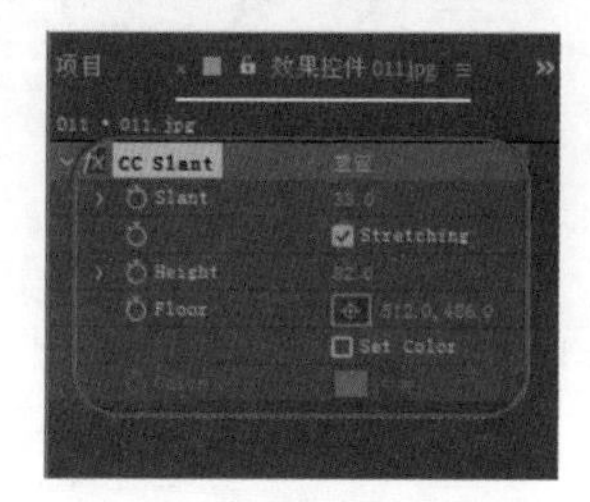

图 6-30

图 6-31

◎ Slant（倾斜）：用于设置图像的倾斜程度。

◎ Stretching（拉伸）：选中该复选框，可以将倾斜后的图像展开。

◎ Height（高度）：用于设置图像的高度。

◎ Floor（地面）：用于设置图像距离视图底部的距离。

◎ Set Color（设置颜色）：选中该复选框，可以为图像填充颜色。

◎ Color（颜色）：用于设置填充的颜色。

此选项只有在选中 Set Color（设置颜色）复选框时才可以使用。

6.1.11 CC Smear（CC 涂抹）特效

CC Smear（CC 涂抹）特效是在原图像中设置控制点的位置，并通过调整该特效的参数来模拟手指在图像中进行涂抹的效果。其参数设置和添加效果前后的对比分别如图 6-32 和图 6-33 所示。

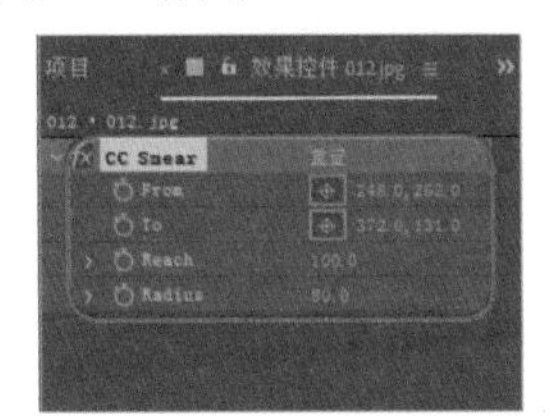

图 6-32

图 6-33

◎ From（开始点）：用于设置涂抹开始点的位置。

◎ To（结束点）：用设置涂抹结束点的位置。

◎ Reach（涂抹范围）：用于设置开始点与结束点之间涂抹的范围。如图 6-34 所示，其值为 50 和 100 时的不同效果。

图 6-34

◎ Radius（涂抹半径）：用于设置涂抹半径的大小。如图 6-35 所示为设置不同半径时的效果。

图 6-35

6.1.12 CC Split（CC 分割）特效与 CC Split 2（CC 分割 2）特效

CC Split（CC 分割）特效可以使对象在两个分裂点之间产生分裂，以达到想要的效果。该特效的参数设置和应用特效前后的对比分别如图 6-36 和图 6-37 所示。

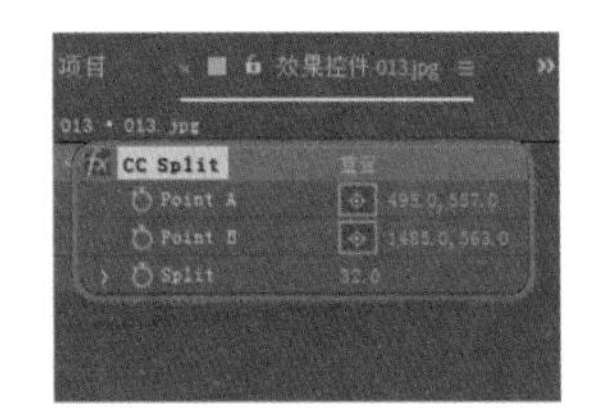

图 6-36

图 6-37

◎ Point A（分割点 A）：用于设置分割点 A 的位置。

◎ Point B（分割点 B）：用于设置分割点 B 的位置。

◎ Split（分裂）：用于设置分裂的大小。数值越大，则两个分裂点的分裂口越大。

CC Split 2（CC 分割 2）特效的使用方法与 CC Split（CC 分割）特效的相同。该特效参数设置和应用特效前后的对比分别如图 6-38 和图 6-39 所示。

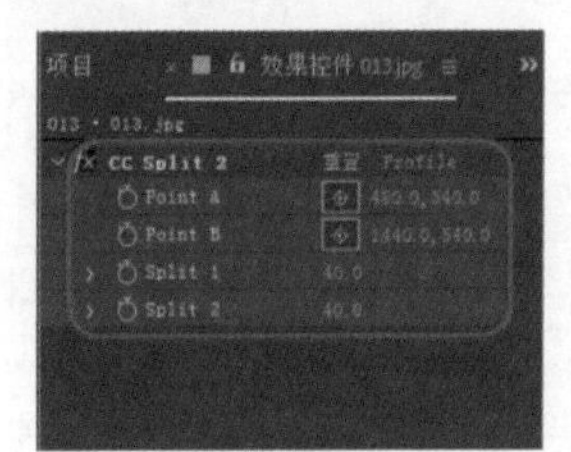

图 6-38

图 6-39

6.1.13 CC Tiler（CC 平铺）特效

CC Tiler（CC 平铺）特效可以使图像经过缩放后，在不影响原图像品质的前提下，快速地布满整个合成窗口。该特效的参数设置及应用特效前后的对比分别如图 6-40 和图 6-41 所示。

◎ Scale（缩放）：用于设置拼贴图像的多少。

◎ Center（拼贴中心）：用于设置图像拼贴的中心位置。

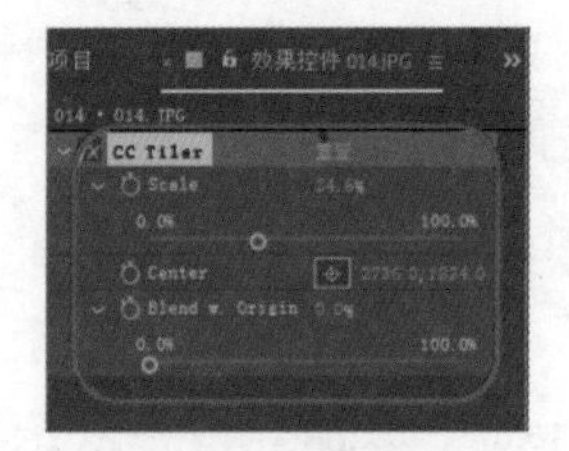

图 6-40

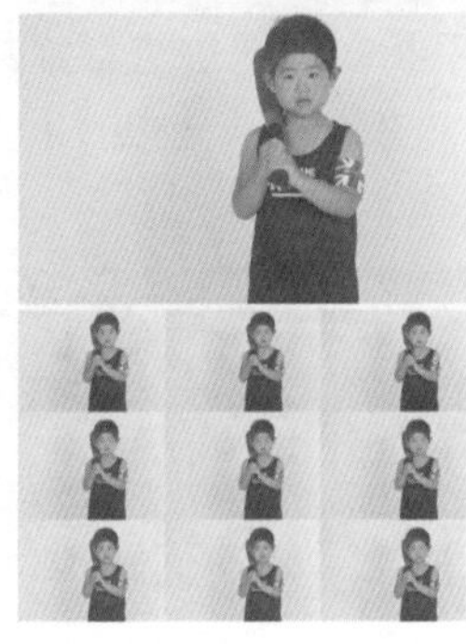

图 6-41

◎ Blend w.Original（混合程度）：用于调整拼贴后的图像与原图像之间的混合程度。值越大越清晰，如图 6-42 所示为不同值时的效果。

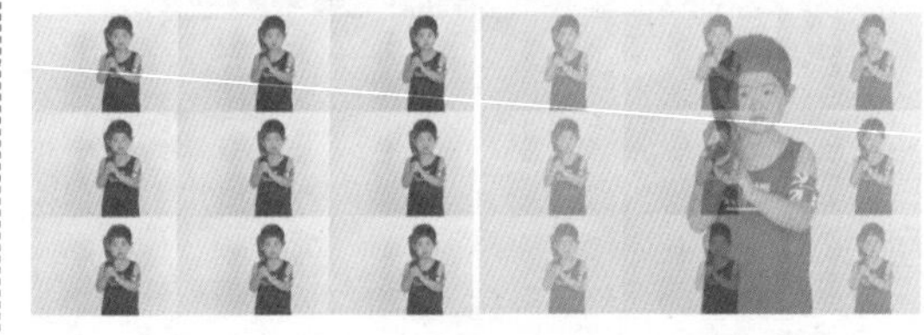

图 6-42

6.1.14 【贝塞尔曲线变形】特效

【贝塞尔曲线变形】特效通过调整围绕图像四周的贝塞尔曲线来对图像进行扭曲变形。该特效的参数设置如图 6-43 所示。应用贝塞尔曲线变形特效前后的对比如图 6-44 所示。

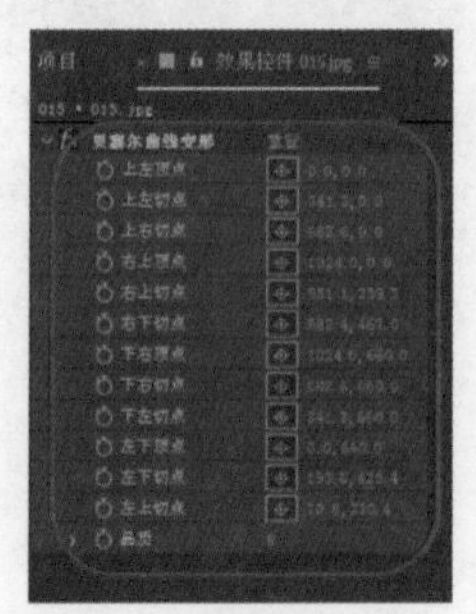

图 6-43

图 6-44

◎ 【上左/右上/下右/左下顶点】：分别用于调整图像4个边角上的顶点位置。

◎ 【上左/上右/右上/右下/下右/下左/左下/左上切点】：分别用于调整相邻顶点之间曲线的形状。每个顶点都包含两条切线。

◎ 【品质】：用于设置图像弯曲后的品质。

6.1.15 【边角定位】特效

【边角定位】特效是通过改变图像4个角的位置来进行变形，也可以用来模拟拉伸、收缩、倾斜、透视等效果。该特效的参数设置如图6-45所示。使用边角定位特效制作的效果如图6-46所示。

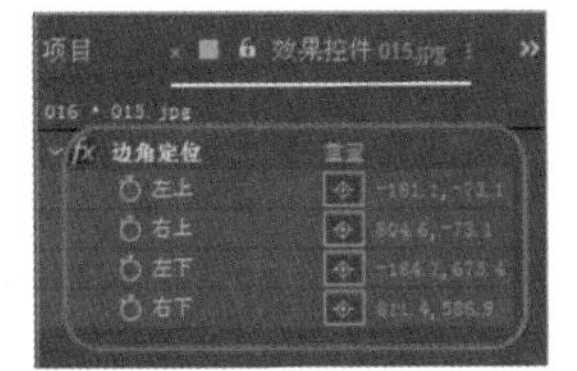

图 6-45

图 6-46

图 6-46（续）

◎ 【左上】：用于定位左上角的位置。

◎ 【右上】：用于定位右上角的位置。

◎ 【左下】：用于定位左下角的位置。

◎ 【右下】：用于定位右下角的位置。

6.1.16 【变换】特效

【变换】特效可以对图像的位置、尺寸、不透明度等进行综合调整，以使图像产生扭曲变形效果。该特效的参数设置及应用特效前后的对比分别如图6-47和图6-48所示。

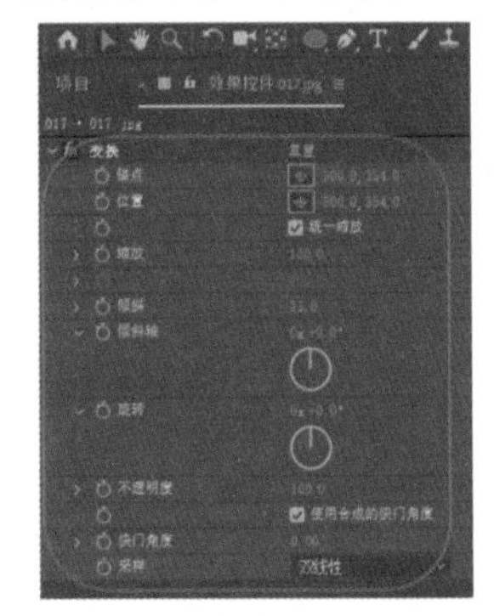

图 6-47

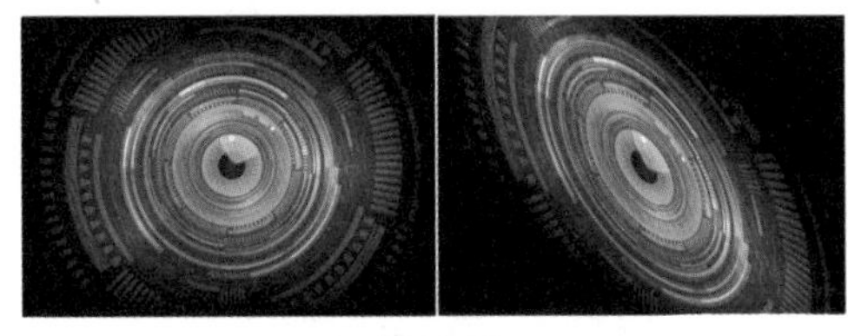

图 6-48

◎ 【锚点】：用于设置图像中线定位点坐标。

◎ 【位置】：用于设置图像的位置。

◎ 【统一缩放】：选中该复选框，可对图像的宽度和高度进行等比例缩放。

◎ 【缩放】：用于设置图像的缩放比例。当取消选中【统一缩放】复选框时，【缩放】选项将变为【高度比例】和【宽度比例】两项，可以分别设置图像的高度和宽度的缩放比例。将【高度比例】和【宽度比例】分别设置为 50 和 100 时的效果如图 6-49 所示。

图 6-49

◎ 【倾斜】：用于设置图像的倾斜度。

◎ 【倾斜轴】：用于设置图像倾斜轴线的角度。

◎ 【旋转】：用于设置图像的旋转角度。

◎ 【不透明度】：用于设置图像的透明度。

◎ 【使用合成的快门角度】：选中该复选框，使用【合成】面板中的快门角度，否则使用特效中设置的角度作为快门角度。

◎ 【快门角度】：快门角度的设置，将决定运动模糊的程度。

◎ 【采样】：包括【双线性】和【双立方】两种采样方式。

6.1.17 【变形】特效

【变形】特效可以使对象图像产生不同形状的变化，如弧形、鱼形、膨胀、挤压等。其参数设置及应用特效前后的对比分别如图 6-50 和图 6-51 所示。

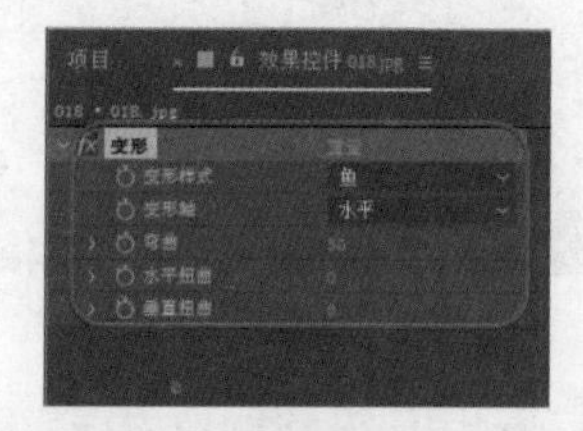

图 6-50

图 6-51

◎ 【变形样式】：用于设置图像的变形样式，包括【弧形】、【下弧形】、【上弧形】等样式。

◎ 【变形轴】：用于设置变形对象以水平或垂直轴变形。

◎ 【弯曲】：用于设置图像的弯曲程度。数值越大则图像越弯曲。如图 6-52 所示为不同数值时的效果。

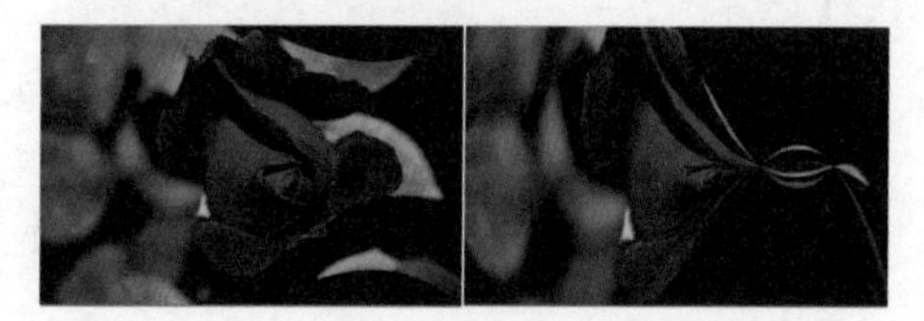

图 6-52

◎ 【水平扭曲】：用于设置水平方向的扭曲度。

◎ 【垂直扭曲】：用于设置垂直方向的扭曲度。

6.1.18 【变形稳定器 VFX】特效

【变形稳定器 VFX】特效用来稳定运动，它可以消除因为摄像机移动导致的抖动，使得可以将抖动的手持式素材转换为稳定的平滑的拍摄，该特效的参数设置如图 6-53 所示。将效果添加到图层后，对素材的分析立即在后台开始。当分析开始时，两个横幅中的第一个将显示在【合成】面板中以指示正在进行分析。当分析完成时，第二个横幅将显示一条消息，指出正在进行稳定，如图 6-54 所示。

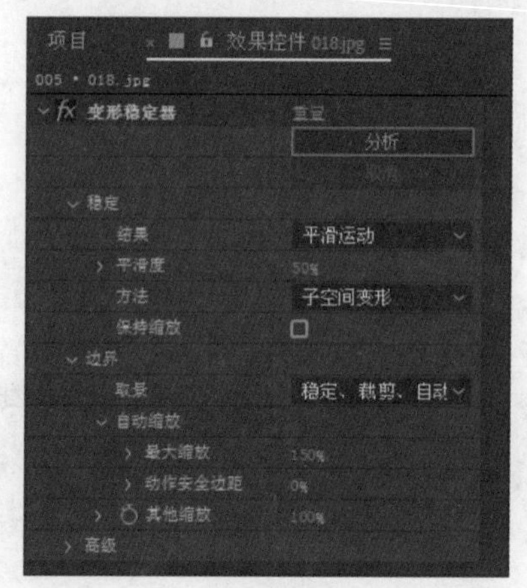

图 6-53

图 6-54

◎ 【分析】：首次应用【变形稳定器】时不需要单击此按钮，系统会自动为用户按此按钮。【分析】按钮将保持为灰显状态，直至发生某个更改。

◎ 【取消】：取消正在进行的分析。在分析期间，状态信息将显示在【取消】按钮旁边。

◎ 【稳定】：用于调整稳定流程。

【结果】：控制素材的预期结果，包括【平滑运动】和【无运动】两种。

◎ 【平滑度】：选择在多大程度上对摄像机的原始运动进行稳定。较低的值将更接近于摄像机的原始运动，而较高的值将更加平滑。高于 100 的值需要对图像进行更多裁切。当【结果】设置为【平滑运动】时该选项才可用。

【方法】：选择对素材执行操作的稳定化方式，包括【位置】、【位置、缩放、旋转】、【透视】、【子空间变形】4 种方法。

◎ 【保持缩放】：当选中该复选框时，阻止变形稳定器尝试通过缩放调整来调整向前和向后的摄像机运动。

◎ 【边界】：用于设置调整为被稳定的素材处理边界（移动的边缘）的方式。

◎ 【取景】：控制边缘在稳定结果中如何显示，包括【仅稳定】、【稳定、裁剪】、【稳定、裁剪、自动缩放】、【稳定、人工合成边缘】4 种方式。

◎ 【自动缩放】：显示当前的自动缩放量，并允许用户对自动缩放量设置限制。通过将【取景】设置为【稳定、裁剪、自动缩放】来启用自动缩放。

◆ 【最大缩放】：限制为进行稳定而将剪辑放大的最大量。

◆ 【动作安全边距】：当为非零值时，自动缩放不会尝试对其进行填充。

◎ 【其他缩放】：使用与在【变换】选项组中的【缩放】属性相同的结果放大剪辑，但是避免对图像进行额外的重新取样。

6.1.19 【波纹】特效

【波纹】特效可以在图像上模拟波纹效果。其参数设置及应用特效前后的对比分别如图 6-55 和图 6-56 所示。

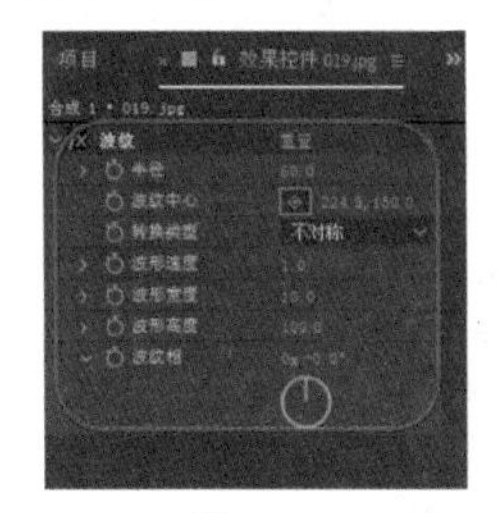

图 6-55

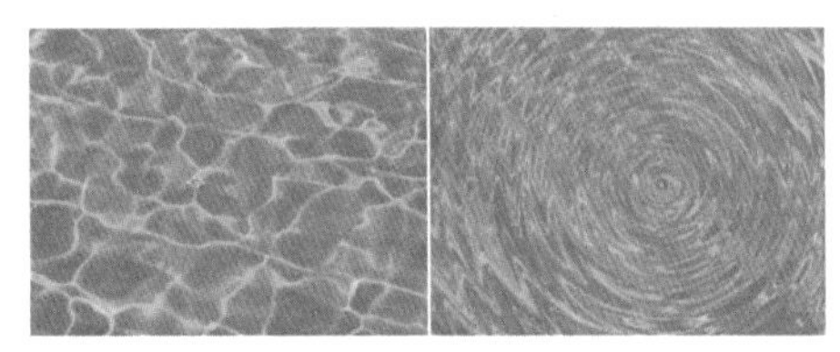

图 6-56

◎ 【半径】：用于设置波纹的半径大小。数值越大，效果就越明显。

◎ 【波纹中心】：用于设置波纹效果的中心位置。

◎ 【转换类型】：用于设置波纹的类型。其中提供了【对称】、【不对称】2 种类型。

◎ 【波形速度】：用于设置波纹扩散的速度。当值为正时，波纹向外扩散；当值为负时，波纹向内扩散。

◎ 【波形宽度】：用于设置两个波峰间的距离。

◎ 【波形高度】：用于设置波峰的高度。

◎ 【波纹相】：用于设置波纹的相位。利用该选项可以制作波纹动画。

6.1.20 【波形变形】特效

【波形变形】特效可以使图像产生一种类似水波浪的扭曲效果。该特效的参数设置及应用特效前后的对比分别如图6-57和图6-58所示。

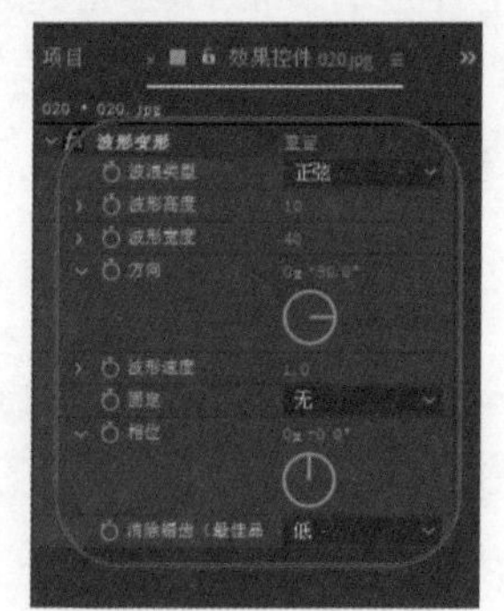

图 6-57

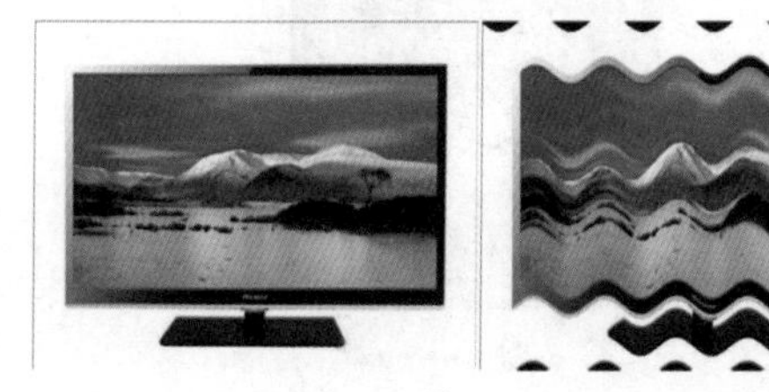

图 6-58

◎ 【波浪类型】：用于设置波纹的类型。其中提供了【正弦】、【锯齿】、【半圆形】等9种类型。如图6-59所示分别设置为【锯齿】（左）和【半圆形】（右）的效果。

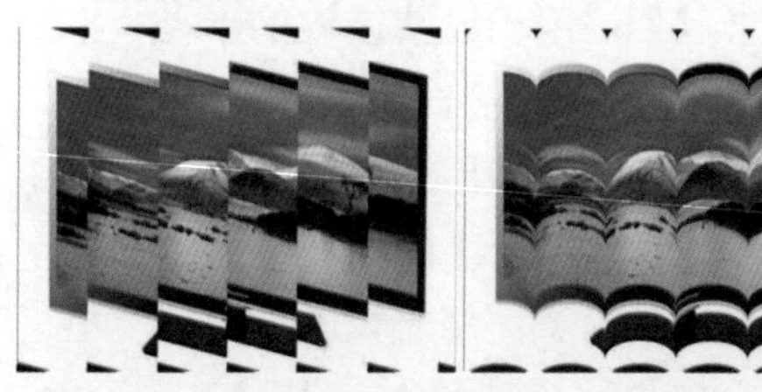

图 6-59

◎ 【波形高度】：用于设置波形的高度。

◎ 【波形宽度】：用于设置波形的宽度。

◎ 【方向】：用于设置波浪弯曲的方向。

◎ 【波形速度】：用于设置波形的移动速度。

◎ 【固定】：用于设置图像中不产生波形效果的区域。其中提供了【无】、【所有边缘】、【左边】、【底边】等9个选项。

◎ 【相位】：用于设置波形的位置。

◎ 【消除锯齿（最佳品质）】：用于设置波形弯曲效果的渲染品质。其中提供了【低】、【中】、【高】3种类型。

6.1.21 【放大】特效

【放大】特效是在不损害图像的情况下，将局部区域进行放大，并可以设置放大后的画面与原图像的混合模式。该特效的参数设置及应用特效前后的对比分别如图6-60和图6-61所示。

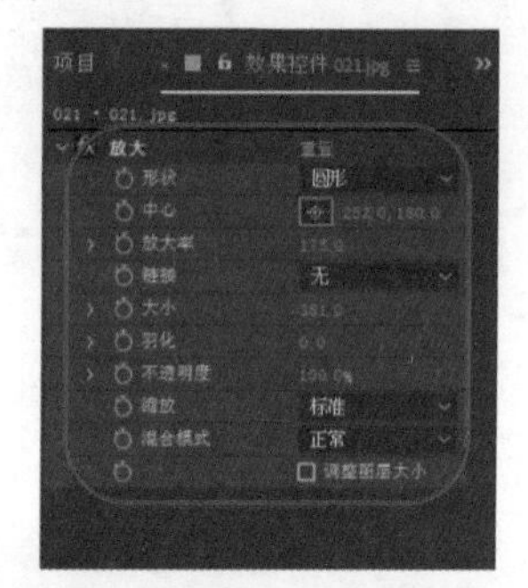

图 6-60

图 6-61

◎ 【形状】：用于选择放大区域以哪种形状显示。其中包括【圆形】和【正方形】两种形状。

◎ 【中心】：用于设置放大区域中心在原图像中的位置。

◎ 【放大率】：用来调整放大镜的倍数。数值越大，放大倍数越大。

◎ 【链接】：用来设置放大镜与放大镜的倍数的关系，包括【无】、【大小至放大率】、【大小和羽化至放大率】3个选项。

◎ 【大小】：用于设置放大镜的大小。

◎ 【羽化】：用来设置放大镜的边缘柔化程度。

◎ 【不透明度】：用于设置放大镜的透明程度。

◎ 【缩放】：从右侧的下拉列表框中可以选择一种缩放的比例，包括【标准】、【柔和】、【散布】3 个选项。

◎ 【混合模式】：从右侧的下拉列表框中选择放大区域与原图像的混合模式，与层模式的设置方法相同。

◎ 【调整图层大小】：选中该复选框可以调整图层的大小。

6.1.22 【改变形状】特效

【改变形状】特效可以借助几个遮罩，通过该层中的多个遮罩，重新限定图像的形状，并产生变形效果。其参数设置及应用特效前后的对比效果分别如图 6-62 和图 6-63 所示。

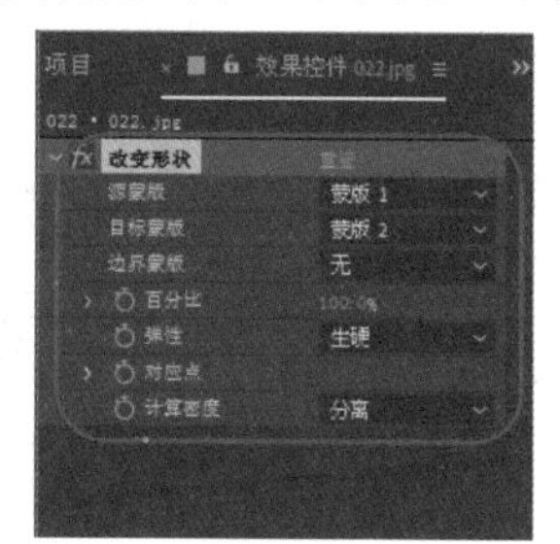

图 6-62

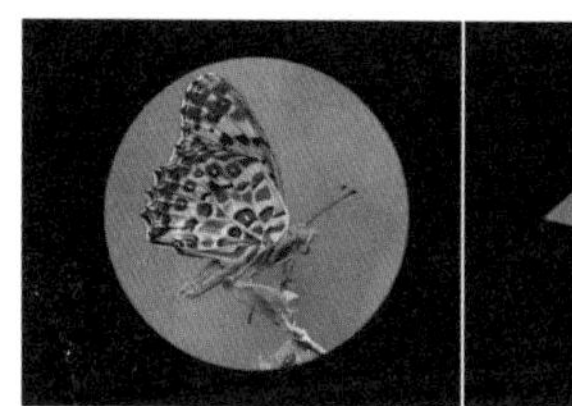
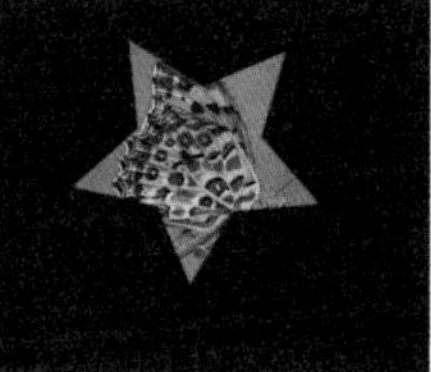

图 6-63

◎ 【源蒙版】：在右侧的下拉列表框中可选择要变形的遮罩。

◎ 【目标蒙版】：用于产生变形目标的蒙版。

◎ 【边界蒙版】：从右侧的下拉列表框中可以指定变形的边界蒙版区域。

◎ 【百分比】：用于设置变形效果的百分比。

◎ 【弹性】：用于设置原图像与遮罩边缘的匹配度。其中提供了【生硬】、【正常】、【松散】、【液态】等 9 个选项。

◎ 【对应点】：用于显示源蒙版和目标蒙版对应点的数量。对应点越多，渲染时间越长。

◎ 【计算密度】：在右侧的下拉列表框中可以选择【分离】、【线性】和【平滑】特性。

6.1.23 【光学补偿】特效

【光学补偿】特效用来模拟摄影机的光学透视效果。其参数设置及应用特效前后的对比分别如图 6-64 和图 6-65 所示。

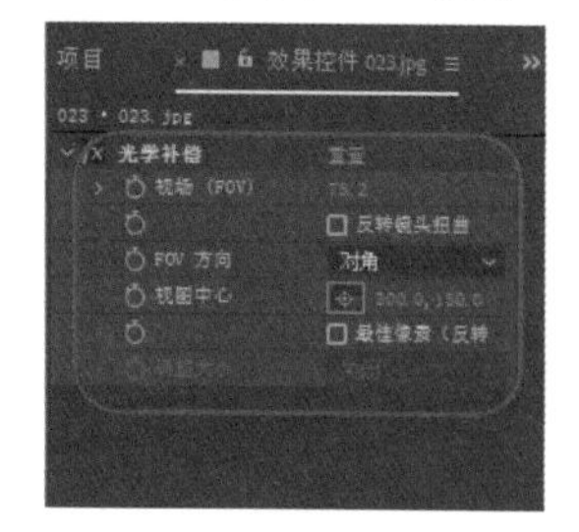

图 6-64

图 6-65

◎ 【视场（FOV）】：用于设置镜头的视野范围。数值越大，光学变形程度越大。

◎ 【反转镜头扭曲】：选中该复选框，则镜头的变形效果反向处理。

◎ 【FOV 方向】：用于设置视野区域的方向。其中提供了【水平】、【垂直】和【对角】3 种方式。

◎ 【视图中心】：用于设置视图中心点的位置。

◎ 【最佳像素（反转无效）】：选中该复选框，将对变形的像素进行最佳优化处理。

◎ 【调整大小】：用于调节反转效果的大小。当选中【反转镜头扭曲】复选框后该选项才有效。

6.1.24 【果冻效应修复】特效

【果冻效应修复】特效采用一次一行扫描线的方式来捕捉视频帧。因为扫描线之间存在滞后时间，所以图像的所有部分并非恰好是在同一时间录制的。如果摄像机在移动或者目标在移动，则果冻效应会导致扭曲，这时可以通过果冻效应修复特效来清除这些扭曲的伪像。其参数设置和应用特效前后的对比分别如图 6-66 和图 6-67 所示。

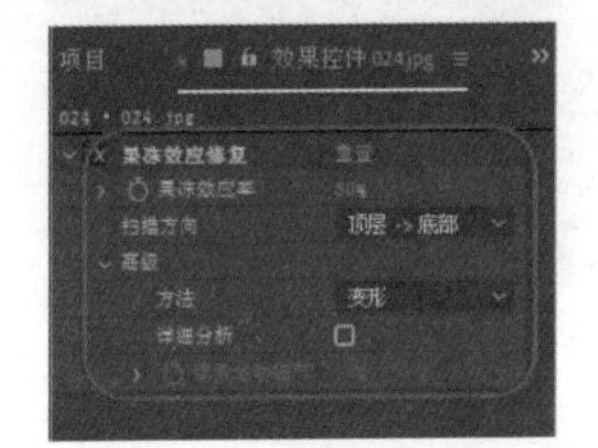

图 6-66

图 6-67

◎ 【果冻效应率】：指定作为扫描时间的帧速率的百分比。DSLR 似乎介于 50% ～ 70% 之间，iPhone 则接近 100%。调整此值，直到扭曲的线变为垂直线。

◎ 【扫描方向】：指定执行果冻效应扫描的方向，系统提供了 4 种扫描的方法。大多数摄像机沿传感器从上到下扫描。

◎ 【高级】：用于设置果冻效应修复的高级设置。

◎ 【方法】：可以对其指定修复的方法，包括【变形】和【像素运动】两种方法。

◎ 【详细分析】：选中该复选框，可以对变形进行详细的分析，此选项只适用于【变形】。

◎ 【像素运动细节】：指定光流矢量场计算的详细程度。当使用【像素运动】方法时该选项才可用。

6.1.25 【极坐标】特效

【极坐标】特效可以使图形的直角坐标和极坐标之间互相转换，从而产生变形效果。该特效的参数设置及应用特效前后的对比分别如图 6-68 和图 6-69 所示。

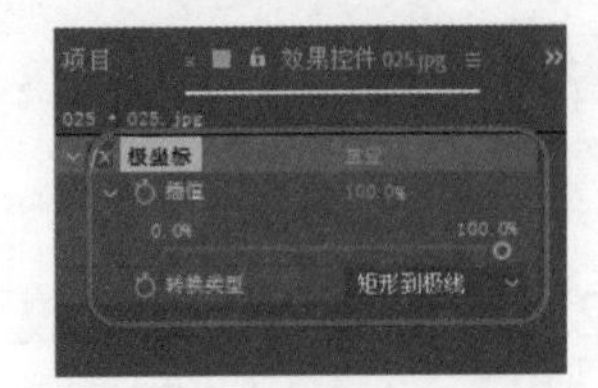

图 6-68

图 6-69

◎ 【插值】：用来设置应用极坐标时的扭曲变形程度。

◎ 【转换类型】：用来切换坐标类型，可以从右侧的下拉列表框中选择转换类型。系统提供了【矩形到极线】和【极线到矩形】两种类型。

6.1.26 【镜像】特效

【镜像】特效可以按照指定的反射点所成的直线产生镜面效果，制作出镜像效果，其参数设置及应用特效前后的效果对比分别如图 6-70 和图 6-71 所示。

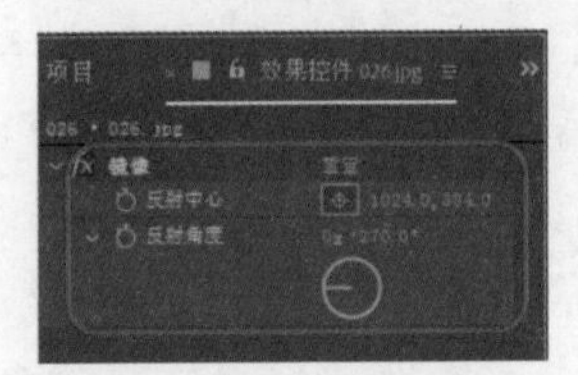

图 6-70

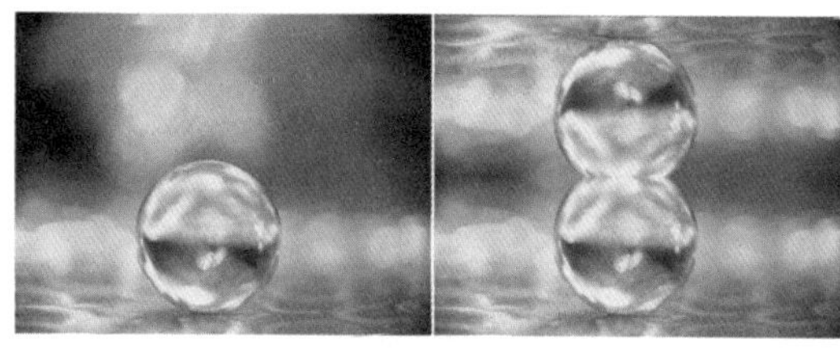

图 6-71

◎　【反射中心】：用来设置反射中心点的坐标位置。

◎　【反射角度】：用来调整反射的角度，即反射点所成直线的角度。

6.1.27　【偏移】特效

【偏移】特效通过在原图像范围内分割并重组画面来创建图像偏移效果。该特效的参数设置及应用特效前后的对比分别如图 6-72 和图 6-73 所示。

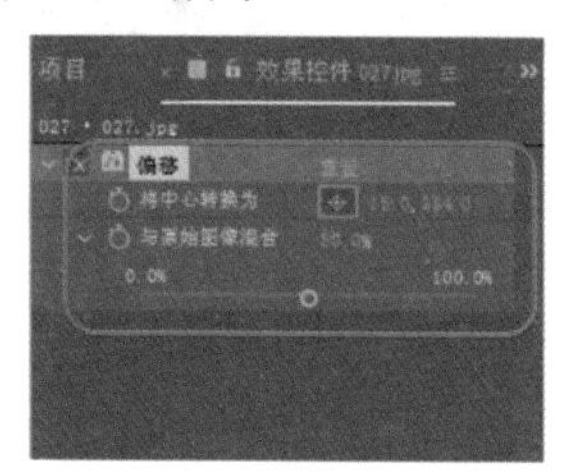

图 6-72

图 6-73

◎　【将中心转换为】：用来调整偏移中心的位置。

◎　【与原始图像混合】：用于设置偏移图像与原始图像间的混合程度。值为 100% 时显示原始图像。

6.1.28　【球面化】特效

【球面化】特效主要是使图像产生球形化的效果。该特效的参数设置及应用特效前后的对比分别如图 6-74 和图 6-75 所示。

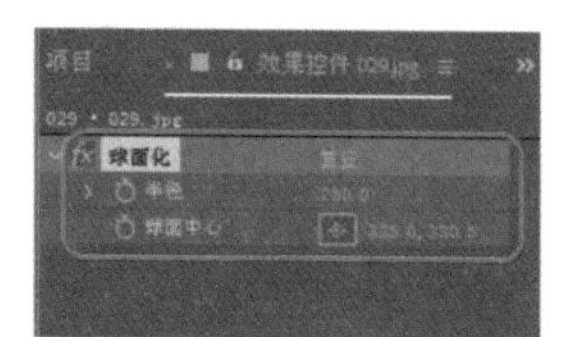

图 6-74

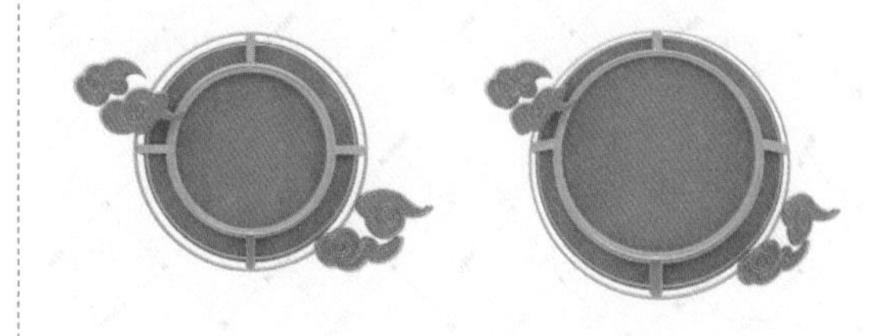

图 6-75

◎　【半径】：用于设置变形球面化的半径。

◎　【球面中心】：用于设置变形球体的中心位置的坐标。

6.1.29　【凸出】特效

【凸出】特效是通过设置透视中心点位置、区域大小来对该区域产生膨胀、收缩的扭曲效果。可以用来模拟透过气泡或放大镜的效果。该特效的参数设置及应用特效前后的对比分别如图 6-76 和图 6-77 所示。

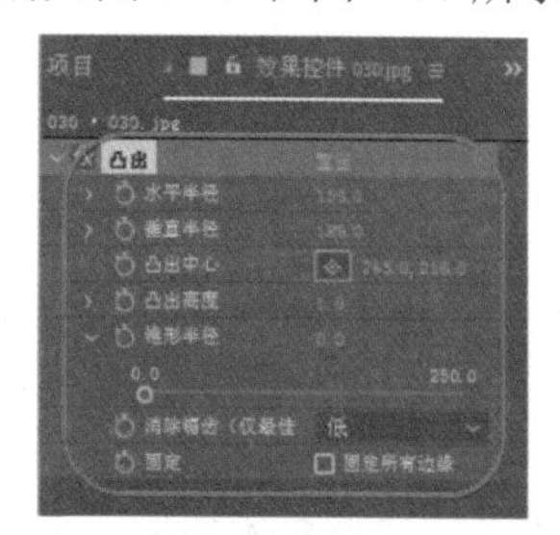

图 6-76

图 6-77

◎　【水平半径】：用于设置水平方向膨胀效果的半径。

◎ 【垂直半径】：用于设置垂直方向膨胀效果的半径。

◎ 【凸出中心】：用于设置膨胀效果的中心点位置。

◎ 【凸出高度】：用于设置产生扭曲效果的程度。正值为凸，负值为凹。

◎ 【锥形半径】：用于设置产生变形效果的半径。

◎ 【消除锯齿（仅最佳品质）】：用于设置变形效果的品质。其中提供了【低】和【高】两种品质。

◎ 【固定】：选中其右侧的【固定所有边缘】复选框，将不对扭曲效果的边缘产生变化。

6.1.30 【湍流置换】特效

【湍流置换】特效主要利用分形噪波对整个图像产生扭曲变形效果。该特效的参数设置及应用特效前后的对比分别如图 6-78 和图 6-79 所示。

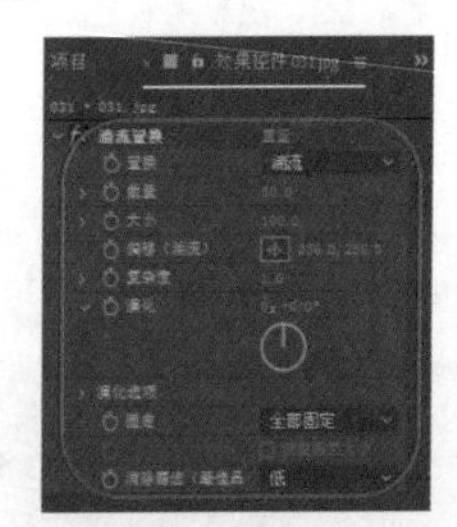

图 6-78

图 6-79

◎ 【置换】：用于选择置换的方式。其中提供了【紊乱】、【凸出】、【扭曲】等 9 种方式。

◎ 【数量】：用于设置扭曲变形的程度。数值越大，变形效果越明显。如图 6-80 所示数量为 50 和 100 时的不同效果。

图 6-80

◎ 【大小】：用于设置对图像变形的范围。如图 6-81 所示大小为 50 和 100 时的效果。

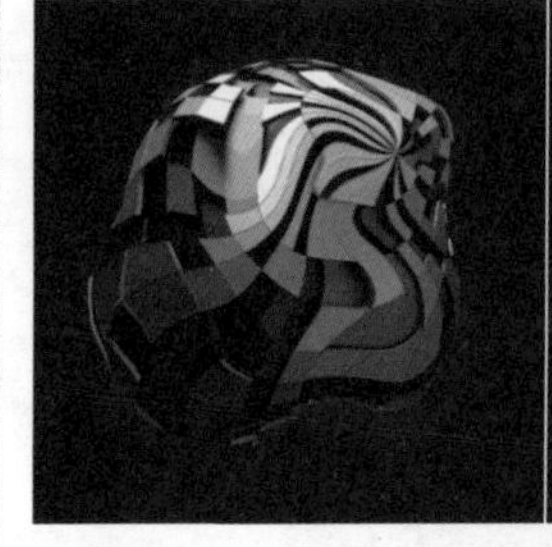

图 6-81

◎ 【偏移（湍流）】：用于设置扭曲变形效果的偏移量。

◎ 【复杂度】：用于设置扭曲变形效果中的细节。数值越大，变形效果越强烈，细节也就越精确。如图 6-82 所示为复杂度为 1 和 10 时的不同效果。

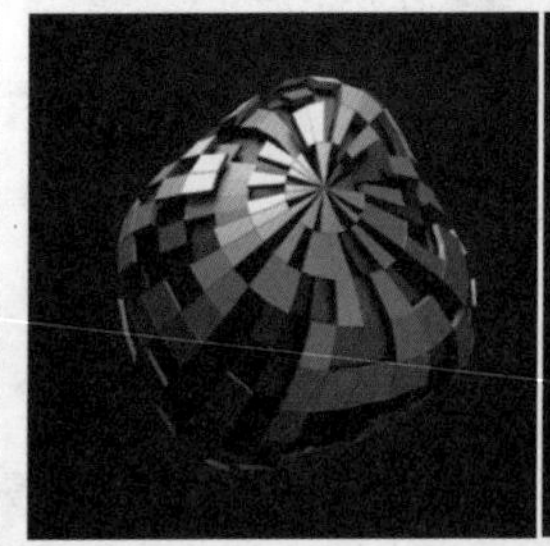
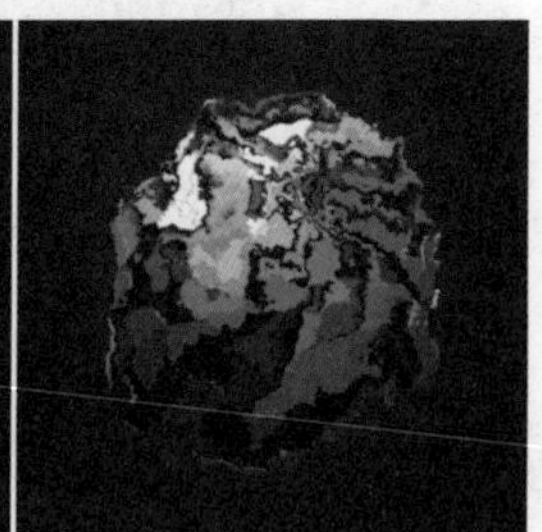

图 6-82

◎ 【演化】：用于设置随着时间的变化产生的扭曲变形的演进效果。

◎ 【演化选项】：对演化进行设置。

◆ 【循环演化】：当选中该复选框时，演化处于循环状态。

◆ 【循环（旋转次数）】：用于设置循环时的旋转次数。

◎ 【固定】：用于设置边界的固定，其中提供了【无】、【全部固定】、【水平固定】等15个选项。

◎ 【调整图层大小】：用于调整图层的大小。当【固定】处于【无】状态时此选项才可用。

◎ 【消除锯齿（最佳品质）】：用于选择置换效果的质量。其中提供了【低】和【高】两个选项。

6.1.31 【网格变形】特效

【网格变形】特效是通过调整网格化的曲线来控制图像的弯曲效果。在设置好网格数量后，在【合成】面板中通过鼠标拖动网格上的节点来进行弯曲。该特效的参数设置如图6-83所示。应用网格变形特效前后的效果对比如图6-84所示。

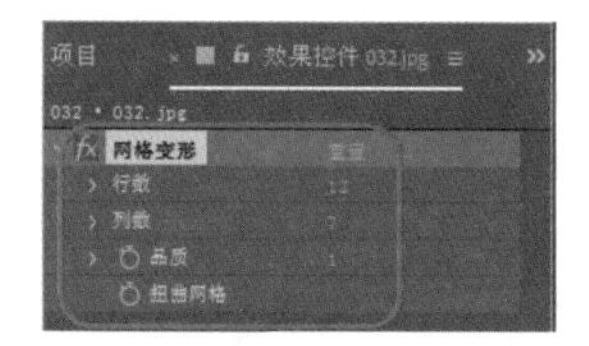

图 6-83

图 6-84

◎ 【行数】：用于设置网格的行数。

◎ 【列数】：用于设置网格的列数。

◎ 【品质】：用于设置图像进行渲染的品质。数值越大，品质越高，渲染用的时间也越长。

◎ 【扭曲网格】：通过添加关键帧来创建网格弯曲的动画效果。

6.1.32 【旋转扭曲】特效

【旋转扭曲】特效可以使图像产生一种沿指定中心旋转变形的效果。该特效的参数设置及应用特效前后的效果对比分别如图6-85和图6-86所示。

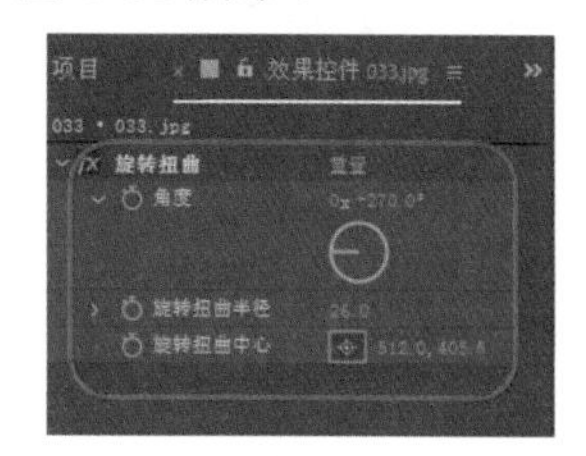

图 6-85

图 6-86

◎ 【角度】：用于设置图像的旋转角度。当值为正数时，沿顺时针方向旋转；当值为负数时，沿逆时针方向旋转。如图6-87所示值分别为正、负时的效果。

图 6-87

◎ 【旋转扭曲半径】：用于设置图像旋转的半径。

◎ 【旋转扭曲中心】：用于设置图像旋转的中心坐标。

6.1.33 【液化】特效

【液化】特效可以对图像进行涂抹、膨胀、收缩等变形操作。液化特效的参数设置及应用特效前后的对比分别如图6-88和图6-89所示。

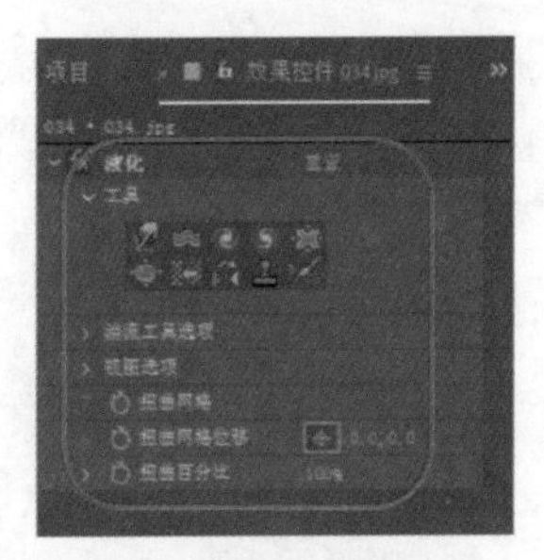

图 6-88

图 6-89

◎ 【工具】：在该选项下提供了多种液化工具供用户选择。

◆ 【变形工具】：以模拟手指涂抹的效果。选择该工具，在图像中单击鼠标左键并进行拖动。如图 6-90 所示为图像变形前后的效果。

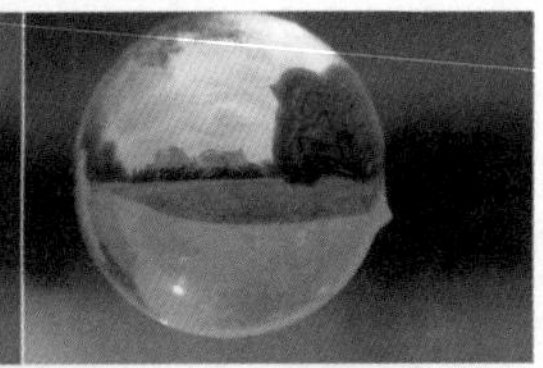

图 6-90

◆ 【湍流工具】：该工具可以使图像产生无序的波动效果。

◆ 【顺时针旋转工具】、【逆时针旋转工具】：可对图像像素进行顺时针或逆时旋转。选择该工具后在图像中按住鼠标左键不放即可进行变形操作。如图 6-91 和图 6-92 所示为沿顺时针和逆时针旋转时的不同效果。

图 6-91

图 6-92

◆ 【凹陷工具】：该工具可以将图像像素向画笔中心处收缩。如图 6-93 所示为凹陷前后效果的对比。

图 6-93

◆ 【膨胀工具】：该工具的功能与【收缩工具】相反，是以画笔中心处向外膨胀，其效果如图 6-94 所示。

图 6-94

◆ 【转移像素工具】：沿着与绘制方向相垂直的方向移动图像素材。如图 6-95 所示为转移像素前后的效果。

图 6-95

◆ 【反射工具】：在画笔区域中复制周围的图像像素。

◆ 【仿制工具】：使用该工具可以复制变形效果。按住 Alt 键在需要的变形效果上单击，然后松开 Alt 键，并在要应用效果的位置单击鼠标即可。

◆ 【重建工具】：使用该工具可以将变形的图像恢复到原始时的样子。

◎ 【湍流工具选项】：用于设置画笔大小及画笔硬度。

◆ 【画笔大小】：用于设置画笔的大小。

◆ 【画笔压力】：用于设置画笔产生变形的效果。数值越大时，变形效果越明显。

◆ 【冻结区域蒙版】：用于设置不产生变形效果区域的遮罩层。

- 【湍流抖动】：用于设置产生紊乱的程度。数值越大，效果也就越明显。只有选择【湍流工具】时，该选项才被激活。
- 【仿制位移】：当选择【仿制工具】时该选项被激活。选中【对齐】复选框，在复制时可对齐相应位置。
- 【重建模式】：当选择【恢复工具】时该选项被激活。用于设置图像的恢复方式。其中提供了【恢复】、【置换】、【放大扭曲】和【仿射】4 种。

◎ 【视图选项】：主要对图像对象视图进行设置，包括【扭曲网格】、【扭曲网格位移】两个选项。

- 【扭曲网格】：用于设置关键帧来记录网格的变形动画。
- 【扭曲网格位移】：用于设置扭曲网格中心点位置坐标。
- 【扭曲百分比】：用于设置图形扭曲的百分比。

6.1.34 【置换图】特效

【置换图】特效可以指定一个图层作为置换层，应用贴图置换层的某个通道值对图像进行水平或垂直方向的变形。该特效的参数设置及应用特效前后的对比分别如图 6-96 和图 6-97 所示。

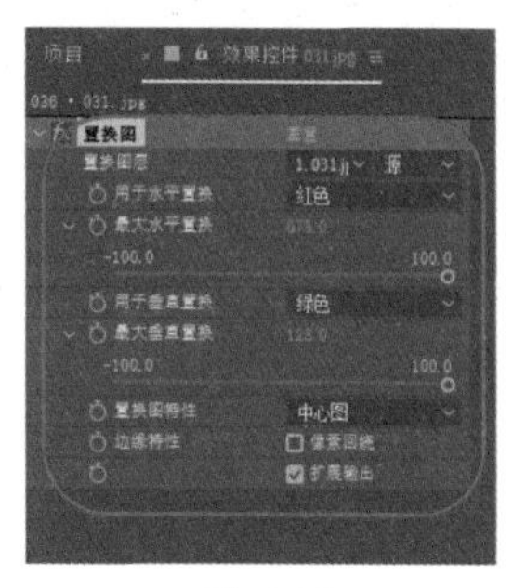

图 6-96

图 6-97

◎ 【置换图层】：用于设置置换的图层。

◎ 【用于水平置换】：用于选择映射层对本层水平方向置换。其中提供了【红色】、【绿色】、【蓝色】等 11 种类型。

◎ 【最大水平置换】：用于设置水平变形的程度。

◎ 【用于垂直置换】：用于选择映射层对本层垂直方向置换。其中提供了【红色】、【绿色】、【蓝色】等 11 种类型。

◎ 【最大垂直置换】：用于设置垂直变形的程度。

◎ 【置换图特性】：在右侧的下拉列表框中，可以选择一种置换方式。系统提供了【中心图】、【伸缩对应图以适应】和【拼贴图】3 种置换方式。

◎ 【边缘特性】：选中【像素回绕】复选框将覆盖边缘像素。

◎ 【扩展输出】：选中该复选框，使用扩展输出。

6.1.35 【漩涡条纹】特效

【漩涡条纹】特效是通过一个蒙版来定义图像的变形，通过另一个蒙版来定义特效的范围，通过改变蒙版位置和蒙版旋转产生一个类似遮罩特效的生成框，通过改变百分比来实现特效的生成。其参数设置及应用特效前后的效果对比分别如图 6-98 和图 6-99 所示。

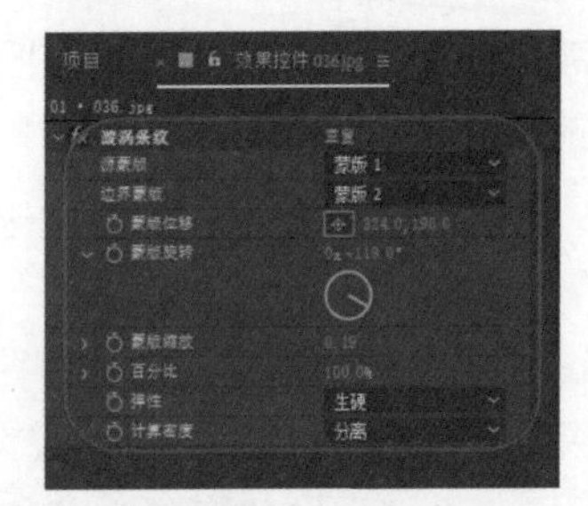

图 6-98

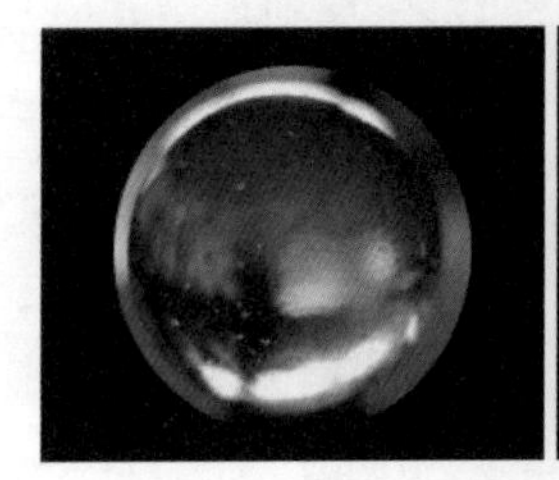

图 6-99

◎ 【源蒙版】：从右侧的下拉列表框中选择要产生变形的蒙版。

◎ 【边界蒙版】：从右侧的下拉列表框中可以指定变形的边界蒙版的范围。

◎ 【蒙版位移】：用于设置生成特效偏移的位置。

◎ 【蒙版旋转】：用于设置特效生成的旋转角度。

◎ 【蒙版缩放】：用于设置特效生成框的大小。

◎ 【百分比】：用于设置漩涡条纹特效的百分比程度。

◎ 【弹性】：用于控制图像与特效条纹的过渡程度，在其右侧的下拉列表框中可以选择一种弹性特效。

◎ 【计算密度】：用于设置特效变形的过渡方式。在右侧的下拉列表框中提供了【分离】、【线性】和【平滑】3 种方式。

6.2 透视特效

透视特效主要是用来模拟各种三维透视效果的一组特效。该特效包含【3D 摄像机跟踪器】、【3D 眼镜】、【CC 圆柱体】、【斜角边】等 10 种类型。

6.2.1 【3D 摄像机跟踪器】特效

【3D 摄像机跟踪器】特效可以模仿 3D 摄像机对动画进行跟踪拍摄，其参数如图 6-100 所示。

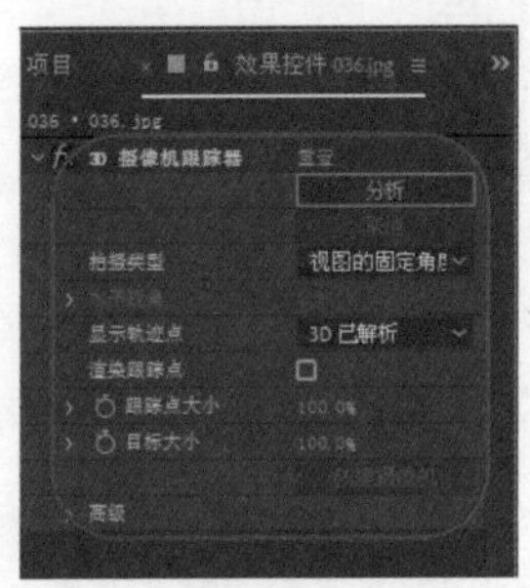

图 6-100

◎ 【分析】：当对导入的视频加入特效时，显示对视频进行分析。

◎ 【取消】：当对对象进行分析时，如果需要停止分析，则单击【取消】按钮。

◎ 【拍摄类型】：在右侧的下拉列表框中可以选择相应的拍摄类型。系统提供了【视图的固定角度】、【水平视角】和【指定视角】3 种类型。

◎ 【水平视角】：用于设定水平视角的角度。当拍摄类型为【指定视角】时该选项才可用。

◎ 【显示轨迹点】：用于设置视频的显示方式，包括【2D 源】和【3D 已解析】两种方式。

◎ 【渲染跟踪点】：选中该复选框，可以渲染设置的跟踪点。

◎ 【跟踪点大小】：用于设置跟踪点的大小。

◎ 【目标大小】：用于设置目标的大小。

◎ 【创建摄像机】：单击该按钮，可以在【合成】面板中设定摄像机。

◎ 【高级】：用于设置跟踪器的高级设置。

6.2.2 【3D 眼镜】特效

【3D 眼镜】特效主要是创建虚拟的三维空间，并将两个图层中的图像合并到一个层中。该特效的参数设置及应用特效前后的效果对比分别如图 6-101 和图 6-102 所示。

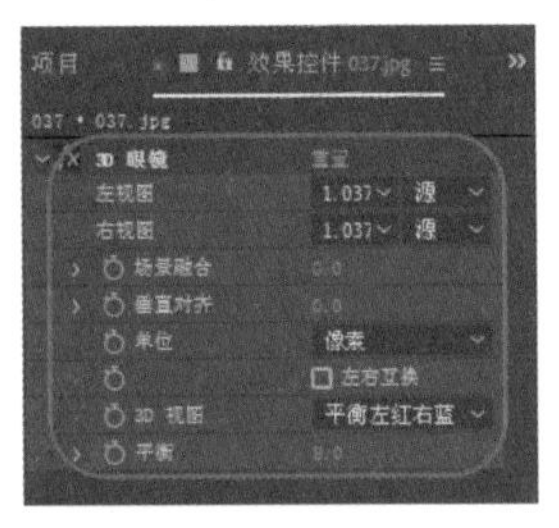

图 6-101

图 6-102

◎ 【左视图】：用于指定左边显示的图像层。

◎ 【右视图】：用于指定右边显示的图像层。

◎ 【场景融合】：用于设置左右两个视图的融合。

◎ 【垂直对齐】：用于设置垂直方向上两个视图的融合。

◎ 【单位】：用于设置图像的单位，包括【像素】和【源的 %】两个选项。

◎ 【左右互换】：选中该复选框，将对左右两边的图像进行互换。

◎ 【3D 视图】：用于定义视图的模式。其中提供了【立体图像对（并排）】、【上下】、【隔行交错高场在左，低场在右】等 9 种模式。如图 6-103 所示依次为（a）【立体图像对（并排）】、（b）【平衡左红右绿】、（c）【平衡红蓝染色】模式的效果。

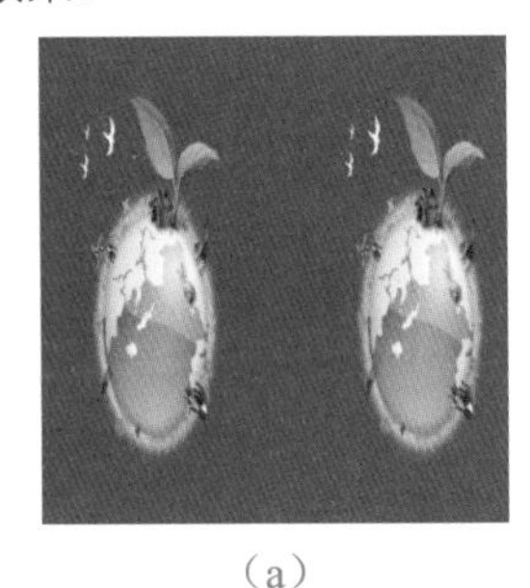

（a）

图 6-103

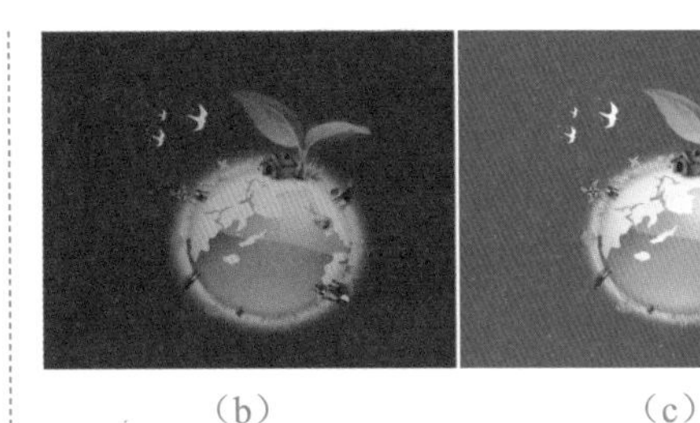

（b）　　（c）

图 6-103（续）

◎ 【平衡】：用于设置【3D 视图】选项中平衡模式的平衡值。

6.2.3 CC Cylinder（CC 圆柱体）特效

CC Cylinder（CC 圆柱体）特效将二维图像模拟为三维圆柱体效果。该特效的参数设置及应用特效前后的效果对比分别如图 6-104 和图 6-105 所示。

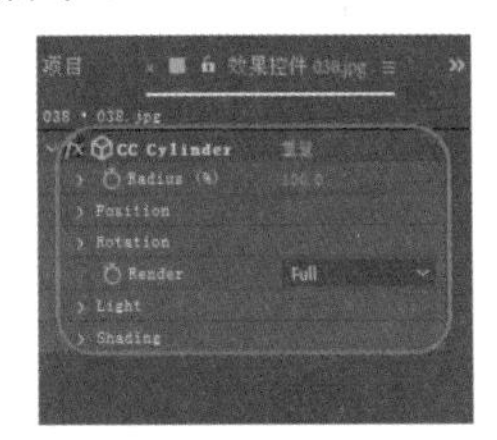

图 6-104

图 6-105

◎ Radius（半径）：用于设置模拟圆柱体的半径。当半径分别为 100 和 200 时的不同效果如图 6-106 所示。

图 6-106

◎ Position（位置）：用于调节圆柱体在画面中的位置。其中包括 Position X（*X* 轴位置）、

Position Y（*Y*轴位置）和Position Z（*Z*轴位置）3个选项，通过以上选项可以调节圆柱体在不同轴上的位置。

◎ Rotation（旋转）：用于设置圆柱体的旋转角度。

◎ Render（渲染）：用于设置图像的渲染部位，在右侧的下拉列表框中可以设置渲染类型，包括Full（全部）、Outside（外侧）和Inside（内侧）3种类型。

◎ Light（光照）：用于设置光照。

◆ Light Intensity（光强度）：用于设置照明灯光的强度。如图6-107所示为设置光强度为100和200时的不同效果。

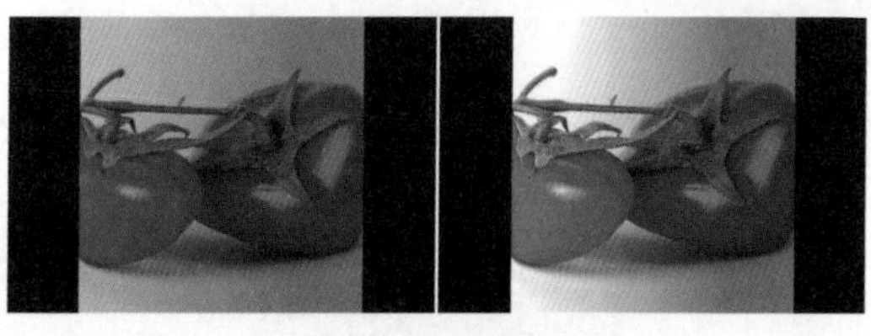

图 6-107

◆ Light Color（光颜色）：用于设置灯光的颜色。

◆ Light Higher（灯光高度）：用于设置灯光的高度。

◆ Light Direction（照明方向）：用于设置照明的方向。

◎ Shading（阴影）：用于设置图像的阴影。

◆ Ambient（环境）：用于设置环境光的强度。数值越大，模拟的圆柱体整体越亮。当数值为100和200时的效果如图6-108所示。

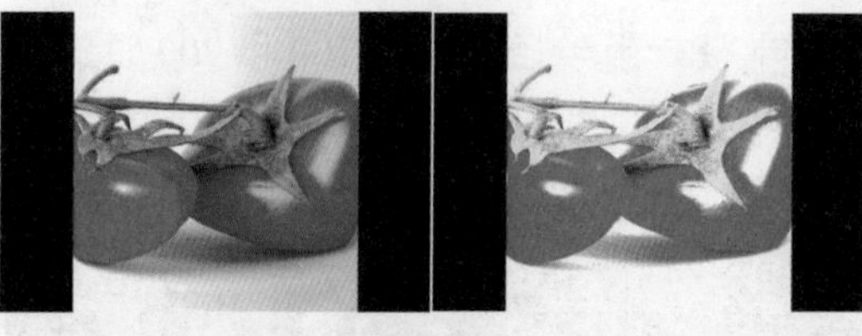

图 6-108

◆ Diffuse（扩散）：用于设置照明灯光的扩散程度。

◆ Specular（反射）：用于设置模拟圆柱体的反射强度。

◆ Roughness（粗糙度）：用于设置模拟圆柱体效果的粗糙程度。

◆ Metal（质感）：用于设置模拟圆柱体产生金属效果的程度。

6.2.4 CC Sphere（CC球体）特效

CC Sphere（CC球体）特效，将二维图像模拟成三维球体效果。该特效的参数设置及应用特效前后的效果对比分别如图6-109和图6-110所示。该特效中的参数与CC圆柱体中的参数大部分类似。

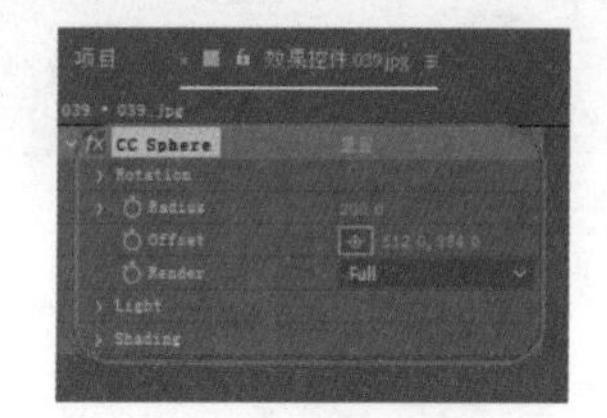

图 6-109

图 6-110

◎ Rotation（旋转）：用于设置图像对象在不同轴的旋转，包括Rotation X（*X*轴旋转）、Rotation Y（*Y*轴旋转）和Rotation Z（*Z*轴旋转）3个选项。

◎ Radius（半径）：用于设置球体的半径。

◎ Offset（偏移）：用于设置球体的位置变换。

◎ Render（渲染）：用来设置球体的显示。在右侧的下拉列表框中，可以根据需要选择Full（整体）、Outside（外部）和Inside（内部）任意一个。

6.2.5 CC Spotlight（CC聚光灯）特效

CC聚光灯特效主要用来模拟聚光灯照射的效果。该特效的参数设置及应用特效前后的对比效果分别如图6-111和图6-112所示。

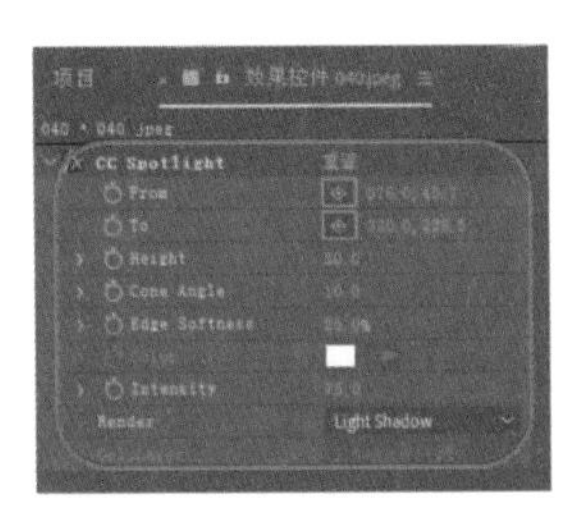

图 6-111

图 6-112

◎ From（开始）：用于设置聚光灯开始点的位置，可以控制灯光范围的大小。

◎ To（结束）：用于设置聚光灯结束点的位置。

◎ Height（高度）：用于模拟聚光灯照射点的高度。

◎ Cone Angle（边角）：用于调整聚光灯照射的范围。当将边角设置为 10 和 20 时的不同效果如图 6-113 所示。

图 6-113

◎ Edge Softness（边缘柔化）：用于设置聚光灯效果边缘的柔化程度。数值越大，边缘越模糊。设置不同边缘柔化时的效果如图 6-114 所示。

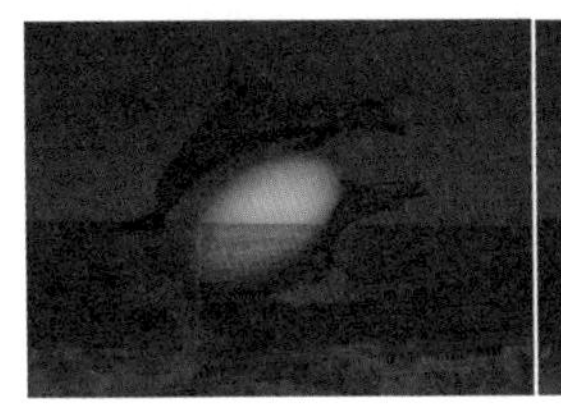

图 6-114

◎ Intensity（亮度）：用于设置灯光以外部分的不透明度。

◎ Render（渲染）：在右侧的下拉列表框中可以设置不同的渲染类型。

◎ Gel Layer（滤光层）：用于选择聚光灯的滤光层。当选择 Gel Only（仅滤光）、Gel Add（增加滤光）、Gel Add+（增加滤光 +）和 Gel Showdown（滤光阴影）任意一项时就可以激活该选项。

6.2.6 【边缘斜面】特效

【边缘斜面】特效通过对图像的边缘进行设置，使其产生立体效果。另外斜角边只能对矩形的图像产生效果。该特效的参数设置及应用特效前后的效果对比分别如图 6-115 和图 6-116 所示。

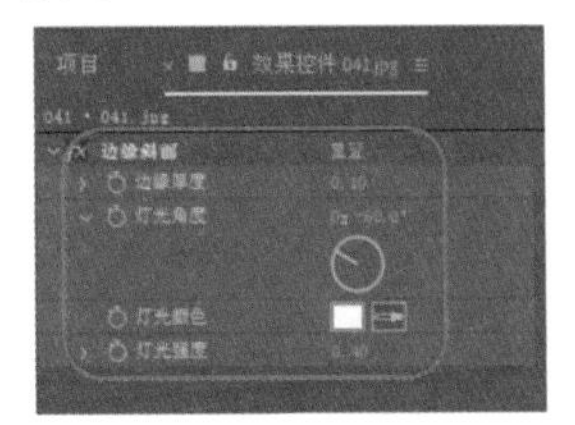

图 6-115

图 6-116

◎ 【边缘厚度】：用于设置图像边缘的厚度。设置不同边缘厚度时的效果如图 6-117 所示。

图 6-117

◎ 【灯光角度】：用于调整照明灯光的方向。

◎ 【灯光颜色】：用于设置照明灯光的颜色。

◎ 【灯光强度】：用于设置照明灯光的强度。

6.2.7 【径向阴影】特效

【径向阴影】特效模拟灯光照射在图像上并从边缘向其背后产生呈放射状的阴影，阴影的形状由图像的 Alpha 通道决定。该特效的参数设置及应用特效前后的对比效果分别如图 6-118 和图 6-119 所示。

◎ 【阴影颜色】：用于设置阴影的颜色。

◎ 【不透明度】：用于设置阴影的透明度。

◎ 【光源】：用于调整光源的位置。

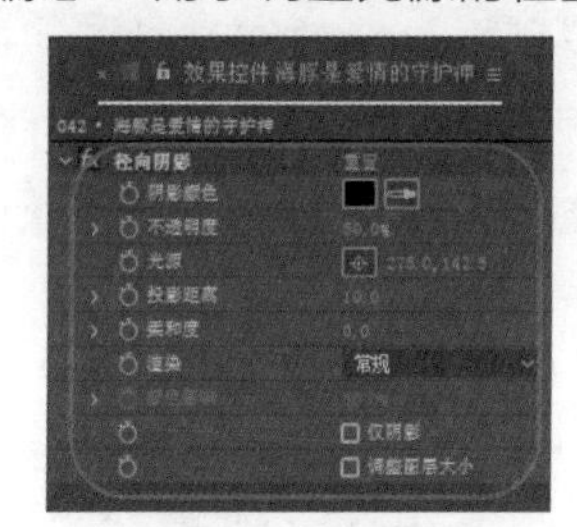

图 6-118

图 6-119

◎ 【投影距离】：用于设置阴影的投射距离。

◎ 【柔和度】：用于设置阴影边缘的柔和程度。

◎ 【渲染】：用于选择不同的渲染方式。其中提供了【常规】、【玻璃边缘】2 种方式。

◎ 【颜色影响】：用于设置玻璃边缘效果的影响程度。

◎ 【仅阴影】：选中该复选框将只显示阴影部分。

◎ 【调整图层大小】：选中该复选框可以对图层图像的大小进行调整。

6.2.8 【投影】特效

【投影】特效与【径向阴影】特效的效果类似，【投影】特效是在层的后面产生阴影，同时所产生的阴影形状也是由 Alpha 通道决定的。其参数设置及应用特效前后的对比效果分别如图 6-120 和图 6-121 所示。

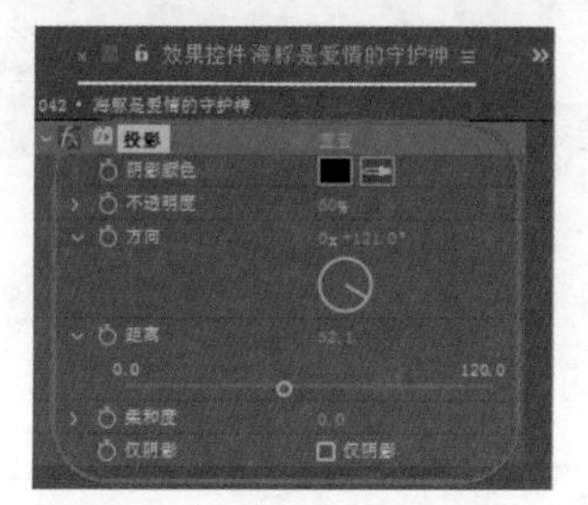

图 6-120

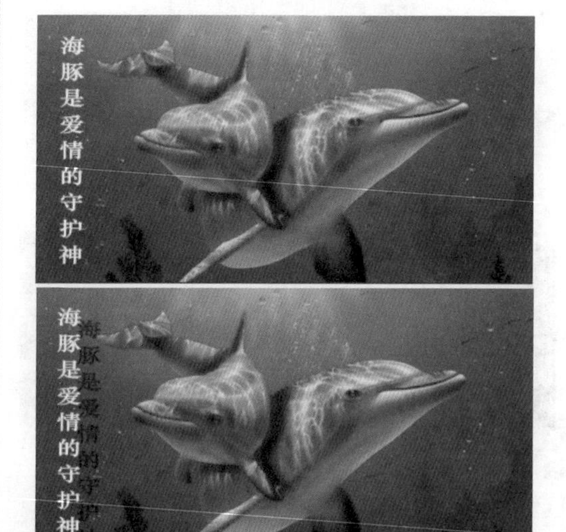

图 6-121

◎ 【阴影颜色】：用于设置阴影的颜色。

◎ 【不透明度】：用于设置阴影的透明度。

◎ 【方向】：用于调整阴影所产生的方向。

◎ 【距离】：用于设置阴影与图像的距离。

◎ 【柔和度】：用于设置阴影边缘的柔化程度。

◎ 【仅阴影】：选中【仅阴影】复选框，将只显示阴影。

6.2.9 【斜面 Alpha】特效

【斜面 Alpha】特效是通过图像的 Alpha 通道使图像的边缘产生倾斜度，看上去就像三维的效果。其参数设置及应用特效前后的对比分别如图 6-122 和图 6-123 所示。

◎ 【边缘厚度】：用于设置图像边缘的厚度。
◎ 【灯光角度】：用于调整照明灯光的方向。
◎ 【灯光颜色】：用于设置照明灯光的颜色。
◎ 【灯光强度】：用于设置照明灯光的强度。

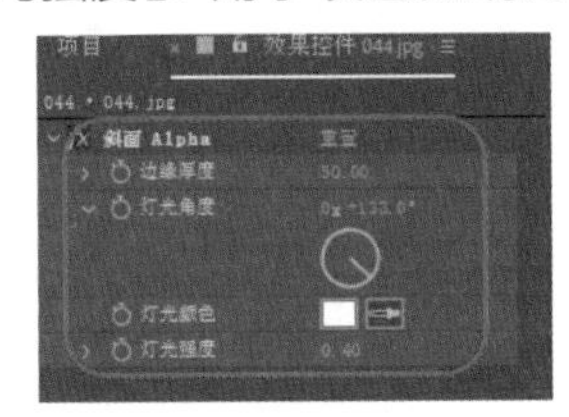

图 6-122

图 6-123

课后项目练习 桌面上的卷画

本例制作桌面上的卷画，通过给素材添加效果，展示出自然的感觉，效果如图 6-124 所示。

课后项目练习效果展示

图 6-124

课后项目练习过程概要

01 打开“桌面上的卷画素材”文件。

02 为素材添加 CC Cylinder 和【投影】效果，并设置参数。

素材	素材 \Cha06\ 桌面上的卷画素材 .aep
场景	场景 \Cha06\ 桌面上的卷画 .aep
视频	视频教学 \Cha06\ 桌面上的卷画 .mp4

01 按 Ctrl+O 组合键，打开“素材 \Cha06\ 桌面上的卷画素材 .aep”素材文件，在【项目】面板中选择 m01.jpg 素材文件，按住鼠标左键将其拖曳至【时间轴】面板中，将【变换】选项组中的【缩放】设置为 53, 53%，如图 6-125 所示。

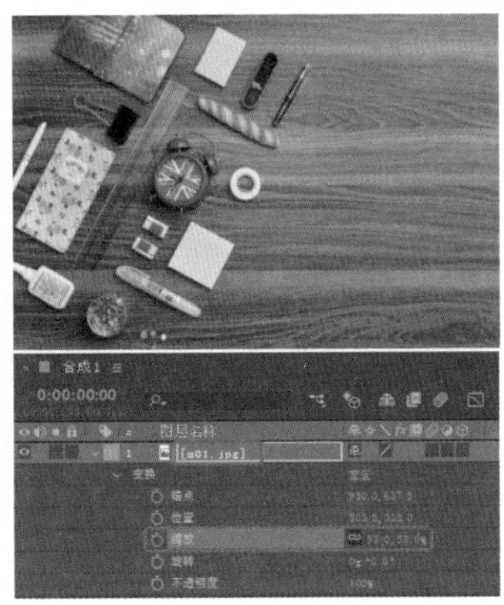

图 6-125

02 在【项目】面板中选择 m02.jpg 素材文件，按住鼠标左键将其拖曳至【合成】面板中。在【时间轴】面板中将【变换】选项组中的【位置】设置为 688.7, 362，将【缩放】设置为 60, 60%，如图 6-126 所示。

03 继续选中该图层，在菜单栏中选择【效果】|【透视】| CC Cylinder 命令。在【效果控件】面板中将 CC Cylinder 特效的 Radius 设置为 28，将 Rotation 选项组中的 Rotation Z 设置为 0×+48°，将 Light 选项组中的 Light Intensity 设置为 145，将 Light Direction 设置为 0×−72°，如图 6-127 所示。

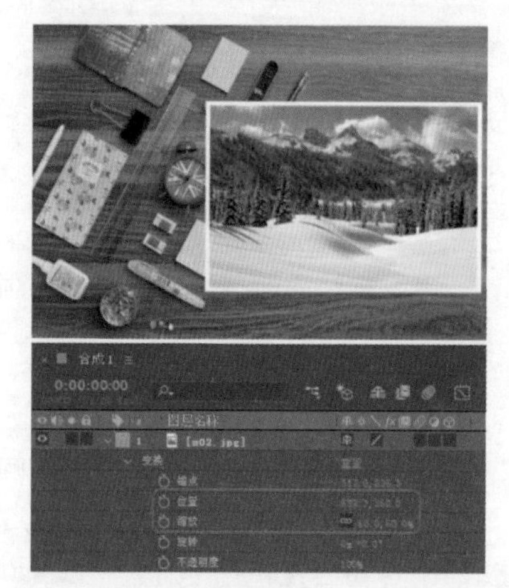

图 6-126

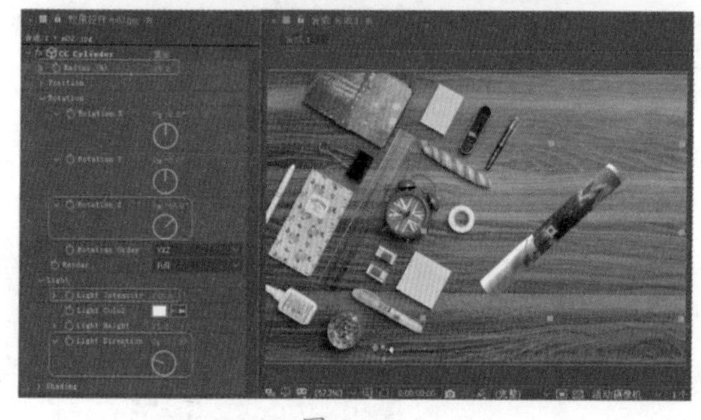

图 6-127

04 继续选中该图层，在菜单栏中选择【效果】|【透视】|【投影】命令，在【效果控件】面板中将【投影】选项组中的【距离】、【柔和度】分别设置为 59、92，如图 6-128 所示。

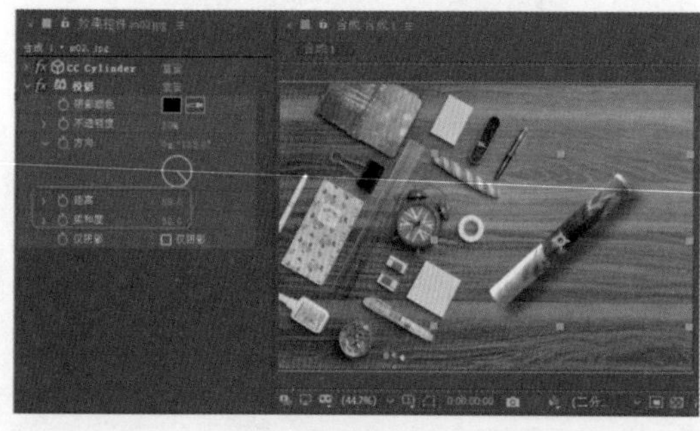

图 6-128

05 在【项目】面板中选择 m03.jpg 素材文件，按住鼠标左键将其拖曳至【合成】面板中。在【时间轴】面板中将【位置】设置为 767.5, 383，将【缩放】设置为 50, 50%，如图 6-129 所示。

06 继续选中该图层，为其添加 CC Cylinder 效果。在【效果控件】面板中将 CC Cylinder 特效的 Radius 设置为 28，将 Rotation 选项组中的 Rotation X、Rotation Z 分别设置为 0×+17°、0×-32°，将 Light 选项组中的 Light Intensity 设置为 145，将 Light Height 设置为 48，将 Light Direction 设置为 0×-72°，如图 6-130 所示。

图 6-129

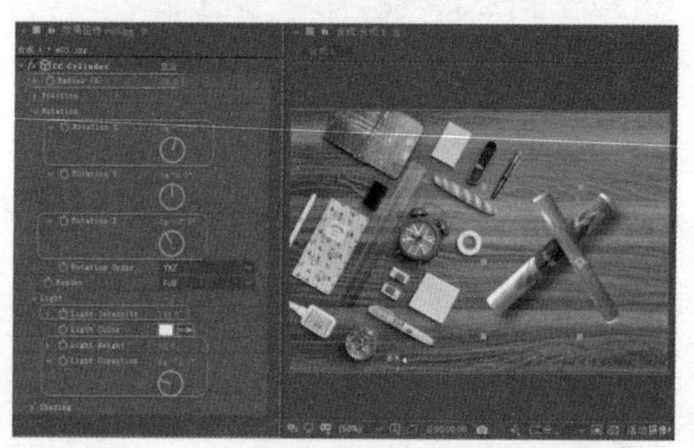

图 6-130

07 继续选中该图层，在菜单栏中选择【效果】|【透视】|【投影】命令，在【效果控件】面板中将【投影】选项组中的【距离】、【柔和度】分别设置为 59、92，如图 6-131 所示。

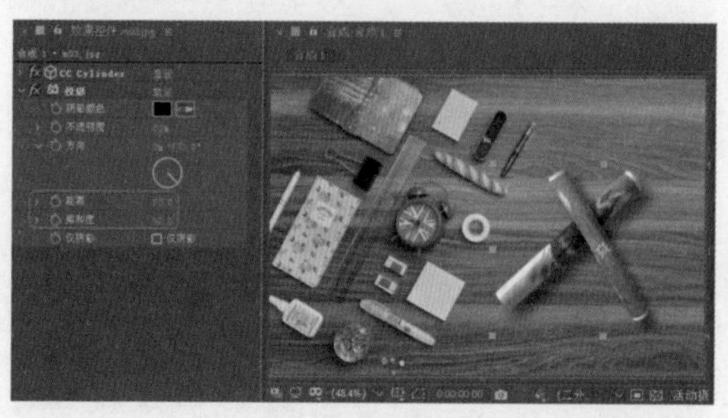

图 6-131

第 07 章

怀旧照片效果——颜色校正与键控

本章导读：

在影视制作中，处理图像时经常需要对图像的颜色进行调整，而色彩的调整主要是通过对图像的明暗、对比度、饱和度以及色相等的调整，来达到改善图像质量的目的，以更好地控制影片的色彩信息，制作出更加理想的视频画面效果。抠像是通过利用一定的特效，对素材进行整合的一种手段，在 After Effects 中专门提供了抠像特效，本章将对其进行详细介绍。

案例精讲 怀旧照片效果

为了更好地完成本设计案例，现对制作要求及设计内容做如下规划，最终效果如图7-1所示。

作品名称	怀旧照片效果
设计创意	通过为照片添加【照片滤镜】、【三色调】、【投影】等效果，并为照片添加运动关键帧来制作怀旧照片效果
主要元素	（1）怀旧相册视频 （2）人物照片
应用软件	Adobe After Effects 2020
素材	素材 \Cha07\ 怀旧照片素材 .aep
场景	场景 \Cha07\【案例精讲】怀旧照片效果 .aep
视频	视频教学 \Cha07\【案例精讲】怀旧照片效果 .mp4
怀旧照片效果欣赏	图 7-1
备注	

01 按 Ctrl+O 组合键，打开“素材 \Cha07\ 怀旧照片素材 .aep”素材文件。在【项目】面板中选择“怀旧照片素材 01.mp4”素材文件，按住鼠标将其拖曳至【时间轴】面板中，将当前时间设置为 0:00:05:15，单击【缩放】、【不透明度】左侧的【时间变化秒表】按钮，如图 7-2 所示。

02 将当前时间设置为 0:00:06:10，将【缩放】设置为 232, 232%，将【不透明度】设置为 0%，如图 7-3 所示。

图 7-2

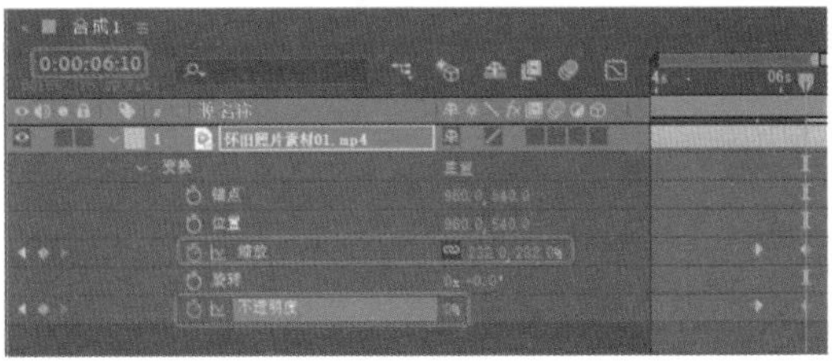

图 7-3

03 在【项目】面板中选择“怀旧照片素材02.jpg”素材文件，按住鼠标左键将其拖曳至【时间轴】面板中。将当前时间设置为 0:00:05:10，将【缩放】设置为 302, 302%，单击其左侧的【时间变化秒表】按钮，将【不透明度】设置为 0%，单击其左侧的【时间变化秒表】按钮，如图 7-4 所示。

图 7-4

04 将当前时间设置为 0:00:06:10，将【缩放】设置为 100, 100%，将【不透明度】设置为 100%，如图 7-5 所示。

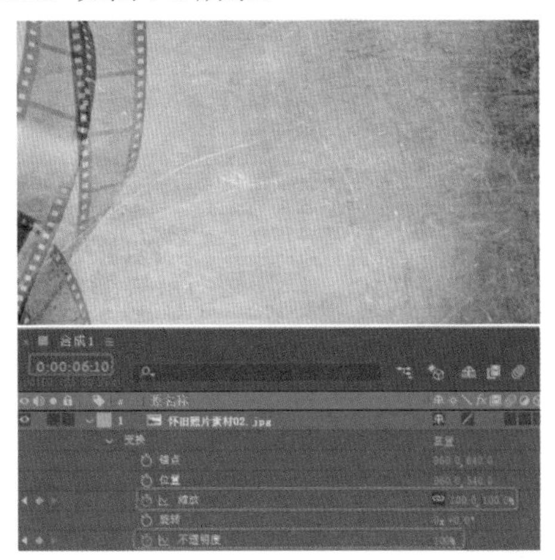

图 7-5

05 在【项目】面板中将“怀旧照片素材03.mp4”素材文件拖曳至【时间轴】面板中，将【混合模式】设置为【柔光】，将入点时间设置为 0:00:06:10，如图 7-6 所示。

图 7-6

06 在【项目】面板中将“怀旧照片素材04.png”素材文件拖曳至【时间轴】面板中，为其添加【照片滤镜】效果。在【时间轴】面板中将【滤镜】设置为【暖色滤镜（81）】，如图 7-7 所示。

07 为选中的“怀旧照片素材 04.png”图层添加【三色调】效果，将【中间调】设置为 #B39350，如图 7-8 所示。

图 7-7

图 7-8

08 在菜单栏中选择【效果】|【透视】|【投影】命令，在【时间轴】面板中将【不透明度】、【方向】、【距离】、【柔和度】分别设置为 50%、0×+135°、15、20，如图 7-9 所示。

图 7-9

09 在菜单栏中选择【效果】|【杂色和颗粒】|【添加颗粒】命令，在【时间轴】面板中将【中心】设置为 508, 353，将【宽度】、【高度】分别设置为 607、390，将【显示方框】设置为【关】，将【大小】设置为 0.1，如图 7-10 所示。

图 7-10

10 将当前时间设置为 0:00:06:10，打开“怀旧照片素材 04.png”图层的 3D 模式，单击【位置】左侧的【时间变化秒表】按钮，将【位置】设置为 427, 280, −2009，将【Z 轴旋转】设置为 0×+15°，如图 7-11 所示。

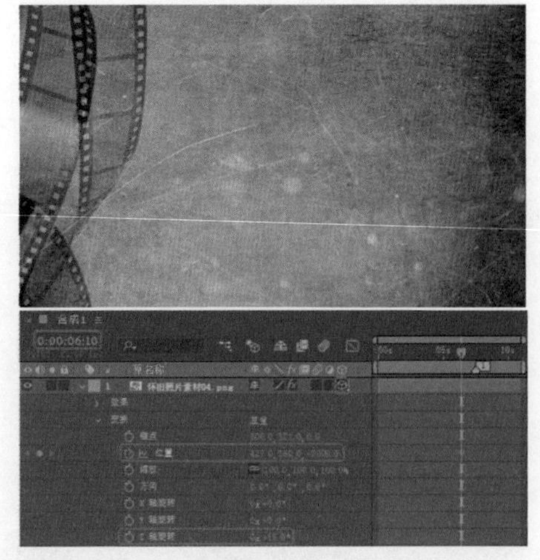

图 7-11

11 将当前时间设置为 0:00:07:15，将【位置】设置为 735, 449, −764，如图 7-12 所示。

12 在【项目】面板中将“怀旧照片素材 05.png”素材文件拖曳至【时间轴】面板中，

在【时间轴】面板中选择“怀旧照片素材04.png”图层下的【效果】，按 Ctrl+C 快捷组合键复制，选择“怀旧照片素材 05.png”图层，按 Ctrl+V 组合键进行粘贴，如图 7-13 所示。

图 7-12

图 7-13

13 打开“怀旧照片素材 05.png”图层的 3D 图层模式。将当前时间设置为 0:00:07:10，单击【位置】左侧的【时间变化秒表】按钮，将【位置】设置为 1871, 318, -1147，单击【方向】左侧的【时间变化秒表】按钮，将【方向】设置为 336°，357°，0°，将【Z 轴旋转】设置为 0×-6°，如图 7-14 所示。

14 将当前时间设置为 0:00:08:15，将【位置】设置为1212.5, 579, -914，将【方向】设置为0°，0°，350°，如图 7-15 所示。

图 7-14

图 7-15

15 在【项目】面板中将“怀旧照片素材06.png”素材文件拖曳至【时间轴】面板中。在【时间轴】面板中选择“怀旧照片素材05.png”图层下的【效果】，按 Ctrl+C 快捷键进行复制，选择“怀旧照片素材 06.png”图层，按 Ctrl+V 快捷键进行粘贴，打开“怀旧照片素材 06.png”素材文件的 3D 图层模式，如图 7-16 所示。

16 将当前时间设置为 0:00:08:10，在【时间轴】面板中单击【位置】左侧的【时间变化秒表】按钮，将【位置】设置为 1130, 22, -1147，单击【方向】左侧的【时间变化秒表】按钮，将【方向】设置为 336°，357°，0°，将【Z 轴旋转】设置为 0×-6°，如图 7-17 所示。

图 7-16

图 7-17

17 将当前时间设置为0:00:09:15，将【位置】设置为889, 662, -933，将【方向】设置为0°，0°，15°，如图 7-18 所示。

图 7-18

18 在【项目】面板中将“怀旧照片素材07.mp3”素材文件拖曳至【时间轴】面板中，如图 7-19 所示。

图 7-19

7.1 颜色校正特效

在After Effects的颜色校正中有多种特效，它们集中了After Effects中最强大的图像效果修正特效，通过版本的不断升级，其中的一些特效得到了很大程度的完善，从而为用户提供了很好的工作平台。

选择【颜色校正】特效有以下两种方法。

◎ 在菜单栏中选择【效果】|【颜色校正】命令，在弹出的子菜单栏中选择相应的特效，如图 7-20 所示。

图 7-20

◎ 在【效果和预设】面板中单击【颜色校正】左侧的下三角按钮，在打开的列表中选择相应的特效即可，如图 7-21 所示。

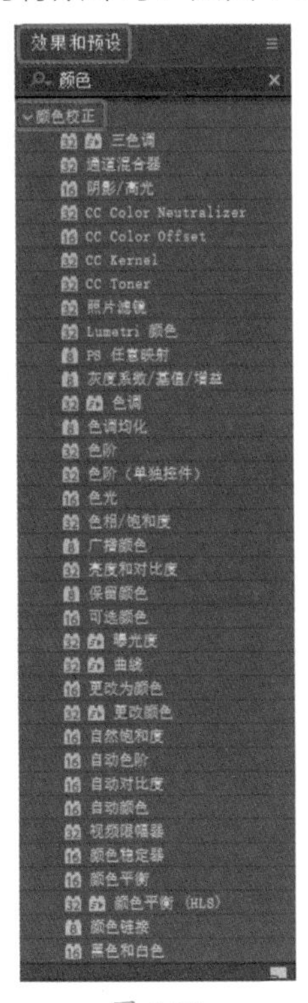

图 7-21

7.1.1 CC Color Offset（CC 色彩偏移）特效

CC Color Offset（CC 色彩偏移）特效可以对图像中的色彩信息进行调整，可以通过设置各个通道中的颜色相位偏移来获得不同的色彩效果。其参数设置如图 7-22 所示。

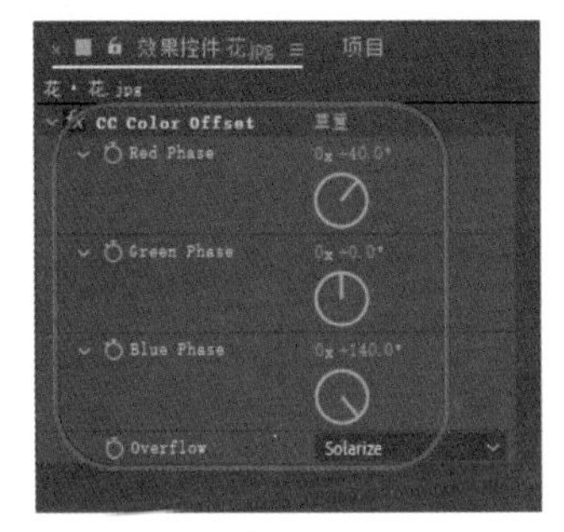

图 7-22

◎ Red Phase/Green Phase/Blue Phase（红色 / 绿色 / 蓝色相位）：该选项用来调整图像的红色、绿色、蓝色相位的位置。设置该参数后的效果如图 7-23 所示。

图 7-23

◎ Overflow（溢出）：用于设置颜色溢出现象的处理方式。在其右侧的下拉列表框中分别选择 Wrap（包围）、Solarize（曝光过度）、Polarize（偏振）3 个不同的选项时的效果如图 7-24 所示。

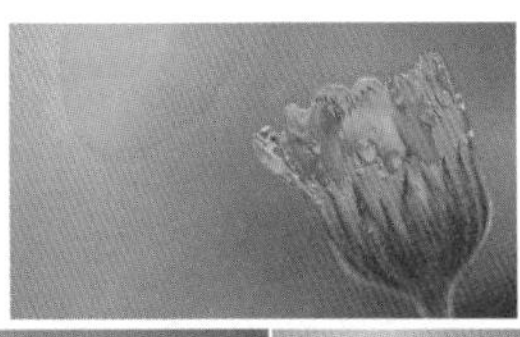

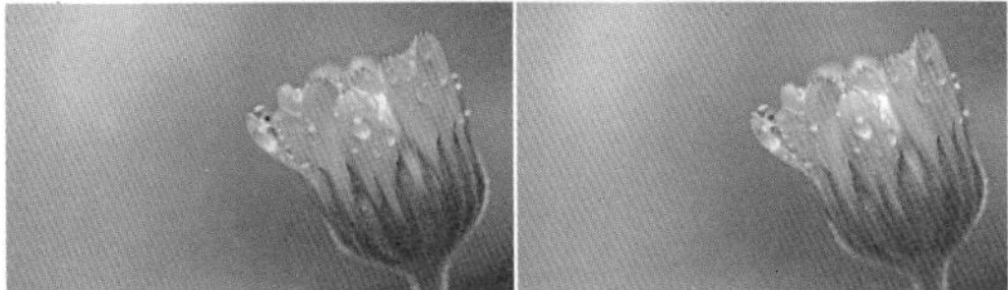

图 7-24

7.1.2 CC Color Neutralizer（CC 彩色中和器）特效

CC Color Neutralizer（CC 彩色中和器）特效与 CC Color Offset（CC 色彩偏移）特效相似，可以对图像中的色彩信息进行调整。该特效的参数设置如图 7-25 所示；应用该特效前后的效果如图 7-26 所示。

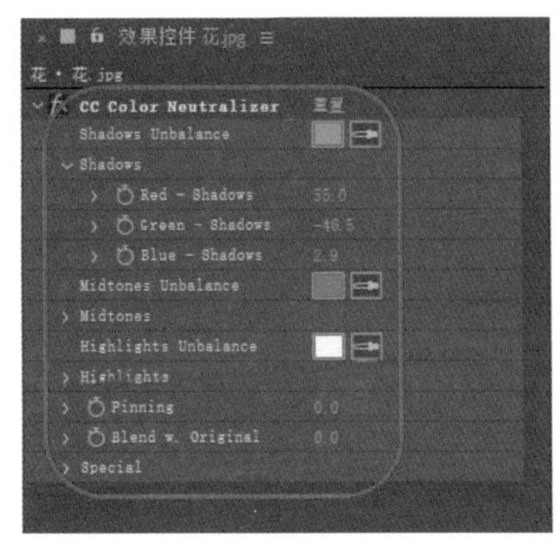

图 7-25

图 7-26

7.1.3　CC Kernel（CC 内核）特效

CC Kernel（CC 内核）特效用于调节素材的亮度，达到校色的目的，该特效的参数设置如图 7-27 所示。应用特效前后的效果如图 7-28 所示。

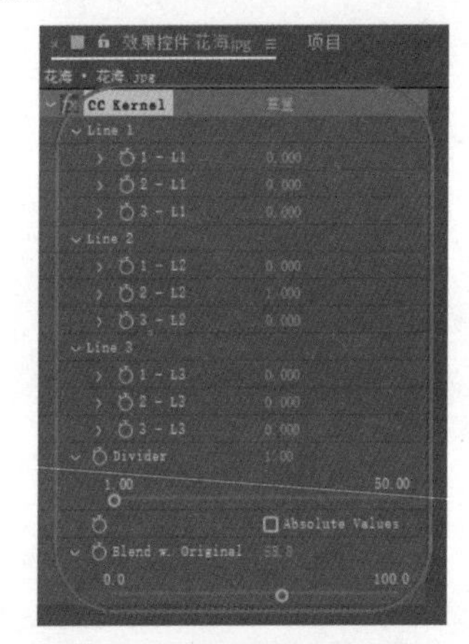

图 7-27

图 7-28

7.1.4　CC Toner（CC 调色）特效

CC Toner（CC 调色）特效通过对原图的高光颜色、中间色调和阴影颜色的调节来改变图像的颜色。该特效的参数设置如图 7-29 所示，应用特效前后的效果如图 7-30 所示。

◎　Highlights（高光）：该选项用于设置图像的高光颜色。

◎　Midtones（中间）：该选项用于设置图像的中间色调。

◎　Shadows（阴影）：该选项用于设置图像的阴影颜色。

◎　Blend w. Original（混合初始状态）：该选项用于调整与原图的混合程度。

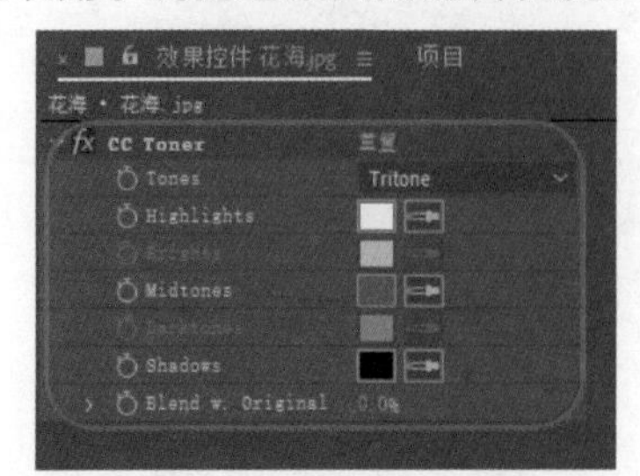

图 7-29

图 7-30

7.1.5　【PS 任意映射】特效

【PS 任意映射】特效可调整图像色调的亮度级别。该特效可用在 Photoshop 的映像文件上，该特效的参数设置如图 7-31 所示。应用该特效前后的效果如图 7-32 所示。

图 7-31

图 7-32

◎　【相位】：该选项主要用于设置图像颜色相位的值。

◎　【应用相位映射到 Alpha 通道】：选中该复选框，将应用外部的相位映射贴图到该层的 Alpha 通道。如果确定的映像中不包含 Alpha 通道，After Effects 则会为当前层指定一个 Alpha 通道，并用默认的映像指定于 Alpha 通道中。

提示：在【效果控件】面板中单击【选项】按钮可以打开【加载 PS 任意映射】对话框，用户可在对话框中调用任意映像文件。

7.1.6 【保留颜色】特效

【保留颜色】特效可以通过设置颜色来指定图像中保留的颜色，并将其他的颜色转换为灰度效果。在一张图像中，为了保留色彩中的蓝色，将保留颜色设置为想要保留的颜色，这样，其他的颜色将会转换为灰度效果。【保留颜色】特效的参数设置如图 7-33 所示；应用该特效前后的效果如图 7-34 所示。

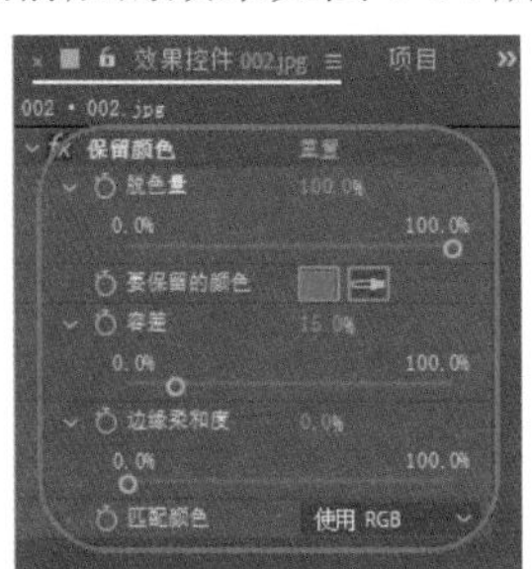

图 7-33

图 7-34

◎ 【脱色量】：该选项用于控制保留颜色以外颜色的脱色百分比。

◎ 【要保留的颜色】：通过单击该选项右侧的色块或吸管来设置图像中需要保留的颜色。

◎ 【容差】：该选项用于调整颜色的容差程度。值越大，保留的颜色就越大。

◎ 【边缘柔和度】：该选项用于调整保留颜色边缘的柔和程度。

◎ 【匹配颜色】：该选项用于匹配颜色模式。

7.1.7 【更改为颜色】特效

【更改为颜色】特效是通过颜色的选择，将一种颜色直接改变为另一种颜色，在用法上与【保留颜色】特效有很大的相似之处。【更改为颜色】特效的参数设置如图 7-35 所示；应用该特效前后的效果如图 7-36 所示。

◎ 【自】：利用色块或吸管来设置需要替换的颜色。

◎ 【至】：通过利用色块或吸管来设置替换的颜色。

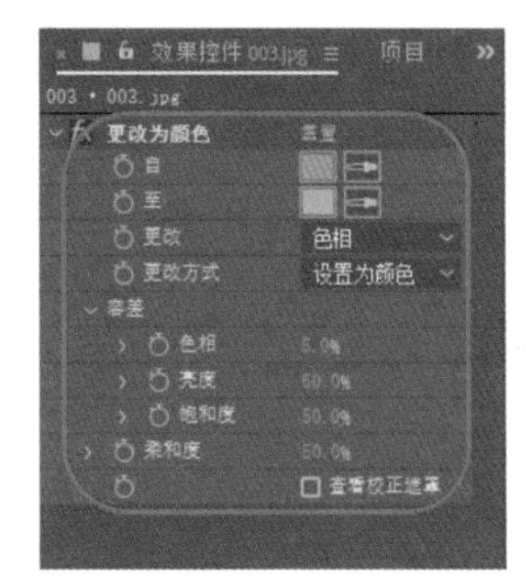

图 7-35

图 7-36

◎ 【更改】：单击其右侧的下三角按钮，在弹出的下拉列表框中选择替换颜色的基准，包括【色相】、【色相和亮度】、【色相和饱和度】、【色相、亮度和饱和度】几个选项。

◎ 【更改方式】：用于设置颜色的替换方式。单击该选项右侧的下三角按钮，在弹出的下拉列表框中可选择【设置为颜色】、【变换为颜色】两个选项。

◆ 【设置为颜色】用于将受影响的像素直接更改为目标颜色。

◆ 【变换为颜色】使用 HLS 插值将受影响的像素值转变为目标颜色；每个像素的更改量取决于像素的颜色接近源颜色的程度。

◎ 【柔和度】：该选项用于设置替换颜色后的柔和程度。

◎ 【查看校正遮罩】：选中该复选框，可以将替换后的颜色变为蒙版的形式。

【实战】替换衣服颜色

通过给人物衣服添加更换颜色，从而达到换衣服的效果，如图 7-37 所示。

图 7-37

素材	素材 \Cha07\ 替换衣服颜色 .aep
场景	场景 \Cha07\【实战】替换衣服颜色 .aep
视频	视频教学 \Cha07\【实战】替换衣服颜色 .mp4

01 按 Ctrl+O 组合键，打开“素材 \Cha07\ 替换衣服颜色 .aep”素材文件。在【项目】面板中选择“替换衣服颜色 .jpg”素材文件，按住鼠标左键将其拖曳至【时间轴】面板中，将【缩放】设置为 95, 95%，如图 7-38 所示。

02 选中【时间轴】面板中的素材文件，在菜单栏中选择【效果】|【颜色校正】|【更改为颜色】命令。在【效果控件】面板中将【自】的颜色值设置为 # CC0820，将【至】的颜色值设置为 # 1A37E9，将【更改】设置为【色相】，将【更改方式】设置为【设置为颜色】，将【色相】、【亮度】、【饱和度】、【柔和度】分别设置为 5%、70%、50%、100%，如图 7-39 所示。

图 7-38

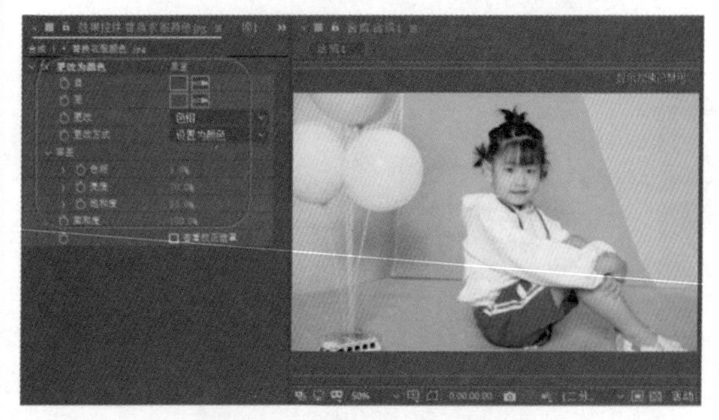

图 7-39

7.1.8 【更改颜色】特效

【更改颜色】特效用于改变图像中某种颜色区域的色调、饱和度和亮度，用户可以通过指定某一个基色和设置相似值来确定区域。该特效的参数设置如图 7-40 所示；应用特效前后的效果如图 7-41 所示。

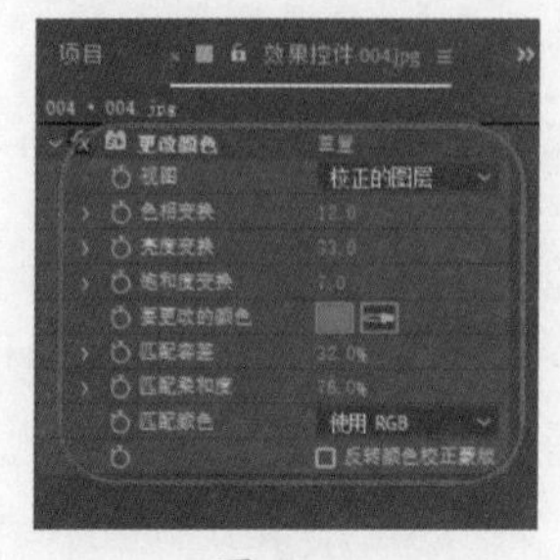

图 7-40

图 7-41

◎ 【视图】：选择【合成】面板中的预览效果模式，包括【校正的图层】和【颜色校正蒙版】两个选项。【校正的图层】用来显示【更改颜色】调节的效果，【色彩校正蒙版】用来显示层上哪个部分被修改。在【色彩校正蒙版】中，白色区域为转换最多的区域，黑色区域为转换最少的区域。

◎ 【色相变换】：该选项主要用于设置色调，调节所选颜色区域的色彩校准度。

◎ 【亮度变换】：该选项用于设置所选颜色的亮度。

◎ 【饱和度变换】：该选项用于设置所选颜色的饱和度。

◎ 【要更改的颜色】：选择图像中需要调整的区域颜色。

◎ 【匹配容差】：调节颜色匹配的相似程度。

◎ 【匹配柔和度】：控制修正颜色的柔和度。

◎ 【匹配颜色】：该选项用于匹配颜色空间，用户在其下拉列表框中可选择【使用RGB】、【使用色调】、【使用色度】三种选项。【使用RGB】以红、绿、蓝为基础匹配颜色；【使用色调】以色调为基础匹配颜色；【使用色度】以饱和度为基础匹配颜色。

◎ 【反转颜色校正蒙版】：选中该复选框，将对当前颜色调整遮罩的区域进行反转。

7.1.9 【广播颜色】特效

【广播颜色】特效主要对影片像素的颜色值进行测试。因为计算机本身与电视播放色彩有很大的区别，而在一般的家庭视频设备上是不能显示高于某个波幅以上的信号的，为了使图像信号能正确地在两种不同的设备中传输与播放，用户可以使用【广播颜色】特效将计算机产生的颜色亮度或饱和度降低到一个安全值，从而使图像正常播放。该特效的参数设置如图 7-42 所示；应用该特效前后的效果如图 7-43 所示。

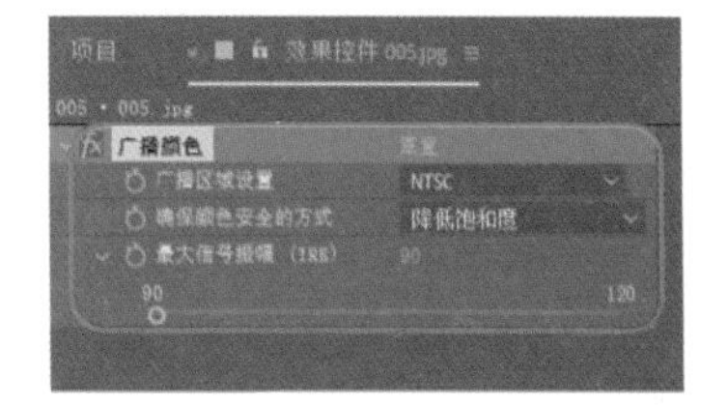

图 7-42

图 7-43

◎ 【广播区域设置】：用户可以在该下拉列表框中选择需要的广播标准制式，其中包括 NTSC 和 PAL 两种制式。

◎ 【确保颜色安全的方式】：用户可以在该下拉列表框中选择一种获得安全色彩的方式。【降低亮度】选项可以减少图像像素的明亮度；【降低饱和度】选项可以减少图像像素的饱和度，以降低图像的色彩度；【非安全切断】选项可以使不安全的图像像素透明；【安全切断】选项可以使安全的图像像素透明。

◎ 【最大信号振幅（IRE）】：用于限制最大信号幅度，其最小值为 90，最大值为 120。

7.1.10 【黑色和白色】特效

【黑色和白色】特效主要是通过设置原图像中相应的色系参数，将图像转换为黑白或单色的画面效果。该特效的参数设置如图 7-44 所示；应用该特效前后的效果如图 7-45 所示。

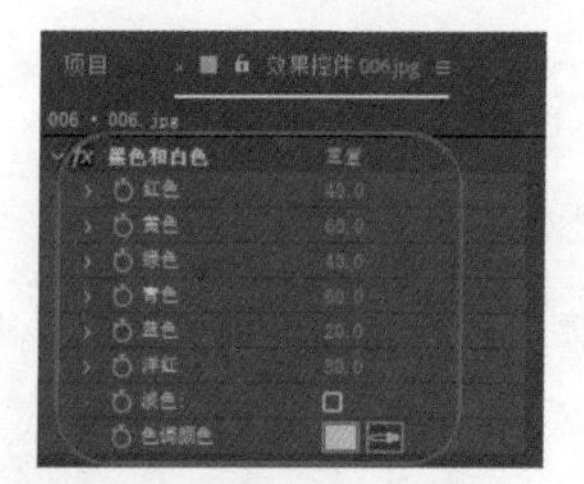

图 7-44

图 7-45

◎ 【红色 / 黄色 / 绿色 / 青色 / 蓝色 / 洋红】：用于设置原图像中的颜色明暗度。数值越大，图像中该色系区域越亮。

◎ 【淡色】：选中该复选框，可以为黑白添加单色效果。

◎ 【色调颜色】：用于设置图像着色时的颜色。

7.1.11 【灰度系数 / 基值 / 增益】特效

【灰度系数 / 基值 / 增益】特效可以对每个通道单独调整响应曲线，以便细致地更改图像的效果。该特效的参数设置如图 7-46 所示；应用该特效前后的效果如图 7-47 所示。

◎ 【黑色伸缩】：该选项用于控制图像中的黑色像素。

◎ 【红色 / 绿色 / 蓝色灰度系数】：用于控制颜色通道曲线的形状。

◎ 【红色 / 绿色 / 蓝色基值】：用于设置通道中最小输出值，主要控制图像的暗区部分。

◎ 【红色 / 绿色 / 蓝色增益】：用于设置通道中最大输出值，主要控制图像的亮区部分。

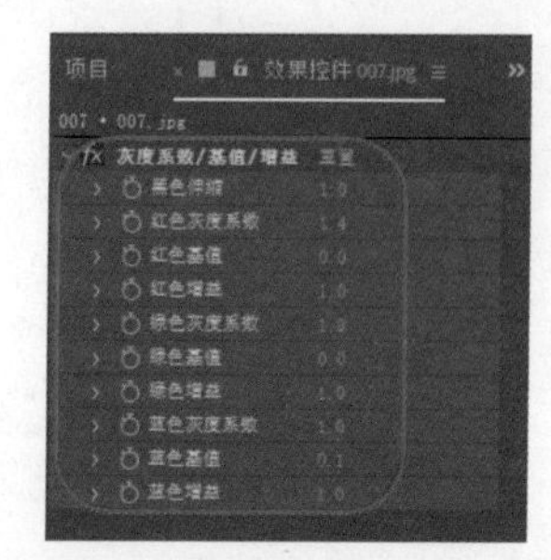

图 7-46

图 7-47

7.1.12 【可选颜色】特效

【可选颜色】特效可以对图像中的指定颜色进行校正，便于调整图像中不平衡的颜色。其最大的好处就是可以单独调整某一种颜色，而不影响其他颜色。该特效的参数设置如图 7-48 所示；应用该特效前后的效果如图 7-49 所示。

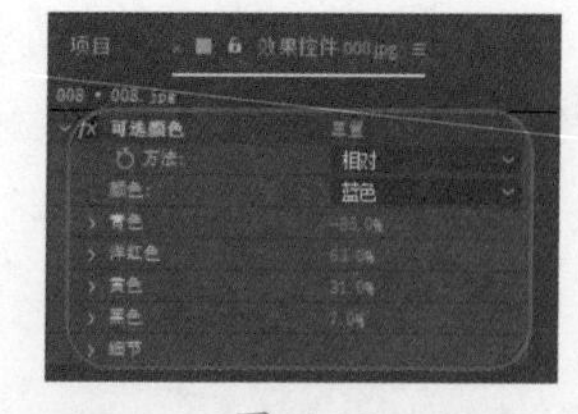

图 7-48

图 7-49

7.1.13 【亮度和对比度】特效

【亮度和对比度】特效主要是对图像的亮度和对比度进行调节，该特效的参数设置如图 7-50 所示；应用该特效前后的效果如图 7-51 所示。

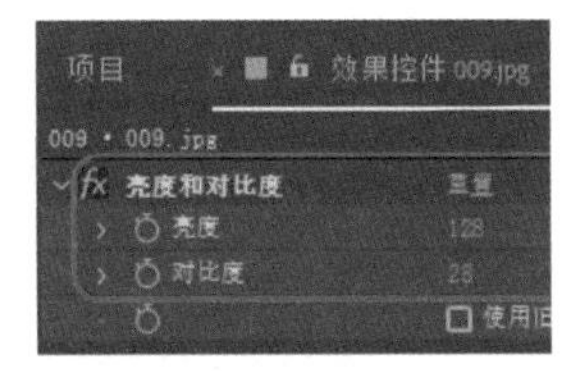

图 7-50

图 7-51

◎ 【亮度】：该选项用于调整图像的亮度。

◎ 【对比度】：该选项用于调整图像的对比度。

7.1.14 【曝光度】特效

【曝光度】特效用于调节图像的曝光程度，用户可以通过选择通道来设置图像曝光的通道。该特效的参数设置如图 7-52 所示；应用该特效前后的效果如图 7-53 所示。

◎ 【通道】：用户可以在其右侧的下拉列表框中选择要曝光的通道，其中包括【主要通道】和【单个通道】两种。

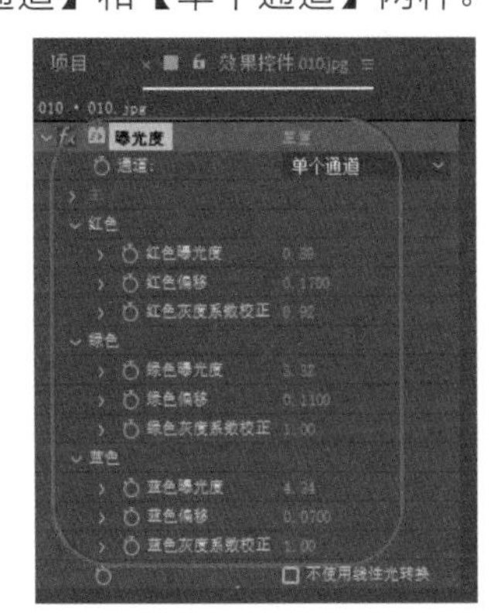

图 7-52

图 7-53

◎ 【主】：该选项主要用于调整整个图像的色彩。

◆ 【曝光】：设置整体画面曝光程度。

◆ 【补偿】：设置整体画面曝光偏移量。

◆ 【Gamma 校正】：设置整体画面的灰度值。

◎ 【红色 / 绿色 / 蓝色】：设置每个 RGB 色彩通道的曝光、补偿和 Gamma 校正选项。

◎ 【不使用线性光转换】：选中该复选框将设置线性光变换旁路。

7.1.15 【曲线】特效

【曲线】特效用于调整图像的色调和明暗度。该特效可以精确地调整高光、阴影和中间调区域中任意一点的色调与明暗。该特效的功能与 Photoshop 中的曲线功能基本相似，可对图像的各个通道进行控制，调节图像色调范围。在曲线上最多可设置 16 个控制点。

【曲线】特效的参数设置如图 7-54 所示；应用该特效前后的效果如图 7-55 所示。

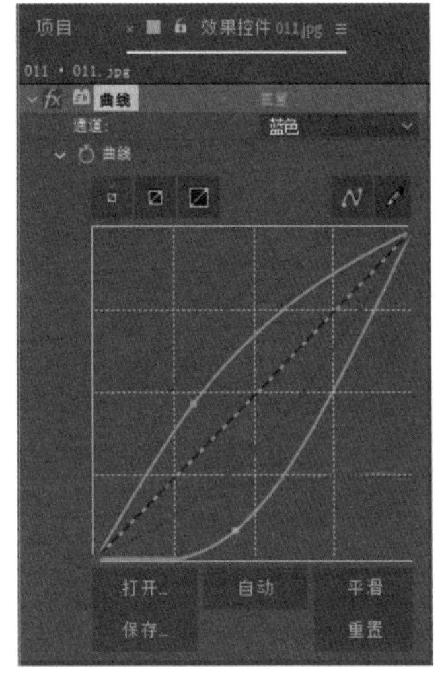

图 7-54

图 7-55

- ◎【通道】：用户可在该下拉列表框中选择调整图像的颜色通道。可选择 RGB 命令，对图像的 RGB 通道进行调节；也可分别选择红色、绿色、蓝色和 Alpha，对这些通道分别进行调节。
- ◎【曲线工具】：选中【曲线工具】单击曲线，可以在曲线上增加控制点。如果要删除控制点，在曲线上选中要删除的控制点，将其拖动至坐标区域外即可。按住鼠标左键拖动控制点，可对曲线进行编辑。
- ◎【铅笔工具】：使用该工具可以在左侧的控制区内单击拖动，绘制一条曲线来控制图像的亮区和暗区分布效果。
- ◎【打开】按钮：单击该按钮，可以打开储存的曲线文件，用户可以根据打开的曲线文件控制图像。
- ◎【保存】按钮：单击该按钮，可以对调节好的曲线进行保存，方便再次使用。存储格式为 .ACV。
- ◎【平滑】按钮：单击该按钮，可以将所设置的曲线转为平滑的曲线。
- ◎【重置】按钮：单击该按钮，可以将曲线恢复为初始的直线效果。
- ◎【自动】按钮：单击该按钮，系统自动调整图像的色调和明暗度。

7.1.16 【三色调】特效

【三色调】特效与【CC 调色】特效的功能和参数相同，在此就不再赘述，【三色调】特效的参数设置如图 7-56 所示；应用该特效前后的效果如图 7-57 所示。

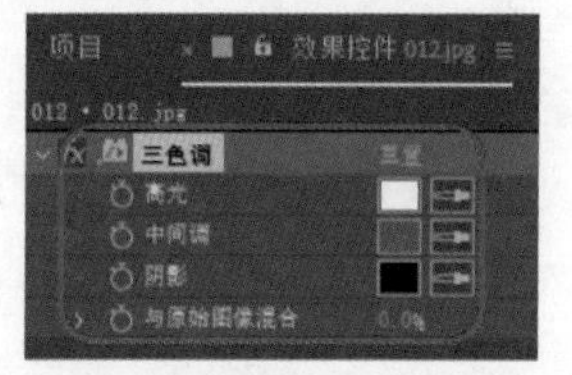

图 7-56

图 7-57

7.1.17 【色调】特效

【色调】特效可以通过指定的颜色对图像进行颜色映射处理。该特效的参数设置如图 7-58 所示；应用该特效前后的效果如图 7-59 所示。

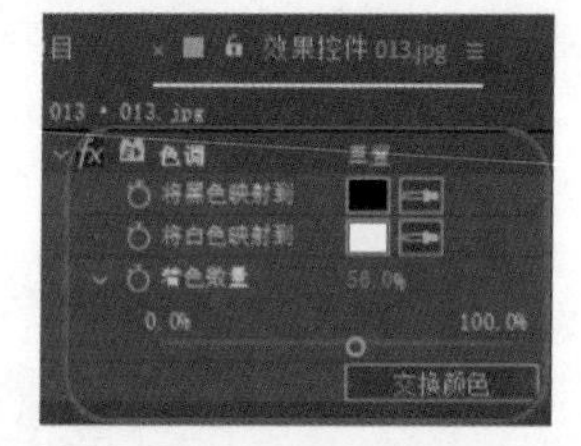

图 7-58

图 7-59

- ◎【将黑色映射到】：该选项用于设置图像中黑色和灰色映射的颜色。
- ◎【将白色映射到】：该选项用于设置图像中白色映射的颜色。
- ◎【着色数量】：该选项用于设置色调映射时的映射程度。

7.1.18 【色调均化】特效

【色调均化】特效用于对图像的阶调平均化。用白色取代图像中最亮的像素，用黑色取代图像中最暗的像素，以平均分配白色与黑色之间的阶调取代最亮与最暗之间的像素。该特效的参数设置如图7-60所示；应用该特效前后的效果如图7-61所示。

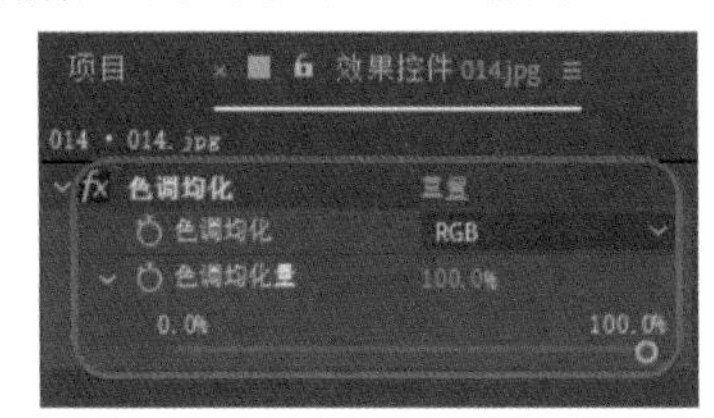

图 7-60

图 7-61

◎ 【色调均化】：该选项用于设置均衡方式。用户可以在其右侧的下拉列表框中选择RGB、【亮度】、【Photoshop风格】3种均衡方式，其中RGB基于红、绿、蓝平衡图像；【亮度】基于像素均衡亮度；【Photoshop风格】可重新分布图像中的亮度值，使其更能表现整个亮度范围。

◎ 【色调均化量】：通过设置参数指定重新分布亮度的程度。

7.1.19 【色光】特效

【色光】特效是一种功能强大的通用效果，可用于在图像中转换颜色和为其设置动画。使用【色光】特效，可以为图像巧妙地着色，也可以彻底更改其调色板。

该特效的参数设置如图7-62所示；应用该特效前后的效果如图7-63所示。

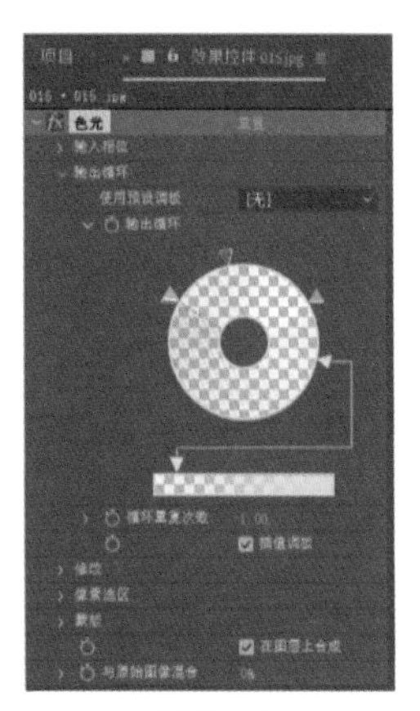

图 7-62

图 7-63

◎ 【输入相位】：该选项主要是对色彩的相位进行调整。在该选项中包括多个选项，如图7-64所示。

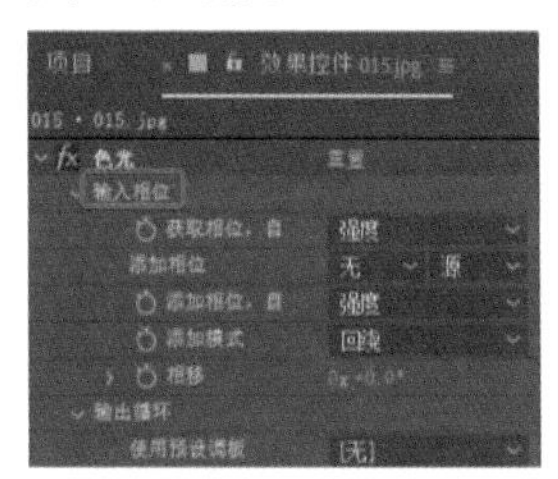

图 7-64

◆ 【获取相位，自】：选择产生渐变映射的元素，单击右侧的下拉按钮，在弹出的下拉列表框中选择即可。

◆ 【添加相位】：单击该选项右侧的下拉按钮，在弹出的下拉列表框中指定合成图像中的一个层产生渐变映射。

◆ 【添加相位，自】：为当前指定渐变

映射的层添加通道。
- ◆【相移】：用于设置相移的旋转角度。

◎【输出循环】：用于设置渐变映射的样式。
- ◆【使用预设调板】：单击该选项右侧的下拉按钮，在弹出的下拉列表框中设置渐变映射的效果。
- ◆【输出循环】：可以调整三角色块来改变图像中相对应的颜色。
- ◆【循环重复次数】：控制渐变映射颜色的循环次数。
- ◆【插值调板】：取消选中该复选框，系统以 256 色在色轮上产生粗糙的渐变映射效果。

◎【修改】：用于更改渐变映射的效果。

◎【像素选区】：用于指定色光影响的颜色。

◎【蒙版】：用于指定一个控制色光的蒙版层。

◎【在图层上合成】：将效果合成在图层画面上。

◎【与原始图像混合】：该选项用于设置特效的应用程度。

7.1.20 【色阶】特效

【色阶】特效用于调整图像的阴影、中间调和高光的强度级别，从而校正图像的色调范围和色彩平衡。该特效的参数设置如图 7-65 所示；应用该特效前后的效果如图 7-66 所示。

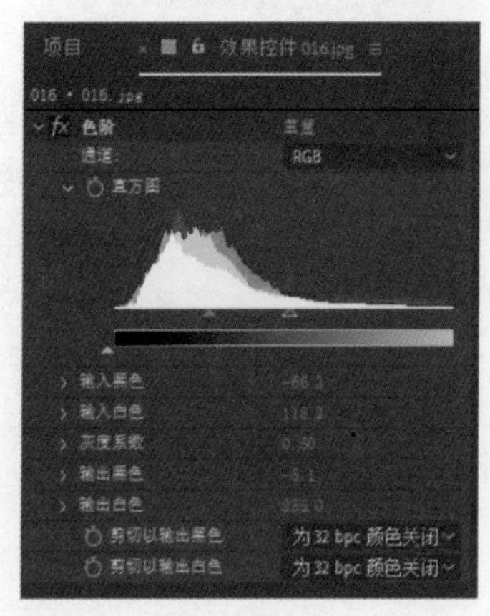

图 7-65

图 7-66

◎【通道】：利用该下拉列表框中的选项，可以在整个的颜色范围内对图像进行色调调整，也可以单独编辑特定颜色的色调。

◎【直方图】：该选项用于显示图像中像素的分布情况。

◎【输入黑色】：用于设置输入图像中暗区的阈值，输入的数值将应用到图像的暗区。

◎【输入白色】：用于设置输入图像中白色的阈值。由直方图中右方的白色小三角控制。

◎【灰度系数】：该选项用于设置输出的中间色调。

◎【输出黑色】：用于设置输出图像中黑色的阈值。由直方图下方灰阶条中左方的黑色小三角控制。

◎【输出白色】：用于设置输出图像中白色的阈值。由直方图下方灰阶条中右方的白色小三角控制。

◎【剪切以输出黑色】：该选项用于设置修剪暗区输出的状态。

◎【剪切以输出白色】：该选项用于设置修剪亮区输出的状态。

7.1.21 【色阶（单独控件）】特效

【色阶（单独控件）】特效的使用方法与【色阶】特效的相同，只是在调整控件图像的亮度、对比度和灰度系数的时候，对图像的通道进行单独调整，更加细化了控件的效果，该特效各项参数的含义与【色阶】特效的参数相同，此处就不再赘述。该特效的参数设置如图 7-67 所示；应用该特效前后的效果如图 7-68 所示。

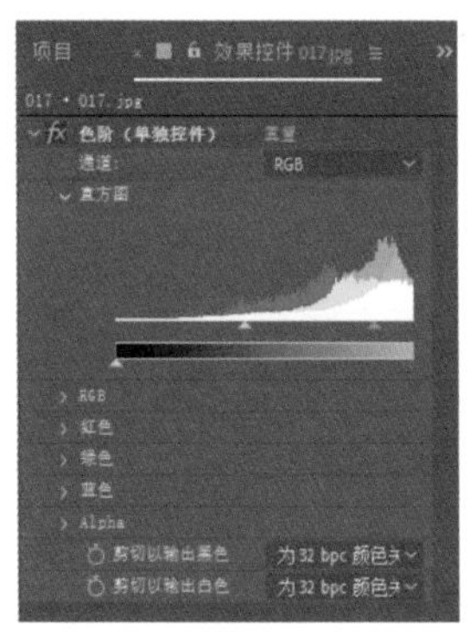

图 7-67

图 7-68

7.1.22　【色相 / 饱和度】特效

【色相 / 饱和度】特效用于调整图像中单个颜色分量的主色调、主饱和度和主亮度。其应用的效果与【色彩平衡】特效相似。该特效的参数设置如图 7-69 所示。

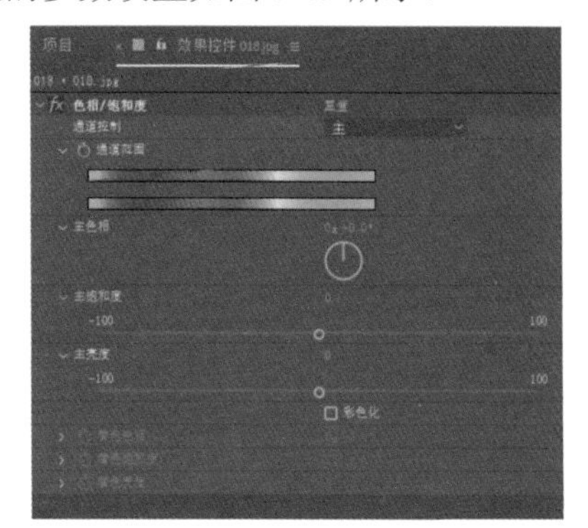

图 7-69

◎　【通道控制】：用于设置颜色通道。如果设置为【主】，将对所有颜色应用效果；若选择其他选项，则对相应的颜色应用效果。

◎　【通道范围】：用于控制所调节的颜色通道的范围。两个色条表示其在色轮上的顺序，上面的色条表示调节前的颜色，下面的色条表示在全饱和度下调整后的效果。当对单独的通道进行调节时，下面的色条会显示控制滑杆。拖动竖条调节颜色范围；拖动三角，调整羽化量。

◎　【主色相】：用于控制所调节的颜色通道的色调。利用颜色控制轮盘改变总的色调，对该参数进行设置前后的效果如图 7-70 所示。

图 7-70

◎　【主饱和度】：用于控制所调节的颜色通道的饱和度，设置该参数前后的效果如图 7-71 所示。

◎　【主亮度】：用于控制所调节的颜色通道的亮度，设置该参数前后的效果如图 7-72 所示。

◎　【彩色化】：选中该复选框，图像将被转换为单色调效果，设置该参数前后的效果如图 7-73 所示。

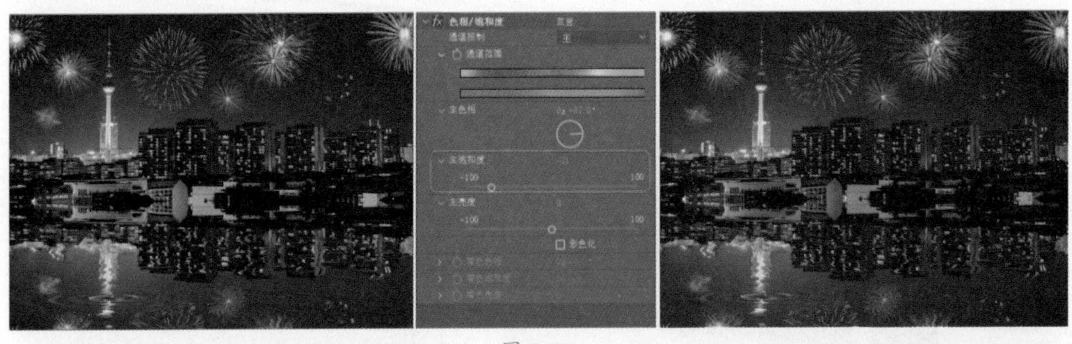

图 7-71

图 7-72

图 7-73

◎ 【着色色相】：用于设置彩色化图像后的色调，调整前后的效果如图 7-74 所示。

图 7-74

◎ 【着色饱和度】：用于设置彩色化图像后的饱和度，调整前后的效果如图 7-75 所示。

◎ 【着色亮度】：用于设置彩色化图像后的亮度。

图 7-75

7.1.23 【通道混合器】特效

【通道混合器】特效通过对图像中现有颜色通道的混合来修改目标（输出）颜色通道，从而控制单个通道的颜色量。利用该命令可以创建高品质的灰度图像、棕褐色调图像或其他色调图像，也可以对图像进行创造性的颜色调整。【通道混合器】特效的参数设置如图 7-76 所示；应用该特效前后的效果如图 7-77 所示。

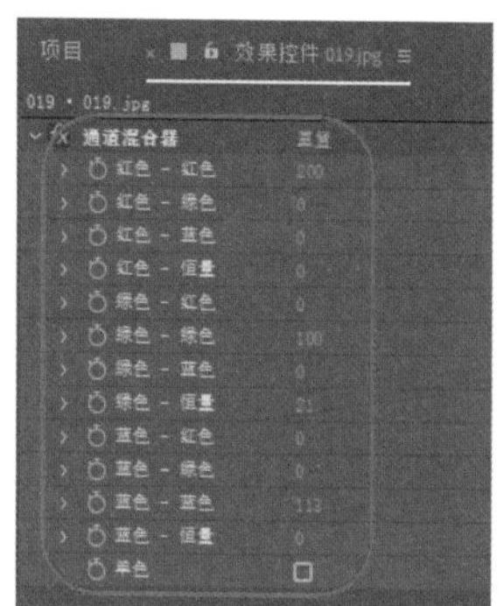

图 7-76

图 7-77

◎ 【红色 / 绿色 / 蓝色】：该组合选项可以调整图像色彩，其中左右 X 代表来自 RGB 通道的色彩信息。

◎ 【单色】：选中该复选框，图像将变为灰色，即单色图像。此时再次调整通道色彩将会改变单色图像的明暗关系。

7.1.24 【颜色链接】特效

【颜色链接】特效用于将当前图像的颜色信息覆盖在当前层上，以改变当前图层的颜色。用户可以通过设置不透明度参数，使图像呈现透过玻璃看画面的效果。【色彩链接】特效的参数设置如图 7-78 所示；应用该特效前后的效果如图 7-79 所示。

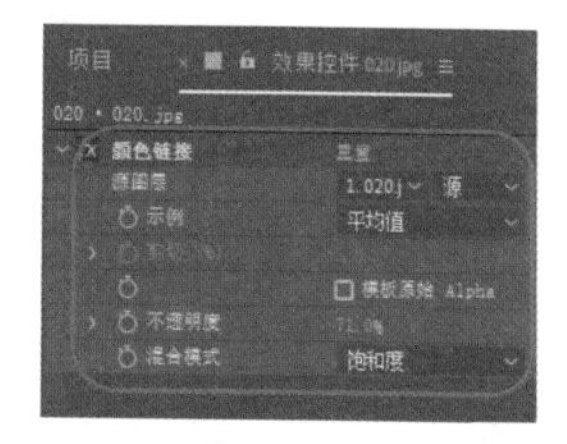

图 7-78

图 7-79

◎ 【源图层】：用户可以在其右侧的下拉列表框中选择需要与之颜色匹配的图层。

◎ 【示例】：用户可以在其右侧的下拉列表框中选择一种默认的样品来调节颜色。

◎ 【剪切（%）】：该选项主要用于设置调整的程度。

◎ 【模板原始 Alpha】：读取原稿的透明模板，如果原稿中没有 Alpha 通道，通过抠像也可以产生类似的透明区域，所以，选中此选项很重要。

◎ 【不透明度】：该选项用于设置所调整颜色的透明度。

◎ 【混合模式】：用于调整所选颜色层的混合模式。这是此选项的另一个关键点，最终的颜色链接通过此模式完成。

7.1.25 【颜色平衡】特效

【颜色平衡】特效主要用于调整整体图像的色彩平衡，以及对于普通色彩的校正，通过对图像的R（红）、G（绿）、B（蓝）通道进行调节，分别调节颜色在暗部、中间色调和高亮部分的强度。【颜色平衡】特效的参数设置如图7-80所示；应用该特效前后的效果如图7-81所示。

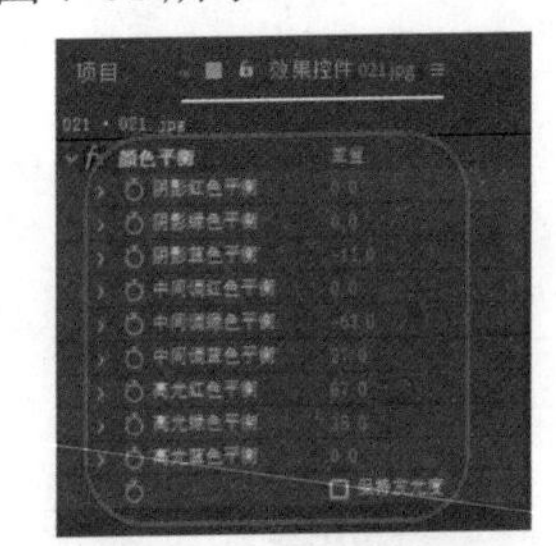

图 7-80

图 7-81

◎ 【阴影红色 / 绿色 / 蓝色平衡】：分别设置阴影区域中红、绿、蓝的色彩平衡程度，一般默认值为 -100 ～ 100。

◎ 【中间调红色 / 绿色 / 蓝色平衡】：该选项主要用于调整中间区域的色彩平衡程度。

◎ 【高光红色 / 绿色 / 蓝色平衡】：该选项主要用于调整高光区域的色彩平衡程度。

7.1.26 【颜色平衡（HLS）】特效

【颜色平衡（HLS）】特效与【颜色平衡】特效基本相似，不同的是该特效不是调整图像的RGB而是HLS，即调整图像的色相、亮度和饱和度各项参数，以改变图像的颜色。【颜色平衡（HLS）】特效的参数设置如图7-82所示；应用该特效前后的效果如图7-83所示。

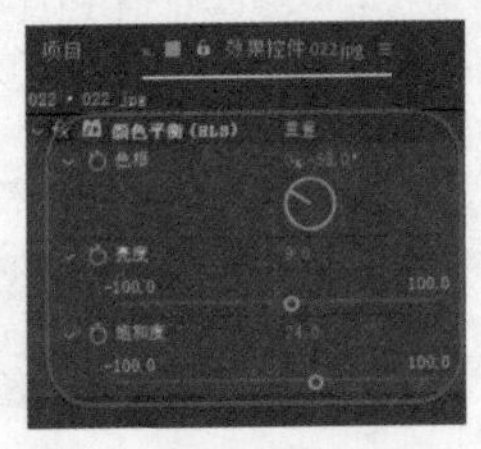

图 7-82

图 7-83

◎ 【色相】：该选项主要用于调整图像的色调。

◎ 【亮度】：该选项主要用于控制图像的明亮程度。

◎ 【饱和度】：该选项主要用于控制图像的整体颜色的饱和度。

7.1.27 【颜色稳定器】特效

【颜色稳定器】特效可以根据周围的环境改变素材的颜色，用户可以通过设置采样颜色来改变画面色彩的效果。【颜色稳定器】特效的参数设置如图7-84所示；应用该特效前后的效果如图7-85所示。

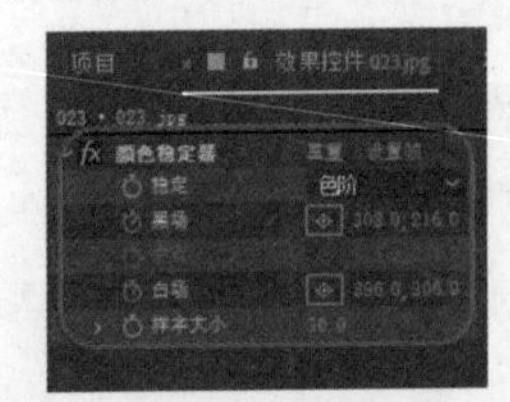

图 7-84

图 7-85

◎ 【稳定】：该选项主要用于设置颜色稳定的方式，在其右侧的下拉列表中有【亮度】、【色阶】、【曲线】3 种方式。

◎ 【黑场】：该选项主要用来指定图像中黑色点的位置。

◎ 【中点】：该选项用于在亮点和暗点中间设置一个保持不变的中间色调。

◎ 【白场】：该选项用来指定图像中白色点的位置。

◎ 【样本大小】：用于设置采样区域的大小尺寸。

7.1.28 【阴影 / 高光】特效

【阴影 / 高光】特效适合校正由强逆光而形成剪影的照片，也可以校正由于太接近相机闪光灯而有些发白的焦点，在其他方式采光的图像中，这种调整也可以使阴影区域变亮。【阴影 / 高光】是非常有用的命令，它能够基于阴影或高光中的局部相邻像素来校正每个像素，在调整阴影区域时，对高光区域的影响很小；而调整高光区域时，又对阴影区域的影响很小。【阴影 / 高光】特效的参数设置如图 7-86 所示；应用该特效前后的效果如图 7-87 所示。

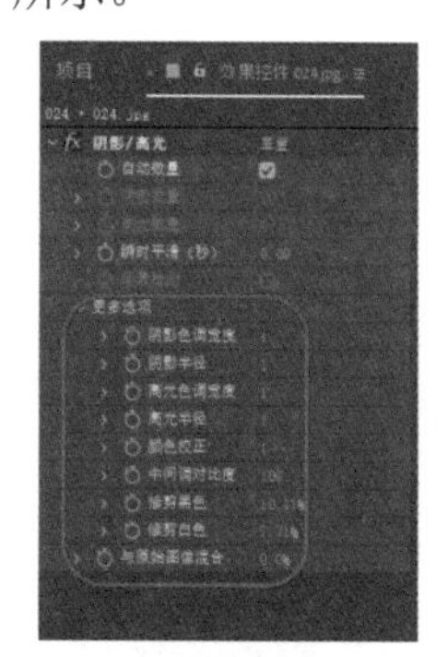

图 7-86

图 7-87

图 7-87（续）

◎ 【自动数量】：选中该复选框，系统将自动对图像进行阴影和高光的调整。选中该复选框后，【阴影数量】和【高光数量】将不能使用。

◎ 【阴影数量】：该选项用于调整图像的阴影数量。

◎ 【高光数量】：该选项用于调整图像的高光数量。

◎ 【瞬时平滑（秒）】：用于调整时间滤波。

◎ 【场景检测】：选中该复选框，则设置场景检测。

◎ 【更多选项】：在该参数项下可进一步设置特效的参数。

◎ 【与原始图像混合】：设置效果图像与原始图像的混合程度。

7.1.29 【照片滤镜】特效

【照片滤镜】特效是通过模拟在相机镜头前面加装彩色滤镜来调整通过镜头传输的光的色彩平衡和色温，或者使胶片曝光。在该特效中允许用户选择预设的颜色或者自定义的颜色调整图像的色相。【照片滤镜】特效的参数设置如图 7-88 所示。

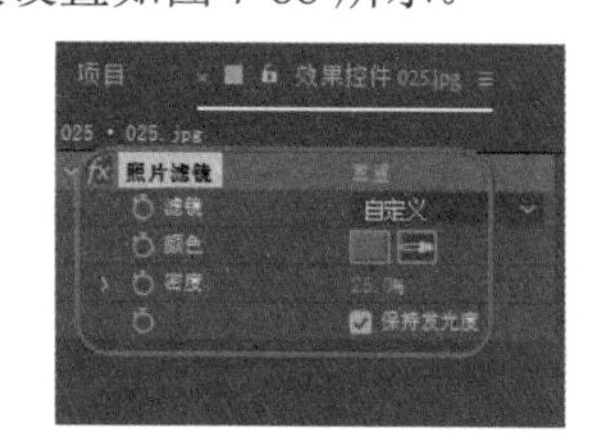

图 7-88

◎ 【滤镜】：用户可以在其右侧的下拉列表框中选择一个滤镜。选择【冷色滤镜（80）】和【深红】滤镜时的效果如图 7-89 所示。

图 7-89

◎ 【颜色】：当将【滤镜】设置为【自定义】时，用户可单击该选项右侧的颜色块，在打开的【拾色器】对话框中设置自定义的滤镜颜色。

◎ 【密度】：用来设置滤光镜的滤光浓度。该值越高，颜色的调整幅度就越大。如图 7-90 所示为不同密度值时的效果。

◎ 【保持发光度】：选中该复选框，将对图像中的亮度进行保护，可在添加颜色的同时保持原图像的明暗关系。

图 7-90

7.1.30 【自动对比度】特效

【自动对比度】特效将对图像的自动对比度进行调整。如果图像值和自动对比度的值相近，应用该特效后图像变换效果较小。该特效的参数设置如图 7-91 所示；应用该特效前后的效果如图 7-92 所示。

◎ 【瞬时平滑（秒）】：用于指定一个时间滤波范围，以秒为单位。

◎ 【场景检测】：检测层中的图像。

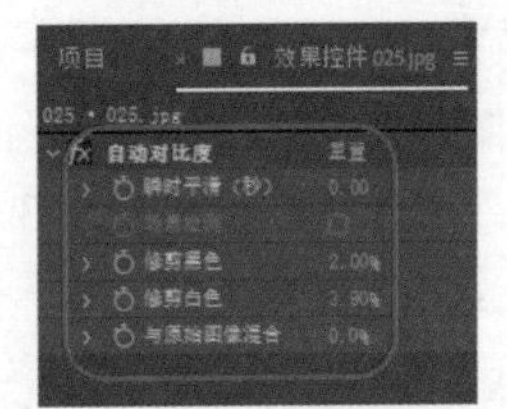

图 7-91

图 7-92

◎ 【修剪黑色】：修剪阴影部分的图像，加深阴影。

◎ 【修剪白色】：修剪高光部分的图像，提高高光亮度。

◎ 【与原始图像混合】：该选项用于设置特效图像与原图像间的混合比例。

7.1.31 【自动色阶】特效

【自动色阶】特效可对图像进行自动色阶的调整。如果图像值和自动色阶的值相近，应用该特效后的图像变换效果比较小。该特效的各项参数的含义与【自动对比度】特效的含义相似，此处就不再赘述。该特效的参数设置如图 7-93 所示；应用该特效前后的效果如图 7-94 所示。

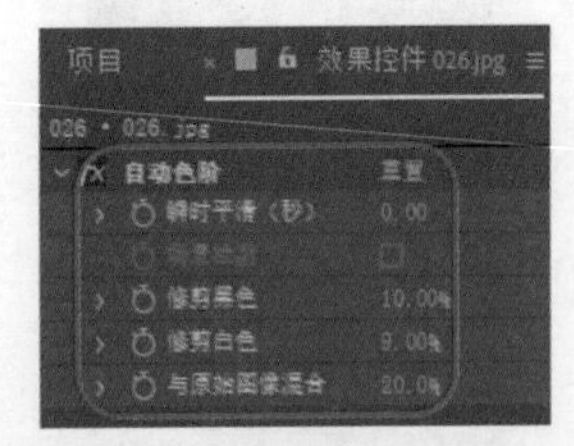

图 7-93

图 7-94

7.1.32 【自动颜色】特效

【自动颜色】特效与【自动对比度】特效的参数设置相似，只是比【自动对比度】特效多了个【对齐中性中间调】选项。该特效的参数设置如图 7-95 所示；应用该特效前后的效果如图 7-96 所示。

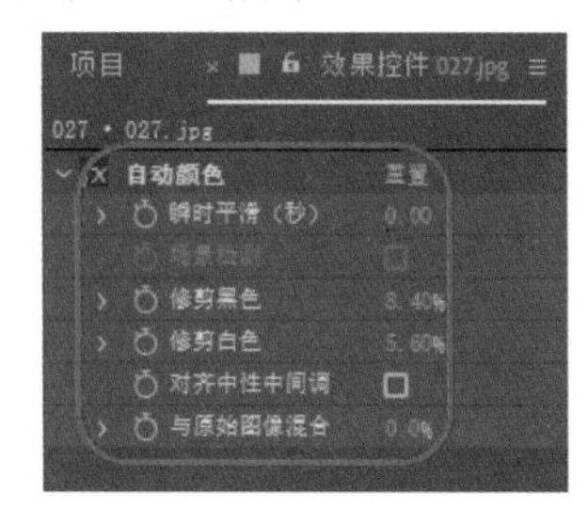

图 7-95

图 7-96

【对齐中性中间调】：识别并自动调整中间颜色影调。

7.1.33 【自然饱和度】特效

使用【自然饱和度】特效调整饱和度以便在图像颜色接近最大饱和度时，最大限度地减少修剪。该特效的参数设置如图 7-97 所示；应用该特效前后的效果如图 7-98 所示。

◎ 【自然饱和度】：用于设置颜色的饱和度轻微变化效果。数值越大，饱和度越高；反之，饱和度越低。

◎ 【饱和度】：用于设置颜色浓烈的饱和度差异效果。数值越大，饱和度越高，反之，饱和度越低。

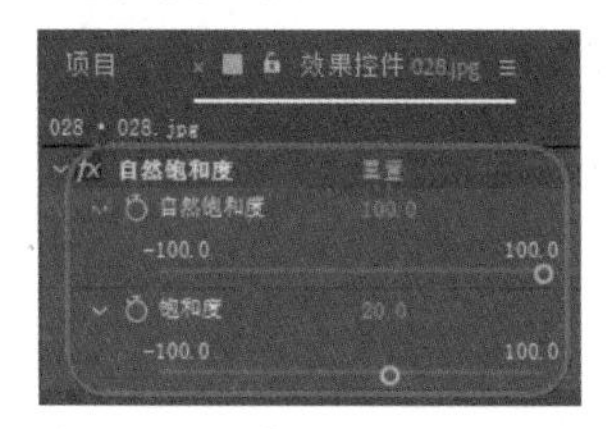

图 7-97

图 7-98

7.1.34 【Lumetri 颜色】特效

After Effects 为用户提供了专业品质的 Lumetri 颜色分级和颜色校正工具，可让用户直接在时间轴上为素材分级。用户可以从【效果】菜单以及【效果和预设】面板的【颜色校正】类别访问 Lumetri 颜色效果。Lumetri 颜色经过 GPU 加速，可更快地实现。使用这些工具，用户可以用具有创意的全新方式按序列调整颜色、对比度和光照。编辑和颜色分级可配合工作，这样，用户可以在编辑和分级任务之间自由转换，而无须导出或启动单独的分级应用程序。【Lumetri 颜色】特效的参数设置如图 7-99 所示；应用该特效前后的效果如图 7-100 所示。

Lumetri 颜色效果的工作方式与 Premiere Pro 中的颜色面板相同。

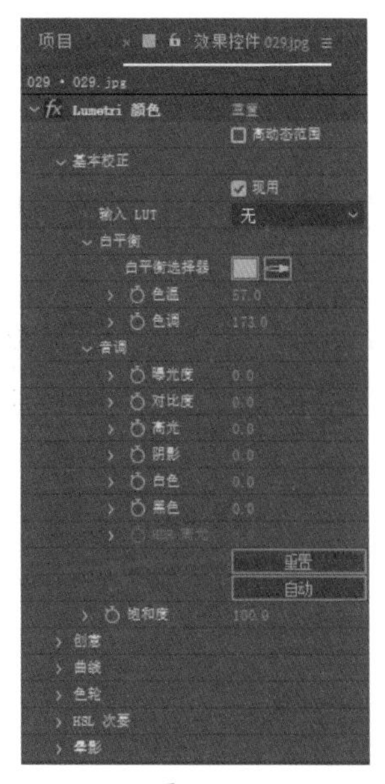

图 7-99

图 7-100

7.2 键控特效

键控也称为叠加或抠像，在影视制作领域是被广泛采用的技术手段，和蒙版在应用上基本相似。【键控】特效主要是将素材中的背景去掉，从而保留场景的主体。

7.2.1 CC Simple Wire Removal（擦钢丝）特效

CC Simple Wire Removal（擦钢丝）特效是利用一根线将图像分割，在线的部位产生模糊效果。该特效的参数设置如图 7-101 所示。应用该特效前后的效果如图 7-102 所示。

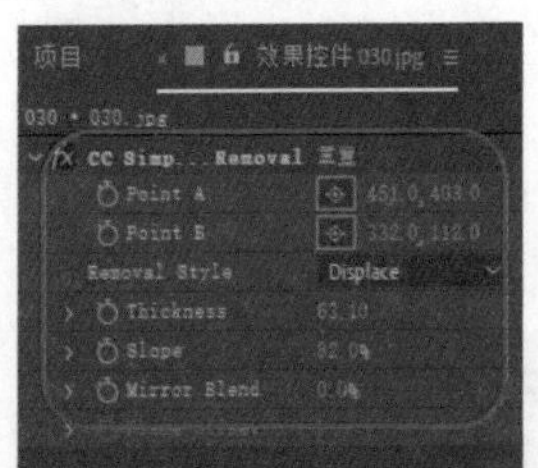
图 7-101

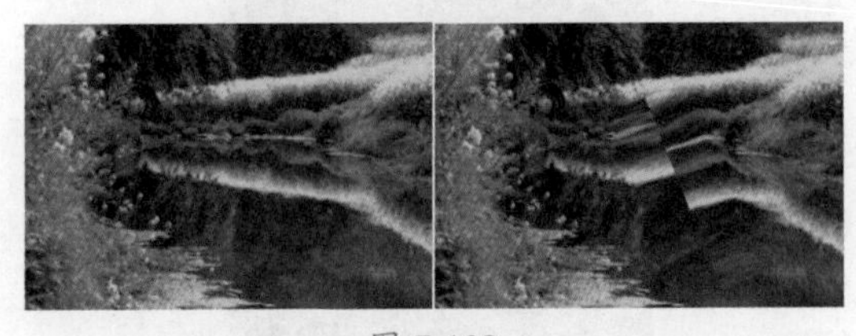
图 7-102

◎ Point A（点 A）：该选项用于设置控制点 A 在图像中的位置。

◎ Point B（点 B）：该选项用于设置控制点 B 在图像中的位置。

◎ Removal Style（移除样式）：该选项用于设置钢丝的样式。

◎ Thickness（厚度）：该选项用于设置线的厚度。

◎ Slope（倾斜）：该选项用于设置钢丝的倾斜角度。

◎ Mirror Blend（镜像混合）：该选项用于设置线与原图像的混合程度。值越大，越模糊；值越小，越清晰。

◎ Frame Offset（帧偏移）：当 Removal Style（移除样式）设置为 Frame Offset 时，该选项才可用。

7.2.2 Keylight（1.2）特效

Keylight（1.2）特效可以通过指定颜色对图像进行抠除，用户可以对其进行参数设置，从而产生不同的效果。该特效的参数设置如图 7-103 所示；应用该特效前后的效果如图 7-104 所示。

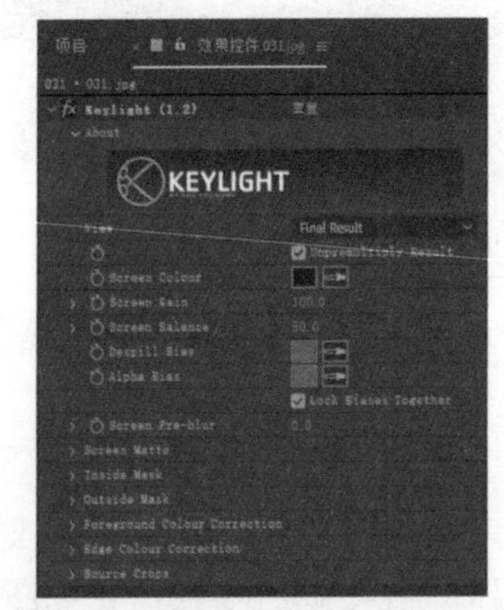

图 7-103

图 7-104

◎ View（视图）：用户可以在其右侧的下拉列表框中选择不同的视图。

◎ Screen Colour（屏幕颜色）：该选项用于设置要抠除的颜色。

◎ Screen Gain（屏幕增益）：该选项用于设置屏幕颜色的饱和度。

◎ Screen Balance（屏幕平衡）：该选项用于设置屏幕色彩的平衡。

◎ Screen Matte（屏幕蒙版）：该选项用于调节图像黑白所占的比例及图像的柔和度。

◎ Inside Mask（内侧遮罩）：该选项用于为图像添加并设置抠像内侧的遮罩属性。

◎ Outside Mask（外侧遮罩）：该选项用于为图像添加并设置抠像外侧的遮罩属性。

◎ Foreground Colour Correction（前景色校正）：该选项用于设置蒙版影像的色彩属性。

◎ Edge Colour Correction（边缘色校正）：该选项用于校正特效的边缘色。

◎ Source Crops（来源）：该选项用于设置裁剪影像的属性类型及参数。

7.2.3 【差值遮罩】特效

【差值遮罩】特效通过对差异层与特效层进行颜色对比，将相同颜色的区域抠出，从而制作出透明的效果。该特效的参数设置如图 7-105 所示。

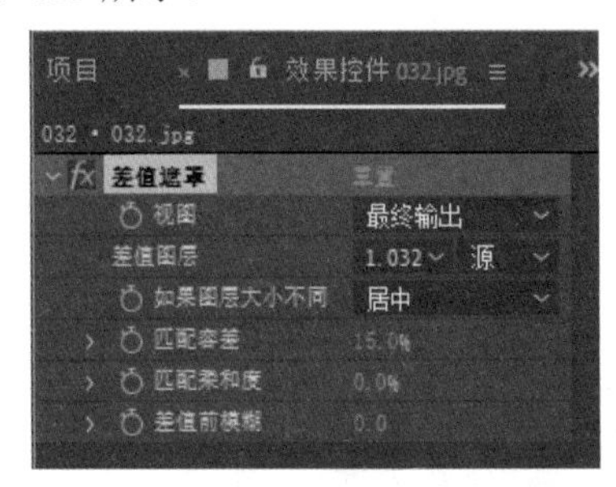

图 7-105

◎ 【视图】：该选项用于选择不同的图像视图。

◎ 【差值图层】：该选项用于指定与特效层进行比较的差异层。

◎ 【如果图层大小不同】：用于设置差异层与特效层的对齐方式。

◎ 【匹配容差】：该选项用于设置颜色对比的范围大小。值越大，包含的颜色信息量就越多。

◎ 【匹配柔和度】：该选项用于设置颜色的柔和程度。

◎ 【差值前模糊】：该选项用于设置模糊值。

7.2.4 【亮度键】特效

【亮度键】特效主要是利用图像中像素的不同亮度来进行抠图。该特效主要用于明暗对比度比较大但色相变化不大的图像。该特效的参数设置如图 7-106 所示；应用该特效前后的效果如图 7-107 所示。

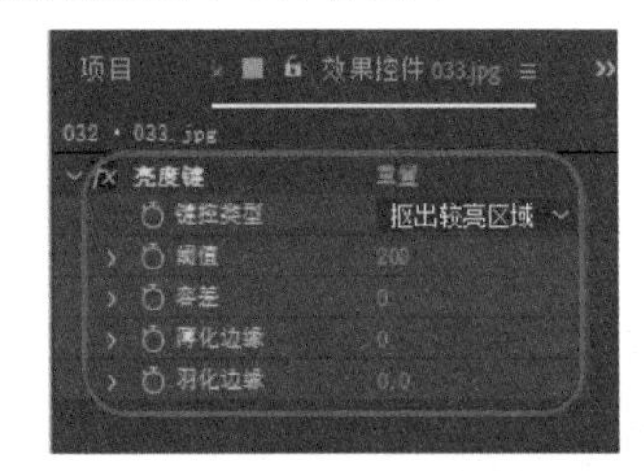

图 7-106

图 7-107

◎ 【键控类型】：该选项用于指定亮度键的类型。【抠出较亮区域】使比指定亮度值亮的像素透明；【抠出较暗区域】使比指定亮度值暗的像素透明；【抠出相似区域】使亮度值宽容度范围内的像素透明；【抠出非相似区域】使亮度值宽容度范围外的像素透明。

◎ 【阈值】：用于指定键出的亮度值。

◎ 【容差】：用于指定键出亮度的宽容度。

◎ 【薄化边缘】：用于设置对键出区域边界的调整。

◎ 【羽化边缘】：用于设置键出区域边界的羽化度。

7.2.5 【内部 / 外部键】特效

【内部 / 外部键】特效可以通过指定的遮罩来定义内边缘和外边缘，然后根据内外遮罩进行图像差异比较，从而得到一个透明的效果。该特效的参数设置如图 7-108 所示。应用该特效前后的效果如图 7-109 所示。

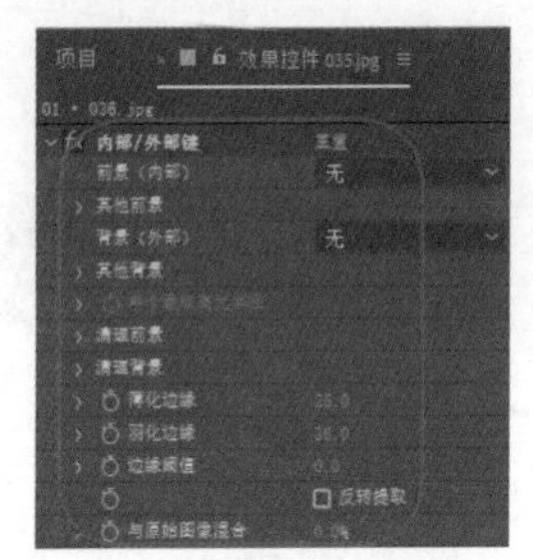

图 7-108

图 7-109

◎ 【前景（内部）】：为键控特效指定前景遮罩。

◎ 【其他前景】：对于较为复杂的键控对象，需要为其指定多个遮罩，以进行不同部位的键出。

◎ 【背景（外部）】：为键控特效指定外边缘遮罩。

◎ 【其他背景】：在该选项中可添加更多的背景遮罩。

◎ 【单个蒙版高光半径】：当使用单一遮罩时，修改该参数就可以扩展遮罩的范围。

◎ 【清理前景】：在该参数栏中，可以根据指定的遮罩路径清除前景色。

◎ 【清理背景】：在该参数栏中，可以根据指定的遮罩路径清除背景。

◎ 【薄化边缘】：该选项用于设置边缘的粗细。

◎ 【羽化边缘】：该选项用于设置边缘的柔化程度。

◎ 【边缘阈值】：该选项用于设置边缘颜色的阈值。

◎ 【反转提取】：选中该复选框，将设置的提取范围进行反转操作。

◎ 【与原始图像混合】：该选项用于设置特效图像与原图像间的混合比例。值越大，特效图与原图就越接近。

7.2.6 【提取】特效

【提取】特效根据指定的一个亮度范围来产生透明，亮度范围的选择基于通道的直方图。对于具有黑色或白色背景的图像，或背景亮度与保留对象之间亮度反差很大的复杂背景图像，使用该滤镜特效效果较好。该特效的参数设置如图 7-110 所示；应用该特效前后的效果如图 7-111 所示。

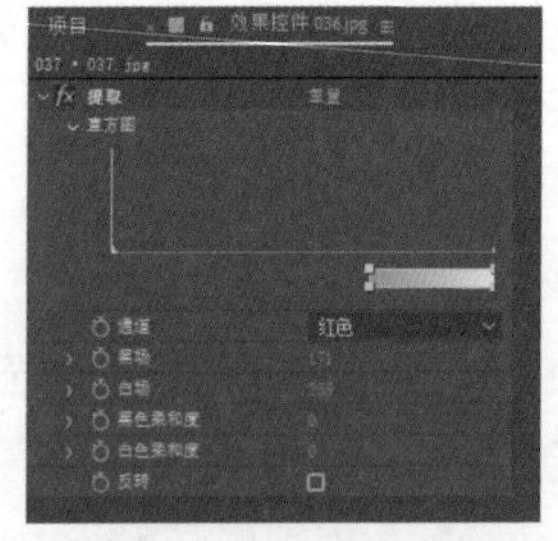

图 7-110

图 7-111

◎ 【直方图】：该选项用于显示图像亮区、暗区的分布情况和参数值的调整情况。

◎ 【通道】：该选项用于设置抠像图层的色彩通道，其中包括【亮度】、【红色】、【绿色】等 5 种通道。

◎ 【黑场】：该选项用于设置黑点的范围，小于该值的黑色区域将变成透明。

◎ 【白场】：该选项用于设置白点的范围，小于该值的白色区域将变成透明。

◎ 【黑色柔和度】：该选项用于调节暗色区域的柔和程度。

◎ 【白色柔和度】：该选项用于调节亮色区域的柔和程度。

◎ 【反转】：选中该复选框后，可反转蒙版。

7.2.7 【线性颜色键】特效

【线性颜色键】特效可以根据 RGB 色彩信息或色相及饱和度信息与指定的键控色进行比较。该特效的参数设置如图 7-112 所示；应用该特效前后的效果如图 7-113 所示。

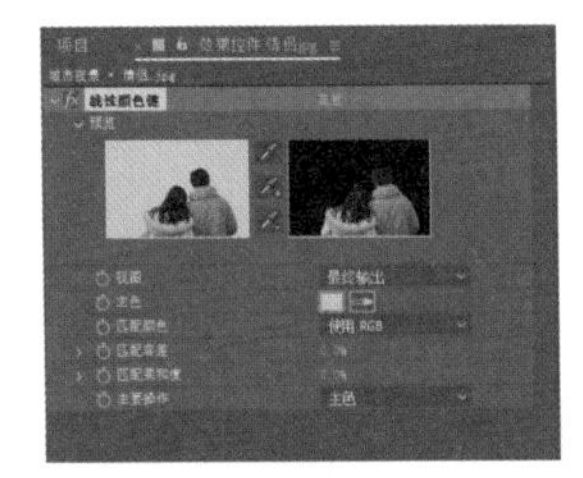

图 7-112

图 7-113

◎ 【预览】：该选项用于显示素材视图和键控预览效果图。

◎ 素材视图：用于显示素材原图。

◎ 预览视图：用于显示键控的效果。

◎ 【键控滴管】：用于在素材视图中选择键控色。

◎ 【加滴管】：用于增加键控色的颜色范围。

◎ 【减滴管】：用于减少键控色的颜色范围。

◎ 【视图】：该选项用于设置视图的查看效果。

◎ 【主色】：该选项用于设置需要设为透明色的颜色。

◎ 【匹配颜色】：该选项用于设置抠像的色彩空间模式，用户可以在其右侧的下拉列表框中选择【使用 RGB】、【使用色调】、【使用色度】3 种模式。【使用 RGB】是以红、绿、蓝为基准的键控色；【使用色调】基于对象发射或反射的颜色为键控色，以标准色轮廓的位置进行计量；【使用色度】的键控色基于颜色的色调和饱和度。

◎ 【匹配容差】：用于设置透明颜色的容差度。较低的数值产生透明较少，较高的数值产生透明较多。

◎ 【匹配柔和度】：用于调节透明区域与不透明区域之间的柔和度。

◎ 【主要操作】：该选项用于设置键控色是键出还是保留原色。

7.2.8 【颜色差值键】特效

【颜色差值键】特效是将指定的颜色划分为 A、B 两个部分实现抠像操作。蒙版 A 使指定键控色之外的其他颜色区域透明，蒙版 B 使指定的键控颜色区域透明，将两个蒙版透明区域进行组合得到第 3 个蒙版的透明区域，这个新的透明区域就是最终的 Alpha 通道。该特效的参数设置如图 7-114 所示；应用该特效前后的效果如图 7-115 所示。

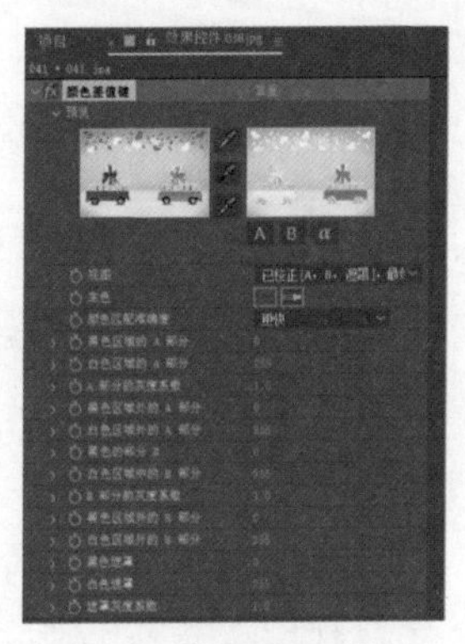

图 7-114

图 7-115

◎ 【预览】：用于预演素材视图和遮罩视图。素材视图用于显示源素材画面缩略图，遮罩视图用于显示调整的遮罩情况。单击下面的按钮 A、B、α 可分别查看遮罩 A、遮罩 B、Alpha 遮罩。

◎ 【视图】：该选项用于设置图像在【合成】面板中的显示模式，在其右侧的下拉列表框中共提供了 9 种模式。

◎ 【主色】：该选项用于设置需要抠除的颜色。用户可用吸管直接在面板中吸取，也可通过色块设置颜色。

◎ 【颜色匹配准确度】：该选项主要用于设置颜色匹配的精确度。用户可在其右侧的下拉列表框中选择【更快】和【更精确】选项。

◎ 【黑色区域的 A 部分】：用于设置 A 遮罩的非溢出黑平衡。

◎ 【白色区域的 A 部分】：用于设置 A 遮罩的非溢出白平衡。

◎ 【A 部分的灰度系数】：用于设置 A 遮罩的伽玛校正值。

◎ 【黑色区域外的 A 部分】：用于设置 A 遮罩的溢出黑平衡。

◎ 【白色区域外的 A 部分】：用于设置 A 遮罩的溢出白平衡。

◎ 【黑色的部分 B】：用于设置 B 遮罩的非溢出黑平衡。

◎ 【白色区域中的 B 部分】：用于设置 B 遮罩的非溢出白平衡。

◎ 【B 部分的灰度系数】：用于设置 B 遮罩的伽玛校正值。

◎ 【黑色区域外的 B 部分】：用于设置 B 遮罩的溢出黑平衡。

◎ 【白色区域外的 B 部分】：用于设置 B 遮罩的溢出白平衡。

◎ 【黑色遮罩】：用于设置 Alpha 遮罩的非溢出黑平衡。

◎ 【白色遮罩】：用于设置 Alpha 遮罩的非溢出白平衡。

◎ 【遮罩灰度系数】：用于设置 Alpha 遮罩的伽玛校正值。

7.2.9 【颜色范围】特效

【颜色范围】特效通过键出指定的颜色范围产生透明效果，可以应用的色彩空间包括 Lab、YUV 和 RGB。这种键控方式可以应用在背景包含多个颜色、背景亮度不均匀和包含相同颜色的阴影，这个新的透明区域就是最终的 Alpha 通道。该特效的参数设置如图 7-116 所示；应用该特效前后的效果如图 7-117 所示。

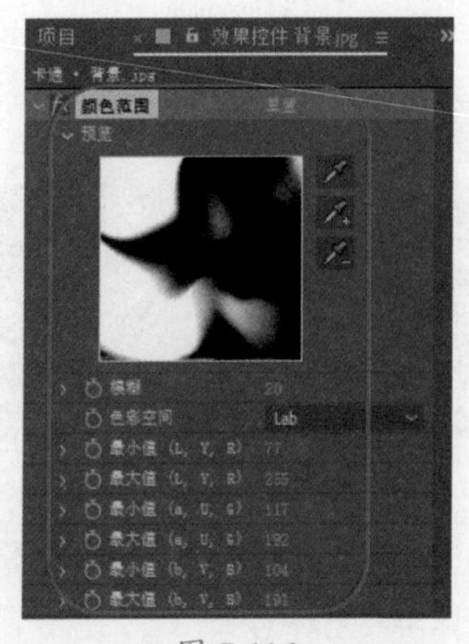

图 7-116

图 7-117

◎ 【键控滴管】：该工具可从蒙版缩略图中吸取键控色，用于在遮罩视图中选择开始键控颜色。

◎ 【加滴管】：该工具可增加键控色的颜色范围。

◎ 【减滴管】：该工具可减少键控色的颜色范围。

◎ 【模糊】：对边界进行柔和模糊，用于调整边缘柔化度。

◎ 【色彩空间】：用于设置键控颜色范围的颜色空间，有 Lab、YUV 和 RGB 3 种方式。

◎ 【最小值】/【最大值】：对颜色范围的开始和结束颜色进行精细调整，精确调整颜色空间参数，(L，Y，R)、(a，U，G)和(b，V，B)代表颜色空间的3个分量。【最小值】调整颜色范围的开始，【最大值】调整颜色范围的结束。L、Y、R 滑块控制指定颜色空间的第一个分量；a、U、G 滑块控制指定颜色空间的第二个分量；b、V、B 滑块控制指定颜色空间的第三个分量。拖动【最小值】滑块对颜色范围的开始部分进行精细调整，拖动【最大值】滑块对颜色的结束范围进行精确调整。

7.2.10 【颜色键】特效

【颜色键】特效可以将素材的某种颜色及其相似的颜色范围设置为透明，还可以对素材进行边缘预留设置。这是一种比较初级的键控特效，如果要处理的图像背景复杂，则不适合使用该特效。该特效的参数设置如图 7-118 所示。

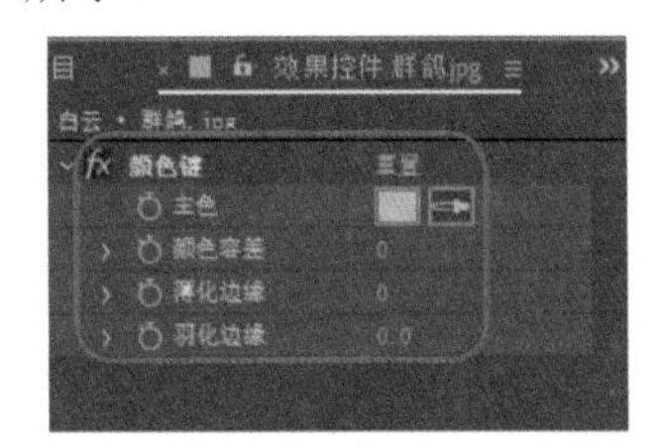

图 7-118

◎ 【主色】：该选项用于设置透明的颜色值。用户可以通过单击其右侧的色块或使用吸管工具设置其颜色，效果如图 7-119 所示。

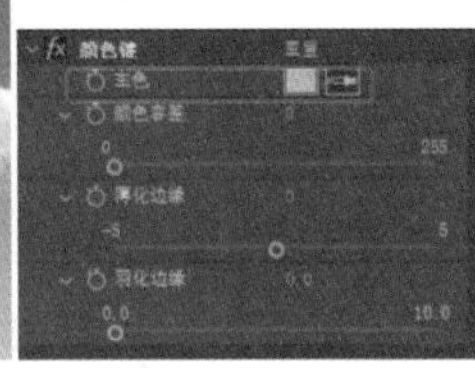

图 7-119

◎ 【颜色容差】：用于设置键出色彩的容差范围。容差范围越大，就有越多与指定颜色相近的颜色被键出；容差范围越小，则被键出的颜色越少。当该值设置为 50 时的效果如图 7-120 所示。

◎ 【薄化边缘】：用于对键出区的域边界进行调整。

◎ 【羽化边缘】：该选项主要用于设置抠像蒙版边缘的虚化程度。数值越大，与背景的融合效果越紧密。

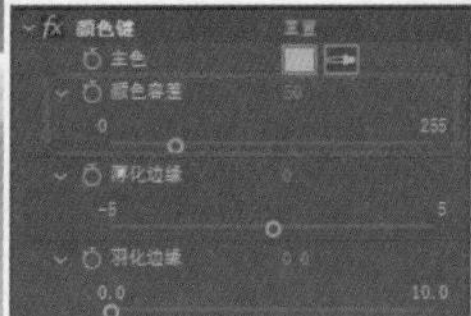

图 7-120

【实战】黑夜蝙蝠动画

本案例将介绍如何制作黑夜蝙蝠动画短片。首先添加素材图片，在视频层上使用【颜色键】效果，通过设置【颜色键】效果参数，将视频与图片合成在一起，最终效果如图 7-121 所示。

图 7-121

素材	素材 \Cha07\ 黑夜蝙蝠动画素材 .aep
场景	场景 \Cha07\【实战】黑夜蝙蝠动画 .aep
视频	视频教学 \Cha07\【实战】黑夜蝙蝠动画 .mp4

01 按 Ctrl+O 组合键，打开“素材 \Cha07\ 黑夜蝙蝠动画素材 .aep”素材文件，在【项目】面板中选择“黑夜背景 .mp4”文件，将其拖至【时间轴】面板中，如图 7-122 所示。

02 将【项目】面板中的 Bats.avi 素材添加到【时间轴】面板的顶部，将其【缩放】设置为 175, 175%，如图 7-123 所示。

图 7-122

图 7-123

03 选中【时间轴】面板中的 Bats.avi 层，在菜单栏中选择【效果】|【过时】|【颜色键】命令，在【合成】面板中，将分辨率设置为【完整】。在【效果控件】面板中，将【颜色容差】设置为 255，【薄化边缘】设置为 2，使用【颜色键】中【主色】右侧的工具，吸取视频中的白色，如图 7-124 所示。

图 7-124

04 拖动时间线，在【合成】面板中观察效果，如图 7-125 所示。

图 7-125

7.2.11 【溢出抑制】特效

【溢出抑制】特效可以去除键控后图像残留的键控痕迹，可以将素材的颜色替换成另外一种颜色。该特效的参数设置如图 7-126 所示；应用该特效前后的效果如图 7-127 所示。

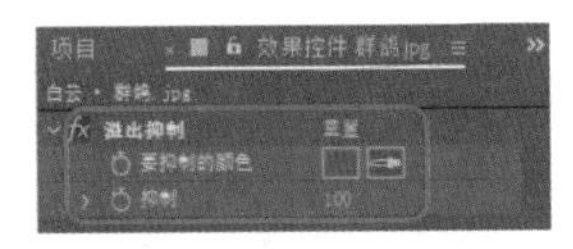

图 7-126

图 7-127

◎ 【要抑制的颜色】：该选项用于设置需要抑制的颜色。

◎ 【抑制】：该选项用于设置抑制程度。

课后项目练习 唯美清新色调

本例通过对图片添加特效制作唯美清新色调，如图 7-128 所示。

课后项目练习效果展示

图 7-128

课后项目练习过程概要

01 打开准备的“唯美清新色调素材 .aep”素材文件。

02 为素材添加【色阶】、【曲线】、【照片滤镜】、【颜色平衡】等效果，并设置参数制作出清新唯美效果。

素材	素材 \Cha07\ 唯美清新色调素材 .aep
场景	场景 \Cha07\ 唯美清新色调 .aep
视频	视频教学 \Cha07\ 唯美清新色调 .mp4

01 按 Ctrl+O 组合键，打开“素材 \Cha07\ 唯美清新色调素材 .aep”素材文件，在【项目】面板中选择“唯美清新色调 .jpg”素材文件，将其拖曳至【时间轴】面板中，如图 7-129 所示。

图 7-129

02 在菜单栏中选择【效果】|【颜色校正】|【色阶】命令，在【效果控件】面板中将【通道】设置为RGB，将【输入黑色】、【灰度系数】、【输出黑色】分别设置为31、1.3、30，如图7-130所示。

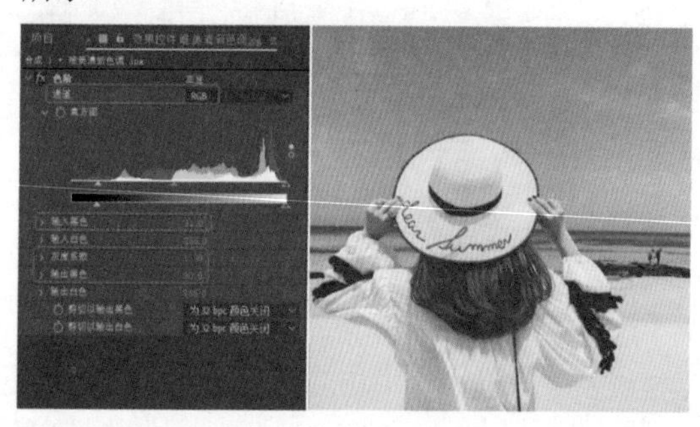

图 7-130

03 将【通道】设置为【蓝色】，将【蓝色输出黑色】、【蓝色输出白色】分别设置为60、233，如图 7-131 所示。

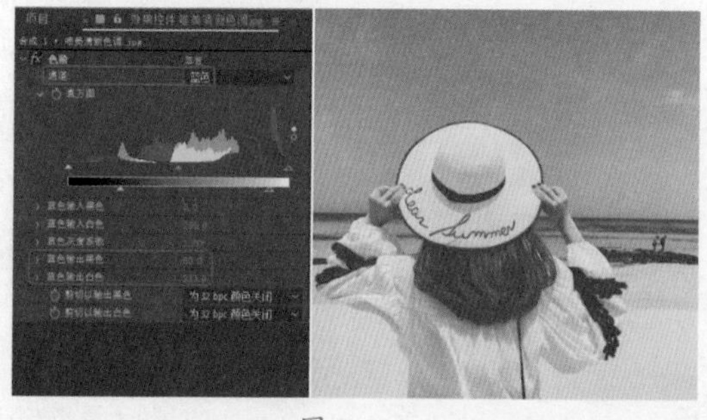

图 7-131

04 为"唯美清新色调.jpg"图层添加【曲线】效果，在【效果控件】面板中为【红色】、【绿色】、【蓝色】通道添加编辑点，并对编辑点进行调整，如图 7-132 所示。

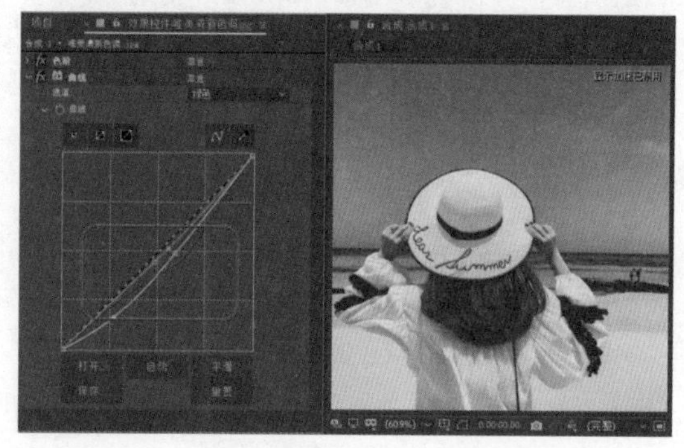

图 7-132

05 为选中的图层添加【色阶】效果，在【效果控件】面板中将【通道】设置为 RGB，将【灰度系数】、【输出黑色】分别设置为 0.75、34，如图 7-133 所示。

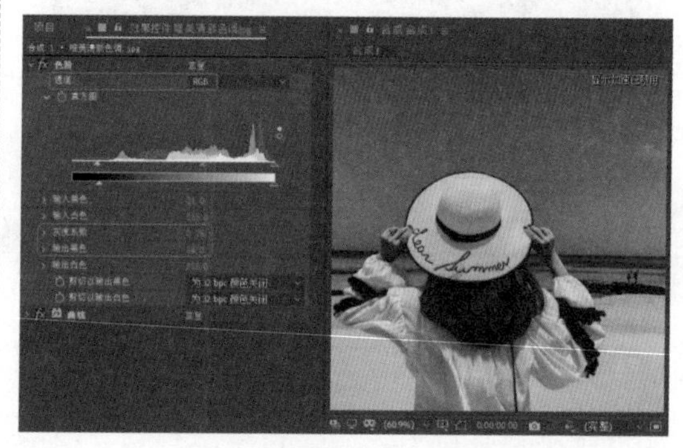

图 7-133

06 为选中的图层添加【照片滤镜】效果，在【效果控件】面板中将【滤镜】设置为【暖色滤镜（81）】，如图 7-134 所示。

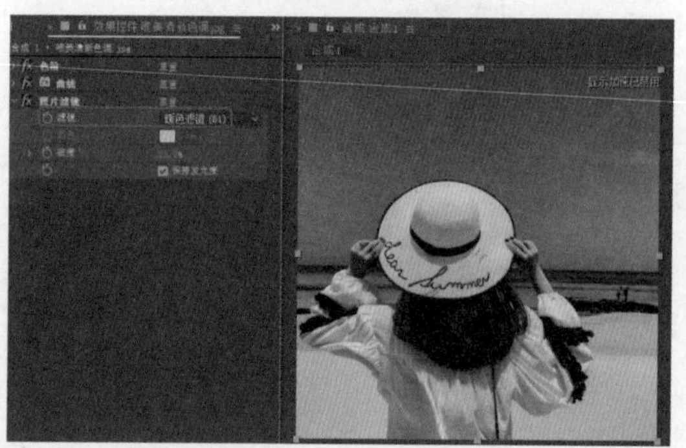

图 7-134

07 为选中的图层添加【色调】效果，在【时间轴】面板中将【着色数量】设置为 30%，如图 7-135 所示。

图 7-135

08 为选中的图层添加【颜色平衡】效果，在【时间轴】面板中将【阴影绿色平衡】、【阴影蓝色平衡】、【中间调红色平衡】、【中间调绿色平衡】、【中间调蓝色平衡】、【高光红色平衡】、【高光绿色平衡】、【高光蓝色平衡】分别设置为7、24、2、23、-3、3、6、14，如图7-136所示。

图 7-136

09 在菜单栏中选择【效果】|【风格化】|【发光】命令，在【时间轴】面板中将【发光阈值】、【发光半径】、【发光强度】分别设置为98%、238、0.2，将【发光颜色】设置为【A和B颜色】，将【颜色B】设置为#FF9C00，如图7-137所示。

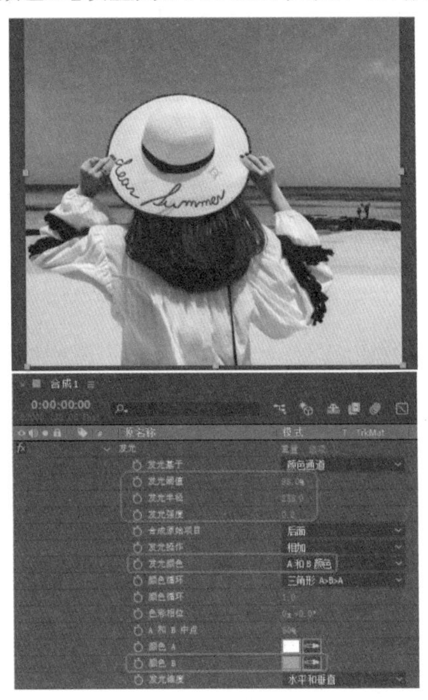

图 7-137

10 在菜单栏中选择【效果】|【过时】|【高斯模糊（旧版）】命令，在【时间轴】面板中将【模糊度】设置为1，如图7-138所示。

图 7-138

11 在菜单栏中选择【效果】|【模糊和锐化】|【锐

化】命令，在【时间轴】面板中将【锐化量】设置为50，如图7-139所示。

图 7-139

12 为选中的图层添加【颜色平衡】效果，在【时间轴】面板中将【阴影红色平衡】、【阴影绿色平衡】、【阴影蓝色平衡】、【中间调红色平衡】、【中间调绿色平衡】、【中间调蓝色平衡】、【高光红色平衡】、【高光绿色平衡】、【高光蓝色平衡】分别设置为49、0、38、44、9、-8、5、-20、2，如图7-140所示。

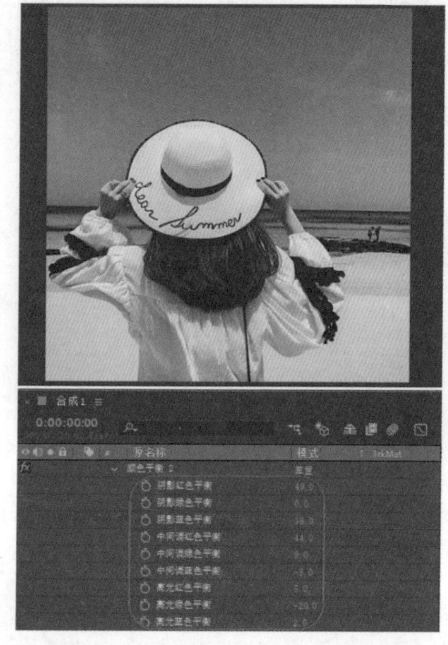

图 7-140

第 08 章

雷雨效果——仿真特效

本章导读：

本章主要介绍仿真特效的制作，如 CC Rainfall(CC 下雨特效)、CC Snowfall(CC 下雪特效)、CC Bubbles(CC 气泡特效)、泡沫特效等。

案例精讲
雷雨效果

为了更好地完成本设计案例，现对制作要求及设计内容做如下规划，最终效果如图8-1所示。

作品名称	雷雨效果
设计创意	通过新建纯色合成、制作蒙版、添加 CC Toner 和 CC Rainfall 效果，模拟出雷雨天的景象
主要元素	（1）雷雨背景 （2）打雷声音音频 （3）下雨声音音频
应用软件	Adobe After Effects 2020
素材	素材 \Cha08\ 雷雨背景 .jpg
场景	场景 \Cha08\【案例精讲】雷雨效果 .aep
视频	视频教学 \Cha08\【案例精讲】雷雨效果 .mp4
雷雨效果欣赏	图 8-1
备注	

01 新建一个项目，在【项目】面板中单击【新建合成】按钮，在弹出的【合成设置】对话框中将【合成名称】设置为“雷雨”，将【宽度】、【高度】分别设置为 1024 px、768 px，将【像素长宽比】设置为【方形像素】，将【帧速率】设置为 25 帧 / 秒，将【持续时间】设置为 0:00:05:00，如图 8-2 所示。

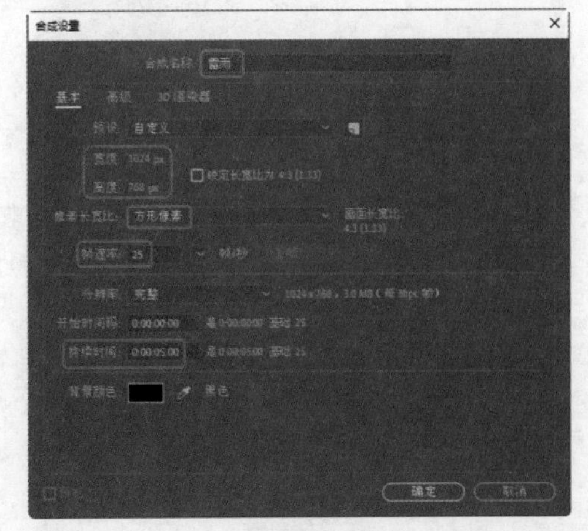

图 8-2

02 单击【确定】按钮，按 Ctrl+I 组合键，在弹出的对话框中选择“雷雨背景 .jpg”素材文件，导入至【项目】面板中，按住鼠标左键将该素材拖曳至【时间轴】面板中。将当前时间设置为 0:00:00:00，将【位置】设置为 508, 384，单击其左侧的【时间变化秒表】按钮，按 Shift+F9 组合键将关键帧转换为缓入，将【缩放】设置为 44, 44%，如图 8-3 所示。

图 8-3

03 将当前时间设置为 0:00:04:24，将【位置】设置为 631, 384，按 F9 键将关键帧转换为缓动，如图 8-4 所示。

图 8-4

04 在【时间轴】面板中的空白处右击，在弹出的快捷菜单中选择【新建】|【纯色】命令，如图 8-5 所示。

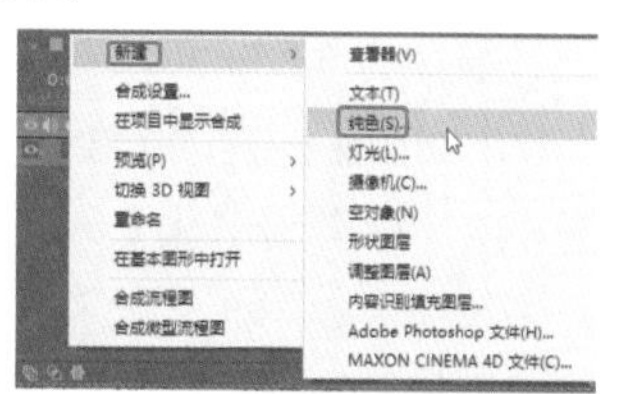

图 8-5

05 在弹出的【纯色设置】对话框中将【名称】设置为“云”，将【颜色】的 RGB 值设置为 0、0、0，如图 8-6 所示。

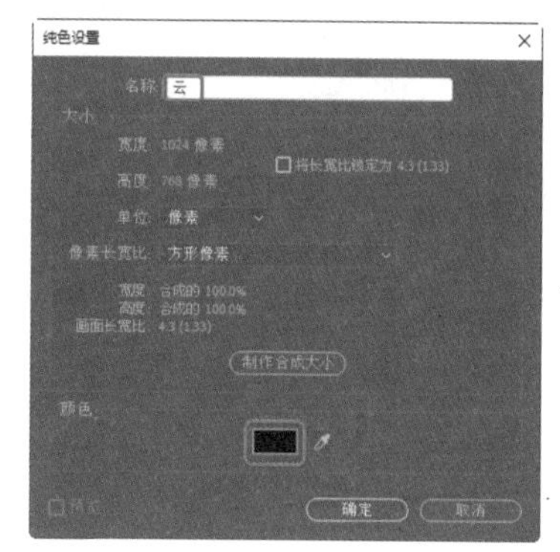

图 8-6

06 单击【确定】按钮，在工具栏中选择【钢笔工具】，在【合成】面板中绘制一个蒙版。在【时间轴】面板中将【蒙版羽化】设置为 95, 95 像素，将【蒙版扩展】设置为 60 像素，如图 8-7 所示。

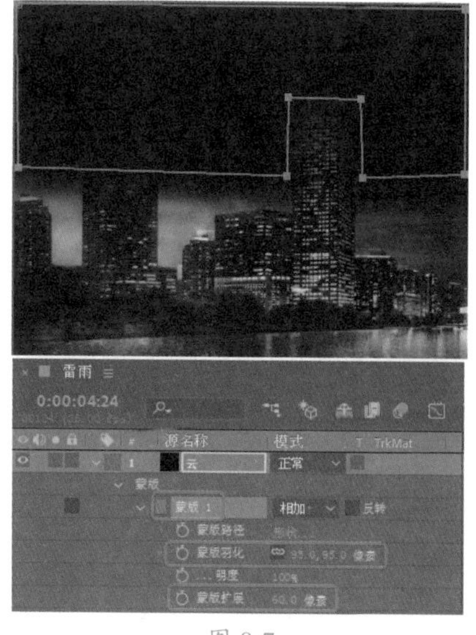

图 8-7

07 在【效果和预设】面板中搜索【分形杂色】效果，双击该效果，为“云”图层添加该效果。将当前时间设置为0:00:00:00，在【时间轴】面板中将【杂色类型】设置为【线性】，将【亮度】设置为-18，单击【演化】左侧的【时间变化秒表】按钮，如图8-8所示。

图 8-8

08 将当前时间设置为0:00:04:24，将【演化】设置为2×+70°，如图8-9所示。

图 8-9

09 继续选中“云”图层，在【效果和预设】面板中搜索【高斯模糊（旧版）】效果，双击鼠标为其添加该效果。在【时间轴】面板中将【模糊度】设置为10，将【模糊方向】设置为【水平和垂直】，如图8-10所示。

图 8-10

10 搜索【边角定位】效果，为“云”图层添加该效果。在【时间轴】面板中将【左上】设置为-298.7, 0，将【右上】设置为1342.6, 0，将【左下】设置为0, 524，将【右下】设置为1024, 524，如图8-11所示。

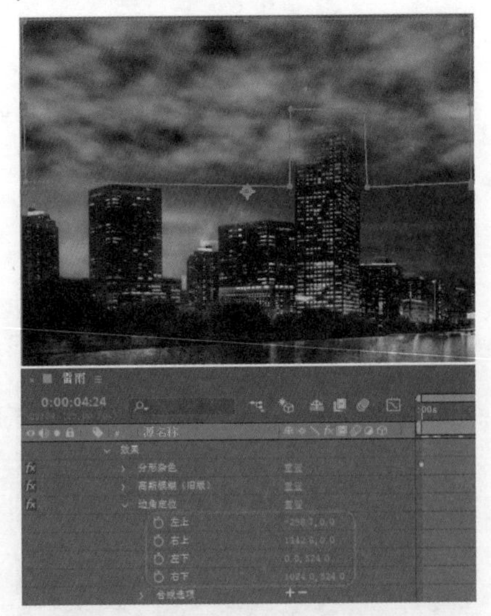

图 8-11

11 搜索CC Toner效果，为“云”图层添加该效果。在【时间轴】面板中将Midtones的RGB值设置为67、89、109，如图8-12所示。

12 继续选中“云”图层，在【时间轴】面板中将该图层的混合模式设置为【屏幕】，如图8-13所示。

图 8-12

图 8-13

13 新建一个“雨”纯色图层，为其添加CC Rainfall特效。在【时间轴】面板中将Size设置为6，将Wind、Variation%（Wind）分别设置为870、38，将Opacity设置为50，将图层的混合模式设置为【屏幕】，如图8-14所示。

14 新建一个“闪电”纯色图层，将其入点时间设置为0:00:00:10，为其添加【高级闪电】效果。确认当前时间为0:00:00:10，在【时间轴】面板中将【闪电类型】设置为【随机】，将【源点】设置为375.9, 148.9，将【外径】设置为1040, 810，单击【外径】左侧的【时间变化秒表】按钮，将【核心半径】与【核心不透明度】分别设置为3、100%，单击【核心不透明度】左侧的【时间变化秒表】按钮，将【发光半径】、【发光不透明度】分别设置为30、50%，单击【发光不透明度】左侧的【时间变化秒表】按钮，将【发光颜色】的RGB值设置为42、57、150，将【Alpha障碍】、【分叉】分别设置为10、11%，将【分形类型】设置为【半线性】，如图8-15所示。

图 8-14

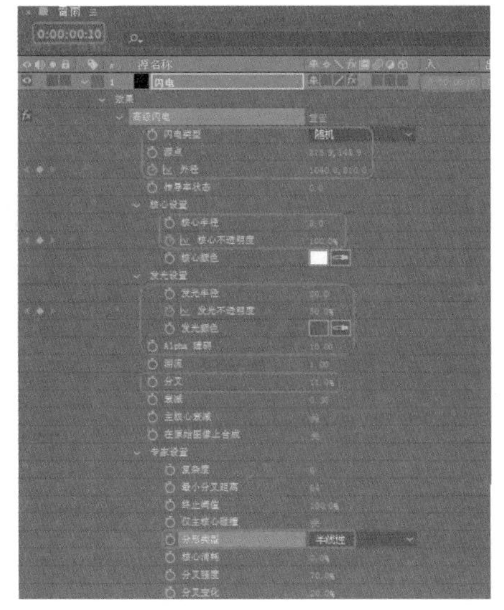

图 8-15

15 将当前时间设置为0:00:01:10，将【外径】设置为577, 532，将【核心不透明度】、【发光不透明度】分别设置为50%、0%，将图层混合模式设置为【相加】，如图8-16所示。

图 8-16

16 继续选中“闪电”图层，将当前时间设置为0:00:01:10，将其时间滑块结尾处与时间线对齐，如图8-17所示。

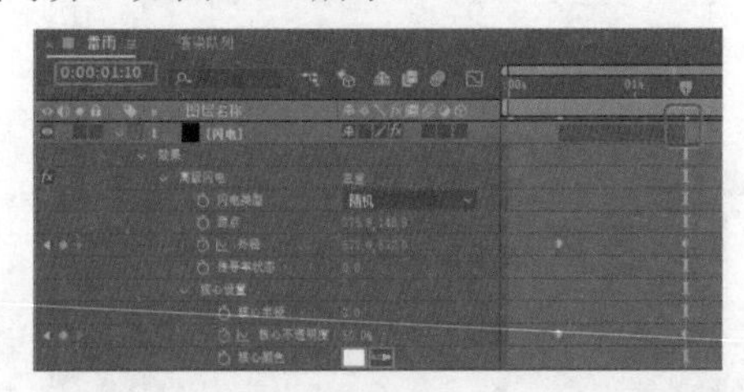

图 8-17

17 继续选中该图层，按Ctrl+D组合键对其进行复制，将复制后的对象命名为“闪电2”，将其入点时间设置为0:00:02:00。将当前时间设置为0:00:02:00，将【闪电类型】设置为【击打】，将【源点】设置为847.5, 148.9，将【方向】设置为648, 519，将【核心不透明度】设置为75%，如图8-18所示。

18 将当前时间设置为0:00:03:00，在【时间轴】面板中将【核心不透明度】设置为0%，如图8-19所示。

图 8-18

图 8-19

19 在【时间轴】面板中选择“闪电2”图层，按Ctrl+D组合键对其进行复制，将复制后的对象命名为“闪电3”。将当前时间设置为0:00:03:10，将该图层的入点时间设置为0:00:03:10，再将【闪电类型】设置为【方向】，将【源点】设置为460.8, −38，将【方向】设置为418, 504，如图8-20所示。

20 在【项目】面板中选择“打雷声音.mp3”音频文件，按住鼠标左键将其拖曳至“闪电3”图层的下方，将该图层的入点时间设置为0:00:01:21，如图8-21所示。

图 8-20

图 8-21

21 在【项目】面板中选择“下雨声音 .mp3”音频文件，按住鼠标左键将其拖曳至“雷雨背景”图层的下方，将其入点时间设置为 0:00:00:00，如图 8-22 所示。

图 8-22

8.1 CC Rainfall(CC 下雨) 特效

CC Rainfall（CC 下雨）特效可以模仿真实世界中的下雨效果。该特效的参数设置及应用特效前后的效果分别如图 8-23 和图 8-24 所示。

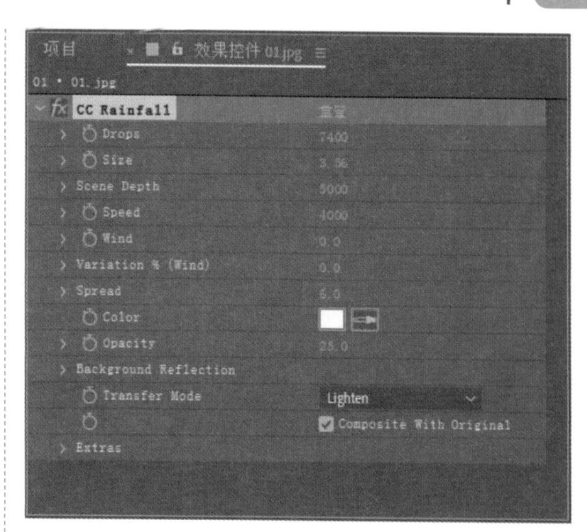

图 8-23

图 8-24

◎ Drops（数量）：该选项主要用于设置在相同时间内雨滴的数量。

◎ Size（大小）：该选项用于设置雨滴的大小。

◎ Scene Depth（雨的深度）：用于设置雨的深度。

◎ Speed（角度）：该选项用于设置下雨时的整体角度。

◎ Wind（风）：用于设置风的速度。

◎ Variation%（Wind）（变动风能）：用于设置变动风能的大小。

◎ Spread（角度的紊乱）：用于设置雨的旋转角度。

◎ Color（颜色）：用于设置雨的颜色。

◎ Opacity（透明度）：用于设置雨的透明度。

◎ Background Reflection（背景反射）：用于设置背景的反射强度。

◎ Transfer Mode（传输模式）：用于设置雨的传输模式。

◎ Composite With Original：取消选中该单选按钮，则背景不显示。

◎ Extras（其他）：用于设置其他，包括外观、偏移量等。

8.2 CC Snowfall(CC 下雪) 特效

CC Snowfall（CC 下雪）特效可以模仿真实世界中的下雪效果，用户可以通过调整其参数来控制下雪的大小及雪花的大小。该特效的参数设置及设置前后的效果如图 8-25 和图 8-26 所示。

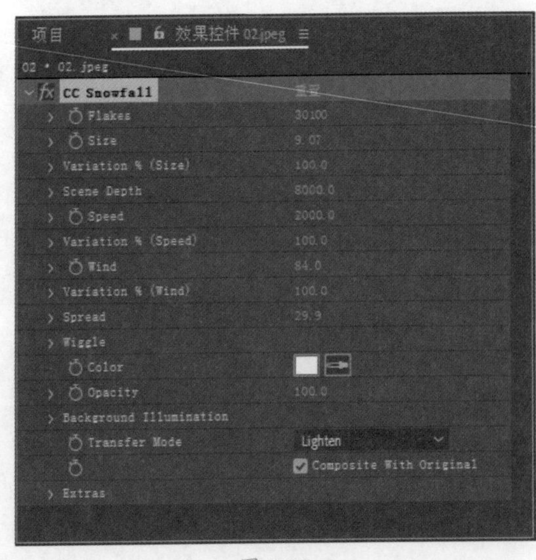

图 8-25

图 8-26

◎ Flakes（雪片数量）：用于设置雪片的数量。

◎ Size（大小）：用于设置雪片的大小。

◎ Variation%（Size）（雪的变化）：用于设置雪的面积。

◎ Scene Depth（雪的深度）：用于设置雪的深度。

◎ Speed（角度）：用于设置下雪时的整体角度。

◎ Variation%（Speed）（速度变化）：用于设置雪的变化速度。

◎ Wind（风）：用于设置风速。

◎ Variation%（Wind）（风的变化）：用于设置风的变化速度。

◎ Spread（角度的紊乱）：用于设置雪的旋转角度。

◎ Wiggle（蠕动）：用于设置雪的位置。

◎ Color（颜色）：用于设置雪的颜色。

◎ Opacity（不透明度）：设置雪的不透明度。

◎ Background Illumination（背景反射）：用于设置背景的反射强度。

◎ Transfer Mode（传输模式）：用于设置雪的传输模式。

◎ Composite With Original：取消选中该单选按钮，则背景不显示。

◎ Extras（其他）：用于设置其他，包括外观、偏移量等。

【实战】下雪效果

本例通过为素材图片添加 CC Snowfall 特效来模拟下雪效果，如图 8-27 所示。

图 8-27

素材	素材 \Cha08\ 下雪效果素材 .aep
场景	场景 \Cha08\【实战】下雪效果 .aep
视频	视频教学 \Cha08\【实战】下雪效果 .mp4

01 按 Ctrl+O 组合键，打开“素材 \Cha08\ 下雪效果素材 .aep”素材文件，在【项目】面板中选择“下雪素材 .mp4”文件，将其拖曳到【时间轴】面板中，如图 8-28 所示。

02 选中该图层，在菜单栏中选择【效果】|【模拟】| CC Snowfall 命令，如图 8-29 所示。

提示：在【效果和预设】面板中双击【模拟】下的 CC Snowfall 效果，也可以为选择的图层添加该效果，或者直接将效果拖曳至图层上。

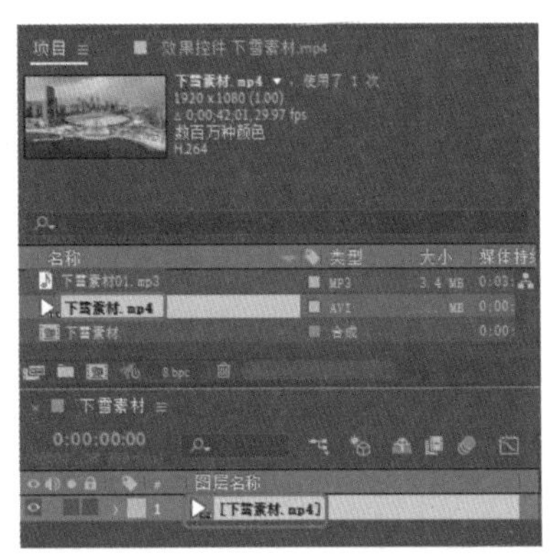

图 8-28

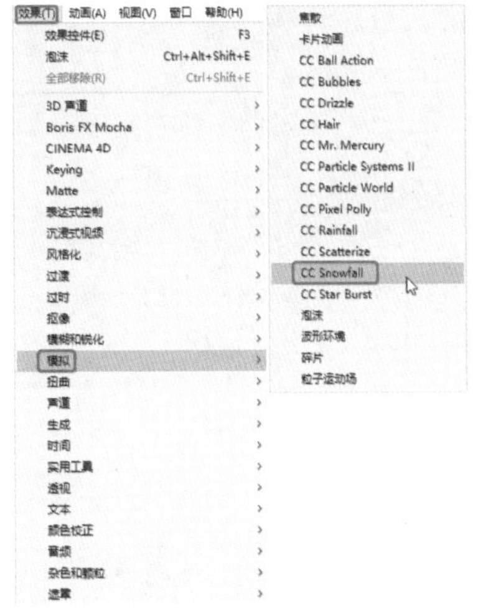

图 8-29

03 继续选中该图层，将当前时间设置为 0:00:23:21，在【时间轴】面板中将 CC Snowfall 下的 Flakes、Size、Variation%（Size）、Scene Depth、Speed、Variation%（Speed）、Spread、Opacity 分别设置为 42300、10、70、6690、50、100、47.9、100，单击 Flakes 左侧的【时间变化秒表】按钮，将 Background Illumination 选项组中的 Influence、Spread Width、Spread Height 分别设置为 31、0、50，将 Extras 选项组中的 Offset 设置为 512, 374，如图 8-30 所示。

04 将当前时间设置为 0:00:41:22，将 Flakes 设置为 0，如图 8-31 所示。

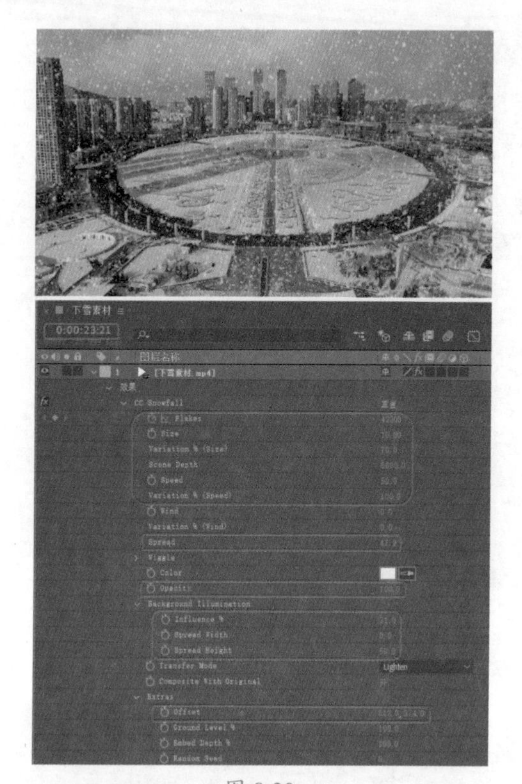

图 8-30

图 8-31

> 提示：CC Snowfall 特效用来模拟下雪的效果，下雪的速度相当快，但在该特效中不能调整雪花的形状。

05 将【项目】面板中的“下雪素材 01.mp3”音频文件拖曳至【时间轴】面板中。将当前时间设置为 0:00:18:26，将【音频】下方的【音频电平】设置为 0 db，单击【音频电平】左侧的【时间变化秒表】按钮，如图 8-32 所示。

图 8-32

06 将当前时间设置为 0:00:20:11，将【音频】下方的【音频电平】设置为 -10 dB。将当前时间设置为 0:00:24:11，将【音频】下方的【音频电平】设置为 -50dB，如图 8-33 所示。

图 8-33

8.3 CC Pixel Polly(CC 像素多边形特效)

CC Pixel Polly(CC 像素多边形特效) 主要用于模拟图像炸碎的效果，用户可以通过调整其参数从而产生不同方向和角度的抛射移动动画效果。该特效的参数设置及应用特效前后的效果分别如图 8-34 和图 8-35 所示。

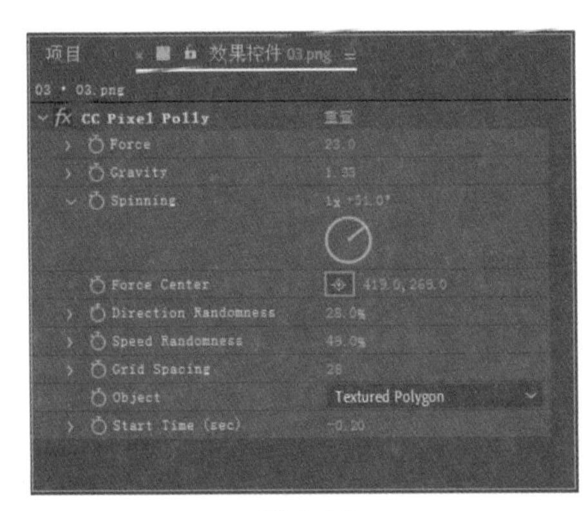

图 8-34

图 8-35

◎ Force（力）：用于设置爆破力的大小。

◎ Gravity（重力）：用于设置重力大小。

◎ Spinning（旋转速度）：用于控制碎片的旋转速度。

◎ Force Center（力中心）：用于设置爆破的中心位置。

◎ Direction Randomness（方向的随机性）：用于设置爆破的随机方向。

◎ Speed Randomness（速度的随机性）：用于设置爆破速度的随机性。

◎ Grid Spacing（碎片的间距）：用于设置碎片的间距。值越大则间距越大，值越小间距越小。

◎ Object（显示）：用于设置碎片的显示，包括【多边形】、【纹理多边形】、【方形】等选项。

◎ Enable Depth Sort（应用深度排序）：选中该复选框可以有效地避免碎片的自交叉问题。

◎ Start Time（sec）（开始时间秒）：用于设置爆破的开始时间。

8.4 CC Bubbles(CC 气泡) 特效

CC Bubbles(CC 气泡) 特效可以使画面产生梦幻效果。创建该特效时，泡泡会以图像的信息颜色创建不同的泡泡。该特效的参数设置及应用特效前后的效果分别如图 8-36 和图 8-37 所示。

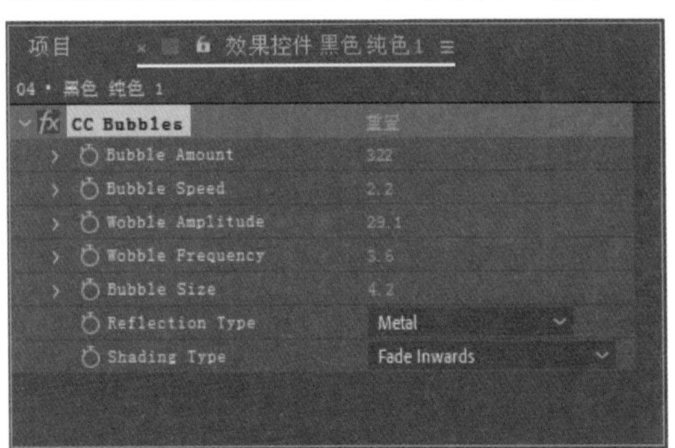

图 8-36

图 8-37

◎ Bubble Amount（气泡量）：用于设置气泡的数量。

◎ Bubble Speed（气泡的速度）：用于设置气泡的运动速度。

◎ Wobble Amplitude（摆动幅度）：用于设置气泡的摆动幅度。

◎ Wobble Frequency（摆动频率）：用于设置气泡的摆动频率。

◎ Bubble Size（气泡大小）：用于设置气泡的大小。

◎ Reflection Type（反射类型）：用于设置泡泡的属性。有两种类型，分别是Liquid(流体)和Metal（金属）。

◎ Shading Type（着色方式）：不同的着色对流体和金属泡泡可以产生不同的效果，在很大程度上影响着泡泡的质感。

8.5 CC Scatterize (CC散射)特效

CC Scatterize（CC散射）特效可以将图像变为很多的小颗粒，并加以旋转，使其产生绚丽多彩的效果。该特效的参数设置及应用该特效前后的效果分别如图8-38和图8-39所示。

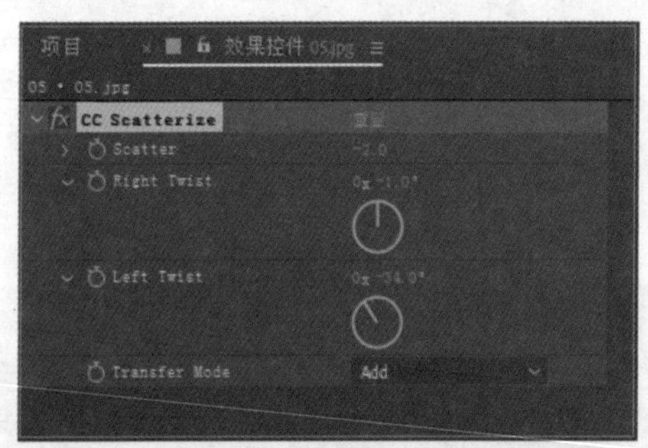

图 8-38

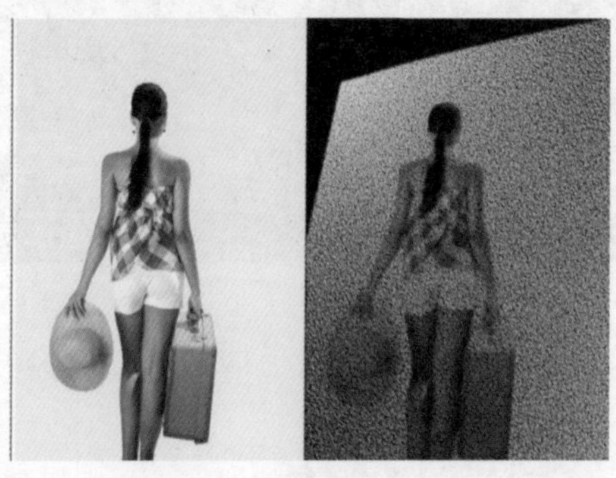

图 8-39

◎ Scatter（分散）：用于设置分散的程度。

◎ Right Twist（右侧旋转）：从图形右侧的开始端开始旋转。

◎ Left Twist（左侧旋转）：从图形左侧的开始端开始旋转。

◎ Transfer Mode（传输模式）：可以在其右侧的下拉列表框中选择碎片间的叠加模式。

8.6 CC Star Burst(CC星爆)特效

CC Star Burst（CC星爆）特效可以模拟夜晚星空或在宇宙星体间穿行的效果。该特效的参数设置及应用该特效前后的效果分别如图8-40和图8-41所示。

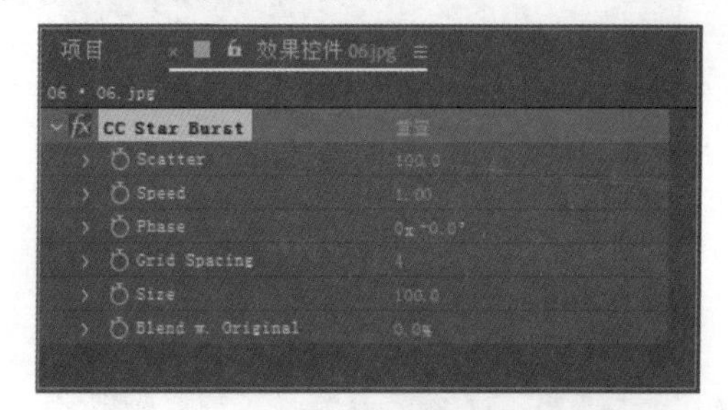

图 8-40

图 8-41

◎ Scatter（分裂）：用于设置分散的强度。数值越大则分散强度越大，反之越小。

◎ Speed（速度）：用于设置星体的运动速度。

◎ Phase（相位）：利用不同的相位，可以设置不同的星体结构。

◎ Grid Spacing（网格间距）：用于调整星体之间的间距，来控制星体的大小和数量。

◎ Size（大小）：用于设置星体的大小。

◎ Blend w.Original（混合强度）：用于设置特效与原来图像的混合程度。

8.7 【卡片动画】特效

【卡片动画】特效是根据指定层的特征分割画面的三维特效，用户可以通过调整其参数使画面产生卡片舞蹈的效果。该特效的参数设置及应用该特效前后的效果分别如图 8-42 和图 8-43 所示。

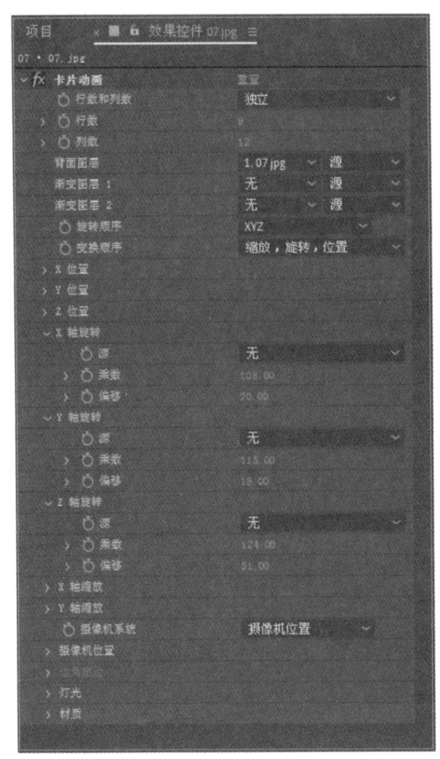

图 8-42

图 8-43

> 提示：在应用【卡片动画】效果时，需要将图层的 3D 图层模式打开。

◎ 【行数和列数】：用户可以在其右侧的下拉列表框中选择【独立】和【列数受行数控制】两种方式，其中【独立】选项可单独调整行与列的数值；【列数受行数控制】选项为列的参数跟随行的参数进行变化。

◎ 【行数】：用于设置行数。

◎ 【列数】：用于设置列数。

◎ 【背面图层】：用户可以在其右侧的下拉列表框中为合成图像中的一个层指定背景层。

◎ 【渐变图层 1】：可以在其右侧的下拉列表框中为合成图像指定渐变图层。

◎ 【渐变图层 2】：可以在其右侧的下拉列表框中为合成图像指定渐变图层。

◎ 【旋转顺序】：用户可以在其右侧的下拉列表框中选择卡片的旋转顺序。

◎ 【变换顺序】：用户可以在其右侧的下拉列表框中指定卡片的变化顺序。

◎ 【X/Y/Z 位置】：该选项组用于控制卡片在 X、Y、Z 轴上的位移变化。

◆ 【源】：用户可以在其右侧的下拉列表框中指定影响卡片的素材特征。

◆ 【乘数】：用于为影响卡片的偏移值指定一个乘数，以控制影响效果的强弱。一般情况下，该参数影响卡片间的位置。

◆ 【偏移】：该参数根据指定影响卡片的素材特征设定偏移值。影响特效层的总体位置。

◎ 【X/Y/Z 轴旋转】：该参数用于控制卡片在 X、Y、Z 轴上的旋转属性，其控制参数设置与【X/Y/Z 位置】的基本相同。

◎ 【X/Y 轴缩放】：用于设置卡片在 X、Y 轴上的比例属性。其控制参数设置与【X/Y/Z 位置】的相同。

◎ 【摄像机系统】：用于设置特效中所使用的摄像机系统。选择不同的摄像机，效果也不同。

◎ 【摄像机位置】：通过设置下拉列表框中选项的参数，可以调整创建效果的空间位置及角度。

◎ 【边角定位】：当【摄影机系统】选项设置为【角度】时该选项才可用，通过设置下拉列表框中选项的参数，可调整图片的角度。

◎ 【灯光】：该选项用于控制特效中所使用的灯光参数。

- ◆ 【灯光类型】：该选项用于设置特效使用的灯光类型。用户可以在其右侧的下拉列表框中选择不同的灯光类型，当选择【点光源】选项时，系统将使用点光源照明；当选择【远光源】选项时，系统使用远光照明；当选择【首选合成照明】选项时，系统将使用合成图像中的第一盏灯为特效场景照明。当使用三维合成时，选择【首选合成照明】选项可以产生更为真实的效果，灯光由合成图像中的灯光参数控制，不受特效下的灯光参数影响。
- ◆ 【灯光强度】：该选项用于设置灯光照明的强度大小。
- ◆ 【灯光颜色】：该选项用于设置灯光的照明颜色。
- ◆ 【灯光位置】：用户可以使用该选项调整灯光的位置，也可直接使用移动工具在【合成】面板中移动灯光的控制点来调整灯光的位置。
- ◆ 【照明深度】：用于设置灯光在Z轴上的深度位置。
- ◆ 【环境光】：用于设置环境灯光的强度。

◎ 【材质】：该选项用于设置特效场景中素材的材质属性。

- ◆ 【漫反射】：该选项用于控制漫反射强度。
- ◆ 【镜面反射】：该选项用于控制镜面反射强度。
- ◆ 【高光锐度】：该选项用于调整高光锐化度。

8.8 【碎片】特效

【碎片】特效可以对图像进行爆炸粉碎处理，使其产生爆炸分散的碎片，用户还可以通过调整其参数来控制其位置、焦点以及半径等，得到想要的效果。该特效的参数设置及应用该特效前后的效果分别如图8-44和图8-45所示。

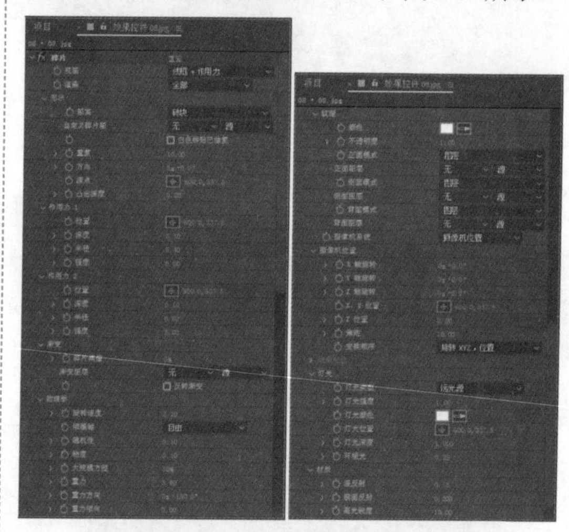

图 8-44

图 8-45

◎ 【视图】：该选项用于设置查看爆炸效果的方式。

◆ 【已渲染】：该选项可显示特效的最终效果。

◆ 【线框正视图】：以线框方式观察前视图爆炸效果，刷新速度较快。

◆ 【线框】：以线框方式显示爆炸效果。

◆ 【线框正视图 + 作用力】：以线框方式观察前视图爆炸效果，并显示爆炸的受力状态。

◆ 【线框 + 作用力】：以线框方式显示爆炸效果，并显示爆炸的受力状态。

◎ 【渲染】：该选项只有在将【查看】设置为【渲染】时才会显示其效果。选择其下拉列表框中的三个不同选项时的效果如图 8-46 所示。

图 8-46

◆ 【全部】：选择该选项时将显示所有爆炸和未爆炸的对象。

◆ 【图层】：选择该选项时将仅显示未爆炸的层。

◆ 【块】：选择该选项时将仅显示已爆炸的碎片。

◎ 【形状】：该选项组中的参数主要用来控制爆炸时产生碎片的状态。

◆ 【图案】：该选项用于设置碎片破碎时的形状，用户可以在其右侧的下拉列表框中选择所需要的碎片形状。

◆ 【自定义碎片图】：当【图案】选项设置为自定义时，该选项才会出现自定义碎片的效果。

◆ 【白色拼贴已修复】：选中该复选框可使用白色平铺的适配功能。

◆ 【重复】：设置碎片的重复数量。值越大，产生的碎片越多。该参数调整为 10 和 30 时的效果分别如图 8-47 和图 8-48 所示。

◆ 【方向】：该选项用于设置爆炸的方向。

◆ 【源点】：用于设置碎片裂纹的开始位置。可直接调节参数，也可在【合成】面板中直接拖动控制点改变位置。

◆ 【凸出深度】：用于设置爆炸层及碎片的厚度。参数值越大，越有立体感该参数设置为 3 和 15 时的效果分别如图 8-49 和图 8-50 所示。

图 8-47

图 8-48

图 8-49

图 8-50

◎ 【作用力 1】：用于为目标图层设置产生爆炸的力。可同时设置两个力场，在默认情况下系统只使用一个力。

◆ 【位置】：该选项用于调整产生爆炸的位置，用户还可以通过调整其控制点来调整爆炸产生的位置。

◆ 【深度】：该选项用于设置力的深度。深度设置为 0 和 0.5 时的效果分别如图 8-51 和图 8-52 所示。

◆ 【半径】：该选项用于控制力的半径。数值越大半径就越大，目标层的受力面积也越大，当力为 0 时不会出现任何变化。

图 8-51

图 8-52

◆ 【强度】：该选项用于控制力的强度。设置的参数越大，强度越大，碎片飞散得越远。当参数为正值时，碎片向外飞散；当参数为 0 时，无法产生飞散爆炸的碎片，但力的半径范围内的部分会受到重力的影响；当参数为负值时，碎片飞散方向与正值时的方向相反。

◎ 【作用力 2】：该选项组中的参数设置与【作用力 1】选项组中的参数设置基本相同，在此就不再赘述。

◎ 【渐变】：用于指定一个渐变层，利用该层的渐变来影响爆炸效果。

◎ 【物理学】：用于对爆炸的旋转隧道、翻滚坐标及重力等进行设置。

◆ 【旋转速度】：用于设置爆炸产生碎片的旋转速度。数值为 0 时，碎片不会翻滚旋转。参数越大，旋转速度越快。

◆ 【倾覆轴】：用于设置爆炸后碎片的翻滚旋转方式。用户可以在其右侧的下拉列表框中选择不同的滚动轴。该选项默认为【自由】，碎片自由翻滚；当将其设置为【无】时，碎片不产生翻滚；选择其他的方式，则将碎片锁定在相应的轴上进行翻滚。

◆ 【随机性】：用于设置碎片飞散的随机值。较大的值可产生不规则的、凌乱的碎片飞散效果。

◆ 【粘度】：该选项用于设置碎片的粘度。参数较大会使碎片聚集在一起。

◆ 【大规模方差】：用于设置爆炸碎片集中的百分比。

◆ 【重力】：用于为爆炸设置一个重力，模拟自然界中的重力效果。

◆ 【重力方向】：用于为重力设置方向。

◆ 【重力倾向】：用于为重力设置一个倾斜度。

◎ 【纹理】：用于设置碎片的颜色、纹理贴图等。

◆ 【颜色】：用于设置碎片的颜色。

◆ 【不透明度】：用于设置颜色的不透明度。

◆ 【正面模式 / 侧面模式 / 背面模式】：

分别设置爆炸碎片前面、侧面、背面的模式。

◆ 【背面图层】：用于为爆炸碎片的背面设置层。

◆ 【摄像机系统】：用于设置特效中的摄像机系统。用户可以在其右侧的下拉列表框中选择不同的摄像机，从而得到不同的效果。

◎ 【摄像机位置】：将【摄像机系统】设置为【摄像机位置】方式。

◆ 【X、Y、Z 轴旋转】：用于设置摄像机在 X、Y、Z 轴上的旋转角度。

◆ 【X、Y、Z 位置】：用于设置摄像机在三维空间中的位置属性。

◆ 【焦距】：用于设置摄像机的焦距。

◆ 【变换顺序】：用于设置摄像机的变换顺序。

◎ 【边角定位】：将【摄像机系统】设置为【角度】方式后，该参数将被激活，用户才可以对其进行设置。

◆ 【角度】：系统在层的 4 个角上定义了 4 个控制点，用户可以调整 4 个控制点来改变层的形状。

◆ 【自动焦距】：选中该复选框后，系统将自动控制焦距。

◆ 【焦距】：该选项用于控制焦距。

◎ 【灯光】：该参数项用于设置特效中所使用的灯光的参数。

◆ 【灯光类型】：用户可以在其右侧的下拉列表框中选择灯光类型。选择【点光源】选项时，系统使用点光源照明；选择【远光源】选项时，系统使用远光照明；选择【首选合成灯光】选项时，系统使用合成图像中的第一盏灯为特效场景照明。当使用三维合成时，选择【首选合成灯光】选项可以产生更为真实的效果，灯光由合成图像中的灯光参数控制，不受特效下的灯光参数影响。

◆ 【灯光强度】：该选项用于设置灯光的照明强度。

◆ 【灯光颜色】：该选项用于设置灯光的照明颜色。

◆ 【灯光位置】：该选项用于调整灯光的位置。用户可在【合成】面板中直接拖动灯光的控制点来改变其位置。

◆ 【灯光深度】：该选项用于设置灯光在 Z 轴上的深度位置。

◆ 【环境光】：用于设置环境灯光的强度。

◎ 【材质】：该参数项用于设置特效中素材的材质属性。

◆ 【漫反射】：该选项用于设置漫反射的强度。

◆ 【镜面反射】：该选项用于控制镜面反射的强度。

◆ 【高光锐度】：该选项用于控制高光的锐化程度。

8.9 【焦散】特效

【焦散】特效可以用来模仿大自然的折射和反射效果，以达到想要的结果。该特效的参数设置及应用该特效前后的效果分别如图 8-53 和图 8-54 所示。

图 8-53

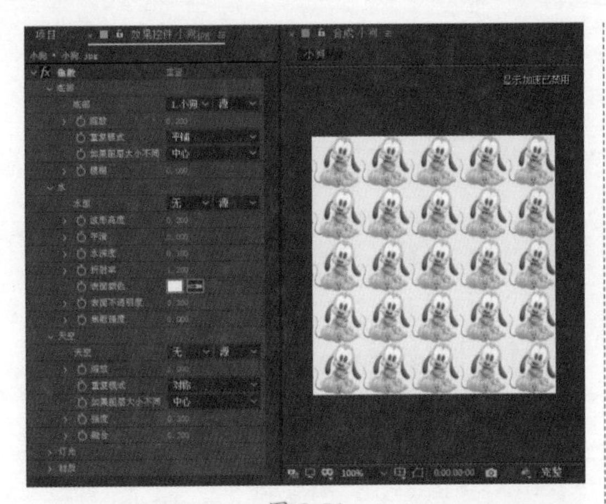

图 8-54

◎ 【底部】：该参数项用于设置应用【焦散】特效的底层，如图 8-55 所示。

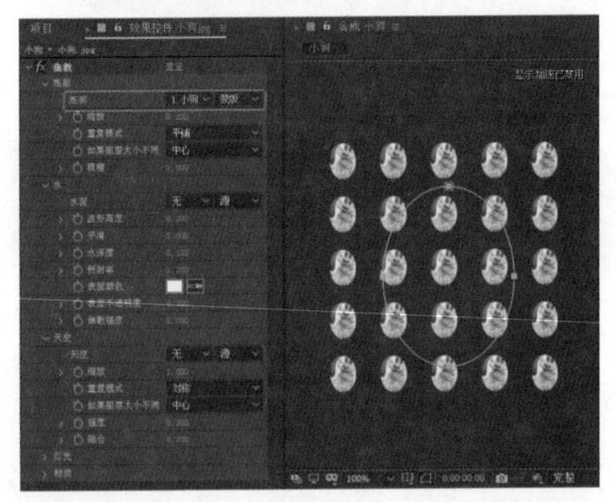

图 8-55

◆ 【底部】：用户可以在其右侧的下拉列表框中指定一个层为底层，即水下图层，默认情况下底层为当前图层。

◆ 【缩放】：该选项用于对设置的底层进行缩放。当参数为 1 时，底层为原始大小；当参数大于或小于 1 时，底层也会随之放大或缩小；当设置的数值为负数时，图层将进行反转，效果如图 8-56 所示。

◆ 【重复模式】：缩小底层后，用户可以在其右侧的下拉列表框中选择如何处理底层中的空白区域。其中【一次】模式可将空白区域透明，只显示缩小后的底层；【平铺】模式重复底层；【反射】模式可反射底层。

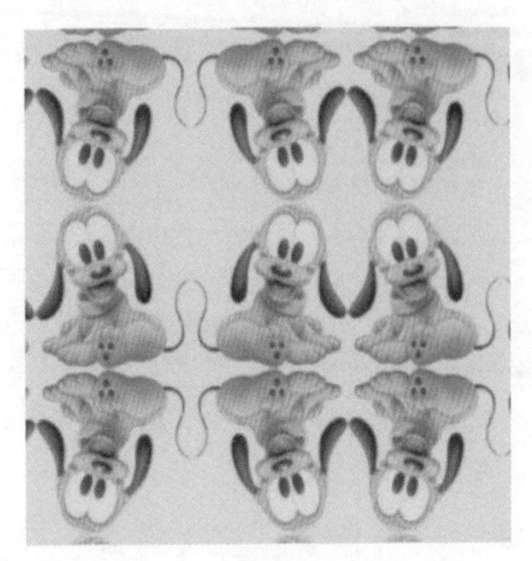

图 8-56

◆ 【如果图层大小不同】：在【底部】中指定其他层作为底层时，有可能其尺寸与当前层不同。此时，可在【如果图层大小不同】中选择【缩放至全屏】选项，使底层与当前层尺寸相同。如果选择【中心】选项，则底层尺寸不变，且与当前层居中对齐。

◆ 【模糊】：用于对复制出的效果进行模糊处理。

◎ 【水】：该选项组用于指定一个层，并以指定层的明度为参考，产生水波纹理。

◆ 【水面】：用户可以在其下拉列表框中指定合成中的一个层作为水波纹理，效果如图 8-57 所示。

◆ 【波形高度】：该选项用于设置波纹的高度。

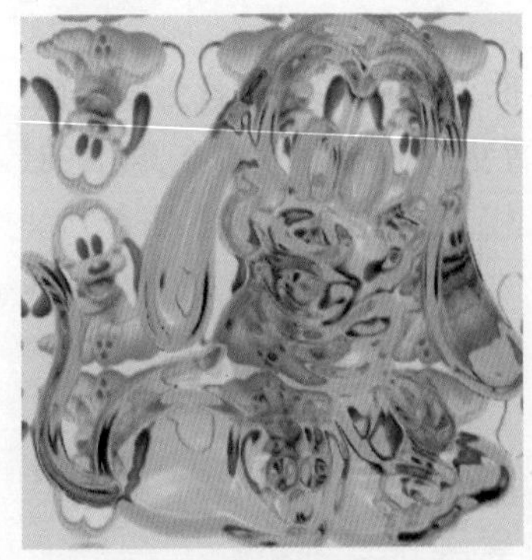

图 8-57

◆ 【平滑】：该选项用于设置波纹的平滑程度。该数值越高，波纹越平滑，但是效果也更弱。当将该值设置为 30 时的效果如图 8-58 所示。

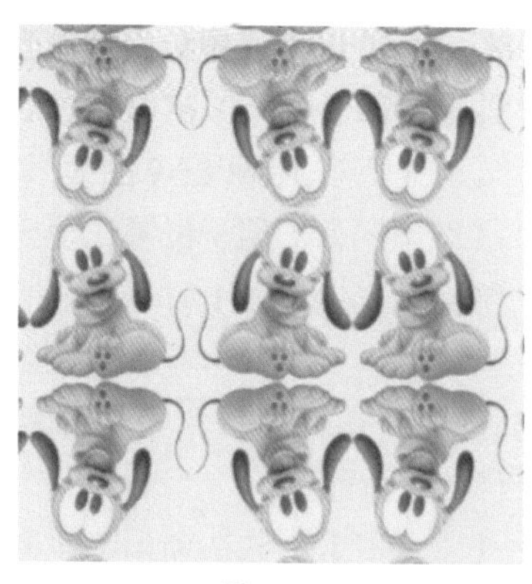

图 8-58

◆ 【水深度】：该选项用于设置所产生波纹的深度。

◆ 【折射率】：该选项用于控制水波的折射率。

◆ 【表面颜色】：该选项用于为产生的波纹设置颜色。

◆ 【表面不透明度】：该选项用于设置水波表面的透明度。当将参数设置为1时的效果如图 8-59 所示。

◆ 【焦散强度】：用于控制聚光的强度。数值越大，聚光强度越大。当焦散强度设为 5 时的效果如图 8-60 所示。

图 8-59

图 8-60

◎ 【天空】：该参数项用于为水波指定一个天空反射层，控制水波对水面外场景的反射效果。

◆ 【天空】：用户可以在其右侧的下拉列表框中选择一个层作为天空反射层。

◆ 【缩放】：该选项可对天空层进行缩放设置，设置缩放后的效果如图 8-61 所示。

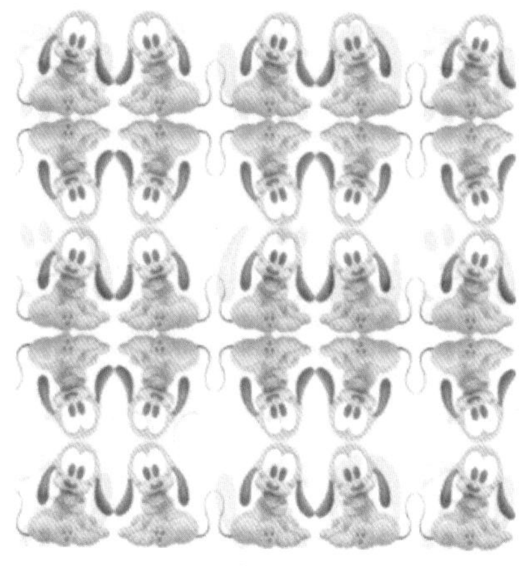

图 8-61

◆ 【重复模式】：用户可以在其右侧的下拉列表框中选择缩小后天空层空白区域的填充方式。

◆ 【如果图层大小不同】：该选项用于设置天空层与当前层尺寸不同时的处理方式。

◆ 【强度】：该选项用于设置天空层的强度。该参数值越大，效果就越明显，当参数值为 0.6 时的效果如图 8-62 所示。

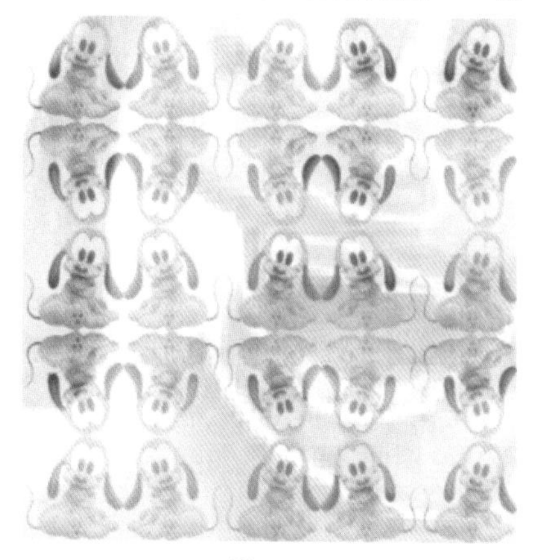

图 8-62

◆ 【融合】：用于对反射边缘进行处理。参数值越大，边缘越复杂。

◎ 【灯光】：该参数项用于设置特效中灯光的各项参数。

◆ 【灯光类型】：用户可以在其右侧的下拉列表框中选择特效使用的灯光方式。选择【点光源】选项时，系统将使用点光源照明；选择【远光源】选项时，系统将使用远光照明；选择【首选合成灯光】选项时，系统将使用合成图像中的第一盏灯为特效场景照明。当使用三维合成时，选择【首选合成灯光】选项可以产生更为真实的效果，灯光由合成图像中的灯光参数控制，不受特效下的灯光参数影响。

◆ 【灯光强度】：该选项用于设置灯光照明的强度。

◆ 【灯光颜色】：该选项用于设置灯光照明的颜色。用户可以通过单击其右侧的颜色框或使用吸管工具来设置照明的颜色，当照明色的 RGB 值为 255、0、0 时的效果如图 8-63 所示。

图 8-63

◆ 【灯光位置】：用于调整灯光的位置。也可直接使用移动工具在【合成】面板中移动灯光的控制点，来调整灯光的位置。

◆ 【灯光高度】：用于设置灯光高度。

◆ 【环境光】：用于设置环境光强度。当环境光设置为 1 时的效果如图 8-64 所示。

◎ 【材质】：该参数项用于设置特效场景中素材的材质属性。

◆ 【漫反射】：该选项用于设置漫反射强度。

◆ 【镜面反射】：该选项用于设置镜面反射强度。

◆ 【高光锐度】：该选项用于设置高光锐化度。

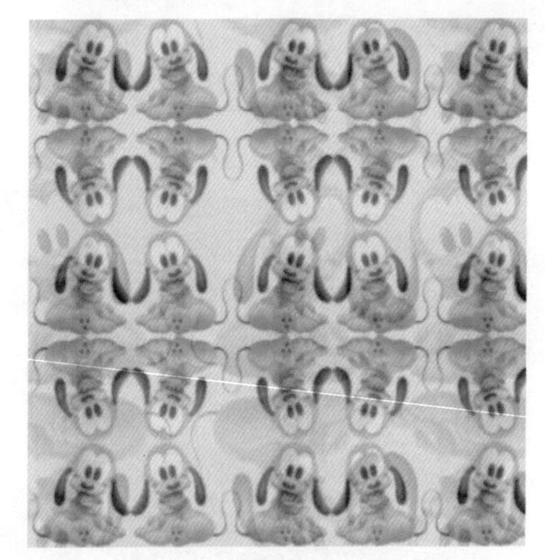

图 8-64

8.10 【泡沫】特效

【泡沫】特效可以产生泡沫或泡泡的特效，用户可以对其进行设置达到想要的效果。如果用户不想破坏源图像，可以在源图像的上方创建一个纯色图层，为纯色图层添加泡沫效果，并对其进行相应的设置。该特效的参数设置及应用该特效前后的效果如图 8-65 和图 8-66 所示。

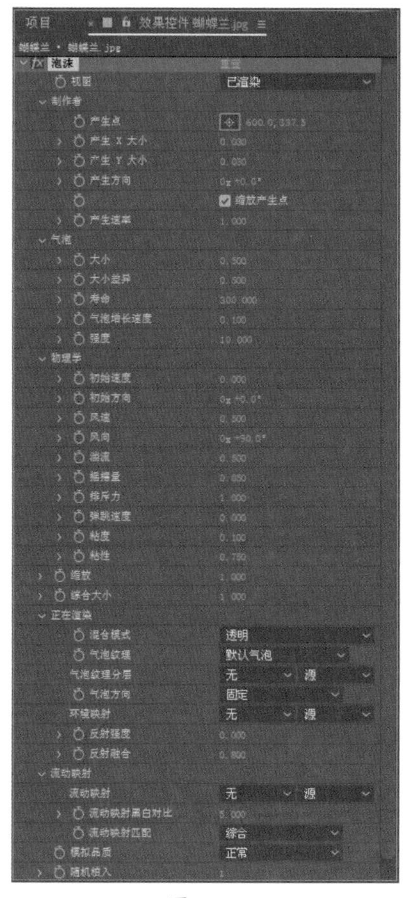

图 8-65

图 8-66

◎ 【视图】：用于设置气泡效果的显示方式。当在下拉列表框中选择【草图】和【已渲染】选项时的效果分别如图 8-67 和图 8-68 所示。

图 8-67

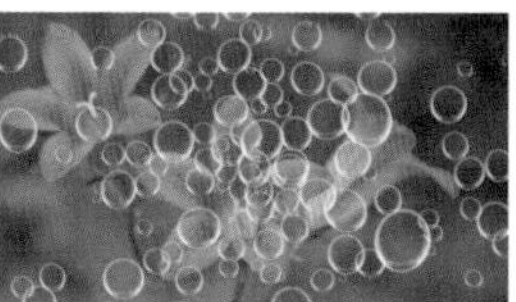

图 8-68

◆ 【草图】：以草图模式渲染气泡效果。不能看到气泡的最终效果，但可预览气泡的运动方式和设置状态，且使用该方式计算速度快。

◆ 【草图 + 流动映射】：为特效指定了映射通道后，使用该方式可以看到指定的映射对象。

◆ 【已渲染】：在该方式下可以预览气泡的最终效果，但是计算速度相对较慢。

◆ 【制作者】：该参数项用于设置气泡的粒子发射器。

◆ 【产生点】：该选项用于设置发射器的位置，用户可以通过设置参数或控制点来调整产生点的位置。

◆ 【产生 X/Y 大小】：该选项用于设置发射器的大小。

◆ 【产生方向】：该选项用于设置泡泡产生的方向。

◆ 【缩放产生点】：该选项用于缩放发射器位置。取消选中该复选框，系统会以发射器效果点为中心缩放发射器。

◆ 【产生速率】：该选项用于设置发射速度。一般情况下，数值越高，发射速度越快，在相同时间内产生的气泡粒子也较多。当数值为 0 时，不发射粒子。

◎ 【气泡】：该参数项用于对气泡粒子的尺寸、生命、强度等进行设置。

◆ 【大小】：该选项用于调整产生泡沫的尺寸大小。数值越大则气泡越大，反之越小。

◆ 【大小差异】：用于控制粒子的大小差异。数值越大，每个粒子的大小差异越大。数值为 0 时，每个粒子的最终大小都是相同的。

◆ 【寿命】：该选项用于设置每个粒子的生命值。每个粒子在发射产生后，最终都会消失。所谓生命值，即是粒子从产生到消失之间的时间。

◆ 【气泡增长速度】：用于设置每个粒子生长的速度，即粒子从产生到最终大小的时间。

◆ 【强度】：用于调整产生泡沫的数量。数值越大，产生泡沫的数量也就越多。

◎ 【物理学】：该选项用于设置粒子的运动效果。

◆ 【初始速度】：用于设置泡沫特效的初始速度。

◆ 【初始方向】：用于设置泡沫特效的初始方向。

◆ 【风速】：用于设置影响粒子的风速。

◆ 【风向】：用于设置风的方向。

◆ 【湍流】：用于设置粒子的混乱度。该数值越大，粒子运动越混乱；数值越小，则粒子运动越有序和集中。

◆ 【摇摆量】：该选项用于设置粒子的晃动强度。参数较大时，粒子会产生摇摆变形。

◆ 【排斥力】：用于在粒子间产生排斥力。参数越大，粒子间的排斥性越强。

◆ 【弹跳速度】：用于设置粒子的总速率。

◆ 【粘度】：用于设置粒子间的粘性。参数越小，粒子越密。

◆ 【粘性】：用于设置粒子间的粘着性。参数越小，粒子堆砌得越紧密。

◎ 【缩放】：该选项用于调整粒子大小，如图 8-69 所示为【缩放】为 0.5 和 1.5 时的效果。

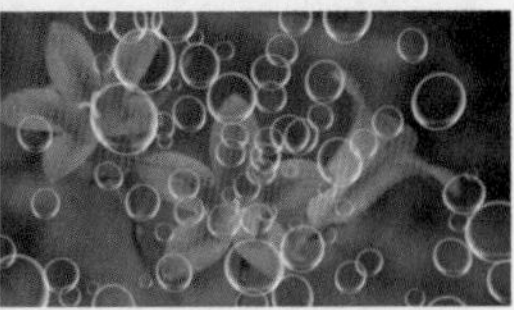

图 8-69

◎ 【综合大小】：该参数用于设置粒子效果的综合尺寸。在【草图】和【草图＋流动映射】方式下可看到综合尺寸范围框。

◎ 【正在渲染】：该参数项用于设置粒子的渲染属性。该参数项的设置效果只有在【已渲染】方式下可以看到。

◆ 【混合模式】：用于设置粒子间的融合模式。【透明】方式下，粒子与粒子间进行透明叠加。选择【旧实体在上】方式，则旧粒子置于新生粒子之上。选择【新实体在上】方式，则将新生粒子叠加到旧粒子之上。

◆ 【气泡纹理】：可在该下拉列表框中选择气泡粒子的纹理方式。

◆ 【气泡纹理分层】：除了系统预制的粒子纹理外，还可以指定合成图像中的一个层作为粒子纹理。该层可以是一个动画层，粒子将使用其动画纹理。在其下拉列表中选择粒子纹理层时，首先要在【气泡纹理】中将粒子纹理设置为【用户定义】。

◆ 【气泡方向】：用于设置气泡的方向。可使用默认的【固定】方式，或【物理定向】、【气泡速度】方式。

◆ 【环境映射】：用于指定气泡粒子的反射层。

◆ 【反射强度】：用于设置反射的强度。

◆ 【反射融合】：用于设置反射的聚焦度。

◎ 【流动映射】：该选项用于设置创建泡沫的流动动画效果。

◆ 【流动映射】：用于指定影响粒子效果的层。

◆ 【流动映射黑白对比】：用于设置参考图对粒子的影响效果。

◆ 【流动映射匹配】：用于设置参考图的大小。可设置为【总体范围】或【屏幕】。

◆ 【模拟品质】：该选项用于设置气泡粒子的仿真质量。

◎ 【随机植入】：该选项用于设置气泡粒子的随机种子数。

课后项目练习 泡泡效果

本案例通过给素材添加泡沫效果，达到一种梦幻奇妙的海底世界景象，如图 8-70 所示。

课后项目练习效果展示

图 8-70

课后项目练习过程概要

01 打开准备的“泡泡特效素材 .aep”素材文件，新建纯色合成。

02 添加泡沫特效，设置其参数，展示出绚丽多彩的泡泡效果。

素材	素材 \Cha08\ 泡泡特效素材 .aep
场景	场景 \Cha08\ 泡泡效果 .aep
视频	视频教学 \Cha08\ 泡泡效果 .mp4

01 按 Ctrl+O 组合键，打开“素材 \Cha08\ 泡泡特效素材 .aep”素材文件，在【项目】面板中选择“泡泡背景 .mp4”文件，将其拖至【时间轴】面板中，如图 8-71 所示。

02 在【时间轴】面板的空白位置处右击，在弹出的快捷菜单中选择【新建】|【纯色】命令，在弹出的对话框中保持默认设置，单击【确定】按钮。在【效果和预设】面板中搜索【泡沫】特效，然后将其拖曳至“黑色 纯色 1”图层上。在【时间轴】面板中将【视图】设置为【已渲染】，确认当前时间为 0:00:00:00，将【制作者】选项组中的【产生点】设置为 530, 139.5，单击【产生点】左侧的【时间变化秒表】按钮，将【产生 X 大小】、【产生 Y 大小】均设置为 0.05，将【气泡】选项组中的【大小】、【强度】分别设置为 2、5，将【流动映射】选项组中的【模拟品质】设置为【强烈】，将【随机植入】设置为 2，如图 8-72 所示。

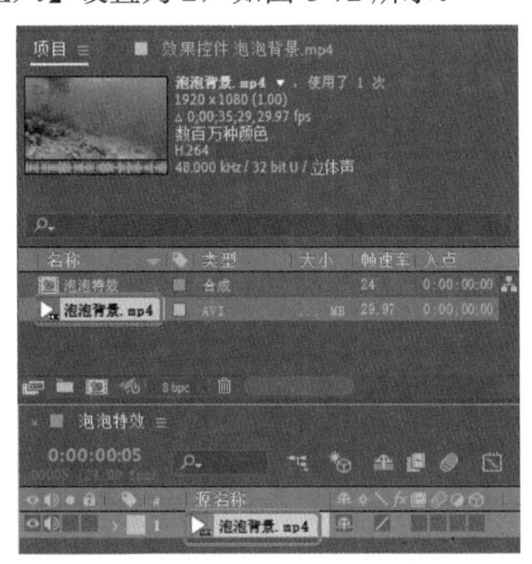

图 8-71

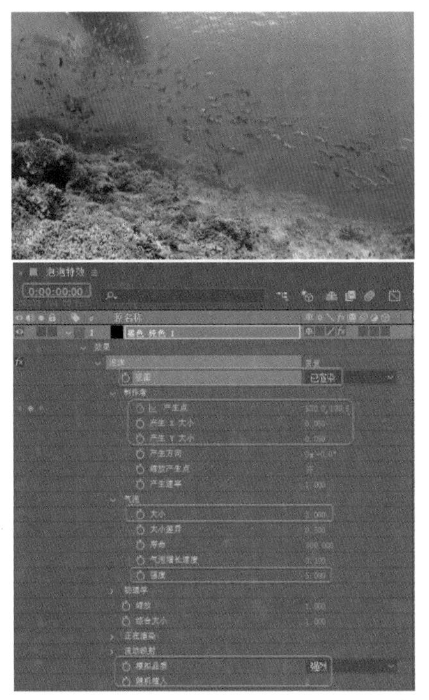

图 8-72

03 将当前时间设置为 0:00:04:17，将【制作者】选项组中的【产生点】设置为 530, 189.5，将【正在渲染】选项组中的【气泡纹理】设置为【小雨】，如图 8-73 所示。

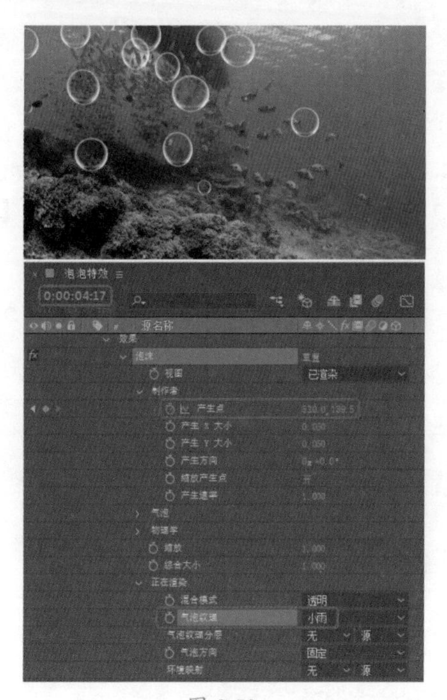

图 8-73

04 展开【变换】选项组，将【位置】设置为1482, 580，将【缩放】设置为147, 147%，如图8-74所示。

05 为“黑色 纯色 1”图层添加【四色渐变】特效，在【效果控件】面板中将【点 1】设置为100, 66.7，将【颜色 1】的RGB值设置为255、255、0，将【点 2】设置为900, 66.7，将【颜色 2】的RBG值设置为0、255、0，将【点 3】设置为100、600.3，将【颜色 3】的RBG值设置为255、0、255，将【点 4】设置为900、600.3，将【颜色 4】的RBG值设置为0、0、255，将【混合】、【抖动】、【不透明度】分别设置为100、0%、70%，将【混合模式】设置为【强光】，如图8-75所示。

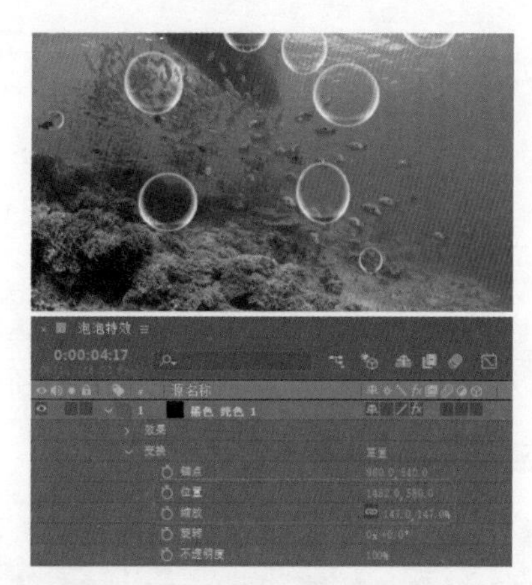

图 8-74

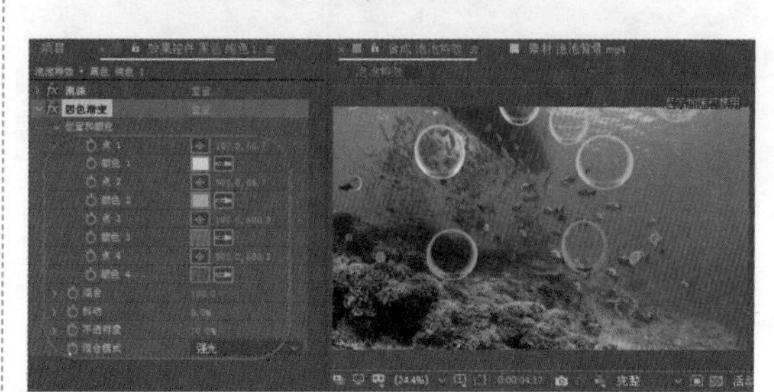

图 8-75

06 拖动时间线在【合成】面板中预览效果，如图8-76所示。

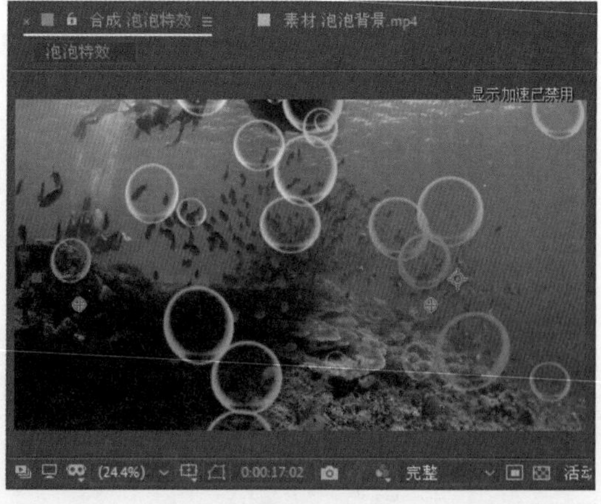

图 8-76

第 09 章

综合案例——魅力上海宣传片

本章导读：

宣传片是宣传形象的最好手段之一，它能非常有效地把形象提升到一个新的层次，更好地把产品和服务展示给大众，诠释不同的文化理念，所以宣传片已经成为企业必不可少的企业形象宣传工具之一。本章将介绍魅力上海宣传片的制作方法。

9.1 创建视频动画

本例讲解如何创建 视频动画，其具体操作步骤如下。

素材	素材\Cha09\上海 1.mp4～上海 9.mp4、背景音乐 .mp3
场景	场景 \Cha09\ 魅力上海宣传片 .aep
视频	视频教学 \Cha09\ 魅力上海宣传片 .mp4

01 按 Ctrl+Alt+N 组合键，新建一个空白项目，在【项目】面板中右击，在弹出的快捷菜单中选择【新建文件夹】命令，如图 9-1 所示。

图 9-1

02 将新建的文件夹命名为“素材”，在【项目】面板中双击鼠标，在弹出的对话框中选择“上海 1.mp4”～“上海 9.mp4”“背景音乐 .mp3”素材文件，单击【导入】按钮，即可将素材导入【项目】面板中，然后将素材拖曳至“素材”文件夹中，如图 9-2 所示。

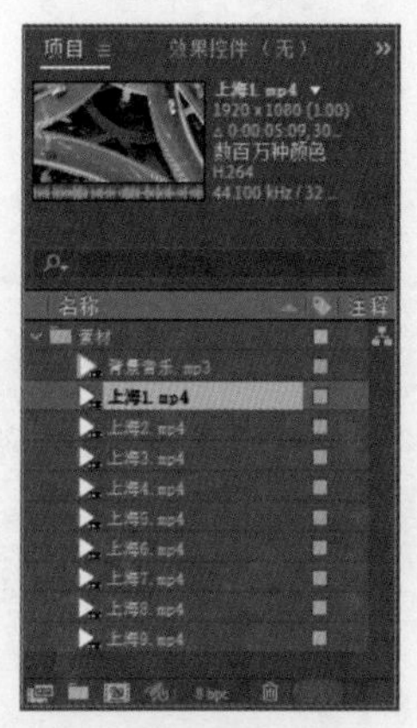

图 9-2

03 按 Ctrl+N 组合键，弹出【合成设置】对话框，将【合成名称】设置为“上海 1”，将【宽度】和【高度】分别设置为 3840 px、2667 px，将【帧速率】设置为 30 帧 / 秒，将【持续时间】设置为 0:00:08:00，将【背景颜色】设置为黑色，如图 9-3 所示。

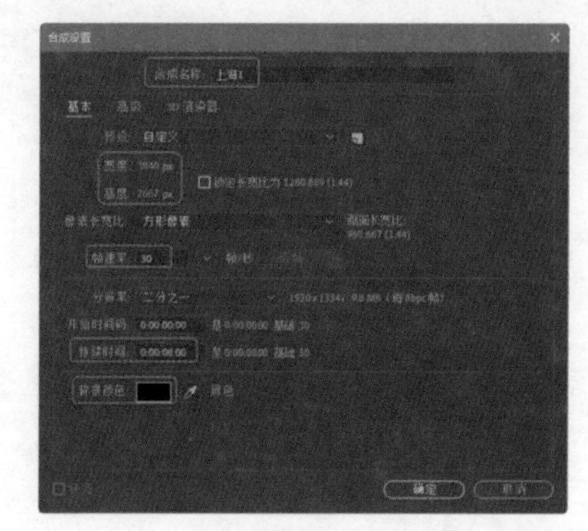

图 9-3

04 单击【确定】按钮，将“上海 1.mp4”拖曳至【时间轴】面板中，将【位置】设置为 1896、1330，将【缩放】设置为 246, 246%，如图 9-4 所示。

图 9-4

05 单击时间轴左下角的按钮，将【入】设置为 -0:00:01:21，将【持续时间】设置为 0:00:08:00，如图 9-5 所示。

图 9-5

06 按 Ctrl+N 组合键，弹出【合成设置】对话框，将【合成名称】设置为“上海 2”，将【宽度】和【高度】分别设置为 3840 px、2160 px，将【持续时间】设置为 0:00:05:00，如图 9-6 所示。

07 单击【确定】按钮，将“上海 2.mp4”拖曳至【时间轴】面板中，将【位置】设置为 1920 px、1333.5 px，将【缩放】设置为 246, 246%，单击时间轴左下角的按钮，将【入】设置为 0:00:00:00，【持续时间】设置为 0:00:05:00，如图 9-7 所示。

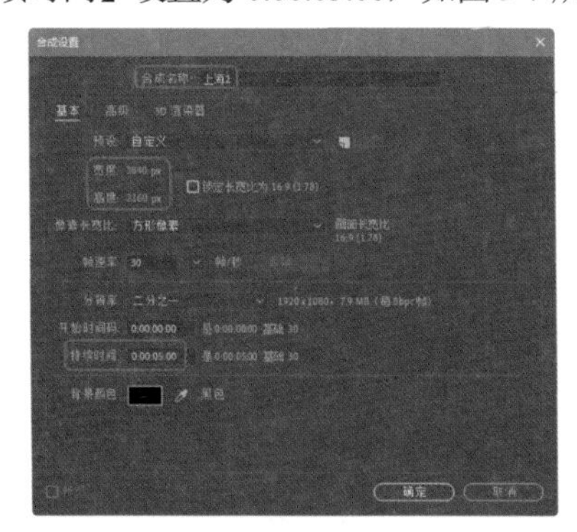

图 9-6

图 9-7

08 使用同样的方法，制作“上海 3”～“上海 8”合成文件，如图 9-8 所示。

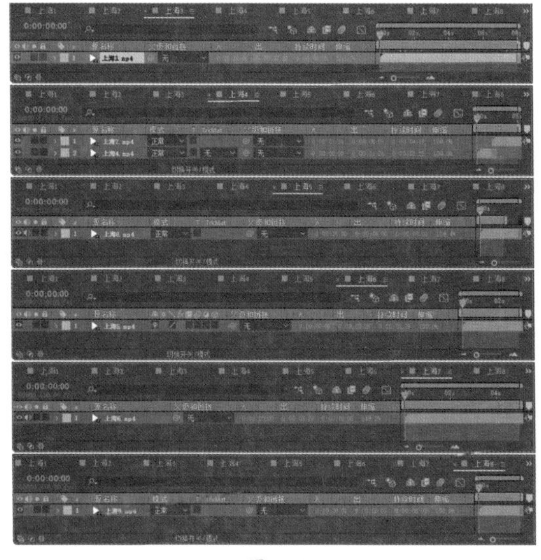

图 9-8

09 在【项目】面板中新建一个文件夹，将其命名为“上海”，将“上海 1”～“上海 8”合成文件拖曳至文件夹中，如图 9-9 所示。

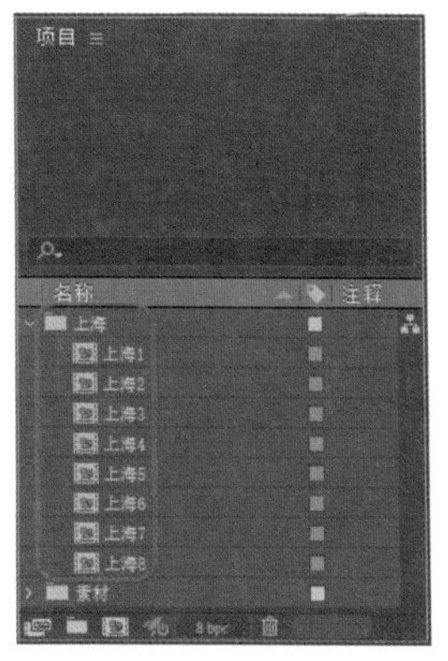

图 9-9

9.2 创建过渡动画

本例讲解如何创建过渡动画，其具体操作步骤如下。

素材	素材 \Cha09\ 上海 1.mp4~ 上海 9.mp4、背景音乐 .mp3
场景	场景 \Cha09\ 魅力上海宣传片 .aep
视频	视频教学 \Cha09\ 魅力上海宣传片 .mp4

01 按 Ctrl+N 组合键，弹出【合成设置】对话框，将【合成名称】设置为“过渡动画 1”，将【宽度】和【高度】分别设置为 12500 px、4500 px，将【持续时间】设置为 0:00:06:15，将【背景颜色】设置为白色，如图 9-10 所示。

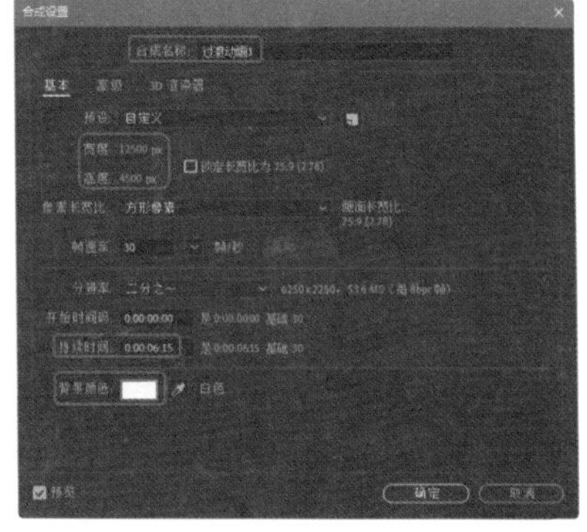

图 9-10

02 单击【确定】按钮，将“上海 1”合成文件拖曳至【时间轴】面板中，将【入】设置为0:00:00:00，【持续时间】设置为0:00:08:00，如图 9-11 所示。

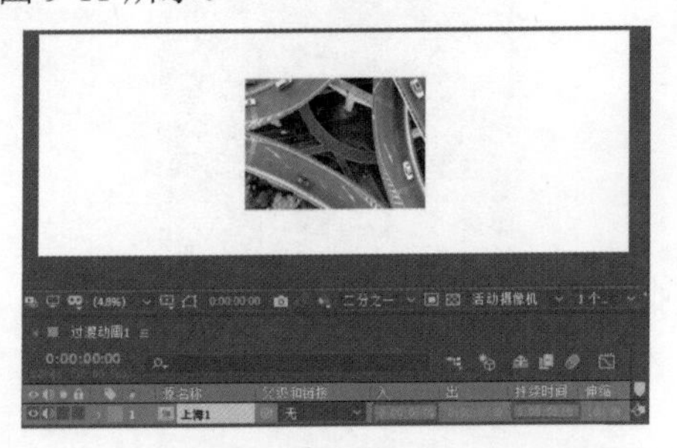

图 9-11

03 启用运动模糊和 3D 图层，将当前时间设置为0:00:01:09。展开【变换】选项组，将【位置】设置为 7210, 2674, 0，单击【缩放】右侧的按钮，将【缩放】设置为 50, 50, 100%，单击【缩放】左侧的【时间变化秒表】按钮，如图 9-12 所示。

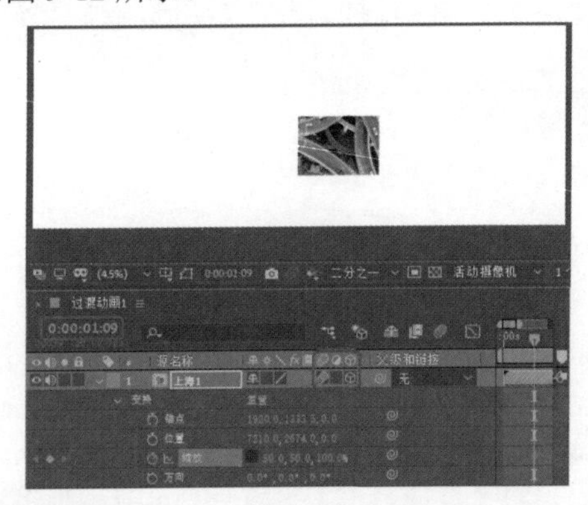

图 9-12

04 将当前时间设置为 0:00:06:14，将【缩放】设置为 59, 59, 100%，如图 9-13 所示。

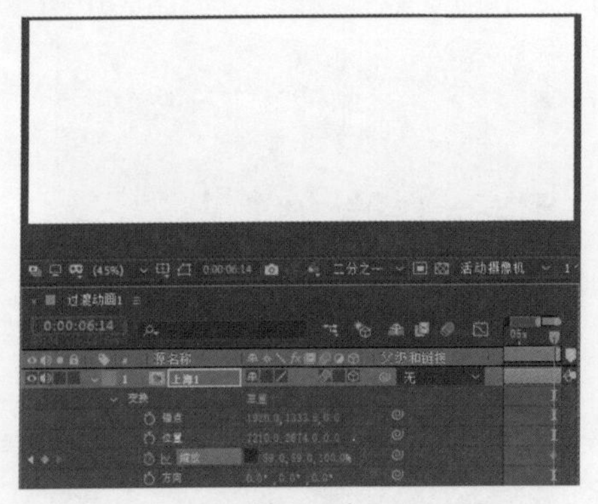

图 9-13

05 在【效果和预设】面板中搜索【动态拼贴】特效，双击该特效，在【效果】选项组中将【拼贴中心】设置为 1920, 1333.5，将当前时间设置为 0:00:01:09，将【输出高度】设置为 400，单击其左侧的按钮，如图 9-14 所示。

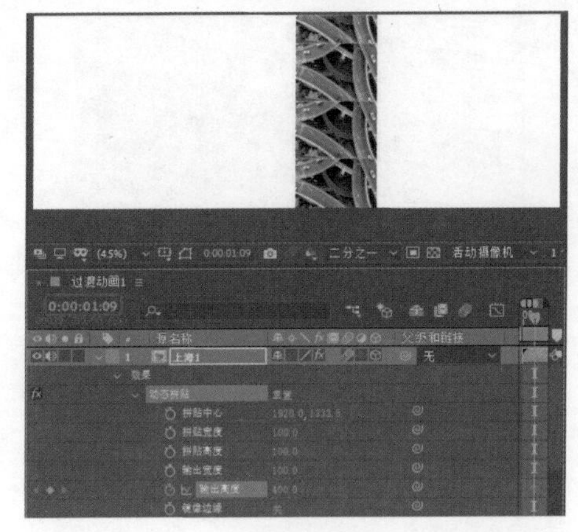

图 9-14

06 将当前时间设置为 0:00:01:10，将【输出高度】设置为 100，如图 9-15 所示。

图 9-15

07 再次将“上海 1”合成文件拖曳至【时间轴】面板中，启用运动模糊和 3D 图层，将【位置】设置为 7210, 2674, 0，将【缩放】设置为 50, 50, 50%，如图 9-16 所示。

08 为合成文件添加【动态拼贴】特效，将【拼贴中心】设置为 1920, 1333.5，将当前时间设置为 0:00:01:09，将【输出高度】设置为 600，单击其左侧的按钮，如图 9-17 所示。

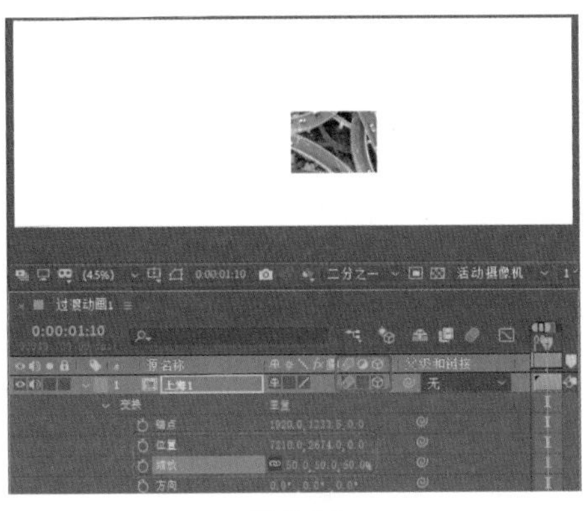

图 9-16

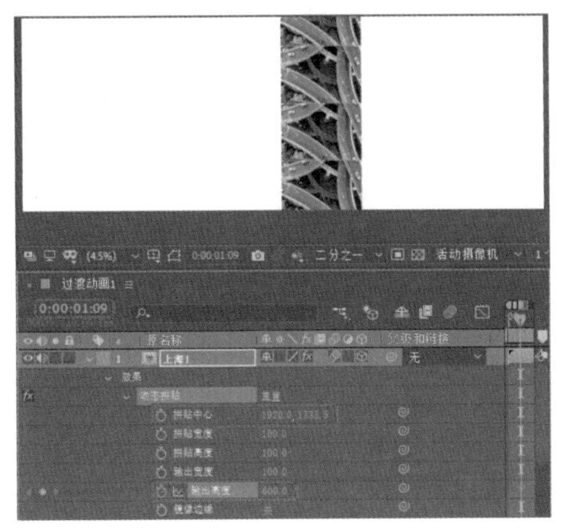

图 9-17

09 将当前时间设置为 0:00:01:10，将【输出高度】设置为 100，如图 9-18 所示。

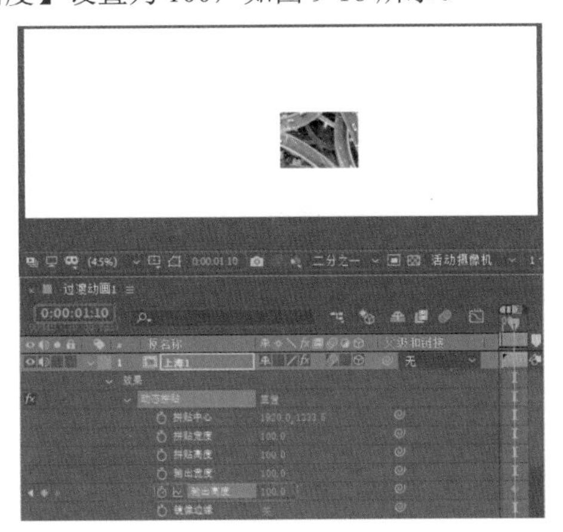

图 9-18

10 将“上海 3”合成文件拖曳至【时间轴】面板中，将【入】设置为 0:00:01:09，【持续时间】设置为 0:00:08:00，如图 9-19 所示。

11 启用运动模糊和 3D 图层，将当前时间设置为 0:00:01:09，将【位置】设置为 7210, 1583.5, 0，将【缩放】设置为 60, 60, 100%，单击【缩放】左侧的按钮，如图 9-20 所示。

图 9-19

图 9-20

12 将当前时间设置为 0:00:06:14，将【缩放】设置为 50, 50, 100%，如图 9-21 所示。

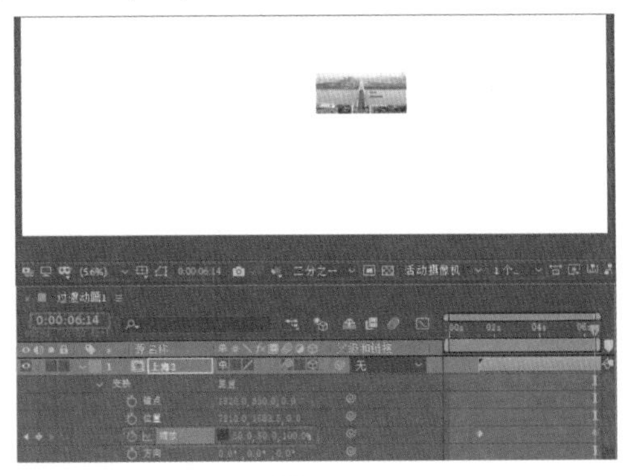

图 9-21

13 使用同样的方法，将“上海 3”和“上海 2”依次拖入【时间轴】面板中，并设置参数，如图 9-22 所示。

14 在【时间轴】面板的空白处右击，在弹出的快捷菜单中选择【新建】|【形状图层】命令，将【入】设置为 0:00:01:09，【持续时间】设置为 0:00:02:08，如图 9-23 所示。

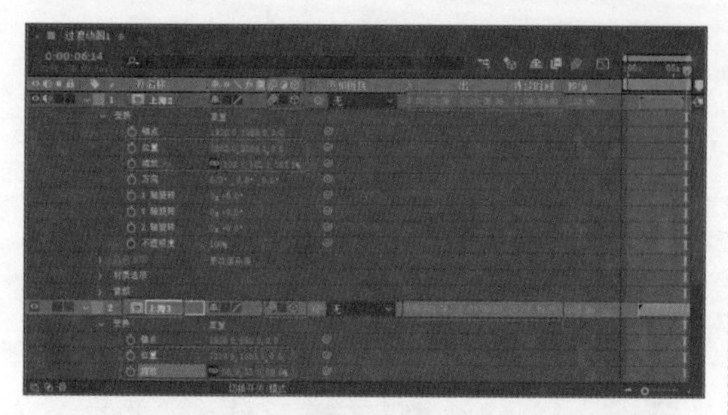

图 9-22

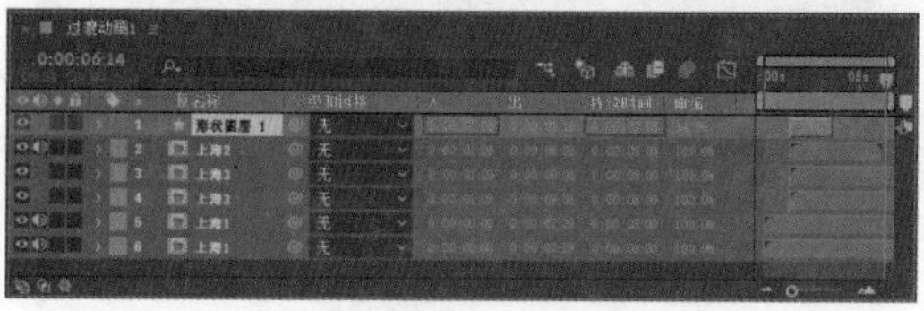

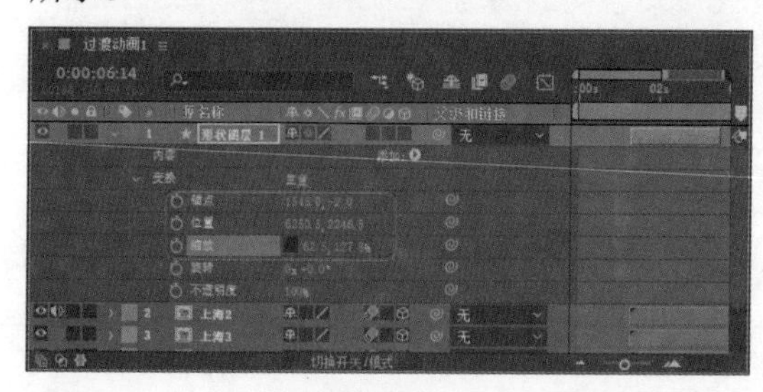

图 9-23

15 在【变换】选项组中，将【锚点】设置为1548, -2，将【位置】设置为6250.5, 2246.5，将【缩放】设置为62.5, 127.8%，如图9-24所示。

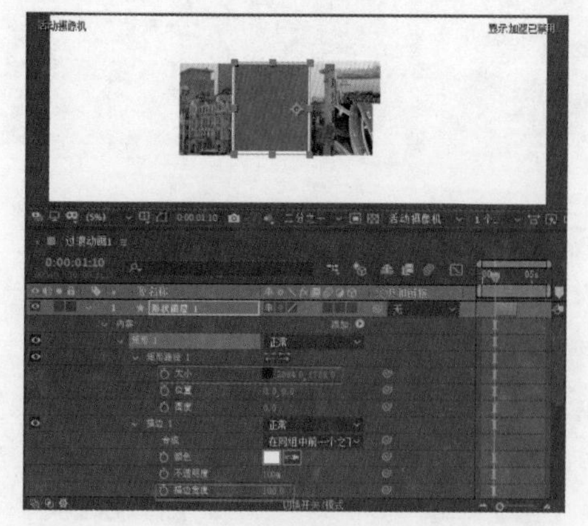

图 9-24

16 使用【矩形工具】，绘制一个矩形，将【矩形路径 1】选项组中的【大小】设置为3084, 1728，将【描边 1】选项组中的【描边宽度】设置为100，如图9-25所示。

图 9-25

17 将【填充 1】选项组中的【颜色】设置为#FC5151，将【变换：矩形 1】选项组中的【位置】设置为6, -2，如图9-26所示。

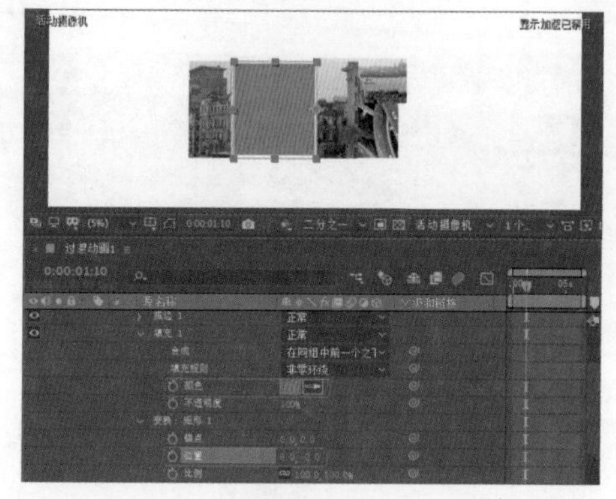

图 9-26

18 将【项目】面板中的“上海 4”拖曳至【时间轴】面板中，启用运动模糊和3D图层，将【入】设置为0:00:02:15，将【持续时间】设置为0:00:05:00，如图9-27所示。

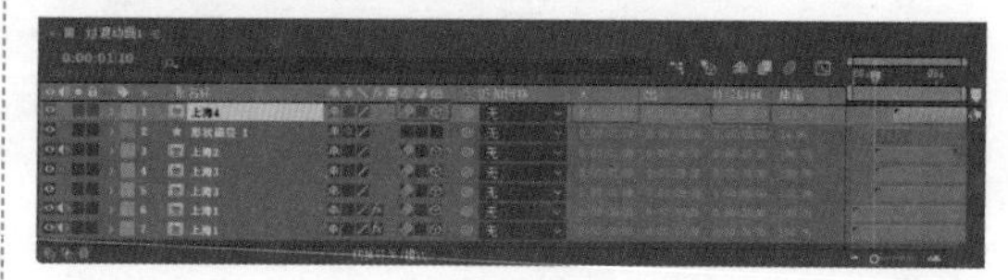

图 9-27

19 将【变换】选项组中的【位置】设置为2372, 2250, 0，将【缩放】设置为102, 102, 102%，如图9-28所示。

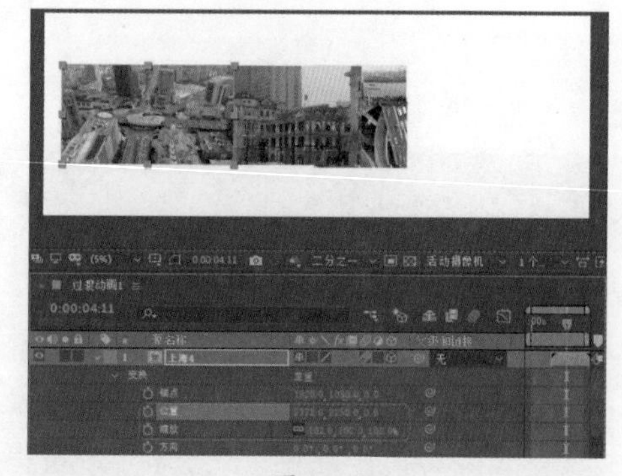

图 9-28

20 为“上海 4”添加【动态拼贴】特效，将当前时间设置为0:00:04:10，单击【输出高度】左侧的按钮，将当前时间设置为0:00:04:11，将【输出高度】设置为600，如图9-29所示。

21 将“上海 4”复制一层，为其添加【梯度渐变】特效，将【渐变起点】设置为600, 365.4，将【起始颜色】设置为# F857A6，将【渐变终点】设置为3270, 2155.4，将【结束颜色】设置为# FF83C0，将【渐变形状】设置为【径向渐变】，将【渐变散射】设置为100，将【与原始图像混合】设置为0%，如图9-30所示。

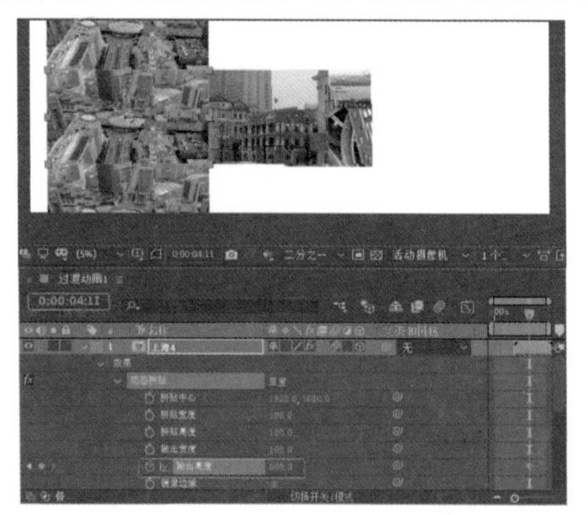

图 9-29

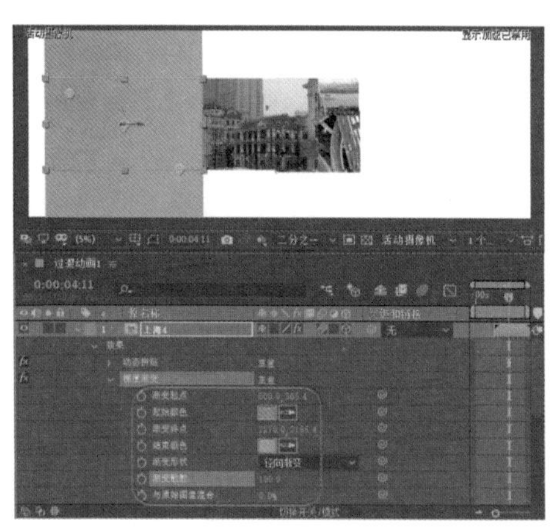

图 9-30

22 将复制后的“上海4”的【不透明度】设置为80%，设置图层的TrkMat模式，如图9-31所示。

23 按Ctrl+N组合键，弹出【合成设置】对话框，将【合成名称】设置为“过渡动画2”，将【宽度】和【高度】分别设置为3840 px、2323 px，将【分辨率】设置为【二分之一】，将【持续时间】设置为0:00:06:15，如图9-32所示。

提示：按T键可单独显示【不透明度】参数栏。

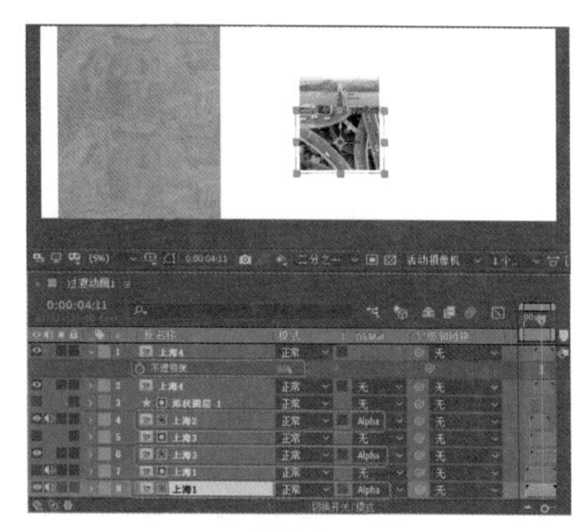

图 9-31

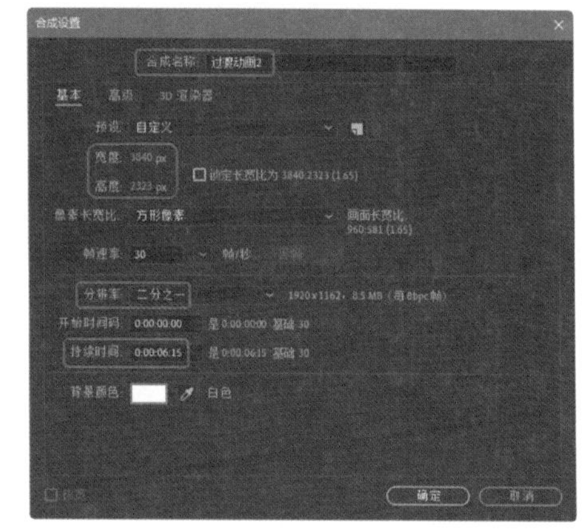

图 9-32

24 单击【确定】按钮，将“上海5”拖曳至【时间轴】面板中，启用运动模糊和3D图层，将【位置】设置为964, 629.5, 0，将【缩放】设置为50, 50, 50%，如图9-33所示。

图 9-33

25 在【效果和预设】面板中搜索【动态拼贴】特效，双击该特效，将【动态拼贴】选项组中的【输出宽度】和【输出高度】均设置为300，将【镜像边缘】设置为【开】，如图9-34所示。

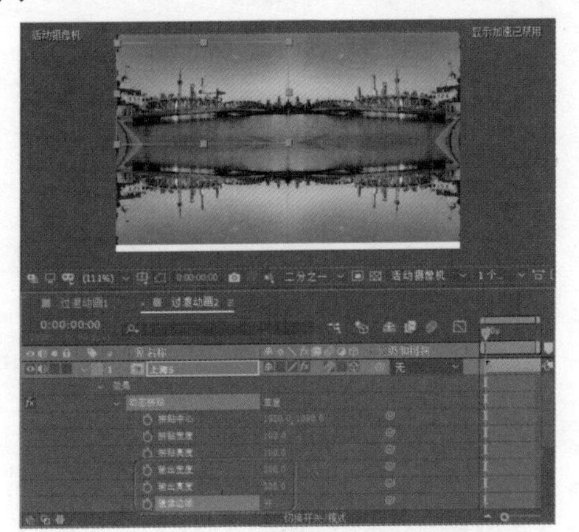

图 9-34

9.3 创建文字动画

本例讲解如何创建文字动画，其具体操作步骤如下。

素材	素材\Cha09\上海1.mp4～上海9.mp4、背景音乐.mp3
场景	场景\Cha09\魅力上海宣传片.aep
视频	视频教学\Cha09\魅力上海宣传片.mp4

01 按Ctrl+N组合键，弹出【合成设置】对话框，将【合成名称】设置为“文本01”，将【宽度】和【高度】分别设置为4500 px、550 px，将【分辨率】设置为【二分之一】，将【持续时间】设置为0:00:05:00，将【背景颜色】设置为黑色，如图9-35所示。

02 单击【确定】按钮，使用【横排文字工具】输入文本“遇见最美的城市”，将【字体】设置为【Adobe 黑体 Std】，将【字体大小】设置为68像素，【字符间距】设置为200，在【段落】面板中单击【居中对齐文本】按钮，如图9-36所示。

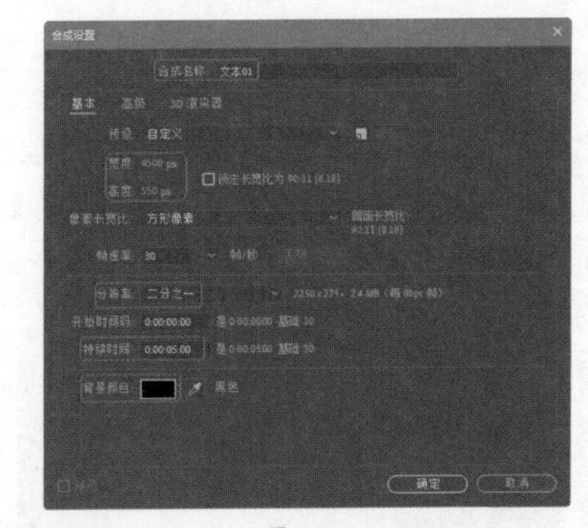

图 9-35

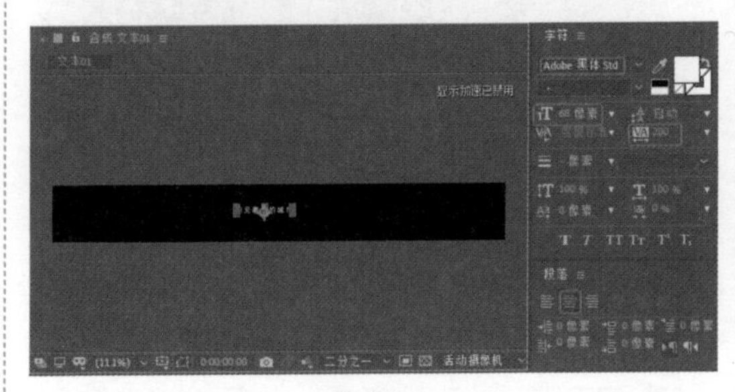

图 9-36

03 启用运动模糊和3D图层，在【变换】选项组中将【锚点】设置为1.6, -24, 0，将【位置】设置为2250, 275, 0，将【缩放】设置为600, 600, 600%，如图9-37所示。

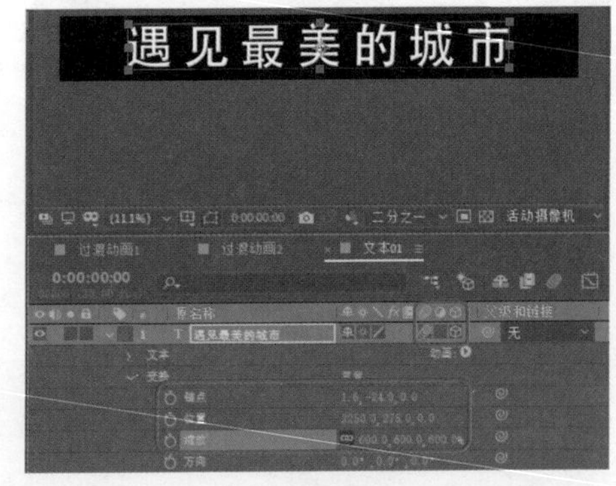

图 9-37

04 为文本添加【填充】特效，展开【效果】|【填充】选项组，将【颜色】设置为#EF6A6A，如图9-38所示。

05 展开【文本】|【更多选项】选项组，单击动画:按钮，在弹出的下拉菜单中选择【启用逐字3D化】命令，如图9-39所示。

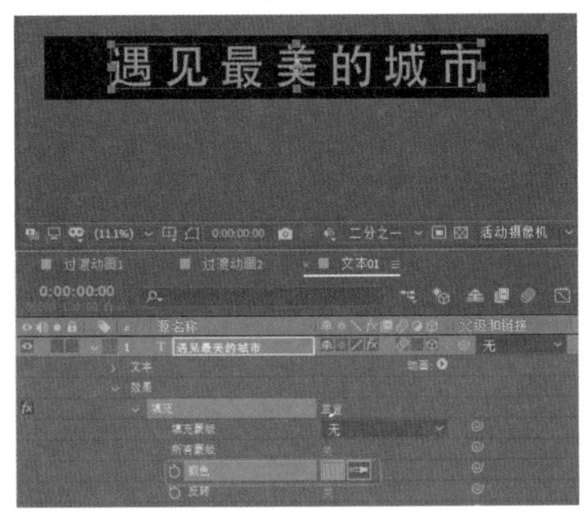

图 9-38

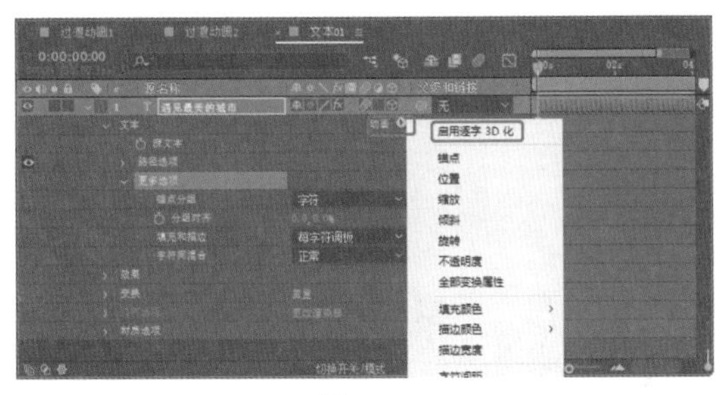

图 9-39

06 再次单击动画: 按钮，在弹出的下拉菜单中分别选择【位置】、【缩放】和【不透明度】命令，将【位置】设置为 -492, 0, 0，将【缩放】设置为 100, 100, 74.1%，如图 9-40 所示。

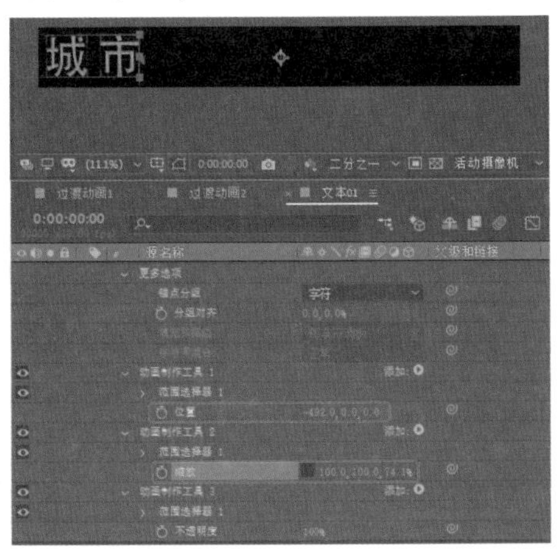

图 9-40

07 展开【范围选择器 1】|【高级】选项组，将【单位】设置为【索引】，将【形状】设置为【下斜坡】，将【缓和高】和【缓和低】分别设置为 0%、50%，如图 9-41 所示。

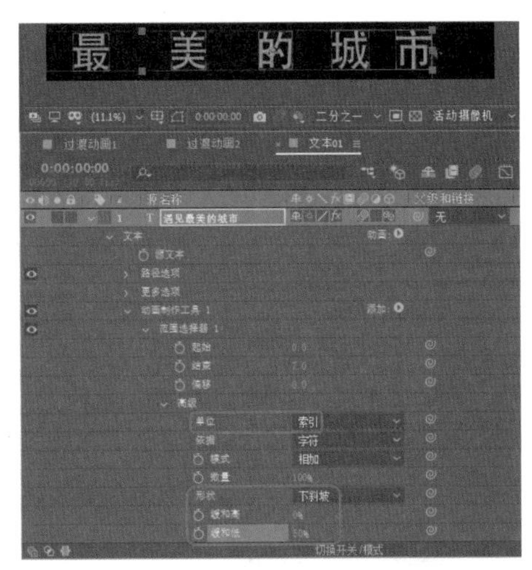

图 9-41

08 展开【动画制作工具 1】|【范围选择器 1】选项组，确定当前时间为 0:00:00:00，将【起始】设置为 7，将【结束】设置为 0，将【偏移】设置为 4，单击【偏移】左侧的按钮，如图 9-42 所示。

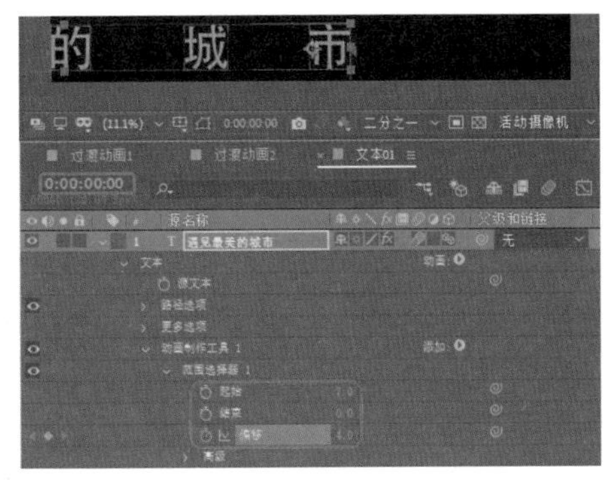

图 9-42

提示：每当添加一种控制器时，都会在【动画】属性组中添加一个【范围控制器】选项。

09 在【时间轴】面板右侧选择关键帧，右击，在弹出的快捷菜单中选择【关键帧辅助】|【缓动】命令。将当前时间设置为 0:00:01:16，将【偏移】设置为 -7，如图 9-43 所示。

10 使用同样的方法制作“文本 02”“文本 03”合成文件，效果如图 9-44 所示。

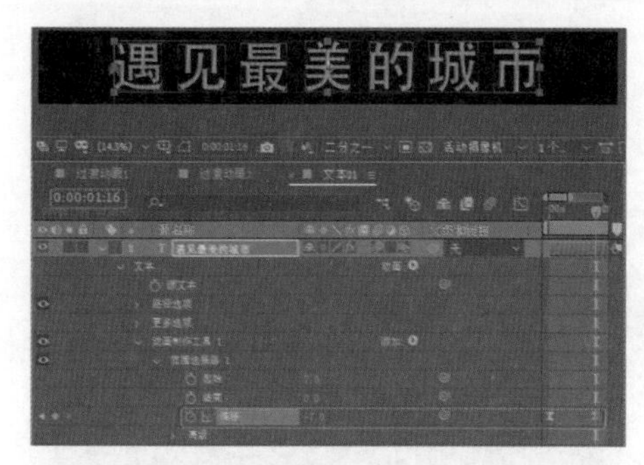

图 9-43

图 9-44

11 按 Ctrl+N 组合键，弹出【合成设置】对话框，将【合成名称】设置为“文本 04”，将【宽度】和【高度】分别设置为 3500 px、350 px，将【分辨率】设置为【二分之一】，将【持续时间】设置为 0:00:05:00，将【背景颜色】设置为黑色，如图 9-45 所示。

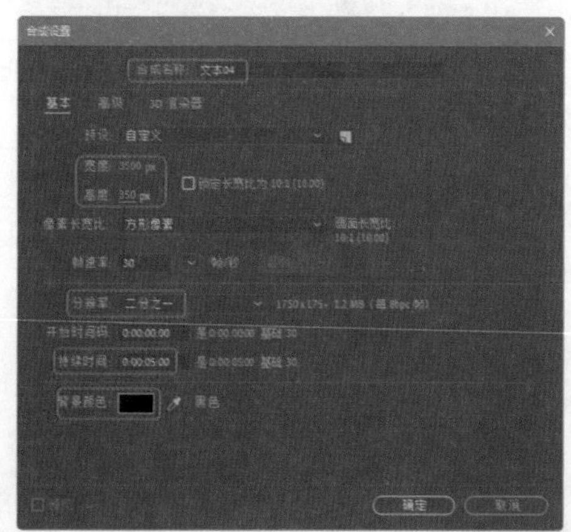

图 9-45

12 单击【确定】按钮，使用【横排文字工具】输入文本“山水之城”，在【字符】面板中将【字体】设置为【华文新魏】，将【字体大小】设置为 12 像素，【字符间距】设置为 0，将【颜色】设置为白色，在【段落】面板中单击【居中对齐文本】按钮，如图 9-46 所示。

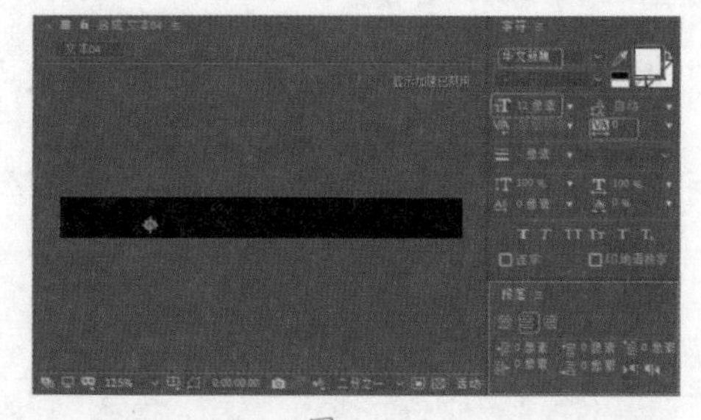

图 9-46

13 启用运动模糊和 3D 图层，在【变换】选项组中将【锚点】设置为 -0.2, -4.2, 0，将【位置】设置为 1750, 176, 0，将【缩放】设置为 2500, 2457.6, 119.9，如图 9-47 所示。

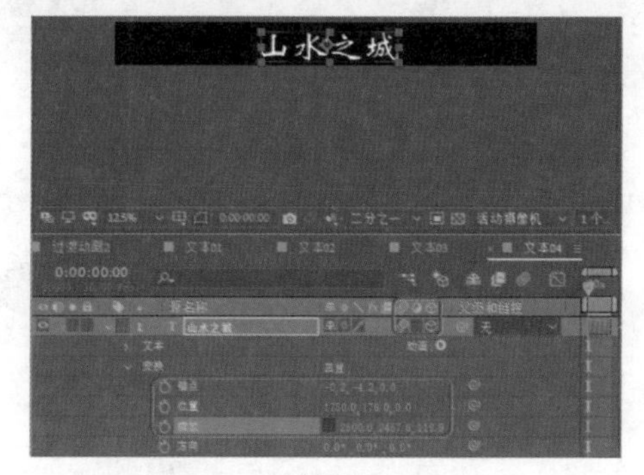

图 9-47

14 单击 动画: 按钮，在弹出的下拉菜单中选择【启用逐字 3D 化】命令，如图 9-48 所示。

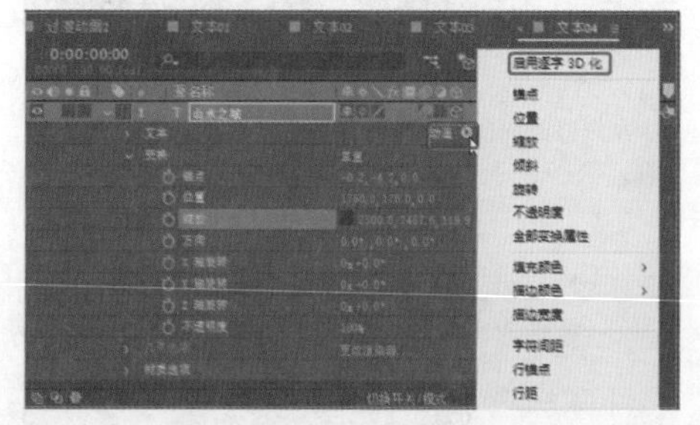

图 9-48

15 再次单击 动画: 按钮，在弹出的下拉菜单中选择【全部变换属性】命令，将【位置】设置为 0, -190, 0，如图 9-49 所示。

16 展开【范围选择器 1】|【高级】选项组，将【形状】设置为【上斜坡】，将【缓和高】和【缓和低】分别设置为 0%、100%，将【随机排序】设置为【开】，如图 9-50 所示。

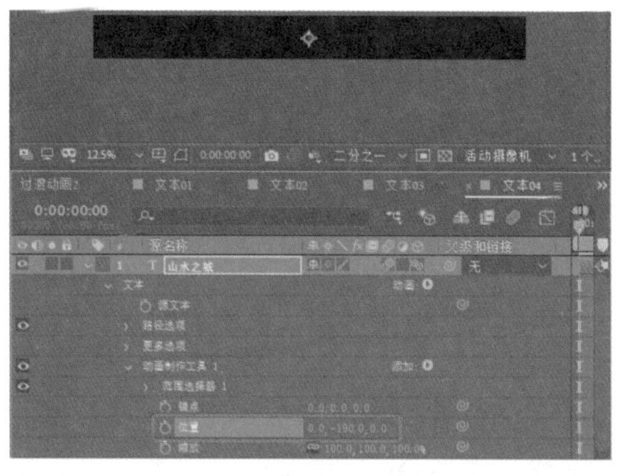

图 9-49

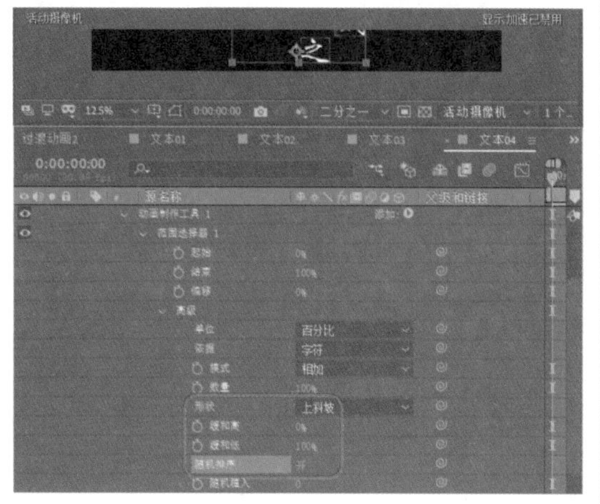

图 9-50

17 展开【动画制作工具 1】|【范围选择器 1】选项组，确定当前时间为0:00:00:00，将【偏移】设置为 -100%，单击【偏移】左侧的按钮，如图 9-51 所示。

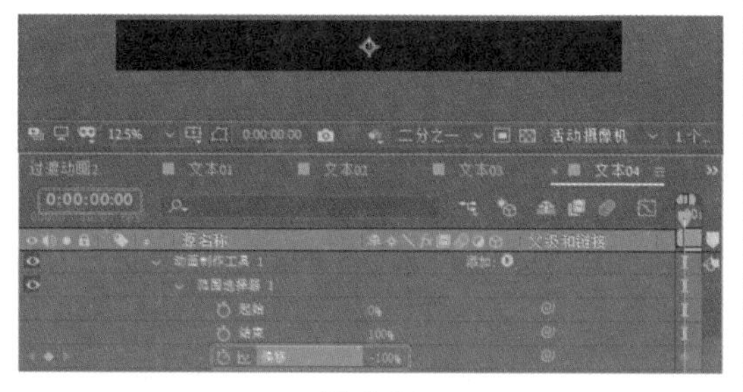

图 9-51

18 在【时间轴】面板右侧选择关键帧，右击，在弹出的快捷菜单中选择【关键帧辅助】|【缓动】命令。将当前时间设置为0:00:01:19，将【偏移】设置为 100%，如图 9-52 所示。

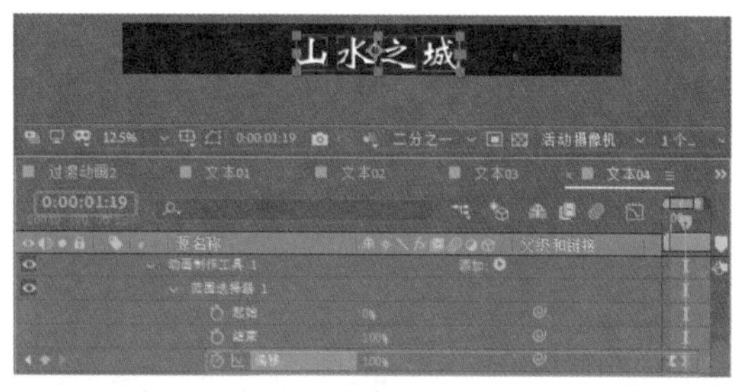

图 9-52

19 再次单击动画:按钮，在弹出的下拉菜单中选择【字符间距】命令。将当前时间设置为 0:00:01:05，将【动画制作工具 2】选项组中的【字符间距大小】设置为 8，单击左侧的按钮，如图 9-53 所示。

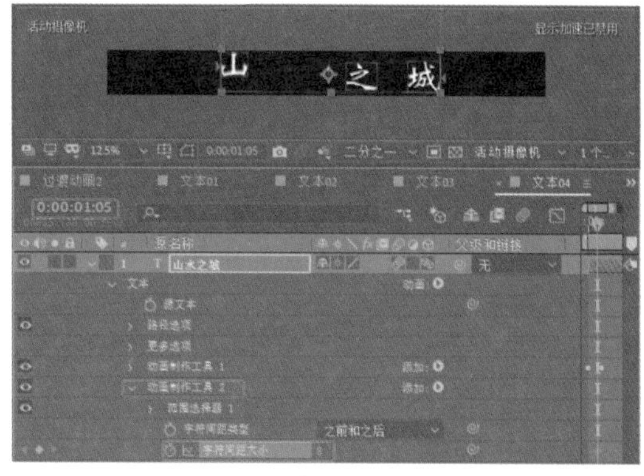

图 9-53

20 在【时间轴】面板右侧选择关键帧，右击，在弹出的快捷菜单中选择【关键帧辅助】|【缓动】命令。将当前时间设置为 0:00:02:03，将【字符间距大小】设置为 30，如图 9-54 所示。

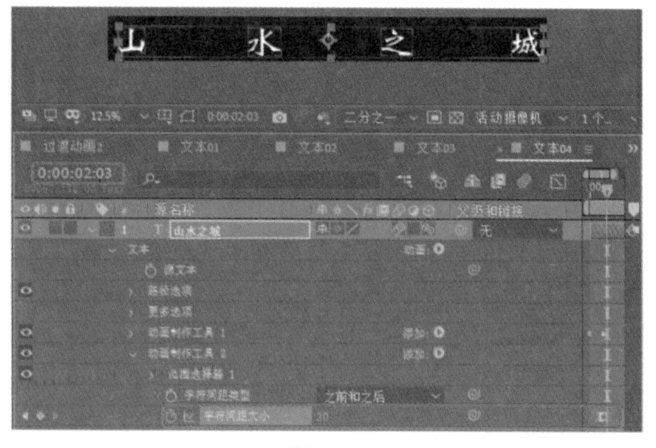

图 9-54

21 使用同样的方法制作“文本 05”“文本 06”“标题文本”“遇见上海”合成文件，如图 9-55 所示。

图 9-55

9.4 创建上海宣传片动画

下面将讲解如何创建上海宣传片动画，其具体操作步骤如下。

素材	素材 \Cha09\ 上海 1.mp4 ～上海 9.mp4、背景音乐 .mp3
场景	场景 \Cha09\ 魅力上海宣传片 .aep
视频	视频教学 \Cha09\ 魅力上海宣传片 .mp4

01 在【项目】面板中单击【新建合成】按钮，在弹出的【合成设置】对话框中将【合成名称】设置为“上海宣传片动画”，将【宽度】、【高度】分别设置为 3840 px、2160 px，将【像素长宽比】设置为【方形像素】，将【帧速率】设置为 30 帧 / 秒，将【分辨率】设置为【二分之一】，将【持续时间】设置为 0:00:16:00，将【背景颜色】的 RGB 值设置为 0、0、0，如图 9-56 所示。

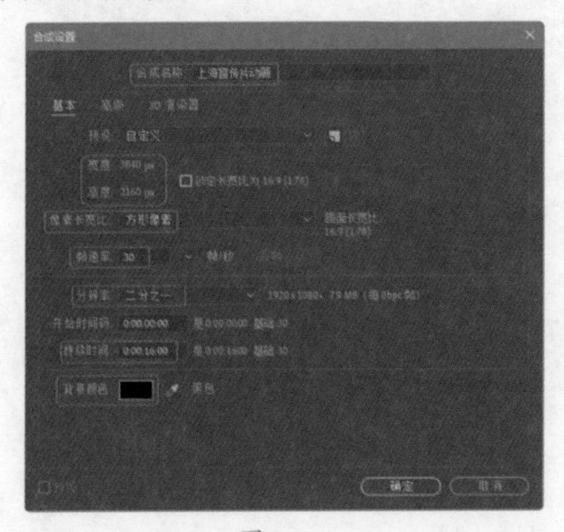

图 9-56

02 单击【确定】按钮，将“过渡动画 1”合成文件拖曳至【时间轴】面板中，将【入】设置为 0:00:00:00，【持续时间】设置为 0:00:06:15，如图 9-57 所示。

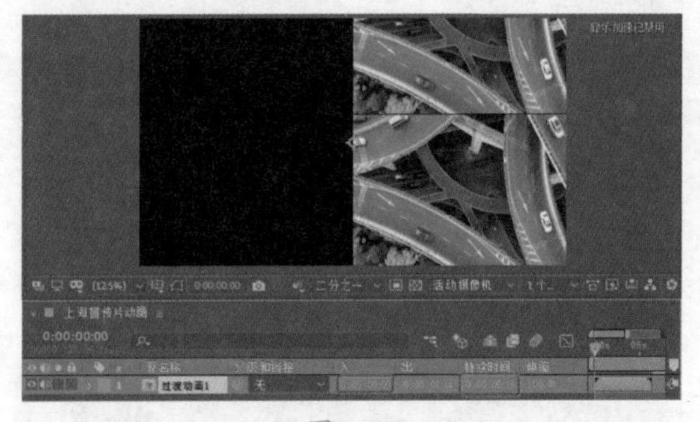

图 9-57

03 单击【对于合成图层】按钮和【3D 图层】按钮，将【位置】设置为 -13.2, 6394.7, 0，将【缩放】设置为 202, 202, 202%，如图 9-58 所示。

图 9-58

04 在【时间轴】面板中右击，在弹出的快捷菜单中选择【新建】|【形状图层】命令，将【入】设置为 0:00:00:00，【持续时间】设置为 0:00:03:12，如图 9-59 所示。

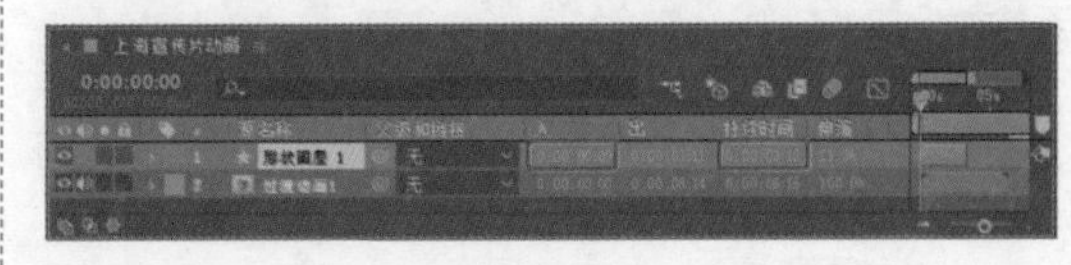

图 9-59

05 展开【变换】选项组，将【锚点】设置为 -2, 8，将【位置】设置为 1920, 7423，将【缩放】设置为 90, 90%，将【不透明度】设置为 75%，如图 9-60 所示。

06 使用【矩形工具】绘制矩形，展开【内容】

|【矩形 1】|【矩形路径 1】选项组，将【大小】设置为 2124, 370，如图 9-61 所示。

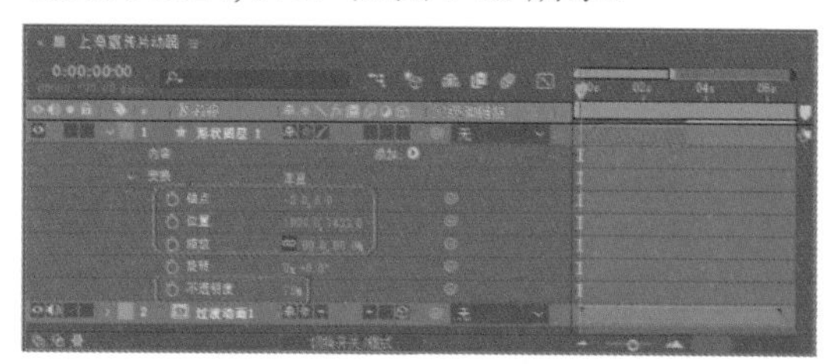

图 9-60

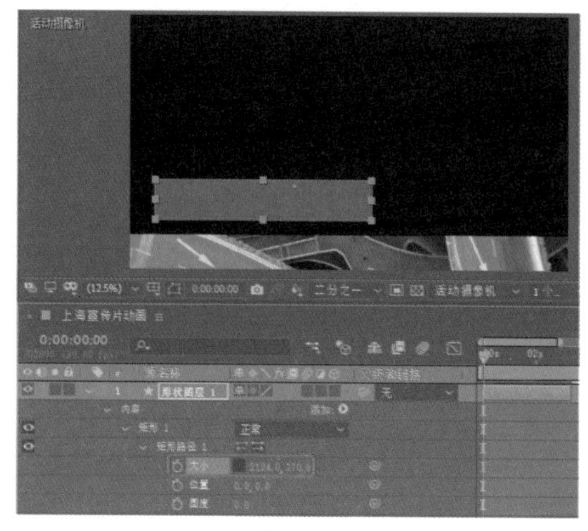

图 9-61

07 展开【变换：矩形 1】选项组，将【位置】设置为 -2, 8，如图 9-62 所示。

图 9-62

08 为“形状图层 1”添加【填充】特效，将【颜色】的 RGB 值设置为 255、255、255，如图 9-63 所示。

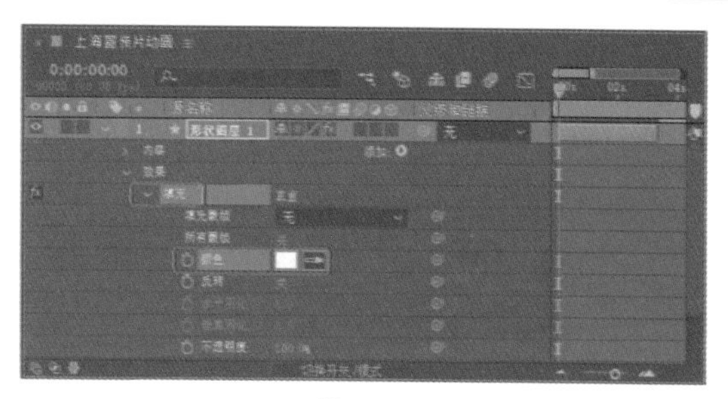

图 9-63

09 将“文本 01”添加至【时间轴】面板中，将【当前时间】设置为 0:00:03:12，按 Alt+] 组合键，将时间滑块的结尾处与时间线对齐，如图 9-64 所示。

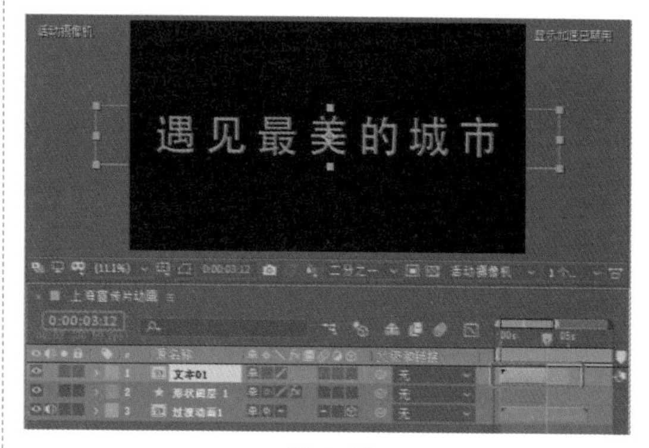

图 9-64

10 单击【对于合成图层】按钮和【3D 图层】按钮，将【变换】选项组中的【位置】设置为 1931.7, 7426.4, 0，将【缩放】设置为 50, 50, 50%，如图 9-65 所示。

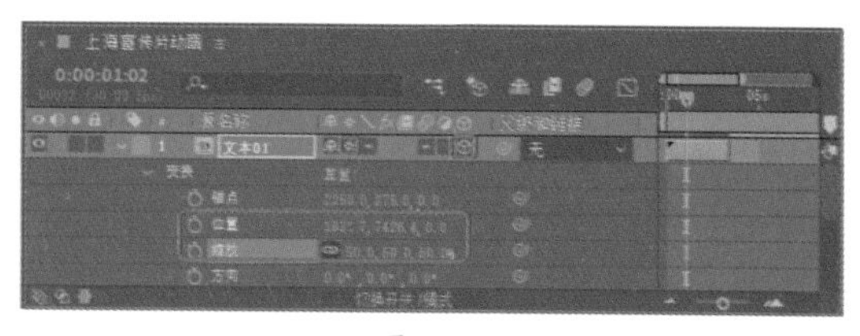

图 9-65

11 为文本对象添加【梯度渐变】特效，将当前时间设置为 0:00:01:07，将【渐变起点】设置为 1632, 920，将【起始颜色】设置为 #309BFA，将【渐变终点】设置为 2406.8, 1130.6，将【结束颜色】设置为 #00F2FE，将【渐变形状】设置为【径向渐变】，单击【渐变起点】和【渐变终点】左侧的按钮，选择关键帧，按 F9 键将其转换为缓动帧，如图 9-66 所示。

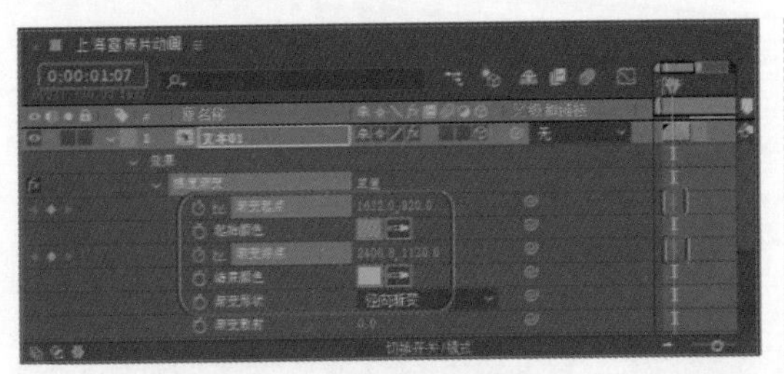
图 9-66

12 将当前时间设置为0:00:02:09，将【渐变起点】设置为2756, 1432，将【渐变终点】设置为3338.8, 1642.6，如图9-67所示。

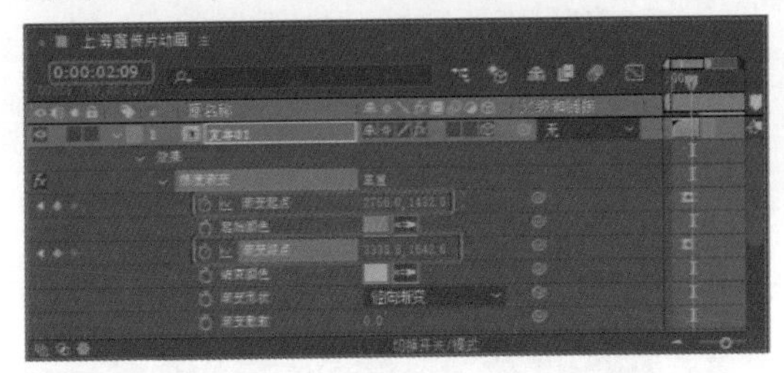
图 9-67

13 复制形状图层，将图层移至“文本01”图层的上方，如图9-68所示。

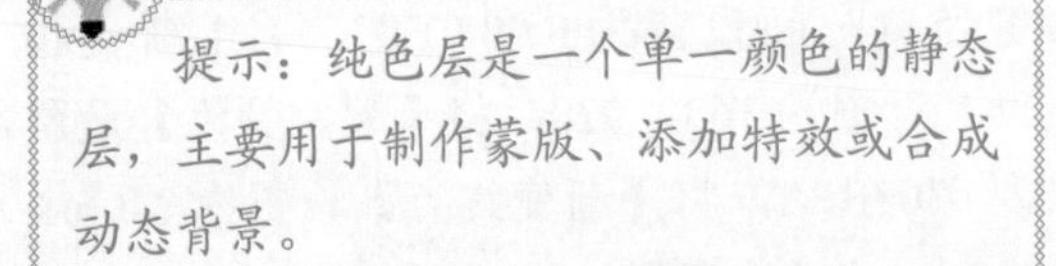
图 9-68

14 在【时间轴】面板中右击，在弹出的快捷菜单中选择【新建】|【纯色】命令，弹出【纯色设置】对话框，将【宽度】和【高度】均设置为100像素，将【单位】设置为【像素】，将【像素长宽比】设置为【方形像素】，将【颜色】设置为白色，单击【确定】按钮，如图9-69所示。

提示：纯色层是一个单一颜色的静态层，主要用于制作蒙版、添加特效或合成动态背景。

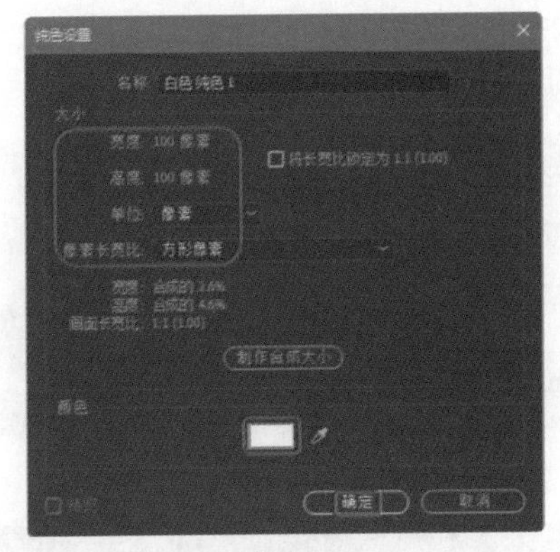
图 9-69

15 将【入】设置为0:00:00:00，将【持续时间】设置为0:00:03:12，如图9-70所示。

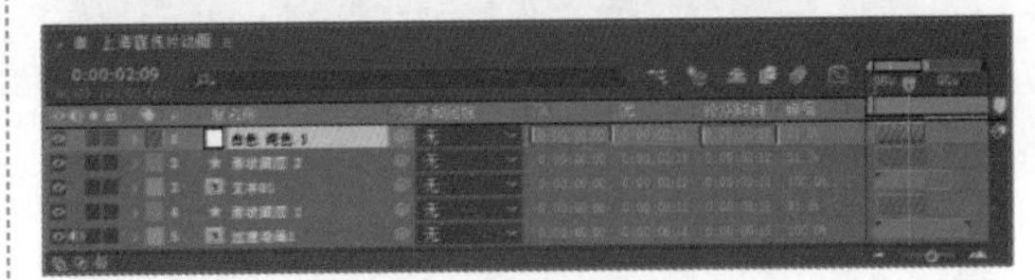
图 9-70

16 启用3D图层，将当前时间设置为0:00:00:00，将【锚点】设置为50, 50, 0，【位置】设置为1896, 6410, 0，单击【位置】左侧的按钮，如图9-71所示。

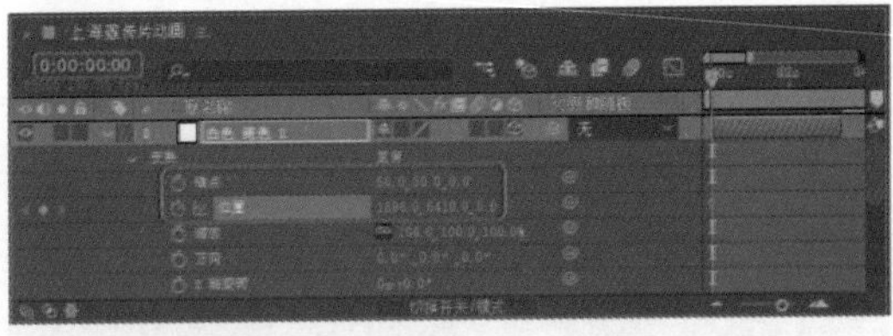
图 9-71

17 将当前时间设置为0:00:01:07，将【位置】设置为1896, 59, 0，将【缩放】设置为100, 100, 100%，单击【缩放】左侧的按钮，如图9-72所示。

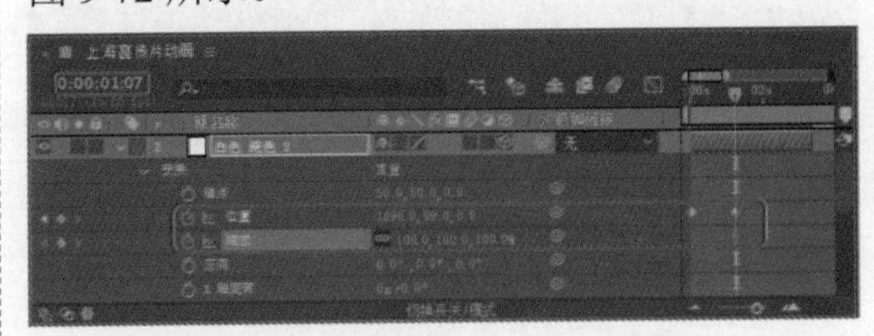
图 9-72

18 将当前时间设置为 0:00:02:15，将【位置】设置为 2877, 1076, 0，将【缩放】设置为 50, 50, 50%，如图 9-73 所示。

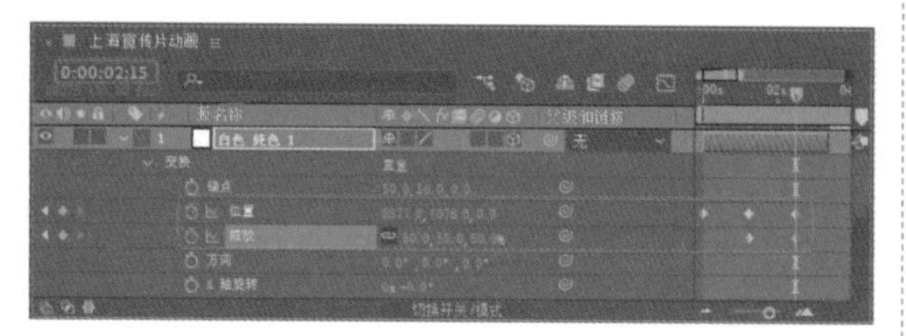

图 9-73

19 选择所有帧，按 F9 键将其转换为缓动帧，如图 9-74 所示。

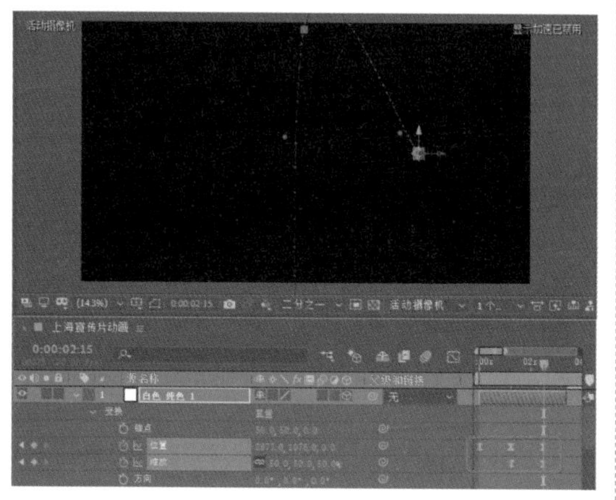

图 9-74

20 在【时间轴】面板中右击，在弹出的快捷菜单中选择【新建】|【纯色】命令，弹出【纯色设置】对话框，将【宽度】和【高度】分别设置为 3840 像素、2160 像素，将【单位】设置为【像素】，将【像素长宽比】设置为【方形像素】，单击【确定】按钮，如图 9-75 所示。

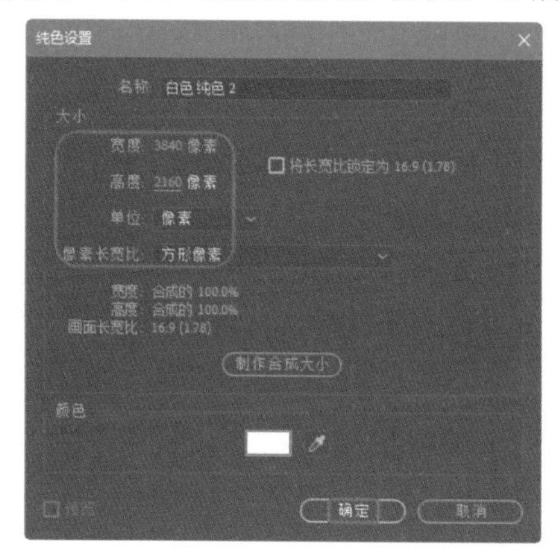

图 9-75

21 将【入】设置为 0:00:00:00，【持续时间】设置为 0:00:00:28，如图 9-76 所示。

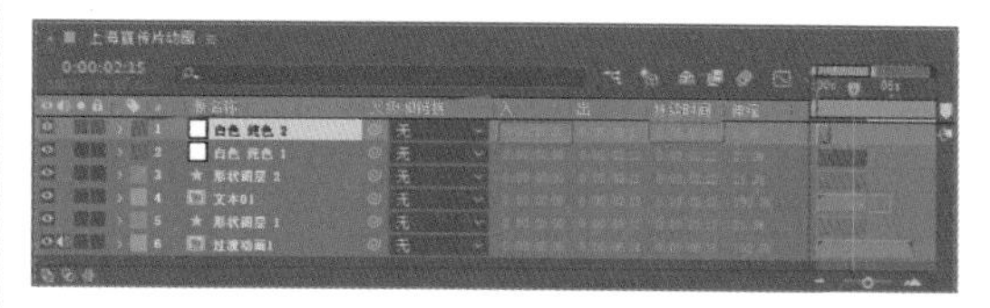

图 9-76

22 将当前时间设置为 0:00:00:00，将【位置】设置为 1920, 1080，将【不透明度】设置为 100%，单击【不透明度】左侧的按钮，如图 9-77 所示。

图 9-77

23 将当前时间设置为 0:00:00:27，将【不透明度】设置为 0%，如图 9-78 所示。

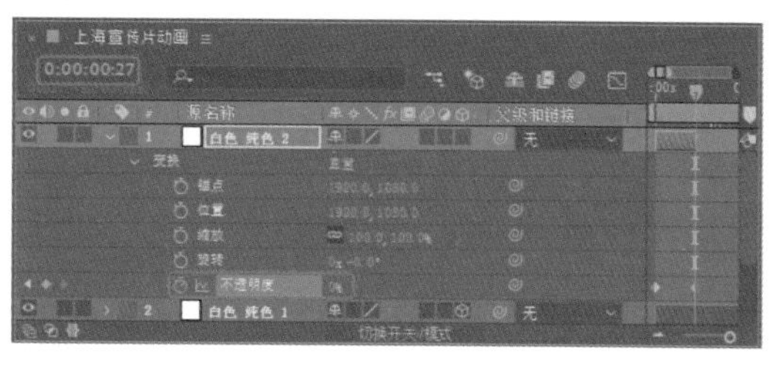

图 9-78

24 在【时间轴】面板中右击，在弹出的快捷菜单中选择【新建】|【纯色】命令，弹出【纯色设置】对话框，将【宽度】和【高度】均设置为 100 像素，将【单位】设置为【像素】，将【像素长宽比】设置为【方形像素】，单击【确定】按钮，如图 9-79 所示。

25 将【入】设置为 0:00:02:12，【持续时间】设置为 0:00:01:10，如图 9-80 所示。

26 将当前时间设置为 0:00:02:12，将【锚点】设置为 50, 50，将【位置】设置为 2877, 1076，单击其左侧的按钮，如图 9-81 所示。

图 9-79

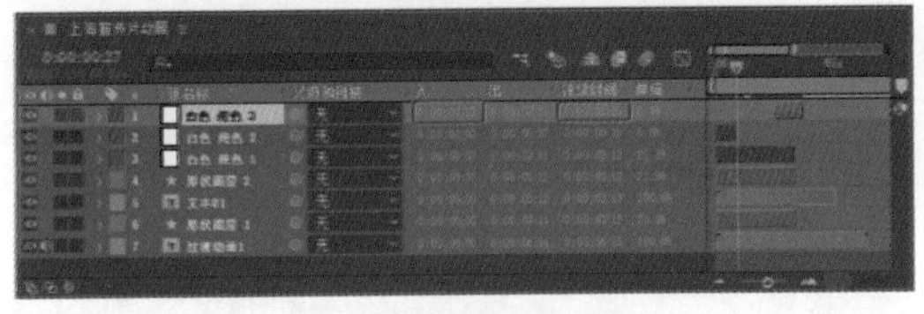

图 9-80

图 9-81

27 将当前时间设置为 0:00:03:21，将【位置】设置为 6785, 1076，按 F9 键将关键帧转换为缓动帧，如图 9-82 所示。

图 9-82

28 选择"白色 纯色 1"和"白色 纯色 3"图层，按 T 键，单独显示【不透明度】参数，将【不透明度】设置为 0%，如图 9-83 所示。

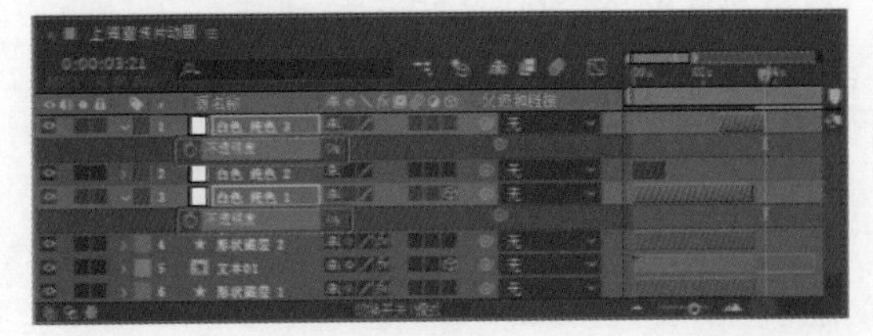

图 9-83

29 使用同样的方法制作其他的图层文件，并设置 TrkMat 和【父级】参数，如图 9-84 所示。

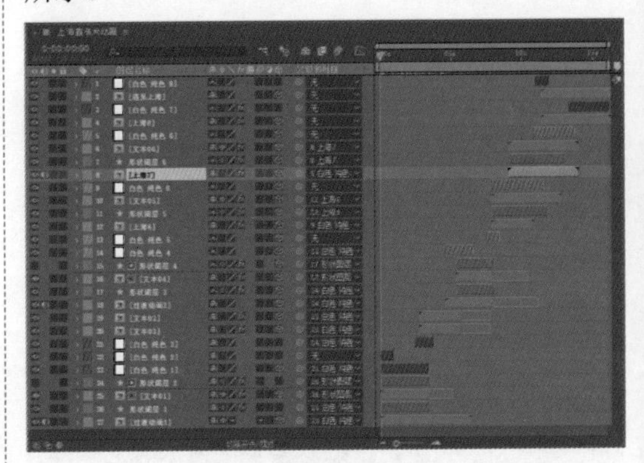

图 9-84

提示：指定父级对象后，子对象会发生相应的参数变化，用户可以拖动时间线预览效果。

9.5 制作光晕并嵌套合成

下面将讲解如何制作光晕并嵌套合成，其具体操作步骤如下。

素材	素材 \Cha09\ 上海 1.mp4 ～上海 9.mp4、音乐背景 .mp3
场景	场景 \Cha09\ 魅力上海宣传片 .aep
视频	视频教学 \Cha09\ 魅力上海宣传片 .mp4

01 按 Ctrl+N 组合键，在弹出的【合成设置】对话框中将【合成名称】设置为"遮罩动画"，将【宽度】和【高度】分别设置为 1920 px、1080 px，将【像素长宽比】设置为【方形像素】，将【帧速率】设置为 30 帧 / 秒，将【分辨率】设置为【二分之一】，将【持续时间】设置为 0:01:15:00，将【背景颜色】设置为黑色，如图 9-85 所示。

02 单击【确定】按钮，在【时间轴】面板中右击，

在弹出的快捷菜单中选择【新建】|【调整图层】命令。将【入】设置为0:00:00:00，【持续时间】设置为0:01:16:20，为图层添加【杂色】效果，将【杂色数量】设置为3%，如图9-86所示。

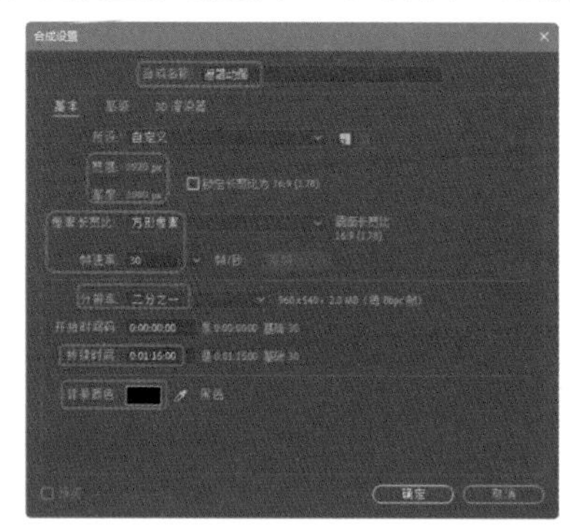

图 9-85

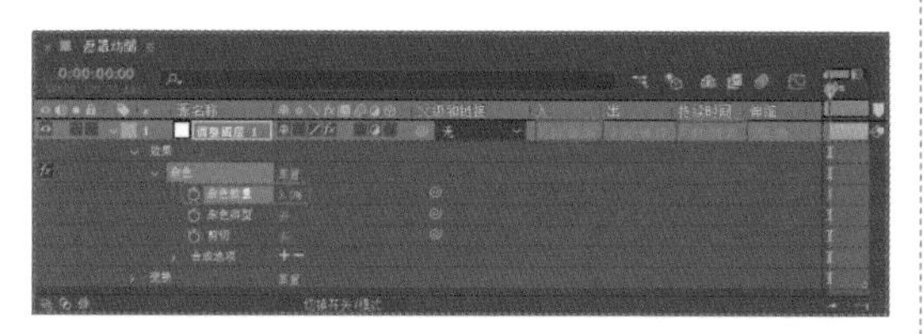

图 9-86

提示：【调整图层】用于对其下面所有图层进行效果调整，当该层应用某种效果时，只影响其下所有图层，并不影响其上的图层。

03 单击【确定】按钮，在【时间轴】面板中右击，在弹出的快捷菜单中选择【新建】|【调整图层】命令。将【入】设置为0:00:00:00，【持续时间】设置为0:01:16:20，为图层添加【曲线】、【亮度和对比度】和【锐化】效果，如图9-87所示。

图 9-87

04 打开【效果控件】面板，设置曲线，展开【亮度和对比度】选项组，将【亮度】和【对比度】分别设置为10、5，选中【使用旧版（支持HDR）】复选框，将【锐化】选项组中的【锐化量】设置为10，如图9-88所示。

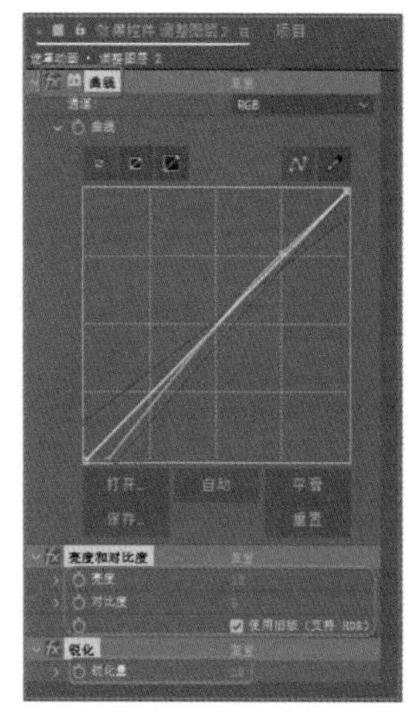

图 9-88

05 在【时间轴】面板中右击，在弹出的快捷菜单中选择【新建】|【纯色】命令，在打开的【纯色设置】对话框中将【宽度】和【高度】分别设置为1920像素、1080像素，单击【确定】按钮，如图9-89所示。

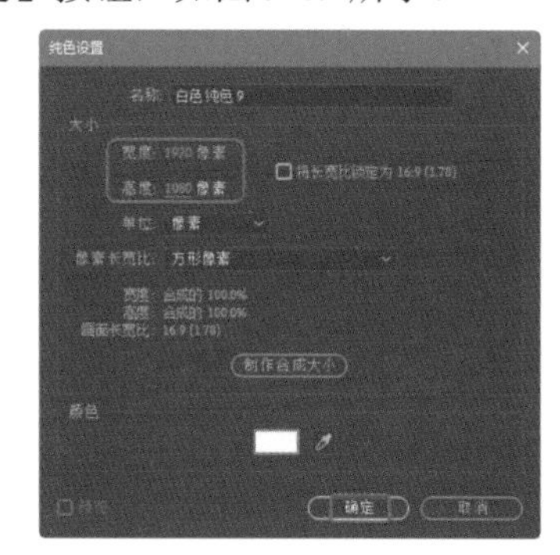

图 9-89

06 为图层添加【填充】效果，将【颜色】设置为黑色，如图9-90所示。

图 9-90

07 在图层上右击，在弹出的快捷菜单中选择【蒙版】|【新建蒙版】命令，如图9-91所示。

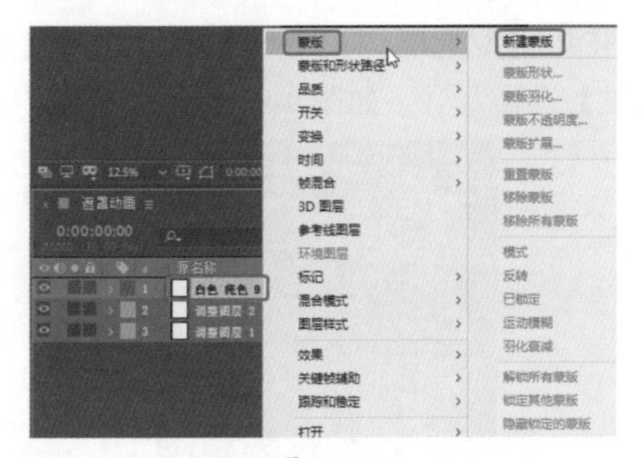

图 9-91

08 将当前时间设置为 0:00:00:00，将【蒙版 1】设置为【相减】，单击【蒙版路径】左侧的按钮，如图 9-92 所示。

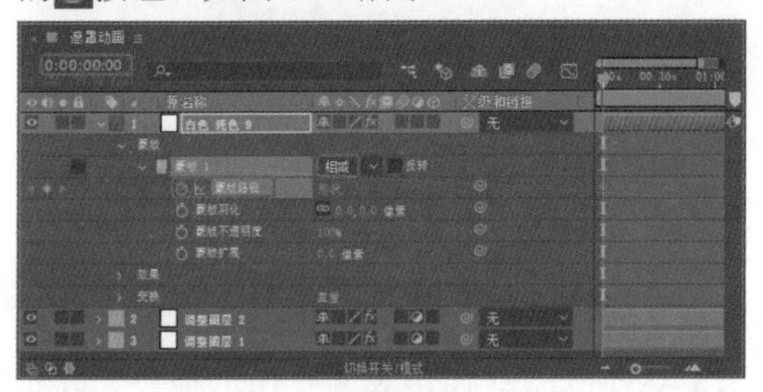

图 9-92

09 将当前时间设置为 0:00:01:00，单击【蒙版路径】右侧的【形状】按钮，弹出【蒙版形状】对话框，将【顶部】设置为 80 像素，【底部】设置为1000像素，单击【确定】按钮。如图9-93所示为在【合成】面板中单击【切换透明网格】按钮后的效果。

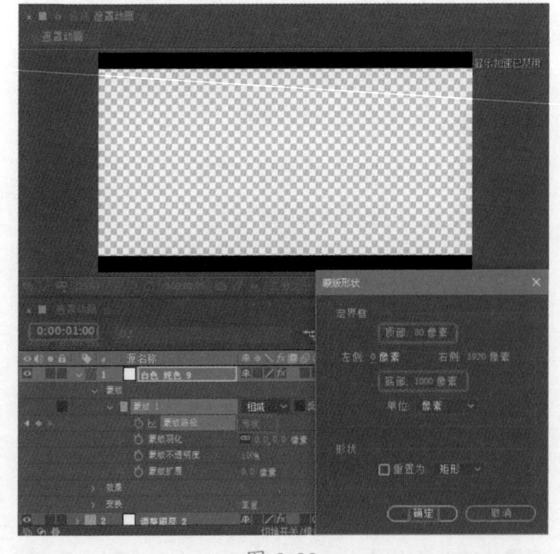

图 9-93

10 将当前时间设置为 0:00:17:24，单击【蒙版路径】右侧的【形状】按钮，弹出【蒙版形状】对话框，将【顶部】设置为 100 像素，【底部】设置为 980 像素，单击【确定】按钮，如图 9-94 所示。

提示：在【形状】选项区域可以修改当前蒙版的形状，如将其改成矩形或椭圆形。

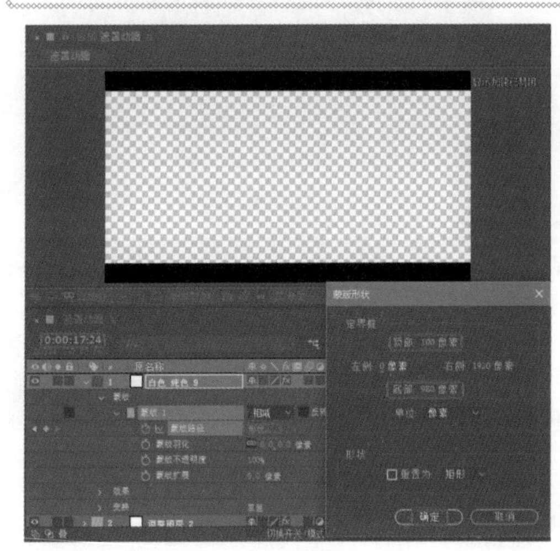

图 9-94

11 将当前时间设置为 0:00:31:01，单击【蒙版路径】右侧的【形状】按钮，弹出【蒙版形状】对话框，将【顶部】设置为 80 像素，【底部】设置为1000像素，单击【确定】按钮，如图9-95所示。

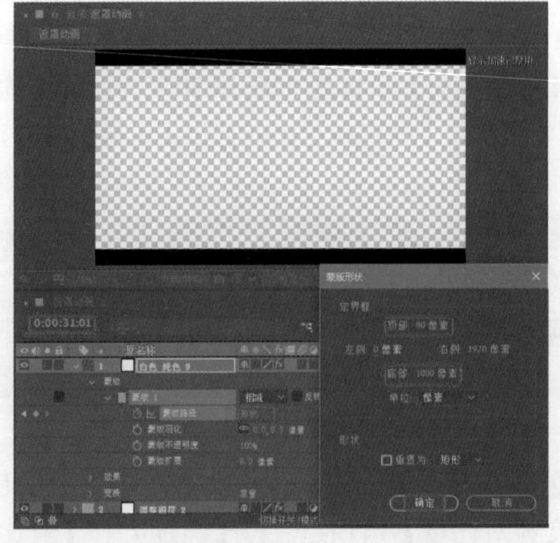

图 9-95

12 选择所有关键帧，按 F9 键将其转换为缓动帧，如图 9-96 所示。

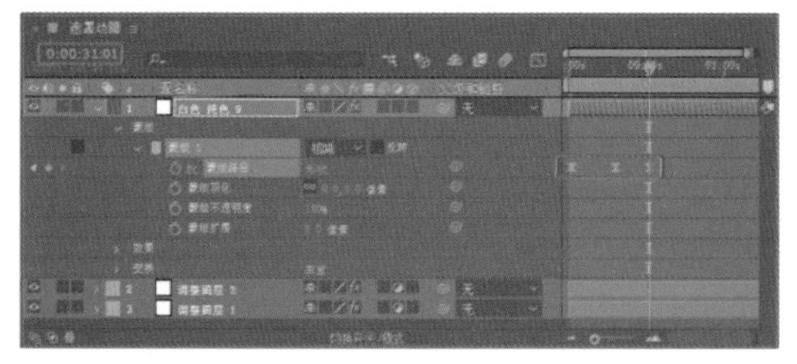

图 9-96

13 使用同样的方法制作光晕动画，如图 9-97 所示。

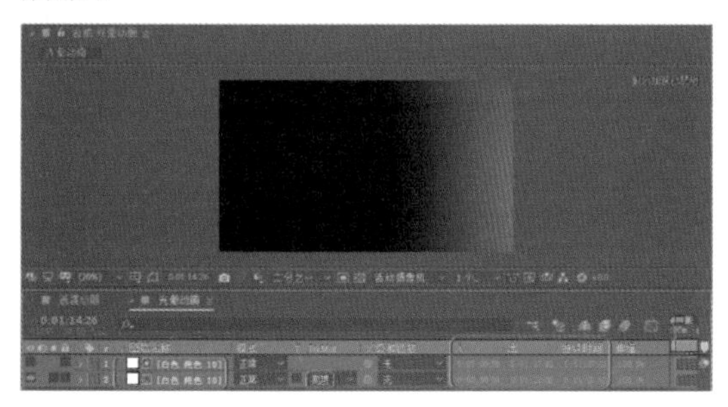

图 9-97

14 按 Ctrl+N 组合键，弹出【合成设置】对话框，将【合成名称】设置为“最终动画”，将【宽度】和【高度】分别设置为 3840 px、2160 px，将【像素长宽比】设置为【方形像素】，将【帧速率】设置为 30 帧 / 秒，将【分辨率】设置为【二分之一】，将【持续时间】设置为0:00:16:00，将【背景颜色】设置为黑色，单击【确定】按钮，如图 9-98 所示。

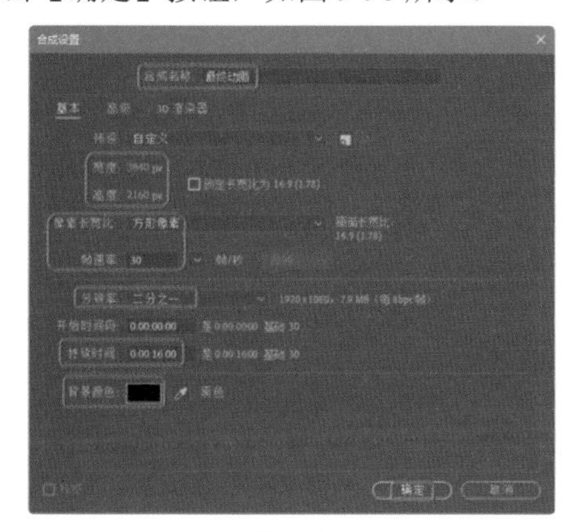

图 9-98

15 将“背景音乐 .mp3”文件拖曳至【时间轴】面板中，将当前时间设置为0:00:13:11，将【音频电平】设置为 0 dB，单击左侧的按钮，如图 9-99 所示。

图 9-99

16 将当前时间设置为 0:00:15:29，将【音频电平】设置为 -33 dB，如图 9-100 所示。

图 9-100

17 将“上海宣传片动画”文件拖曳至【时间轴】面板中，如图 9-101 所示。

图 9-101

18 将“标题文本”文件拖曳至时间轴顶层，单击【对于合成图层】按钮，将【位置】设置为 1920, 1912，将【缩放】设置为 70, 70%，将【不透明度】设置为 60%，如图 9-102 所示。

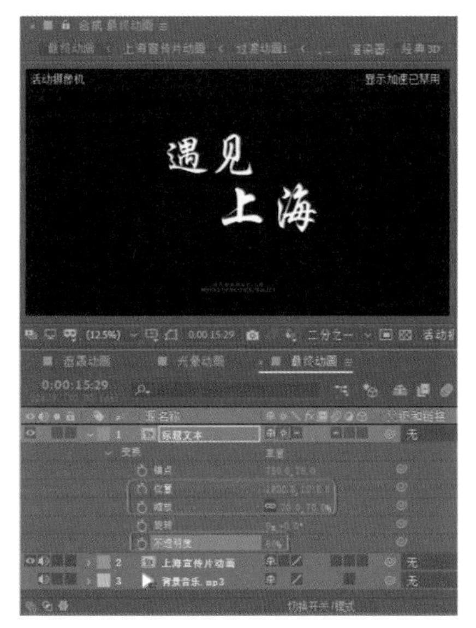

图 9-102

19 为文本图层添加【填充】特效，将【颜色】

设置为白色，如图 9-103 所示。

图 9-103

20 将“光晕动画”拖曳至时间轴顶层，将【缩放】设置为 200, 200%，将【不透明度】设置为 80%，如图 9-104 所示。

图 9-104

21 将“遮罩动画”拖曳至时间轴顶层，单击【对于合成图层】按钮，将【缩放】设置为 220.5, 220.5%，将【光晕动画】的模式设置为【屏幕】，如图 9-105 所示。

图 9-105

第 10 章

课程设计

本章导读：

本章将利用前面所学的知识来制作美食宣传片以及毕业季节目片头效果，通过本章的案例可以对前面所学内容巩固、加深，通过练习，可以举一反三，制作出其他动画效果。

10.1 美食宣传片

效果展示：

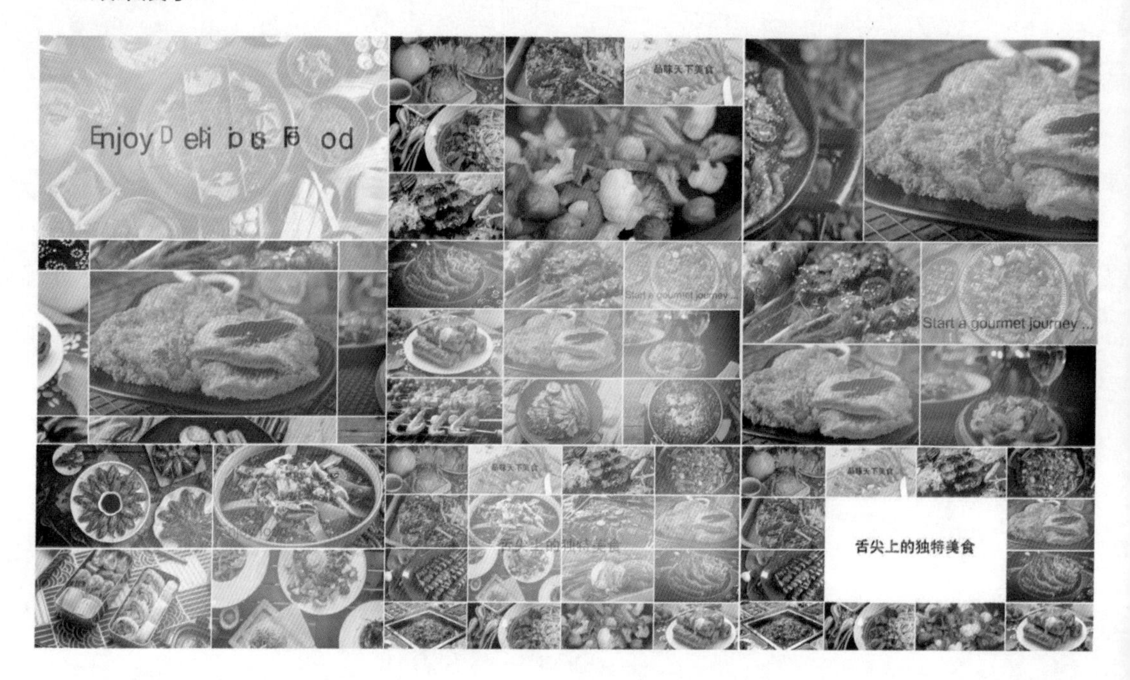

操作要领：

01 打开“美食宣传片素材 .aep”素材文件，制作美食合成文件以及美食动画。

02 创建文字并为其添加动画效果。

03 将素材和字幕添加至【合成】面板中，为其添加特效，并设置【位置】、【缩放】及【不透明度】参数，制作美食宣传片。

04 制作完成后，对完成后的效果添加音乐并进行输出。

10.2 毕业季节目片头

效果展示：

操作要领：

01 将素材文件导入至【项目】面板中，新建“开始动画”合成文件，将“毕业季素材01.mp4”“毕业季素材 02.png”素材文件拖曳至【时间轴】面板中，为“毕业季素材 02.png”设置【缩放】参数并添加矩形蒙版，为蒙版添加关键帧动画。将“毕业季素材 03.mov”素材文件拖曳至【时间轴】面板中，设置【位置】和【缩放】参数。

02 新建“转场动画 1”～“转场动画 4”合成文件，将图片素材添加至【时间轴】面板中，开启 3D 图层，设置【缩放】和【不透明度】参数，添加【动态拼贴】特效。将“花 .mp4”素材文件拖曳至【时间轴】面板中，设置【不透明度】和【模式】参数，制作出毕业季片头背景。

03 将毕业季照片依次添加至【时间轴】面板中，开启 3D 图层，并设置【变换】参数，为素材新建蒙版并添加【描边】特效，创建摄影机和纯色图层，并为图层设置【父级】。

04 制作毕业季合成动画，新建“总合成”合成文件，将“转场动画 1”～“转场动画 4”“结束动画”添加至【合成】面板中，设置入点、出点并设置【不透明度】动画，添加音频，输出视频。

附　录

常用快捷键

常用快捷键

项目窗口

操作	快捷键	操作	快捷键	操作	快捷键
新建项目	Ctrl+Alt+N	打开项目	Ctrl+O	打开上次打开的项目	Ctrl+Alt+Shift+P
保存项目	Ctrl+S	选择上一子项	↑（下箭头）	选择下一子项	↓（下箭头）
打开选择的素材项或合成图像	双击	在 AE 素材窗口中打开影片	Alt+ 双击	显示所选的合成图像的设置	Ctrl+K
导入多个素材文件	Ctrl+Alt+I	引入一个素材文件	Ctrl+I	搜索选项	Ctrl+F
替换素材文件	Ctrl+H	增加所选的合成图像的渲染队列窗口	Ctrl+Shift+/	新建文件夹	Ctrl+Alt+Shift+N
退出	Ctrl+Q				

显示窗口和面板

操作	快捷键	操作	快捷键	操作	快捷键
项目窗口	Ctrl+0	渲染队列窗口	Ctrl+Alt+0	工具箱	Ctrl+1
信息面板	Ctrl+2	预览面板	Ctrl+3	音频面板	Ctrl+4
新建合成	Ctrl+N	关闭激活的标签 / 窗口	Ctrl+W	关闭激活的窗口（所有标签）	Ctrl+Shift+W

时间布局窗口中的移动

操作	快捷键	操作	快捷键	操作	快捷键
到工作区开始	Home	到工作区结束	Shift+End	到前一可见关键帧	J
到后一可见关键帧	K	到开始处	Ctrl+Alt+ 左箭头	到结束处	Ctrl+Alt+ 右箭头
向前一帧	Page Down	向前十帧	Ctrl+Shift+ 左箭头	向后一帧	Page Up
向后十帧	Ctrl+Shift+ 右箭头	到层的入点	I	到层的出点	O

合成图像、层和素材窗口中的编辑

操作	快捷键	操作	快捷键	操作	快捷键
拷贝	Ctrl+C	复制	Ctrl+D	剪切	Ctrl+X
粘贴	Ctrl+V	撤销	Ctrl+Z	重做	Ctrl+Shift+Z
选择全部	Ctrl+A	取消全部选择	Ctrl+Shift+A 或 F2		

时间布局窗口中查看层属性

操作	快捷键	操作	快捷键	操作	快捷键
锚点	A	效果	E	蒙版羽化	F
不透明度	T	位置	P	旋转	R
缩放	S	打开不透明对话框	Ctrl+Shift+O	切换图层模式	F4

合成图像和时间布局窗口中层的精确操作

操作	快捷键	操作	快捷键	操作	快捷键
以指定方向移动层的一个像素	箭头	旋转层 1 度	+（数字键盘）	旋转层 -1 度	-（数字键盘）
放大层 1%	Ctrl++（ 数字键盘）	缩小层 1%	Ctrl+ -（数字键盘）		

合成图像窗口中合成图像的操作

操作	快捷键	操作	快捷键	操作	快捷键
显示 / 隐藏参考线	Ctrl+；	锁定 / 释放参考线	Ctrl+Alt+Shift+；	显示 / 隐藏标尺	Ctrl+ R
合成图像流程图视图	Alt+Shift+ F11				

效果控件窗口中的操作

操作	快捷键	操作	快捷键	操作	快捷键
选择上一个效果	上箭头	选择下一个效果	下箭头	应用上一个效果	Ctrl+Alt+Shift+E
清除层上的所有效果	Ctrl+ Shift+E				

渲染队列窗口

操作	快捷键	操作	快捷键
打开渲染队列窗口	Ctrl+M	在队列中不带输出名复制子项	Ctrl+ D